Kubernetes

从入门到DevOps企业应用实战

韩先超 编著

清华大学出版社

北京

内 容 简 介

本书以实战为主，内容涵盖容器技术、Kubernetes核心资源以及基于Kubernetes的企业级实践。从容器基础知识开始，由浅入深，阐述Kubernetes各个方面的知识，并提供大量实际项目和应用场景。全书共20章，第1～3章讲解容器技术，这是理解Kubernetes的必要基础，主要介绍容器的定义、创建和管理容器、容器网络和存储等方面的知识。第4章讲解如何使用Kubeadm和二进制文件安装高可用Kubernetes集群。第5～12章讲解Kubernetes的核心资源，包括Pod、Deployment、Service、Ingress等资源的定义、使用和管理方法，以及实际应用场景。第13～20章讲解基于Kubernetes的企业实践，介绍如何使用Kubernetes解决实际问题，包括使用Kubernetes进行应用程序的部署、容器云平台的构建、流量治理、监控、自动化扩缩容和灰度发布等项目与案例。

本书基于Kubernetes 1.27新版本编写（本书的内容也适合1.20之后的所有版本），从零基础开始，涵盖理论知识、企业级案例，以及自动化运维DevOps体系和一些大厂架构设计思路，适合云原生领域的从业者、Kubernetest初学者、运维和开发人员使用，也可以作为企业内训、培训机构和大中专院校的教学用书。

图书在版编目（CIP）数据

Kubernetes 从入门到 DevOps 企业应用实战/韩先超编著. —北京：清华大学出版社，2023.8（2024.4 重印）

ISBN 978-7-302-64434-7

Ⅰ. ①K… Ⅱ. ①韩… Ⅲ. ①Linux 操作系统—程序设计 Ⅳ. ①TP316.85

中国国家版本馆 CIP 数据核字（2023）第 153375 号

责任编辑：王金柱
封面设计：王　翔
责任校对：闫秀华
责任印制：丛怀宇

出版发行：清华大学出版社
　　　　网　　　址：https://www.tup.com.cn，https://www.wqxuetang.com
　　　　地　　　址：北京清华大学学研大厦 A 座　　　　　　邮　　编：100084
　　　　社 总 机：010-83470000　　　　　　　　　　　　　邮　　购：010-62786544
　　　　投稿与读者服务：010-62776969，c-service@tup.tsinghua.edu.cn
　　　　质量反馈：010-62772015，zhiliang@tup.tsinghua.edu.cn
印 装 者：涿州市般润文化传播有限公司
经　　销：全国新华书店
开　　本：185mm×235mm　　　　　印　　张：29.5　　　　字　　数：708 千字
版　　次：2023 年 9 月第 1 版　　　　　　　　　　　　　　印　　次：2024 年 4 月第 2 次印刷
定　　价：128.00 元

产品编号：095341-01

前　言

亲爱的读者，很高兴向你介绍我的新书《Kubernetes从入门到DevOps企业应用实战》。在过去的几年中，我一直从事容器和Kubernetes的相关工作，通过实践和培训，我意识到学习Kubernetes对于企业的发展至关重要。

从2013年Docker容器推出到2014年Kubernetes开源项目推出至今，我接触容器技术也有了差不多十年时间，在学习和实践期间，深刻感受到Kubernetes这个工具如果完全靠自学，还是有一定难度的，为了使读者尽快掌握这个工具，我推出了Kubernetes系列视频课程，受到了广大学员的欢迎，并入选了工信部人才交流中心认证课程，本书就是在系列课程的基础上编撰完成的。

本书的特点是以实践为主，内容涵盖容器技术、Kubernetes核心资源以及基于Kubernetes的企业实践。我将使用循序渐进、逐步深入的方式，从容器的基础知识开始，向读者介绍Kubernetes各个方面的知识，并辅之以操作范例和应用场景，书中还给出了大量有实用价值的案例和项目，既可以帮助读者深入理解Kubernetes的概念和原理，又能够在实际工作中进行实践。

第1～3章讲解容器技术，这是理解Kubernetes的必要基础，重点介绍容器的定义、创建和管理容器、容器网络和存储等方面的知识。

第4章讲解如何使用Kubeadm和二进制文件安装高可用Kubernetes集群。

第5～12章讲解Kubernetes的核心资源，包括Pod、Deployment、Service、Ingress等资源的定义、使用和管理方法，以及实际应用场景。

第13～20章讲解基于Kubernetes的企业实践，主要通过实际项目或案例介绍如何使用Kubernetes解决实际问题，包括使用Kubernetes进行应用程序的部署、容器云平台的构建、流量治理、监控、自动化扩缩容和灰度发布等。

本书提供了丰富的资源文件，包括Kubernetes的官方文档、Kubernetes的学习资源、Kubernetes的工具和插件等。这些资源可以帮助读者更好地学习和理解Kubernetes，可扫描以下二维码获取：

Kubernetes配书资源.part1　　Kubernetes配书资源.part2　　Kubernetes配书资源.part3　　配书资源使用说明

如果你在学习和资源下载的过程中遇到问题，可以发送邮件至booksaga@126.com，邮件主题写"Kubernetes从入门到DevOps企业应用实战"。

本书基于Kubernetes 1.27新版本编写（本书的内容也适合1.20之后的所有版本），从零基础开始，涵盖理论知识、企业案例，以及自动化运维DevOps体系和一些大厂架构设计思路，适合云原生领域的从业者、Kubernetest初学者、运维和开发人员使用，也可作为企业内训、培训机构和大中专院校的教学用书。

如果你对Kubernetes和本书有任何问题或建议，请随时联系我，你还可以在Gitee上找到我做的项目（联系方式参见下载文件）。

最后，感谢清华大学出版社的编辑王金柱老师的全力支持和指导，以及我的妻子王静女士和各位技术同行的支持和鼓励。希望这本书能够帮助各位读者学习和使用Kubernetes，从而推动企业的发展和进步。

韩先超

2023年5月

目　录

## 第 1 章

Docker初探

1

Docker是一个开源项目，诞生于2013年年初。最初，它是dotCloud公司内部的一个业余项目，基于Google公司推出的Go语言实现。后来，Docker项目加入了Linux基金会，并遵从Apache 2.0协议，项目代码在GitHub上进行维护。

本章首先讲解Docker的概念、组成与特点，然后介绍Docker的安装和配置、Docker镜像与容器的概念、操作及相关命令，最后介绍通过Docker部署Nginx服务等实战案例。

本章内容：

- Docker概述
- Docker的组成与特点
- 安装和配置Docker
- Docker镜像与容器相关操作
- 通过Docker部署Nginx服务

1.1　Docker 概述

1.1.1　Docker 是什么

Docker是PaaS提供商dotCloud开源的一个基于LXC的高级容器引擎，可以轻松地为任何应用创建一个轻量级的、可移植的、自给自足的容器。开发者可以将他们的应用以及依赖项打包到一个可移植的镜像中，然后把镜像发布到任何支持Docker的机器上运行。容器之间完全使用沙箱机制，彼此之间没有任何接口调用。因为Kubernetes也需要容器运行时，所以在学习Kubernetes之前需要先学习Docker的一些基础知识。

容器技术起源于Linux，Google LLC对Linux内核做出了很多容器相关的技术贡献。近几年来，对容器发展影响较大的技术包括内核命名空间（Kernel Namespace）、控制组（Control Group）和联合文件系统（Union File System）。当然，其中不可忽视的是Docker的贡献。

Docker的思想来自集装箱，集装箱解决了什么问题？在一艘大船上，可以把货物规整地摆放起来，并将各种各样的货物装载到集装箱中，集装箱和集装箱之间互相隔离。这样一来，就不再需要专门运送蔬菜的船和专门运送货物的船，只要这些货物在集装箱里封装好，就可以用一艘大船把它们运走。Docker的理念与此类似，它应用程序及其依赖项一同打包到标准化的容器中，实现应用程序的轻松部署和运行。这使得应用程序可以快速、可靠地在不同的环境中移植和部署，就像集装箱在不同船只之间运输货物一样。云计算就好比一艘大型货轮，而Docker则充当集装箱的角色。

Docker自推出以来受到广泛的关注。无论是从GitHub上的代码活跃度，还是从Red Hat在RHEL 6.5中集成对Docker的支持，都可以看出其受欢迎的程度，甚至Google的Compute Engine也支持Docker在其上运行。

一款开源软件能否在商业上取得成功，很大程度上依赖三个因素：成功的用例（User Case）、活跃的社区和一个好的故事。dotCloud之家的PaaS产品建立在Docker之上，长期维护且有大量的用户，社区也十分活跃，这也是Docker成功的原因。

1.1.2　Docker 的版本

最早的Docker版本从1.0逐渐累积到1.13。在2017年3月，Docker的版本发生了变化，成为2017.03版本，同时形成了CE和EE版本。从那时起，Docker开始按照每个季度定期发布版本。

本书将以Docker-CE版本为例进行讲解。

1.1.3　学习 Docker 的方式

无论是Mac系统还是Windows系统，为了更好地学习Docker，都需要在计算机上安装虚拟机来进行学习。然而，如果条件允许，购买阿里云、腾讯云、华为云等云服务会更加方便。

因为Docker是开源产品，所以学习时离不开官方网站。读者可以参考官方网站了解更多有关Docker的知识，网址为：https://www.docker.com/。

另外，读者还可以在存放Docker镜像的Docker Hub上搜索到运行Docker所需的镜像，Docker Hub的网址为：https://hub.docker.com/。

1.2　Docker 的组成与特点

1.2.1　Docker 的组成

一个完整的Docker一般是由以下几个部分组成的：

- 客户端
- 镜像
- 容器
- 仓库

（1）客户端：这是用户与Docker交互的主要方式，它提供了命令行工具和API接口，允许用户管理Docker容器和镜像等资源。Docker客户端可以运行在任何支持Docker的平台上。

（2）容器：Docker容器是从Docker镜像创建的可运行实例，它提供了一个独立的运行环境，包括文件系统、系统工具、库和运行时等。Docker容器可以启动、停止、重启、删除、暂停等操作，容器之间相互隔离，使得应用程序能够在独立的环境中运行。

（3）镜像：Docker镜像是一个只读模板，包含了一个完整的应用程序运行所需的所有内容，包括代码、运行时、库、环境变量和配置文件等。Docker镜像可以通过Dockerfile定义，或者从Docker仓库中获取。

（4）仓库：Docker仓库是用于存储和分享Docker镜像的地方。它可以是公共的，比如Docker Hub，也可以是私有的，由组织或个人维护。用户可以从仓库中获取镜像并在其基础上创建容器。

综上所述，Docker通过将应用程序打包成镜像，再在镜像上创建容器来实现跨平台的应用程序部署。Docker还提供了丰富的CLI命令和API接口，使得用户可以方便地管理Docker容器和镜像等资源。

在Docker出现之前，人们很多时候使用虚拟机来部署应用，但Docker出现之后，使用Docker容器部署应用开始被广大用户接受。Docker部署应用与传统虚拟机部署应用的区别如下：

- Docker有着比虚拟机更少的抽象层。由于Docker不需要Hypervisor实现硬件资源虚拟化，运行在Docker容器上的程序直接使用的是实际物理机的硬件资源。因此，在CPU、内存利用率上Docker在效率上有优势。在IO设备虚拟化上，Docker的镜像管理有多种方案，比如利用AUFS文件系统或者Device Mapper实现Docker的文件管理。
- Docker利用的是宿主机的内核，而不需要Guest OS。因此，当新建一个容器时，Docker不需要和虚拟机一样重新加载一个操作系统内核。我们知道，引导、加载操作系统内核是一个比较费时费资源的过程，当新建一个虚拟机时，虚拟机软件需要加载Guest OS，这个新建过程是分钟级别的。而Docker由于直接利用宿主机的操作系统，省略了这个过程，因此新建一个Docker容器只需要几秒。另外，现代操作系统是复杂的系统，在一台物理机上新增加一个操作系统的资源开销是比较大的，因此，Docker对比虚拟机在资源消耗上占有比较大的优势。事实上，在一台物理机上，我们很容易建立成百上千的容器，而只能建立几个虚拟机。

传统虚拟化实现架构与Docker容器实现架构的对比图如图1-1所示。

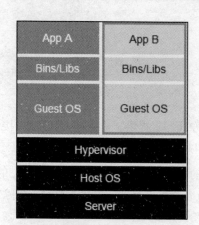 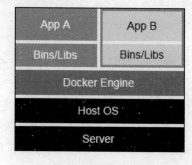

传统虚拟化实现架构　　　　　　　　Docker容器实现架构

图 1-1　传统虚拟化实现架构与 Docker 容器实现架构对比图

1.2.2　Docker 的特点

随着传统架构向微服务架构的转型，很多公司都开始用Docker作为容器运行时，Docker除了拥有隔离应用依赖项、创建应用镜像并进行复制、创建容易分发的即启即用的应用、允许实例简单和快速地扩展、测试应用并随后销毁它们、自动化测试和持续集成及发布等优势外，还有以下特点。

1．快

Docker可以在几秒内启动容器，并且镜像的构建和分发也非常快，这极大地提高了开发、测试和运维部署代码的效率。

2．敏捷

Docker可以将应用程序及其依赖项打包成镜像，并将其部署在任何支持Docker的环境中，这使得开发人员可以更快地迭代和交付应用程序。

3．灵活

Docker容器可以轻松地在不同的平台和环境中移植和部署，而且容器之间可以相互隔离，这使得应用程序可以更加灵活地部署和扩展。

4．轻量

Docker镜像是基于分层的文件系统构建的，这意味着它是非常轻量级的，只包含必要的文件和依赖项，从而减少了部署时所需存储空间和网络带宽的使用。

5. 便宜

Docker可以在单个物理服务器上运行多个容器，这大大提高了资源的利用率，从而降低了成本和复杂性。

综上所述，Docker的这些特点使得它成为一个受欢迎的容器化平台，被广泛应用于DevOps、云计算和微服务等领域。

1.3　安装和配置 Docker

通过前面的介绍，我们对Docker有了基本的认识，接下来安装一个Docker服务，用来演示Docker的具体用法。

Docker支持多种操作系统的安装运行，比如Ubuntu、CentOS、Red Hat、Debian、Fedora，甚至还支持Mac和Windows。这里我们使用一台Linux操作系统的服务器来安装，如果没有服务器，可以在自己的计算机上安装VMware Workstation，然后下载CentOS 7.6的ISO镜像，安装一个CentOS系统的虚拟机。

计算机器的配置要求如下：

- 主机IP：192.168.40.180。
- 操作系统：CentOS 7.6或者CentOS 7.9。
- 内存和CPU配置：4Gib/4vCPU。

> **提示**　由于CentOS系列操作系统不再提供长期支持，因此可以用Rocky Linux代替CentOS操作系统。本书中的所有实例，读者都可以基于Rocky Linux操作系统来实现。

下面介绍安装Docker的具体步骤。

1.3.1　配置主机名

执行以下命令可以配置主机名：

```
[root@localhost~]# hostnamectl set-hostname xianchaomaster1 && bash
```

该命令主要用来设置主机名，可以分为两部分：

- hostnamectl set-hostname xianchaomaster1：使用hostnamectl命令设置主机名为xianchaomaster1。
- && bash：符号&&表示如果前一个命令执行成功，则执行后面的命令，而bash是一个用于启动新的终端会话的命令，相当于打开一个新的命令终端窗口，所以这个命令将会打开一个新的命令终端窗口，并在该窗口中执行后续的命令。

Linux机器设置主机名的好处是，主机名设置之后，其他服务可以通过访问主机名找到此
Docker机器。

1.3.2　关闭 Firewalld 防火墙

执行以下命令可以关闭Linux系统中的防火墙Firewalld：

```
[root@xianchaomaster1 ~]# systemctl stop firewalld && systemctl disable firewalld
```

- systemctl stop firewalld是把Firewalld服务停掉，不让它运行。
- systemctl disable firewalld是禁止Firewalld开机自启动，可以确保Firewalld一直处于禁用状态。

在CentOS 7中，有几种防火墙共存，即Firewalld、Iptables和Ebtables。默认情况下，使用Firewalld
来管理Netfilter子系统，不过底层调用的命令仍然是Iptables等。相比Iptables，Firewalld的缺点在于
需要为每个服务设置规则才能放行，因为默认是拒绝的。而Iptables默认允许每个服务，并且需要
限制特定服务的访问。因此，关闭Firewalld防火墙可以帮助快速搭建Docker进行试验，无须后续
再去放开端口。

1.3.3　关闭 SELinux

SELinux（Security Enhanced Linux，安全增强型Linux系统）是一个Linux内核模块，也是Linux
的一个安全子系统。SELinux的主要作用是最大限度地减小系统中服务进程可访问的资源（最小权
限原则）。

在本书的实例中，可以执行以下命令把SELinux设置成关闭状态：

```
[root@xianchaomaster1 ~]# setenforce 0
```

以上命令是临时关闭SELinux，重启服务器会自动开启。

如果要永久关闭，可以按照如下方法操作：

```
[root@xianchaomaster1 ~]# sed -i 's/SELINUX=enforcing/SELINUX=disabled/g'
/etc/selinux/config
```

该命令的作用是修改/etc/selinux/config文件中的SELINUX=enforcing为SELINUX=disabled，使
用了sed工具进行替换。

- sed：用于对文本内容进行替换。
- -i：表示对原始文件直接进行编辑，即直接修改文件内容。
- s/SELINUX=enforcing/SELINUX=disabled/g：s指的是替换操作，其中SELINUX=enforcing
  表示查找文件中 SELINUX=enforcing这个字符串，将其替换为SELINUX=disabled；g则表
  示进行全局替换。

因此，该命令的作用是将SELinux安全机制从强制模式改为停用模式。注意，修改该文件需要root权限。

> ⚙♦注意　修改SELinux配置文件之后，重启机器，SELinux才能永久生效。

要验证SELinux是否关闭，可以执行如下命令：

```
[root@xianchaomaster1 ~]# getenforce
```

该命令用来获取SELinux安全机制的当前状态。getenforce是一个Linux命令，用于获取SELinux的执行模式。该命令仅在SELinux已启用且运行时状态下使用。如果SELinux未启用，则输出Permissive，表示 SELinux未强制执行策略，但仍会生成警告和日志；如果SELinux正在运行且执行模式为非强制，则输出Enforcing。

如果该命令显示Disabled，那么表示SELinux关闭成功。

1.3.4　配置时间同步

为了避免主机因长期运行导致的时间偏差，进行时间同步（Synchronize）的工作是非常必要的。在Linux系统下，一般使用ntpdate命令来同步不同机器的时间，可以分别执行以下命令：

```
[root@xianchaomaster1 ~]# yum install -y ntpdate
```

yum install -y ntpdate是安装时间同步的命令。

```
[root@xianchaomaster1 ~]# ntpdate cn.pool.ntp.org
```

ntpdate cn.pool.ntp.org表示和网络源同步。

如果是内网机器，那么可以单独搭建专用的时间同步服务器，与内网服务器进行时间同步。

1.3.5　编写计划任务

对时间同步做计划任务，每一个小时同步一次，可以让时间更精准。执行以下命令：

```
[root@xianchaomaster1 ~]# crontab -e
```

写入如下内容：

```
* * * * * /usr/sbin/ntpdate   cn.pool.ntp.org
```

这是一个Crontab的定时任务命令，表示每分钟执行一次ntpdate命令，将本地时间同步到cn.pool.ntp.org所指定的时间服务器上。

- *：Crontab任务的时间设置，依次为分、时、日、月、星期几。*表示每个时间单位都匹配，即每分钟执行一次ntpdate命令。
- /usr/sbin/ntpdate：表示ntpdate命令的完整路径。
- cn.pool.ntp.org：表示时间服务器的地址，通过该服务器同步本地时间。

1.3.6   重启 crond 服务使计划任务生效

执行以下命令：

```
[root@xianchaomaster1 ~]# systemctl restart crond
```

该命令的作用是重启crond服务。crond是一个系统服务，它的主要功能是在规定的时间内运行预定的系统任务，比如切割日志、备份数据库等，它在Linux系统中非常重要。

- systemctl：用于控制systemd系统和服务管理器。
- restart：用于重启服务。
- crond：表示要重启的服务名称，即crond守护进程服务。该服务通常由系统自动启动并在后台运行，用于管理系统的crontab任务。重新启动crond服务可以确保其当前配置的有效性，并重新加载所有已更改的crontab配置文件。

1.3.7   安装基础软件包

在CentOS操作系统的默认最小版本中，没有集成我们所需的很多软件包，因此需要手动安装它们。可以执行以下命令安装所需的一些基础软件包：

```
[root@xianchaomaster1 ~]# yum install -y  wget net-tools nfs-utils lrzsz gcc gcc-c++
make cmake libxml2-devel openssl-devel curl curl-devel unzip sudo ntp libaio-devel
ncurses-devel autoconf automake zlib-devel python-devel epel-release openssh-server socat
ipvsadm conntrack
```

该命令的作用是通过yum包管理器安装一系列实验和平时工作经常用到的基础软件包和依赖项，主要有以下几种：

（1）wget：用来从指定的URL下载文件的命令行工具。wget非常稳定，如果由于网络原因下载失败，那么wget会不断尝试，直到整个文件下载完毕。

（2）net-tools：包含一系列用于网络监控和分析的命令行工具，比如ifconfig、route、netstat等命令。

（3）nfs-utils：包含NFS网络文件系统的相关工具和文件。

（4）lrzsz：用于在Linux系统和其他Unix操作系统之间进行文件传输和通信的工具。

（5）gcc、gcc-c++、make、cmake：分别是GNU C/C++编译器、GNU Make工具和CMake构建工具，用于开发和编译程序。

（6）libxml2-devel、openssl-devel、curl-devel、libaio-devel、ncurses-devel、zlib-devel、python-devel：在编译和安装一些应用程序时需要的库和头文件。

（7）unzip：用于解压缩ZIP压缩文件的命令行工具。

（8）sudo：允许非root用户执行以 root 权限运行的命令。

（9）ntp：用于同步系统时间的服务。

（10）epel-release：安装该软件包后，可以从 Extra Packages for Enterprise Linux（EPEL）软件源中获取额外的软件包。

（11）openssh-server：SSH服务器，用于远程登录和执行命令。

（12）socat：多功能网络工具，可以建立各种类型的网络连接。

（13）ipvsadm：IP服务负载均衡器。一般配置了LVS后都要安装ipvsadm，用来查看LVS的状态以及进行问题排查，比如节点分配情况以及连接数等，ipvsadm是IPVS的管理器，需要yum安装。

（14）conntrack：网络连接跟踪器，用于找出网络问题或进行性能调优。

1.3.8　安装 Docker-CE

CentOS系统默认的yum源不能安装Docker，因此需要配置国内阿里云的yum源以安装Docker-CE。通过配置国内阿里云的yum源，安装Docker的速度会快很多。

执行以下命令可以配置阿里云：

```
[root@xianchaomaster1 ~]# yum-config-manager --add-repo
http://mirrors.aliyun.com/Docker-ce/linux/centos/docker-ce.repo
```

该命令将阿里云的Docker-CE仓库添加到yum软件包管理器中，以便在CentOS操作系统上安装Docker-CE软件。

- yum-config-manager是从一个.repo文件加载yum仓库配置的命令，可以添加、启用、禁用或删除yum仓库。
- --add-repo选项告诉yum，在/etc/yum.repos.d/目录下添加一个新的.repo文件，并从指定的URL中获取.repo文件。
- http://mirrors.aliyun.com/Docker-ce/linux/centos/docker-ce.repo是第三方仓库URL以获取docker-ce仓库的.repo文件。.repo文件提供了软件仓库的详细信息和文件列表。

运行完这个命令后，读者就可以使用yum命令来安装、更新、卸载Docker-CE软件了。

我们开始安装Docker-CE。下面介绍具体的安装步骤。

1. 安装Docker-CE

```
[root@xianchaomaster1 ~]# yum install docker-ce -y
```

该命令通过yum软件包管理器在CentOS操作系统上自动安装Docker社区版，并在安装过程中自动回答yes，以便在不需要人为干预的情况下完成安装。

- yum是CentOS操作系统中的包管理器，可以从yum仓库下载和安装软件包。
- install选项告诉yum下载和安装指定的软件包。
- docker-ce是要安装的软件包的名称，表示Docker社区版。
- -y选项告诉yum在安装过程中自动回答yes。

2. 启动Docker服务

```
[root@xianchaomaster1 ~]# systemctl start docker && systemctl enable docker
```

该命令以root用户权限启动Docker服务，并将它设置为随系统开机自动启动。这样，每次系统启动时，Docker服务将自动启动，无须手动操作。

- systemctl是用于在systemd系统中管理系统服务的命令。
- start docker命令以root用户权限启动Docker服务。start选项表示启动服务。
- &&连接符将两个命令一起执行，即只有在第一个命令执行完毕且成功之后才会执行第二个命令。
- systemctl enable docker将Docker服务设置为系统开机启动。enable选项表示启用服务。

3. 查看Docker服务的状态

```
[root@xianchaomaster1 ~]# systemctl status docker
```

该命令查询Docker服务的状态信息，包括服务名称、是否加载、是否开机启动、是否正在运行以及服务运行时间等，其中Docker为服务的名称。

输出的内容如下：

```
Docker.service - Docker Application Container Engine（提示Docker服务名称为Docker
Application Container Engine）
    Loaded: loaded (/usr/lib/systemd/system/Docker.service; enabled; vendor preset:
disabled)
    （Loaded: loaded提示Docker服务已经被加载。enabled提示Docker服务已被设置为开机启动）
    Active: active (running) since Thu 2021-07-01 21:29:18 CST; 30s ago
（active (running)提示Docker服务正在运行
since Thu 2021-07-01 21:29:18 CST; 30s ago提示Docker服务从此时间起运行约30秒）
    Docs: https://docs.Docker.com（提示查看Docker官方文档）
```

如果从上述结果中看到active (running)，那么表示Docker正常运行。

4. 查看Docker的版本信息

如果想要查看Docker的版本信息，那么可以执行以下命令：

```
[root@xianchaomaster1 ~]# docker version
```

该命令将输出Docker Client和Docker Server的版本信息，包括版本号、构建信息、API版本等。

1.3.9 修改内核参数

在Linux内核中加载br_netfilter模块，执行以下命令：

```
[root@xianchaomaster1 ~]# modprobe br_netfilter
```

提示 在安装Docker时，通常需要加载br_netfilter内核模块以确保Docker正常工作。这是因为Docker在运行时需要创建一个Linux网络桥接设备（Bridge Device），以便将容器内部的网络连接到宿主机上。而br_netfilter模块提供了必要的网络过滤功能，能够使Linux内核对网络数据包进行转发和过滤。

通过执行modprobe br_netfilter命令可以将该内核模块加载到系统中。该命令会在系统中查找并加载br_netfilter模块，使得Docker能够正常运行。在加载后，Docker会自动创建和配置网络设备，以便将容器的网络连接到宿主机上，从而实现容器间以及容器与外部网络的通信。

需要注意的是，有些Linux发行版中，br_netfilter模块可能未被默认加载。在这种情况下，必须手动加载该模块才能使 Docker 正常工作。因此，在安装 Docker 之前，需要确保该模块已经被正确加载到系统中。

然后，在/etc/sysctl.d/下创建docker.conf文件，把要放开的内核参数写进去。

```
[root@xianchaomaster1 ~]# cat > /etc/sysctl.d/docker.conf <<EOF
net.bridge.bridge-nf-call-ip6tables = 1
net.bridge.bridge-nf-call-iptables = 1
net.ipv4.ip_forward = 1
EOF
```

上述命令可以将一段文本内容写入/etc/sysctl.d/docker.conf文件中，用于配置Docker相关的系统内核参数，并且使用EOF来标记文本的结束。

- cat命令用于读取文件内容并打印到标准输出。
- >表示重定向符号，将输出的结果写到指定文件中。
- /etc/sysctl.d/docker.conf是要写入的文件路径。
- <<EOF是一个输入重定向符号，表示后面的文本作为输入内容。

说明如下：

（1）net.ipv4.ip_forward是Linux内核的一个配置项，用于控制是否开启IP转发功能。当该配置项被设置为1时，表示开启IP转发功能；当设置为0时，表示关闭该功能。

IP转发功能是指当Linux系统接收到一条数据包时，会根据目标IP地址的不同，将数据包转发到不同的网络接口上。如果IP转发功能被关闭，那么数据包只会在本机内部进行转发，无法被传递到其他网络中。

在某些场景下，需要开启IP转发功能。例如，当Linux系统作为路由器或NAT网关使用时，必须开启IP转发功能才能实现数据包的正常转发。此外，一些网络应用程序（如VPN、负载均衡等）也需要使用IP转发功能来进行数据包的路由和转发。

在安装Docker并使用它运行容器时，需要确保Linux系统开启了IP转发功能（net.ipv4.ip_forward=1），以便实现容器内部与外部网络的通信。

Docker的容器是隔离的虚拟环境，其网络栈是完全独立于宿主机的。为了让容器内部的应用程序可以与外部网络进行通信，需要进行网络地址转换（Network Address Translation，NAT）操作，将容器内部的IP地址映射到宿主机的IP地址上。这就需要开启IP转发功能，以便Linux系统将接收到的数据包转发到正确的容器中。

需要注意的是，开启IP转发功能可能会增加系统的安全风险。如果未经充分考虑就开启了该功能，可能会导致系统被攻击者利用并实施恶意行为。因此，在开启IP转发功能之前，需要进行充分的安全评估，并采取适当的措施来保护系统安全。

（2）net.bridge.bridge-nf-call-ip6tables和net.bridge.bridge-nf-call-iptables是两个Linux内核的配置项，用于开启Linux内核网络桥接功能的防火墙规则。

Linux系统提供了网络桥接功能，允许多个网络接口连接到同一个局域网上，从而实现网络设备之间的数据包转发。Docker通过使用Linux的网络命名空间和桥接技术，将多个容器连接到同一个虚拟局域网中，以便实现容器之间的通信。

为了保证容器的网络安全，Docker强制要求开启网络桥接的防火墙规则。具体来说，需要将上述两个配置项设置为1，以开启IPv4和IPv6的网络桥接防火墙规则。这样可以确保容器之间的通信只能通过Docker的桥接网络进行，而不能直接通过主机的网络接口进行。

需要注意的是，有时候开启网络桥接的防火墙规则会与主机上的其他网络服务冲突，导致网络连接失败。因此，在开启这些规则之前，需要进行充分的测试，并根据实际情况进行调整和优化。

接着执行以下命令，使上面修改的内核参数生效：

```
[root@xianchaomaster1 ~]# sysctl -p /etc/sysctl.d/docker.conf
```

1

这个命令将/etc/sysctl.d/docker.conf文件中的系统内核参数加载到当前运行的Linux系统中，从而应用这些参数配置。

- sysctl命令用于在运行时改变Linux系统内核的运行参数。
- -p参数表示从指定文件中加载sysctl参数。
- /etc/sysctl.d/docker.conf是要加载的sysctl配置文件路径。

最后，修改内核参数后需要重启Docker守护进程，才能使配置生效。

Docker 的 守 护 进 程 会 读 取 net.ipv4.ip_forward 、 net.bridge.bridge-nf-call-ip6tables 和 net.bridge.bridge-nf-call-iptable这些参数。如果在运行Docker容器时修改了这些参数，那么修改将不会立即生效，因为Docker守护进程已经启动，并且已经使用旧的参数配置了网络桥接的防火墙规则。此时需要重启Docker守护进程，以便使新的参数配置生效。执行以下命令重启docker服务：

```
[root@xianchaomaster1 ~]# systemctl restart docker
```

这个命令可以重启docker服务，systemctl命令用于管理systemd系统和服务管理器。

- restart子命令用于重启指定的服务。
- docker是要重启的服务名。

1.3.10 配置 Docker 镜像加速器

国内从Docker Hub拉取镜像有时会遇到困难，此时可以配置镜像加速器。Docker官方和国内很多云服务商都提供了国内加速器服务，举例如下。

- 科大镜像站点：https://Docker.mirrors.ustc.edu.cn/。
- 网易163镜像站点：https://hub-mirror.c.163.com/。
- 阿里云镜像站点：https://<你的阿里云镜像仓库ID>.mirror.aliyuncs.com。

镜像加速器配置的具体步骤如下：

修改/etc/docker/daemon.json文件，输入如下内容：

```
{
  "registry-mirrors":["https://y8y6vosv.mirror.aliyuncs.com",
"https://registry.docker-cn.com","https://docker.mirrors.ustc.edu.cn",
"https://dockerhub.azk8s.cn","http://hub-mirror.c.163.com"]
}
```

这是一个JSON格式的配置文件，其中包含一组Docker镜像仓库的镜像地址。其中registry-mirrors是 键 名 ， 表 示 Docker 镜 像 仓 库 的 镜 像 地 址 列 表 ； ["https://y8y6vosv.mirror.aliyuncs.com", "https://registry.Docker-cn.com"， "https://Docker.mirrors.ustc.edu.cn"， "https://Dockerhub.azk8s.cn"， "http://hub-mirror.c.163.com"]是一个包含多个镜像地址的JSON数组。

每个镜像地址都是一个字符串，表示一个Docker镜像仓库的镜像地址。

这些镜像地址分别是 https://y8y6vosv.mirror.aliyuncs.com、https://registry.Docker-cn.com、https://Docker.mirrors.ustc.edu.cn、https://Dockerhub.azk8s.cn、http://hub-mirror.c.163.com。

这些镜像地址都是用于加速Docker从相关的站点下载镜像的加速器地址，用户可以根据自己的需要进行选择和配置。

执行以下命令重启Docker让配置生效：

```
[root@xianchaomaster1 ~]# systemctl restart docker
```

通过上面的配置，从Docker Hub、阿里云、科大、163镜像站点拉取镜像会加快镜像的拉取速度。

1.4　Docker 镜像与容器

Docker安装成功之后，需要通过Docker部署容器，Docker 运行容器前需要本地存在对应的镜像，如果本地不存在该镜像，Docker 会从镜像仓库下载该镜像。本节将深入讲解Docker镜像和容器的常用命令。

1.4.1　Docker 镜像

Docker包含3个核心部分：镜像、容器和仓库。其中镜像是Docker运行容器的前提，可以将其理解为VM模板。镜像由多层组成，每层叠加之后形成一个独立的对象，内部包含精简的操作系统和应用运行所需的文件和依赖项。

容器是基于镜像创建的可运行实例，每个容器都是相互隔离的运行环境，拥有自己的文件系统、网络、进程空间等。容器是轻量级的，启动速度快，资源占用较少，因此在很多场景下比传统虚拟机更为适用。

仓库是存放镜像的场所，是Docker中用来管理镜像的中央存储服务。Docker官方提供了Docker Hub，用户可以在其中分享、获取和管理Docker镜像。此外，用户还可以在私有环境中搭建自己的Docker镜像仓库，以便管理和分享自己的镜像。

在Docker中，镜像是不可修改的，当需要对一个容器进行修改时，可以在基于该镜像的容器中进行修改并保存为新的镜像。因此，Docker的镜像和容器是可重复使用的，而且非常适合进行应用程序的部署、测试和交付。

一旦安装了Docker，就可以开始部署容器了。在运行容器之前，确保本地存在对应的镜像，如果本地不存在该镜像，Docker就会从镜像仓库下载该镜像。以下是Docker镜像和容器常用命令的详细说明。

1. 从 Docker Hub 上查找镜像

执行以下命令可以从Docker Hub上查找镜像：

```
[root@xianchaomaster1 ~]# docker search centos
```

在执行命令后，Docker客户端会向Docker Hub发送搜索请求，搜索所有符合条件的镜像，并将搜索结果打印到终端上。搜索结果包含各种镜像的信息，例如镜像名称、标签、描述、星级评价等。

- docker是Docker客户端的命令名。
- search是Docker命令的一个子命令，用于在Docker Hub上搜索镜像仓库。
- centos是要搜索的镜像的名称，表示搜索所有名称中包含centos的镜像。

显示结果如图1-2所示。

```
NAME                          DESCRIPTION                     STARS    OFFICIAL    AUTOMATED
centos                        The official build of CentOS.   7093     [OK]
```

图 1-2　搜索镜像的显示结果

图1-2的显示结果说明如下：

- NAME：镜像的名称。
- DESCRIPTION：镜像的描述。
- stars：类似于GitHub里面的star，表示点赞、喜欢的意思。
- OFFICIAL：是否由Docker官方发布。
- AUTOMATED：自动构建。

2. 从 Docker Hub 上拉取镜像

创建镜像有很多方法，用户可以从Docker Hub、阿里云镜像仓库等站点获取已有的镜像，也可以利用本地文件系统创建镜像。

注意　如果不指定镜像的下载地址，那么默认从Docker Hub下载镜像。

1）从 Docker Hub 下载镜像

执行以下命令从Docker Hub站点下载镜像：

```
[root@xianchaomaster1 ~]# docker pull centos
```

这个命令使用Docker客户端从Docker Hub下载CentOS镜像到本地。

- docker是Docker客户端的命令名。

- pull是Docker命令的一个子命令，用于从Docker Hub下载指定的镜像。
- centos是要下载的镜像的名称，表示从Docker Hub上下载新版本的CentOS镜像。

在执行命令后，Docker客户端会向Docker Hub发送下载请求，下载CentOS镜像到本地，并在终端显示下载进度和状态。下载完成后，就可以使用Docker客户端来运行这个CentOS镜像了。

2）查看本地已经存在的镜像

执行以下命令可以查看本地已经存在的镜像：

```
[root@xianchaomaster1 ~]# docker images
```

这个命令可以帮助用户快速查看本地已经存在的Docker镜像。

- docker是Docker客户端的命令名。
- images是Docker命令的一个子命令，用于列出本地所有已经下载的Docker镜像。

在执行命令后，Docker客户端会查询本地的镜像仓库，并将已经下载的所有镜像打印到终端上，显示的信息包括：镜像ID、镜像名称、镜像标签、镜像大小等。

3）把镜像做成离线文件

如果Docker Hub或者其他镜像站点不能下载镜像，或者内网机器不能联网，则需要把镜像做成离线压缩包，然后上传到安装Docker的其他机器上。下面的命令用来制作离线镜像文件：

```
[root@xianchaomaster1 ~]# docker save -o centos.tar.gz centos
```

这个命令使用Docker客户端将本地的CentOS镜像保存到一个tar归档文件中，其中：

- docker是Docker客户端的命令名。
- save是Docker命令的一个子命令，用于将本地的一个或多个Docker镜像保存到一个文件中。
- -o centos.tar.gz是保存选项，表示将保存的镜像输出到一个名为centos.tar.gz的文件中。
- centos是要保存的镜像的名称，表示将保存本地新版本的CentOS镜像。

在执行命令后，Docker客户端会检查本地是否存在指定的镜像，如果存在的话，就将这个镜像保存到指定的文件中。

保存完成后，用户就可以通过将这个文件迁移到其他机器上，使用Docker客户端的load命令将这个镜像加载到目标机器的本地镜像仓库中。

4）手动解压离线镜像文件

将离线的镜像文件手动上传到已安装Docker的机器后，通过docker load解压出来即可，执行以下命令进行解压：

```
[root@xianchaomaster1 ~]# docker load -i centos.tar.gz
```

这个命令使用Docker客户端将一个包含CentOS镜像的文件加载到本地的Docker镜像仓库中。

- load是Docker命令的一个子命令，用于从一个文件中加载Docker镜像到本地的Docker镜像仓库中。
- -i centos.tar.gz是加载选项，表示从名为centos.tar.gz的文件中加载Docker镜像。

在执行命令后，Docker客户端会检查当前系统中是否已经存在指定的归档文件，如果存在的话，就将其中保存的镜像加载到本地的Docker镜像仓库中。

加载完成后，用户就可以通过执行docker images命令来查看本地的Docker镜像仓库中是否已经存在这个CentOS镜像。

5）删除镜像

对于本地镜像，如果不再需要，可以执行以下命令将其删除：

```
[root@xianchaomaster1 ~]# Docker rmi -f centos
```

这个命令使用Docker客户端删除本地的CentOS镜像。

- rmi是Docker命令的一个子命令，用于删除本地的一个或多个Docker镜像。
- -f是删除选项，表示强制删除指定的镜像，即使这个镜像正在被使用。
- centos是要删除的镜像的名称，表示删除本地新版本的CentOS镜像。

在执行命令后，Docker客户端会检查本地是否存在指定的镜像，如果存在的话，就会将这个镜像删除。

如果这个镜像正在被使用，那么需要使用-f 选项来强制删除这个镜像。

删除完成后，这个镜像就会从本地的Docker镜像仓库中移除，无法再被使用。

1.4.2　Docker 容器

Docker的主要目标是在任何地方创建、发布和运行应用程序，也就是通过对应用组件的封装、分发、部署、运行等生命周期的管理，将应用运行在Docker容器上，而Docker容器可以运行在任何操作系统上，这就实现了跨平台和跨服务器。只需要配置一次环境，换到别的机器上就可以一键部署，大大简化了操作。

下面介绍Docker容器的基本操作。

1. 以交互式启动并进入容器

以交互式启动容器意味着在容器内部启动一个shell终端，并将该终端连接到当前终端会话。

这样就可以直接在容器内部执行命令，查看容器内部的状态、文件等信息，并与容器内部进行交互。交互式启动容器通常使用-i和-t选项，即-it，以实现与容器的交互。

如果要以交互式启动并进入容器中，那么需要执行以下命令：

```
[root@xianchaomaster1 ~]# docker run --name=hello -it centos /bin/bash
[root@09c4933b5cd7 /]#
```

该命令表示在本地主机上以交互模式（-it）运行一个名为hello的容器，并使用CentOS镜像（如果本地不存在该镜像，那么Docker会从Docker Hub下载该镜像）在容器中启动一个Bash终端（/bin/bash）。使用docker run运行并创建容器的相关参数说明如下：

- --name=hello：指定容器的名字为hello。
- -i：交互式进入容器，一般与-t连用。
- -t：分配一个伪tty，一般与-i连用。
- centos：启动Docker需要的镜像。
- /bin/bash：说明你的shell类型为bash，bash shell是最常用的一种shell，是大多数Linux发行版默认的shell。此外，还有C shell等其他shell。

在Bash shell提示符[root@09c4933b5cd7 /]#后输入exit，可退出容器，如：

```
[root@09c4933b5cd7 /]#exit
```

退出之后，容器会停止，不再在前台运行。

2. 以守护进程方式启动容器

以守护进程方式启动容器意味着容器在后台运行，并且不会将shell终端连接到容器内部。容器以守护进程方式运行后，可以继续在主机上执行其他任务，而容器会在后台持续运行，直到被停止或删除。守护进程方式启动容器通常使用-d选项，如果要以守护进程方式启动容器，那么需要执行以下命令：

```
[root@xianchaomaster1 ~]# docker run --name=hello1 -td centos
```

- --name=hello1：指定容器的名称为hello1。
- -td：指定以后台守护进程方式运行容器，并分配一个虚拟终端。
- centos：指定使用CentOS镜像启动容器。

执行该命令后，命令行会立即返回容器的唯一标识符（Container ID），表示容器已经在后台启动。可以使用docker ps命令查看当前正在运行的容器，其中包括hello1容器。

3. 进入 Docker 容器

在使用Docker创建容器之后，就可以进入容器进行各种操作，进入Docker容器有多种方式，这里介绍常用的进入Docker容器的方法——使用docker exec进入容器。docker exec是Docker命令中的一个子命令，用于在运行中的容器中执行命令，语法如下：

```
docker exec [OPTIONS] CONTAINER COMMAND [ARG...]
```

- [OPTIONS]选项参数如下：

  - -d: 指定容器在后台运行。
  - -i: 保持 STDIN 打开，即使未连接到终端。
  - -t: 分配一个伪终端（Pseudo-TTY）。

- CONTAINER参数指定要执行命令的容器名称或容器 ID。
- COMMAND参数指定要在容器中执行的命令，可以是任何可执行命令或 shell命令。在执行命令时，Docker 会在容器内部创建一个新进程，并在其中运行指定的命令。

（1）使用docker exec命令进入容器，执行以下命令查看docker exec帮助命令：

```
[root@xianchaomaster1 ~]# docker exec  --help
```

显示结果如图1-3所示。

```
Usage:  docker exec [OPTIONS] CONTAINER COMMAND [ARG...]

Run a command in a running container

Options:
  -d, --detach               Detached mode: run command in the background
      --detach-keys string   Override the key sequence for detaching a container
  -e, --env list             Set environment variables
      --env-file list        Read in a file of environment variables
  -i, --interactive          Keep STDIN open even if not attached
      --privileged           Give extended privileges to the command
  -t, --tty                  Allocate a pseudo-TTY
  -u, --user string          Username or UID (format: <name|uid>[:<group|gid>])
  -w, --workdir string       Working directory inside the container
```

图 1-3　Docker exec 帮助命令显示的信息

上述命令显示结果说明如下：

- -d, --detach: 以后台模式运行容器。
- --detach-keys string: 重写分离容器的键序列。
- -e, --env list: 设置环境变量。
- --env-file list: 从文件中读取环境变量。
- -i, --interactive: 即使未附加，也保持STDIN打开。
- --privileged: 给命令扩展特权。
- -t, --tty: 伪TTY。
- -u, --user string: 用户名或UID（格式: "<name|uid>[:<group|gid>]"）。
- -w, --workdir string: 容器内的工作目录。

（2）进入容器。执行以下命令进入容器：

```
[root@xianchaomaster1 ~]# docker exec -it hello1 /bin/bash
```

该命令在已经运行的名为hello1的容器中启动一个Bash终端，并且使用交互模式进行连接。

- -i: 交互模式。
- -t: 分配伪终端。
- hello1: 指定要进入的容器名称或容器ID。

4. 查看正在运行的容器

执行以下命令查看正在运行的容器：

```
[root@xianchaomaster1 ~]# docker ps
```

该命令将会列出当前正在运行的所有容器。

显示如下：

```
CONTAINER ID     IMAGE  CREATED  STATUS      NAMES
677f1b3a1f2d     centos     7 days ago   Up 7 days    hello1
```

上述显示结果说明如下：

- 677f1b3a1f2d: 容器的ID。每个容器都有一个唯一的ID。
- CentOS: 容器所使用的镜像名称，本例中使用的是CentOS镜像。
- hello1: 容器的名称，由用户指定或自动生成。

> **注意** docker ps命令只能查看正常运行的容器，参数hello1是容器的名字，如果想要查看所有的容器，包括正常运行和退出的容器，可以使用docker ps –a命令。

5. 停止容器

如果容器运行一段时间，任务完成后，想要停止容器，可使用如下命令：

```
[root@xianchaomaster1 ~]#docker stop hello1
```

该命令用于停止运行名为hello1的容器。

- docker stop: 停止运行中的容器。
- hello1: 要停止的容器名称或容器ID。

6. 启动已经停止的容器

如果容器已经停止了，那么可以通过docker start命令再次启动容器。

```
[root@xianchaomaster1 ~]#docker start hello1
```

该命令启动已经停止的名为hello1的容器。

- docker start：启动已经停止的容器。

7. 删除容器

如果要删容器，那么可以执行以下命令：

```
[root@xianchaomaster1 ~]# docker rm -f hello1
```

该命令强制删除名为hello1的容器，即使该容器正在运行中。

- docker rm：删除一个或多个容器。
- -f：强制删除容器，即使容器正在运行中也会被删除。
- hello1：指定要删除的容器名称或容器ID。

8. 查看 Docker 帮助命令

Docker的命令很多，可以通过如下方法查看Docker支持哪些命令：

```
[root@xianchaomaster1 ~]# docker  --help
```

显示如下：

```
Usage:  Docker [OPTIONS] COMMAND

A self-sufficient runtime for containers

Options:
    --config string      Location of client config files (default
                         "/root/.Docker")
  -c, --context string   Name of the context to use to connect to the
                         daemon (overrides DOCKER_HOST env var and
                         default context set with "Docker context use")
  -D, --debug            Enable debug mode
  -H, --host list        Daemon socket(s) to connect to
  -l, --log-level string Set the logging level
                         ("debug"|"info"|"warn"|"error"|"fatal")
                         (default "info")
    --tls                Use TLS; implied by --tlsverify
    --tlscacert string   Trust certs signed only by this CA (default
                         "/root/.Docker/ca.pem")
    --tlscert string     Path to TLS certificate file (default
                         "/root/.Docker/cert.pem")
    --tlskey string      Path to TLS key file (default
                         "/root/.Docker/key.pem")
```

```
      --tlsverify          Use TLS and verify the remote
  -v, --version            Print version information and quit


Management Commands:
  app*         Docker App (Docker Inc., v0.9.1-beta3)
  builder      Manage builds
  buildx*      Build with BuildKit (Docker Inc., v0.6.3-Docker)
  config       Manage Docker configs
  container    Manage containers
  context      Manage contexts
  image        Manage images
  manifest     Manage Docker image manifests and manifest lists
  network      Manage networks
  node         Manage Swarm nodes
  plugin       Manage plugins
  scan*        Docker Scan (Docker Inc., v0.9.0)
  secret       Manage Docker secrets
  service      Manage services
  stack        Manage Docker stacks
  swarm        Manage Swarm
  system       Manage Docker
  trust        Manage trust on Docker images
  volume       Manage volumes


Commands:
  attach       Attach local standard input, output, and error streams to a running
container
  build        Build an image from a Dockerfile
  commit       Create a new image from a container's changes
  cp           Copy files/folders between a container and the local filesystem
  create       Create a new container
  diff         Inspect changes to files or directories on a container's filesystem
  events       Get real time events from the server
  exec         Run a command in a running container
  export       Export a container's filesystem as a tar archive
  history      Show the history of an image
  images       List images
  import       Import the contents from a tarball to create a filesystem image
  info         Display system-wide information
  inspect      Return low-level information on Docker objects
  kill         Kill one or more running containers
  load         Load an image from a tar archive or STDIN
  login        Log in to a Docker registry
  logout       Log out from a Docker registry
  logs         Fetch the logs of a container
  pause        Pause all processes within one or more containers
  port         List port mappings or a specific mapping for the container
  ps           List containers
  pull         Pull an image or a repository from a registry
  push         Push an image or a repository to a registry
```

```
rename          Rename a container
restart         Restart one or more containers
rm              Remove one or more containers
rmi             Remove one or more images
run             Run a command in a new container
save            Save one or more images to a tar archive (streamed to STDOUT by default)
search          Search the Docker Hub for images
start           Start one or more stopped containers
stats           Display a live stream of container(s) resource usage statistics
stop            Stop one or more running containers
tag             Create a tag TARGET_IMAGE that refers to SOURCE_IMAGE
top             Display the running processes of a container
unpause         Unpause all processes within one or more containers
update          Update configuration of one or more containers
version         Show the Docker version information
wait            Block until one or more containers stop, then print their exit codes
```

上述这些参数可以用来配置Docker的客户端和管理Docker中的容器、镜像、网络等对象。以下是这些参数的解释说明。

- --config string：指定客户端配置文件的位置，默认为 "/root/.docker"。
- -c, --context string：指定连接Docker守护进程时使用的上下文名称，覆盖DOCKER_HOST 环境变量和使用docker context use设置的默认上下文。
- -D, --debug：启用调试模式。
- -H, --host list：连接Docker守护进程的套接字地址。
- -l, --log-level string：设置日志级别（可选值为debug、info、warn、error和fatal，默认为info）。
- --tls：使用TLS安全连接（--tlsverify 选项会隐式启用此选项）。
- --tlscacert string：指定只信任该CA签名的证书文件路径，默认为 "/root/.docker/ca.pem"。
- --tlscert string：指定TLS证书文件路径，默认为 "/root/.docker/cert.pem"。
- --tlskey string：指定TLS密钥文件路径，默认为 "/root/.docker/key.pem"。
- --tlsverify：使用TLS安全连接，并验证远程服务器的身份。
- -v, --version：显示Docker的版本信息。

此外，该命令还包含一系列用于管理 Docker容器、镜像、网络等对象的子命令，例如：

- docker container：管理容器。
- docker image：管理镜像。
- docker network：管理网络。
- docker volume：管理数据卷。

每个子命令还有自己的选项和参数，可以使用 "docker <子命令> --help" 查看帮助信息。

1.5　案例：通过 Docker 部署 Nginx 服务

前面我们学习了Docker的基本知识和常见命令，本节通过具体的案例来加深对Docker的理解。假设公司有需求，Nginx服务不想部署在物理机上，而是需要通过Docker部署Nginx服务，根据我们现在掌握的知识，可以基于CentOS镜像启动Docker容器，进入Docker容器，然后安装Nginx服务，下面介绍具体的实现方法。

1.5.1　基于 CentOS 镜像运行一个 Docker 容器

首先执行以下命令运行一个Docker容器：

```
[root@xianchaomaster1 ~]# docker run --name nginx -p 80:80 -itd centos
```

以上命令会在后台以交互模式基于CentOS镜像启动一个容器，容器名字是nginx，并将容器的80端口映射到主机的80端口。

- docker run：启动一个新的容器。
- --name nginx：给容器命名为nginx。
- -p 80:80：将容器的80端口映射到主机的80端口。
- -itd：以交互模式启动容器，并在后台运行。
- centos：使用CentOS镜像启动容器。

1.5.2　查看 Docker 容器是否正常运行

执行以下命令查看Docker容器是否正常运行：

```
[root@xianchaomaster1 ~]# docker ps | grep nginx
```

该命令表示在正在运行的容器中查找名称包含nginx的容器，并显示其信息。

- docker ps：列出正在运行的容器。
- |：管道符号，将 docker ps命令的输出结果传递给grep命令。
- grep nginx：在docker ps命令的输出结果中查找包nginx的行，并将其显示出来。

显示正在运行的Docker容器的信息如下：

```
ecfa046e9681   centos                                        "/bin/bash"
5 seconds ago  Up 4 seconds  0.0.0.0:80->80/tcp, :::49153->80/tcp  nginx
```

说明如下：

- ecfa046e9681：容器的ID。

- centos：容器使用的镜像名称，即使用CentOS镜像启动的容器。
- /bin/bash：容器启动时执行的命令，即在容器中运行 bash。
- 5 seconds ago：容器启动的时间，即容器创建的时间距离现在的时间。
- Up 4 seconds：容器运行的时间，即容器启动后运行的时间。
- 0.0.0.0:80->80/tcp, :::80->80/tcp：容器的端口映射信息，将容器的80端口映射到主机的80端口。
- nginx：容器的名称。

以上显示结果表明Docker正在运行。

1.5.3 在 Docker 中安装 Nginx 容器

首先，执行以下命令进入正在运行的名为nginx的容器，并在容器中启动一个新的Bash终端：

```
[root@xianchaomaster1 ~]#docker exec -it nginx /bin/bash
```

- docker exec：在运行的容器中执行命令。
- -it：以交互模式运行容器中的命令，并分配一个伪终端。
- nginx：要执行命令的容器名称。
- /bin/bash：在容器中要运行的命令，即启动一个新的Bash终端。

接着，在容器中执行以下命令查看容器的IP：

```
[root@ecfa046e9681]# ip addr
```

- ip addr：显示网络接口信息的命令，包括每个接口的IP地址、MAC地址和网络状态等。此命令执行后，会显示容器中所有的网络接口信息。

显示如下：

```
1: lo: <LOOPBACK,UP,LOWER_UP> mtu 65536 qdisc noqueue state UNKNOWN group default qlen 1000
    link/loopback 00:00:00:00:00:00 brd 00:00:00:00:00:00
    inet 127.0.0.1/8 scope host lo
      valid_lft forever preferred_lft forever
2: tunl0@NONE: <NOARP> mtu 1480 qdisc noop state DOWN group default qlen 1000
    link/ipip 0.0.0.0 brd 0.0.0.0
21: eth0@if22: <BROADCAST,MULTICAST,UP,LOWER_UP> mtu 1500 qdisc noqueue state UP group default
    link/ether 02:42:ac:11:00:03 brd ff:ff:ff:ff:ff:ff link-netnsid 0
    inet 172.17.0.3/16 brd 172.17.255.255 scope global eth0
      valid_lft forever preferred_lft forever
```

通过上述结果可以看到容器的IP是172.17.0.3。

1.5.4　在 Docker 容器中通过 yum 安装 Nginx

在容器中执行以下命令安装Nginx服务：

```
[root@ecfa046e9681]#yum install nginx -y
```

该命令使用yum包管理器安装Nginx软件包，对于所有的安装确认提示自动应答yes。

- yum：CentOS/RHEL系统中的包管理器，在容器中用于安装、更新和卸载软件包。
- install：yum的子命令，用于安装指定的软件包。
- nginx：要安装的软件包，即Nginx。
- -y：对于所有的安装确认提示自动应答yes，不需要手动确认。这个选项可以避免因为等待用户确认而导致安装过程被阻塞。

1. 安装文本编辑器vim

```
[root@ecfa046e9681]#yum install vim-enhanced -y
```

该命令的作用是使用yum包管理器安装vim-enhanced软件包，对于所有的安装确认提示自动应答yes。

- vim-enhanced：要安装的软件包，即 vim的增强版，包含更多的功能和插件。

2. 创建Nginx的静态页面

```
[root@ecfa046e9681]#mkdir /var/www/html -p
```

该命令创建一个名为/var/www/html的目录，并使用-p选项创建整个目录路径。

- mkdir：在容器中创建一个目录。
- /var/www/html：要创建的目录路径，即在根目录下创建一个名为var的目录，再在var目录下创建一个名为www的目录，最后在www目录下创建一个名为html的目录。
- -p：如果要创建的目录的上级目录不存在，则自动创建上级目录。如果不使用-p选项，则必须手动创建上级目录，否则会报错。

```
[root@ecfa046e9681]#cd /var/www/html/
```

将当前路径切换到/var/www/html/目录下。

```
[root@ecfa046e9681]#vim index.html
```

在当前目录下创建或编辑一个名为index.html的文件。

如果文件不存在，则会创建一个新文件；如果文件已经存在，则会打开源文件并允许进行编辑操作。

文件内容如下：

```
<html>
      <head>
              <title>nginx in Docker</title>
      </head>
      <body>
              <h1>hello,My Name is xianchao</h1>  #首页内容
      </body>
</html>
```

其中，<h1>hello,My Name is xianchao</h1>是自己定义的Nginx首页内容。

3. 修改Nginx配置文件中的root路径

```
[root@ecfa046e9681]#vim /etc/nginx/nginx.conf
```

我们将root更改为/var/www/html/。

这里使用vim编辑器打开Nginx的配置文件/etc/nginx/nginx.conf，并把其中的root指令的值修改为/var/www/html/。将其修改为/var/www/html/后，当用户访问Nginx服务器时，Nginx将会从/var/www/html/目录下提供静态文件。

4. 启动Nginx

```
[root@ecfa046e9681]#/usr/sbin/nginx
```

该命令会启动Nginx服务器。其中，/usr/sbin/nginx表示启动Nginx服务器的命令路径，即在/usr/sbin/目录下找到名为nginx的可执行文件并执行。执行这个命令后，Nginx服务器将会在后台以守护进程的方式运行，监听指定的端口并提供静态文件服务。

5. 访问Docker中的Nginx服务，复制一个终端窗口

执行如下命令：

```
[root@xianchaomaster1 ~]# docker ps | grep nginx
  ecfa046e9681   centos                                             "/bin/bash"
12 minutes ago  Up 12 minutes   0.0.0.0:80->80/tcp, :::80->80/tcp  nginx
```

通过上述命令能查看到Docker部署的Nginx容器在物理机映射的端口是80。

接着执行以下命令，通过访问物理机IP和容器在物理机映射的端口访问容器：

```
[root@xianchaomaster1 ~]# curl http://192.168.40.180:80
```

该命令使用curl工具向指定IP地址和端口发送HTTP GET请求，并显示服务器响应的结果。

● curl：一个命令行工具，用于在终端发送HTTP请求并显示服务器响应。

- http://192.168.40.180:80：要发送请求的URL，其中包括服务器的IP地址和端口号。这里的IP地址为192.168.40.180，端口号为80。

GET请求是指HTTP中的一种请求方法，用于获取指定资源的信息。当curl工具发送HTTP GET请求时，服务器将会返回所请求资源的内容。

请求到的内容如下：

```
<html>
    <head>
        <title>nginx in Docker</title>
    </head>
    <body>
        <h1>hello,My Name is xianchao</h1>
    </body>
</html>
```

说明Docker部署成功，Docker中的Nginx容器运行正常。

当Docker容器运行在物理机上时，可以通过访问物理机的IP地址和映射的端口来访问容器中部署的应用程序。具体来说，访问流程如下：

（1）访问物理节点的IP地址和映射的端口，这些端口可以是容器暴露的端口或者是使用Docker提供的端口映射功能映射到的容器的端口。

（2）Docker守护进程收到请求后，将其路由到对应的容器，使用容器的IP地址和端口。

（3）容器收到请求后，将其转发到容器中运行的应用程序，使用应用程序的IP地址和端口。

通过这样的流程，可以方便地访问容器中部署的应用程序，实现快速开发和部署。

1.6　本章小结

本章主要从Docker零基础开始，介绍Docker容器的基本概念、特点、组成、安装和镜像加速器的配置，并对Docker的容器、镜像等命令做了详细介绍，让读者可以通过Docker运行容器，在Docker中快速部署服务。

## 第 2 章

Dockerfile构建企业级镜像

在服务器上可以通过源码或者rpm方式部署Nginx服务，但这样做不利于大规模部署。假如实际生产环境需要部署100个Nginx服务，就需要手动通过二进制或者源码安装100次，既浪费时间和人力，又浪费资源。为了提高效率，我们可以通过Dockerfile方式把Nginx服务封装到镜像中，然后Docker基于镜像快速启动容器，从而实现服务的快速部署。

Dockerfile是一个用来构建镜像的文本文件，文本内容包含一条条构建镜像所需的指令和说明。本章首先介绍Dockerfile的基本语法，然后介绍通过Dockerfile构建企业级镜像的具体实践。

本章内容：

- Dockerfile语法详解
- Dockerfile构建企业级镜像

2.1 Dockerfile 语法详解

Dockerfile是用于定义Docker镜像构建过程的文件。它是一个文本文件，包含一系列指令和参数，用于自动化地构建Docker镜像。Dockerfile中的每个指令代表着一个构建步骤，可以指定所使用的基础镜像、安装软件、配置环境变量、复制文件、运行命令等。

通过编写Dockerfile，用户可以将应用程序、服务或其他软件打包成Docker镜像，方便在不同环境中进行部署和运行。Dockerfile还可以用于实现镜像的版本控制、自动化构建、自动化测试和持续集成等操作，以提高应用程序的可移植性、可靠性和可维护性。

Dockerfile的语法和指令相对简单，容易上手，是Docker技术的重要组成部分，也是Docker生态系统中不可或缺的工具之一。

Dockerfile是一个文本文件，用于定义Docker镜像的构建过程。

利用Dockerfile构建镜像的流程如下：

（1）编写Dockerfile文件。根据需要，编写包含指令和参数的Dockerfile文件，描述镜像构建的过程和所需的软件配置等信息。

```
docker build -t image_name:tag .
```

其中，-t参数指定镜像名称和标签，"."表示当前目录是Dockerfile所在的目录。例如"docker build -t myapp:1.0"。

（2）构建镜像。在Dockerfile所在的目录下，使用docker build命令构建镜像。该命令会自动读取Dockerfile文件，根据文件中的指令和参数自动化构建Docker镜像。

（3）运行容器。使用docker run命令运行Docker容器，并在其中运行镜像中的应用程序或服务。

```
docker run -d -p 8080:80 myapp:1.0
```

其中，-d参数表示在后台运行容器，-p参数指定端口映射，myapp:1.0表示运行的镜像名称和标签。

通过上述步骤，我们可以轻松地利用Dockerfile构建Docker镜像，并在其中运行应用程序或服务。

我们看到，Dockerfile中包含一系列指令，每个指令代表着一个构建步骤，所以掌握这些指令非常重要。下面介绍Dockerfile的基本指令及其格式。

- FROM：指定所使用的基础镜像，如FROM ubuntu:latest。
- MAINTAINER：指定镜像维护者的信息，如MAINTAINER your_name <your_email>。
- RUN：在容器中执行命令，如RUN apt-get update && apt-get install -y curl。
- CMD：容器启动时执行的命令，如CMD ["nginx", "-g", "daemon off;"]。
- EXPOSE：声明容器运行时监听的端口，如EXPOSE 80。
- ENV：设置环境变量，如ENV MYSQL_ROOT_PASSWORD=password。
- ADD：将本地文件或目录复制到容器中，如果本地是一个压缩包，那么会先把压缩包解压，再把解压后生成的目录复制到容器中，如ADD ./app /app。
- COPY：复制本地文件或目录到容器中，如COPY ./app /app。
- WORKDIR：设置工作目录，如WORKDIR /app。
- VOLUME：声明持久化数据的挂载点，如VOLUME /data。

下面对Dockerfile基本指令及其使用进行详细介绍。

1. FROM

格式：FROM centos。

FROM centos是Dockerfile中的一个指令，用于指定所使用的基础镜像。该指令告诉Docker，本次构建镜像需要以CentOS为基础镜像。在构建过程中，Docker会从Docker Hub中下载CentOS的官方镜像，以此为基础构建新的镜像。

例如，下面的Dockerfile中使用FROM centos指令指定以CentOS为基础镜像：

```
FROM centos
RUN yum install -y httpd
COPY index.html /var/www/html/
EXPOSE 80
CMD ["httpd", "-DFOREGROUND"]
```

该Dockerfile会创建一个基于CentOS的镜像，安装Apache httpd服务器，将index.html文件复制到/var/www/html目录下，并将容器的80端口暴露出来，最后在容器启动时启动httpd服务器。

2. MAINTAINER

MAINTAINER是Dockerfile中的一个指令，用于指定镜像的维护者信息。在早期版本的Docker中，MAINTAINER指令是必需的，用于指定镜像的维护者或作者信息。但是自Docker 1.13版本开始，MAINTAINER指令被标记为"过时"，建议使用LABEL指令来代替MAINTAINER指令。

使用MAINTAINER指令的示例如下：

```
FROM ubuntu
MAINTAINER John Doe <johndoe@example.com>
RUN apt-get update && apt-get install -y apache2
COPY index.html /var/www/html/
EXPOSE 80
CMD ["apache2ctl", "-DFOREGROUND"]
```

该Dockerfile使用FROM指令指定了基础镜像为Ubuntu，使用MAINTAINER指令指定了镜像的维护者信息，然后安装Apache httpd服务器，将index.html文件复制到/var/www/html目录下，并将容器的80端口暴露出来，最后在容器启动时启动httpd服务器。

虽然MAINTAINER指令已经被标记为"过时"，但在一些旧版本的Docker中仍然需要使用它。如果要指定镜像的维护者信息，建议使用LABEL指令。

3. RUN

RUN是Dockerfile中的一个指令，用于在镜像构建过程中执行命令。在Dockerfile中，每一个RUN指令都会在一个新的镜像层上执行，最终形成一个新的镜像。

在RUN指令中，可以执行任何有效的Linux命令，如安装软件包、创建文件夹、运行脚本等。常用的命令包括apt-get、yum、pip、git、curl等。

RUN指令有两种模式：shell模式和exec模式。在shell模式下，命令将在容器的默认shell中运行，而在exec模式下，命令将以exec系统调用的方式运行。通常，使用exec模式更加高效和安全。

使用RUN指令的两种模式的具体案例演示如下。

1）使用 shell 模式

```
FROM ubuntu
RUN apt-get update && apt-get install -y \
    python3 \
    python3-pip \
    git
RUN git clone https://github.com/example/example.git
WORKDIR /example
RUN pip3 install -r requirements.txt
CMD ["python3", "app.py"]
```

在这个例子中，使用RUN指令在Ubuntu镜像中执行了多个命令。在第一个RUN指令中，使用apt-get安装了Python3、pip3以及Git。在第二个RUN指令中，使用Git克隆了一个仓库，并切换到仓库目录，使用第三个RUN指令安装了Python依赖库（即依赖项）。最后，在CMD指令中，指定了容器启动时要运行的命令。

2）使用 exec 模式

```
FROM alpine
RUN apk add --no-cache git
RUN --mount=type=cache,target=/root/.cache \
    git clone https://github.com/example/example.git
WORKDIR /example
RUN --mount=type=cache,target=/root/.cache \
    apk add --no-cache python3 \
    && pip3 install -r requirements.txt
CMD ["python3", "app.py"]
```

在这个例子中，使用RUN指令在Alpine镜像中执行了多个命令，并使用了exec模式。在第一个RUN指令中，使用apk安装了Git。在第二个和第三个RUN指令中，使用--mount选项指定了缓存目录，并安装了Python3和Python依赖库。在第二个RUN指令中，使用Git克隆了一个仓库，并切换到仓库目录。最后，在CMD指令中，指定了容器启动时要运行的命令。

4. EXPOSE

EXPOSE是Dockerfile中的一个指令，用于声明容器将要监听的网络端口。该指令并不会在容器启动时自动将端口映射到宿主机上，而是提供给运行容器的人员一个提示，告诉他们容器应该监听哪些端口。

当运行容器时，可以使用-p选项将容器内部的端口映射到宿主机上，从而允许外部网络访问容器中运行的服务。

以下是一个简单的Dockerfile示例，使用EXPOSE指令声明容器将要监听的端口：

```
FROM nginx
EXPOSE 80
```

在这个例子中，从Nginx官方镜像中构建了一个新的镜像，并使用EXPOSE指令声明了容器将会监听80端口。在容器启动时，可以使用-p选项将容器内的80端口映射到宿主机的某个端口上，例如：

```
docker run -p 8080:80 my-nginx-image
```

这条命令将在宿主机的8080端口上监听HTTP请求，并将其转发到容器中的80端口上，从而允许外部网络访问容器中的Nginx服务。

5. CMD

CMD是Dockerfile中的一个指令，用于指定在容器启动时要运行的命令。该指令可以有多个，但只有最后一个会被执行。

CMD指令有两种模式：shell模式和exec模式。在shell模式下，命令将在容器的默认shell中运行，而在exec模式下，命令将以exec系统调用的方式运行。通常，使用exec模式更加高效和安全。

使用CMD指令的两种模式的具体案例演示如下。

1）使用 shell 模式

```
FROM ubuntu
RUN apt-get update && apt-get install -y \
    python3 \
    python3-pip \
    git
RUN git clone https://github.com/example/example.git
WORKDIR /example
RUN pip3 install -r requirements.txt
CMD python3 app.py
```

上述dockerfile文件说明如下：

（1）以Ubuntu为基础镜像。

（2）运行apt-get命令更新系统，并安装Python3、Python3-pip、Git等软件。

（3）克隆GitHub上的一个名为example的项目。

（4）将工作目录切换到example目录。

（5）安装example项目所需的Python依赖库。

（6）在容器启动时运行app.py脚本，即将这个Python脚本作为容器的默认启动命令。

在这个例子中，使用CMD指令在Ubuntu镜像中指定了容器启动时要运行的命令。这个命令将在容器的默认shell中运行，即Bash。在这里，我们直接指定了Python脚本的名称，因为在Dockerfile中可以假设Python已经安装在容器中。

2）使用 exec 模式

```
FROM alpine
RUN apk add --no-cache git
RUN --mount=type=cache,target=/root/.cache \
    git clone https://github.com/example/example.git
WORKDIR /example
RUN --mount=type=cache,target=/root/.cache \
    apk add --no-cache python3 \
    && pip3 install -r requirements.txt
CMD ["python3", "app.py"]
```

上述dockerfile文件说明如下：

（1）以Alpine为基础镜像。

（2）运行apk命令安装Git。

（3）使用--mount选项将缓存目录挂载到容器内的/root/.cache目录。

（4）克隆GitHub上的一个名为example的项目。

（5）将工作目录切换到example目录。

（6）使用--mount选项将缓存目录挂载到容器内的/root/.cache目录。

（7）运行apk命令安装Python3，并使用pip3安装requirements.txt中列出的依赖库。

（8）在容器启动时运行app.py脚本，即将这个Python脚本作为容器的默认启动命令。

在这个例子中，使用CMD指令在Alpine镜像中指定了容器启动时要运行的命令。这个命令将以exec系统调用的方式运行，而不是在容器的默认shell中运行。在这里，我们使用了一个JSON数组来指定Python脚本的名称和参数。

需要注意的是，在使用exec模式时，必须将CMD指令的命令和参数放在JSON数组中。否则，Docker会将整个字符串作为一个命令执行，这可能会导致错误。

总之，无论是shell模式还是exec模式，CMD指令都是Dockerfile中非常重要的一部分，用于定义容器的默认行为和运行命令。根据不同的场景，我们可以选择使用不同的模式来编写CMD指令。

6. ENTRYPOINT 指令

ENTRYPOINT指令用于设置容器启动时的默认命令或者应用程序，它与CMD指令类似，都是用来定义容器的启动命令，但是两者有一些不同。

ENTRYPOINT指令的主要作用是指定容器的默认应用程序或命令，而CMD指令则是为ENTRYPOINT指定的应用程序或命令提供默认参数。也就是说，ENTRYPOINT指令指定的命令会被CMD指令中的参数覆盖。

使用ENTRYPOINT指令的Dockerfile示例如下：

```
FROM ubuntu
ENTRYPOINT ["echo", "Hello,"]
CMD ["world!"]
```

这个Dockerfile的意思是，在容器启动时，默认的命令是echo "Hello,"，CMD指令提供了一个参数"world!"，最终启动的命令是echo "Hello," "world!"。也就是说，容器启动后会输出：Hello, world!。

相比之下，如果使用CMD指令，那么这个Dockerfile应该是这样的：

```
FROM ubuntu
CMD ["echo", "Hello,", "world!"]
```

这个Dockerfile的意思是，在容器启动时，默认的命令是echo "Hello," "world!"，因为CMD指令提供了完整的命令和参数。

接下来，为了让读者更好地理解CMD和ENTRYPOINT的关系，继续举几个例子：

示例一：

```
FROM python:3.9-slim
WORKDIR /app
COPY . .
RUN pip install --no-cache-dir -r requirements.txt
ENTRYPOINT ["python", "app.py"]
```

这个Dockerfile的意思是，以Python 3.9 slim版镜像为基础镜像，将当前目录下的所有文件复制到容器的/app目录下，安装requirements.txt中列出的依赖库，然后将"python app.py"作为容器启动时的默认命令。

示例二：

```
FROM ubuntu:latest
RUN apt-get update && apt-get install -y curl
```

```
ENTRYPOINT ["curl", "-s", "-o", "/dev/null"]
CMD ["https://www.google.com"]
```

这个Dockerfile的意思是，以新版的Ubuntu镜像为基础镜像，安装curl工具，然后将"curl -s -o /dev/null"作为容器启动时的默认命令，CMD指令提供了一个参数"https://www.google.com"，即使用curl命令获取Google网站内容。在容器启动时，将自动运行这个命令，输出结果将被重定向到/dev/null中，即不会输出到控制台。

这些示例都是使用ENTRYPOINT指令来定义容器启动时的默认命令，这些命令可以根据具体需要进行调整。通过使用ENTRYPOINT指令，可以确保在容器启动时始终运行特定的命令或应用程序，从而确保容器的可靠性和稳定性。

7. COPY

COPY指令用于将本地文件复制到Docker容器中，其语法如下：

```
COPY <源路径> <目标路径>
```

其中，源路径可以是本地文件系统中的相对路径或绝对路径，目标路径指的是Docker容器内的路径。

当构建镜像时，Docker将从本地文件系统中复制指定的文件或目录到容器中，可以在构建过程中使用这些文件或目录。在Dockerfile中，可以使用相对路径或绝对路径指定源路径，例如：

```
COPY app.py /app/
```

上述指令将当前目录下的app.py文件复制到容器内的/app目录下。

需要注意的是，COPY指令中指定的源路径必须在构建的上下文中存在，否则Docker构建过程将会失败。在构建过程中，Docker将使用Dockerfile所在的目录构建上下文，因此可以在Dockerfile所在目录的任何位置使用相对路径指定源路径。如果需要复制多个文件或目录，那么可以使用通配符来指定，例如：

```
COPY app/* /app/
```

上述指令将当前目录下的app目录中的所有文件和子目录复制到容器内的/app目录下。

8. ADD

ADD指令和COPY指令类似，也是用于将本地文件复制到Docker容器中，但相对于COPY指令，ADD指令支持更多的功能。其语法如下：

```
ADD <源路径> <目标路径>
```

其中，源路径可以是本地文件系统中的相对路径或绝对路径，目标路径指的是Docker容器内的路径。

与COPY指令不同的是，ADD指令可以将压缩文件自动解压缩，例如：

```
ADD example.tar.gz /app/
```

上述指令将当前目录下的example.tar.gz压缩文件复制到容器内的/app目录下，并自动解压缩。

另外，ADD指令还支持从URL下载文件并将其复制到容器中，例如：

```
ADD https://example.com/file.tar.gz /app/
```

上述指令将从https://example.com/file.tar.gz地址下载文件，并将其复制到容器内的/app目录下，并自动解压缩。

需要注意的是，ADD指令与COPY指令不同的是，如果源路径是一个归档文件或目录，那么Docker将在复制时自动解压缩，因此在使用ADD指令时需要特别注意。如果源路径不是一个归档文件或目录，那么建议使用COPY指令来完成文件复制操作。

另外，需要注意的是，ADD指令会修改文件的权限和属主信息，因此，如果不需要使用ADD指令的高级功能，那么建议使用COPY指令。

9. VOLUME

VOLUME指令用于在Docker容器中创建一个挂载点，允许其他容器或主机将数据卷挂载到该点上，从而实现数据持久化的目的。其语法如下：

```
VOLUME <挂载点>
```

其中，挂载点可以是Docker容器内的任意路径。使用VOLUME指令创建的挂载点会在容器启动时自动创建，且容器销毁时挂载点不会被删除，因此数据可以持久保存。

需要注意的是，VOLUME指令并不会在主机上创建一个新的目录，而是将一个已经存在的目录挂载到容器中。因此，在使用VOLUME指令时，需要在运行容器时通过-v或--mount参数指定要挂载的目录。

例如，假设在Dockerfile中定义了以下VOLUME指令：

```
VOLUME /data
```

则可以在运行容器时使用以下命令将主机上的/data目录挂载到容器内：

```
docker run -v /path/to/data:/data <image>
```

上述命令将主机上的/path/to/data目录挂载到容器内的/data目录上，从而实现了数据持久化的目的。

需要注意的是，如果在Dockerfile中定义了VOLUME指令，但在运行容器时未指定要挂载的目录，那么Docker会自动将一个匿名数据卷挂载到容器内的VOLUME指令定义的挂载点上。

另外，匿名数据卷在Docker内部存储系统中的路径是/var/lib/docker/volumes/，在容器内则会挂载到指定的挂载点。匿名数据卷的名称是随机生成的，并且在容器被删除时会自动清理，因此不适合长期保存数据。同时，由于匿名数据卷没有名称，也不能通过名称进行操作和管理，因此使用命名的数据卷更为灵活和方便。

10. WORKDIR

WORKDIR指令用于设置Docker容器的工作目录，即在容器中执行命令时所在的目录。其语法如下：

```
WORKDIR <工作目录>
```

在Dockerfile中使用WORKDIR指令可以方便地设置Docker容器中的工作目录，使得在容器中执行命令时可以避免使用绝对路径。WORKDIR指令可以使用相对路径或绝对路径，如果使用相对路径，则相对路径是相对于Dockerfile所在的目录的。

在Dockerfile中可以多次使用WORKDIR指令，后续的指令会在前一个WORKDIR指令所指定的目录下执行。如果没有使用WORKDIR指令，则默认的工作目录为根目录/。

例如，以下Dockerfile中设置了工作目录为/app，并在该目录下执行后续的指令：

```
FROM python:3.8
WORKDIR /app
COPY requirements.txt .
RUN pip install -r requirements.txt
COPY . .
CMD [ "python", "./app.py" ]
```

在以上的Dockerfile中，WORKDIR指令将容器的工作目录设置为/app，因此COPY、RUN和CMD指令都是在/app 目录下执行的。

11. ENV

ENV指令用于在Docker容器中设置环境变量。其语法如下：

```
ENV <环境变量名> <环境变量值>
```

在Dockerfile中使用ENV指令可以方便地设置Docker容器中的环境变量，使得在容器中运行的应用程序可以使用这些环境变量。ENV指令可以用于设置任何类型的环境变量，例如PATH、JAVA_HOME等。可以在Dockerfile中多次使用ENV指令来设置多个环境变量。

以下是一个简单的例子，其中使用ENV指令设置了一个名为MY_NAME的环境变量：

```
FROM ubuntu:latest
ENV MY_NAME="Docker"
CMD echo "Hello, ${MY_NAME}!"
```

在以上的Dockerfile中，ENV指令将环境变量MY_NAME设置为Docker，而CMD指令则打印了一条带有环境变量MY_NAME值的问候语。因此，在构建并运行该Docker镜像后，将输出：Hello, Docker!。

需要注意的是，Docker中的环境变量可以在容器内部使用，但不能直接在Dockerfile中使用，因为Dockerfile中的指令在构建镜像时就已经被执行了，而不是在容器中运行时才执行。如果需要在Dockerfile中使用环境变量，那么可以使用ARG指令来定义构建时的参数。

12. USER

USER指令用来设置容器中运行应用程序的用户或用户组。通过USER指令，我们可以在容器中以指定的用户身份运行应用程序，从而增强容器的安全性。具体来说，用户可以通过用户名、用户组名、UID或GID指定。

在一个Dockerfile中，可以通过以下语法来使用USER指令：

```
USER <user>[:<group>] or <UID>[:<GID>]
```

其中，<user>和<group>是要设置的用户名和用户组名，<UID>和<GID>是要设置的UID和GID。

以下是一个示例，其中使用USER指令将容器的运行用户设置为myuser：

```
FROM ubuntu:latest
RUN useradd -ms /bin/bash myuser
USER myuser
CMD echo "Hello, Docker!"
```

在上面的例子中，首先使用RUN指令创建了一个名为myuser的用户，然后使用USER指令将容器的运行用户设置为myuser，最后使用CMD指令运行一个简单的echo命令。

当构建并运行该Docker镜像时，输出将以myuser的身份运行。

需要注意的是，使用USER指令设置容器运行用户时，需要确保容器中已经包含该用户及其所需的文件和权限。如果在运行时缺少必要的文件或权限，可能会导致应用程序运行失败。

> **提示**　在Linux系统中，用户和组是用来管理文件访问权限的基本概念。每个文件和目录都有一个所有者和一个所属组，用来控制对其访问的权限。UID（User ID）和GID（Group ID）是系统为每个用户和组分配的唯一标识符。每个用户和组都有一个唯一的UID和GID。
> 在Linux中，每个用户都有一个UID和一个用户名。UID通常是一个数字，用于标识用户。每个组也有一个GID和一个组名。GID也是一个数字，用于标识组。文件和目录的所有者和所属组都是通过UID和GID来标识的。

例如，在Ubuntu系统中，用户root通常具有UID 0，组root通常具有GID 0。其他用户和组的UID和GID是随机分配的。可以使用命令id来查看当前用户的UID和GID。

```
$ id
uid=1000(username) gid=1000(username) groups=1000(username),27(sudo)
```

在上面的示例中，当前用户的UID和GID都是1000。用户还属于两个组，一个是同名的主组username，另一个是系统默认的sudo组。

13. ONBUILD

ONBUILD指令是Dockerfile中的一个特殊指令，用于定义一个触发器，该触发器在后续构建该镜像的时候被触发执行。它的语法如下：

```
ONBUILD <INSTRUCTION>
```

这里的<INSTRUCTION>可以是任何一个标准的Dockerfile指令。当这个镜像被用作其他Dockerfile中的基础镜像时，这个触发器就会被触发，以执行相应的指令。

通常情况下，ONBUILD指令用于定义一些通用的构建步骤，这些步骤在多个不同的镜像构建过程中可能都会被用到。通过将这些通用的构建步骤定义为一个独立的镜像，可以避免在每个镜像构建过程中重复编写这些步骤。

下面是一个简单的ONBUILD指令的例子，它定义了一个触发器，当这个镜像被用作其他Dockerfile的基础镜像时，会自动复制一个文件到镜像中。

Dockerfile文件内容如下：

```
# 基础镜像
FROM alpine
# 构建触发器
ONBUILD COPY ./file.txt /app/file.txt

基于dockerfile构建镜像
docker build -t=my-base-image
```

当其他Dockerfile使用这个镜像作为基础镜像时，会自动执行COPY指令将file.txt文件复制到/app/file.txt中。例如，下面的Dockerfile使用了上面定义的镜像：

```
FROM my-base-image
COPY ./app /app
WORKDIR /app
```

在构建这个Dockerfile时，Docker会首先构建my-base-image镜像，并将file.txt复制到/app/file.txt中，然后执行COPY指令将应用代码复制到/app目录中。

需要注意的是，ONBUILD指令只有在使用当前镜像作为其他Dockerfile的基础镜像时才会被触发。如果直接使用docker build命令构建当前镜像，ONBUILD指令是不会被执行的。

14. HEALTHCHECK

HEALTHCHECK指令用于在容器运行时检查容器的健康状态，它可以检查容器中的应用程序或服务是否正在运行，并在它们不可用时采取适当的措施。

HEALTHCHECK指令可以在Dockerfile中使用，它有两个参数：--interval和--timeout。--interval指定健康检查的间隔时间，单位是秒，默认值为30秒；--timeout指定健康检查的超时时间，单位也是秒，默认值为30秒。

HEALTHCHECK指令有以下两种格式。

1）格式一：HEALTHCHECK [OPTIONS] CMD command

这种格式是最常见的，它通过在容器内执行一个命令来检查容器的健康状态。如果命令返回0，则容器被视为健康；否则，容器被视为不健康。例如：

```
HEALTHCHECK --interval=5m --timeout=3s CMD curl -f http://localhost/ || exit 1
```

在这个例子中，容器每隔5分钟会尝试访问http://localhost/。如果访问成功，则返回0，表示容器健康；否则返回1，表示容器不健康。

2）格式二：HEALTHCHECK NONE

这种格式表示不进行任何健康检查，即容器始终被视为健康。例如：

```
HEALTHCHECK NONE
```

这个例子中，容器没有任何健康检查，始终被视为健康。

在Dockerfile中，HEALTHCHECK指令必须在CMD或ENTRYPOINT指令之前执行，因为健康检查依赖于这些指令。在构建镜像时，可以使用--health-cmd、--health-interval和--health-timeout参数设置默认健康检查的命令、间隔时间和超时时间，也可以使用--no-healthcheck参数禁用默认的健康检查。在运行容器时，可以使用--health-cmd、--health-interval和--health-timeout参数覆盖默认的健康检查设置。

15. ARG

ARG指令用于在构建Docker镜像时传递构建参数，它可以在构建时动态地传递值，从而使镜像在不同的构建环境中具有不同的属性。

ARG指令有以下两种形式。

1）单行形式

```
ARG <name>[=<default value>]
```

这种形式的ARG定义了一个构建参数，并可以为其设置默认值。在构建镜像时，如果没有指定该参数的值，则使用默认值。

例如ARG VERSION=latest定义了一个名为VERSION的构建参数，并将其默认值设置为latest。

2）多行形式

```
ARG <name1>[=<default value1>]
ARG <name2>[=<default value2>]
...
```

这种形式的ARG允许定义多个构建参数，例如：

```
ARG BUILD_VERSION
ARG COMMIT_SHA
```

定义了两个构建参数，分别是BUILD_VERSION和COMMIT_SHA。

在Dockerfile中使用ARG指令定义的参数可以在后续指令中使用，例如：

```
ARG VERSION=latest
FROM ubuntu:${VERSION}
```

在上面的例子中，通过ARG指令定义了VERSION构建参数，并在FROM指令中使用该参数设置了Ubuntu镜像的版本号。如果在构建镜像时未指定VERSION参数的值，则使用默认值latest。

提示　ENV和ARG都用于设置环境变量，它们之间有什么区别？

ARG和ENV都是用来设置环境变量的指令，但二者之间有一些不同之处：

- 首先，ARG用于定义构建时的参数，可以在构建镜像的时候通过--build-arg选项进行传递，例如：

```
docker build --build-arg VERSION=1.0.0 -t myimage
```

在Dockerfile中，可以使用${变量名}的方式来引用参数，例如：

```
ARG VERSION
ENV APP_VERSION=${VERSION}
```

这样就可以在构建镜像时传递参数，并将其设置为环境变量。

- 其次，ARG指令可以在Dockerfile中的任何位置使用，而ENV只能在Dockerfile中的顶部或者在FROM指令后使用。
- 再次，ARG指令设置的参数只在构建镜像时有效，而ENV设置的环境变量则在容器运行时生效。

因此，ARG常用于构建镜像时需要动态传递参数的场景，而ENV常用于定义容器运行时需要使用固定环境变量的场景。

2.2　Dockerfile 构建企业级镜像

2.1节我们介绍了Dockerfile的常用命令及构建镜像的过程，本节将通过具体的案例介绍用Dockerfile构建企业级镜像的详细步骤和方法。

2.2.1　案例：Dockerfile 构建 Nginx 镜像

Nginx是Igor Sysoev为俄罗斯访问量第二的rambler.ru站点设计开发的开源服务器组件。从2004年发布至今，凭借开源的力量，已经接近成熟与完善。Nginx功能丰富，可作为HTTP服务器，也可作为反向代理服务器或邮件服务器，它支持FastCGI、SSL、Virtual Host、URL Rewrite、Gzip等功能，并且支持很多第三方的模块扩展。Nginx常见的部署方式是在物理机部署，本小节重点演示如何将Nginx服务做成镜像，并通过Docker运行。

具体步骤如下：

（1）创建一个目录，把构建Nginx的Dockerfile文件保存到此目录。

```
mkdir nginxDockerfile
```

创建一个名为nginxDockerfile的目录。

（2）进入刚才创建好的目录。

```
cd nginxDockerfile /
```

切换到nginxDockerfile/目录。

（3）创建Dockerfile文件。

```
vim dockerfile
```

使用vim编辑器创建Dockerfile文件，文件内容如下：

```
FROM centos                              #使用CentOS作为基础镜像
MAINTAINER xianchao                      #指定镜像作者
```

```
RUN yum install wget -y                              #在镜像中安装wget指令
RUN yum install nginx -y                             #在镜像中安装Nginx指令
COPY index.html /usr/share/nginx/html/               #将宿主机文件复制到镜像
EXPOSE 80                                            #将镜像中的Nginx容器80端口声明出来
ENTRYPOINT ["/usr/sbin/nginx","-g","daemon off;"]    #Docker run后自动执行的命令
```

Dockerfile文件的说明：

```
ENTRYPOINT ["/usr/sbin/nginx","-g","daemon off;"]
```

表示容器运行时，自动启动容器中的Nginx服务。如果Dockerfile中指定了ENTRYPOINT ["/usr/sbin/nginx","-g","daemon off;"]，那么docker run命令不需要跟nginx　-g "daemon off;"。

- ENTRYPOINT指令用于配置容器启动时要执行的命令和参数。
- ["/usr/sbin/nginx","-g","daemon off;"]是要执行的命令和参数。

  - "/usr/sbin/nginx"是要执行的命令，表示启动一个Nginx服务器。
  - "-g"是Nginx的全局指令，用于设置Nginx的全局配置参数。
  - "daemon off;"是Nginx的全局配置参数，用于让Nginx在前台运行，而不是作为守护进程在后台运行。

该指令通常用于Dockerfile中，用于配置容器启动时要执行的命令和参数。在本例中，该指令表示在容器启动时，要执行一个Nginx服务器，并让Nginx在前台运行。这样可以让容器在启动时直接运行Nginx服务器，而不需要手动启动。

> 提示　Docker容器启动时，默认会把容器内部第一个进程，也就是pid=1的程序作为Docker容器是否正在运行的依据，如果Docker容器pid=1的进程崩溃，那么Docker容器便会直接退出。原因是，Nginx默认是以后台模式启动的，Docker未执行自定义的CMD之前，Nginx的pid是1，执行CMD之后，Nginx就在后台运行，bash或sh脚本的pid变成1。因此，一旦执行完自定义CMD，Nginx容器也就退出了。为了保持Nginx容器不退出，应该关闭Nginx后台运行。

（4）创建一个Nginx首页。

```
vim index.html
```

使用vim创建index.html文件，文件内容如下：

```
<html>
<head>
      <title>page added to Dockerfile</title>
</head>
```

```
<body>
        <h1>Hello, My Name is Xianchao,My wechat is luckylucky421302 </h1>
</body>
</html>
```

（5）基于刚才自己的Dockerfile构建镜像。

```
docker build -t="xianchao/nginx:v1" .
```

用于构建Docker镜像并打标签。

- -t是docker build命令中用于指定镜像名称和标签的选项。
- "xianchao/nginx:v1"是要为构建的镜像指定的名称和标签。其中xianchao是注册表名称，nginx是镜像名称，v1是镜像标签。
- "."表示Dockerfile文件所在的当前目录。Docker将会在该目录中查找名为Dockerfile的文件，并根据该文件中的指令构建Docker镜像。

该命令执行完毕后，Docker会读取Dockerfile文件中的指令，并根据这些指令构建一个新的Docker镜像。完成后，该镜像将会被命名为xianchao/nginx:v1，可以使用docker images命令查看该镜像是否已经构建成功。

（6）查看镜像是否构建成功。

```
docker images | grep nginx
```

用于列出Docker中的所有镜像，并通过管道符"|"将输出传递给grep命令，从而过滤出包含nginx的镜像。

- docker images是用于列出Docker中所有镜像的命令。
- |是管道符，用于将前一个命令的输出传递给后一个命令进行处理。
- grep是Linux中的一个命令，用于在文本中查找匹配的字符串。
- nginx是要查找的字符串，用于过滤出包含nginx的镜像。

该命令执行完毕后，会列出Docker中的所有镜像，并且只显示包含nginx的镜像。这个命令通常用于在Docker中查找特定镜像或者以特定名称命名的镜像。

显示如下说明镜像部署成功：

```
xianchao/nginx   v1       baee97a76499   About a minute ago   344MB
```

说明如下：

- xianchao/nginx是该镜像的名称。
- v1是该镜像的标签。

- baee97a76499是该镜像的唯一ID，用于在Docker中标识该镜像。
- About a minute ago是该镜像的创建时间，表示该镜像是在一分钟前创建的。
- 344MB是该镜像的大小，表示该镜像占用344MB的存储空间。其中包括镜像名称、标签、镜像ID、创建时间和镜像大小等信息。

这个输出通常用于查看Docker中的镜像列表以及各个镜像的基本信息，包括名称、标签、创建时间和大小等。

（7）基于刚才构建好的镜像启动容器。

```
docker run -d  -p 80 --name html2 xianchao/nginx:v1
```

用于在Docker中运行一个容器。

- docker run是用于在Docker中运行容器的命令。
- -d是docker run命令中用于在后台运行容器的选项。如果不指定此选项，则容器将在前台运行，并将输出打印到终端上。
- -p 80是docker run命令中用于指定容器端口和主机端口的映射关系的选项。其中80是容器端口号，表示将容器中的端口80映射到主机的任意一个端口上。
- --name html2是指定容器名称的选项。其中html2是容器名称。如果不指定此选项，则Docker会自动生成一个唯一的名称来标识该容器。
- xianchao/nginx:v1是要运行的Docker镜像的名称和标签。其中xianchao是Docker Hub用户名（在登录Docker Hub时需要有一个用户名，这个用户名是在注册Docker Hub时指定的），nginx是镜像名称，v1是镜像标签。

该命令执行完毕后，Docker会在容器中运行指定的Docker镜像，并将容器命名为html2。容器中的端口80会被映射到主机上的任意一个端口，可以使用docker container ls命令查看该容器是否已经运行成功。

（8）查看容器的具体信息。

可使用如下命令：

```
[root@xianchaomaster1 Dockerfile]# docker ps | grep html
```

输出容器的一些基本信息，包括容器 ID、容器名称、运行的Docker 镜像、命令、运行时间、端口映射等。

显示的信息如下：

```
  bdbe140d5dc9   xianchao/nginx:v1                              "/usr/sbin/nginx
-g …"   17 seconds ago  Up 15 seconds   0.0.0.0:49154->80/tcp, :::49154->80/tcp   html2
```

说明如下：

- bdbe140d5dc9是容器的唯一ID，用于在Docker中标识该容器。
- xianchao/nginx:v1是容器运行的Docker镜像的名称和标签。
- "/usr/sbin/nginx -g …"是容器运行的命令。在本例中，容器运行了Nginx服务。
- 17 seconds ago和Up 15 seconds是容器的运行时间。其中，17 seconds ago表示容器的创建时间，Up 15 seconds表示容器已经运行了15秒。
- 0.0.0.0:49154->80/tcp，:::49154->80/tcp是容器端口和主机端口的映射关系。其中，0.0.0.0:49154->80/tcp表示容器的端口80映射到主机的端口49154上，:::49154->80/tcp表示容器的端口80映射到主机的IPv6地址的端口49154上。
- html2是容器的名称，与docker run命令中指定的容器名称一致。

（9）查看容器中部署的Nginx网站的内容。

```
curl http://192.168.40.180:49154
```

这个命令通常用于测试Web服务的可用性，也可以用于获取Web服务返回的数据。在本例中，该命令会向运行在Docker容器中的Nginx服务发送HTTP GET请求，并将响应内容显示在终端上。

- curl是一个命令行工具，用于向指定的URL发送HTTP请求并显示响应内容。
- http://192.168.40.180:49154是目标URL，其中http表示协议使用HTTP，192.168.40.180是目标主机的IP地址，49154是目标主机上映射到容器中的端口号。
- 发送HTTP GET请求。默认情况下，curl发送的是HTTP GET请求，如果需要发送其他类型的请求，那么可以使用-X选项指定请求类型，如-X POST表示发送HTTP POST请求。
- 显示响应内容。curl会将发送给目标URL的HTTP响应内容显示在终端上。如果需要将响应内容保存到文件中，那么可以使用-o选项指定输出文件名，如-o response.txt表示将响应内容保存到名为response.txt的文件中。

显示的内容如下：

```
<html>
<head>
      <title>page added to Dockerfile</title>
</head>
<body>
      <h1>Hello, My Name is Xianchao,My wechat is luckylucky421302 </h1>
</body>
</html>
```

2.2.2　案例：Dockerfile 构建 Tomcat 镜像

Tomcat是一个免费的、开放源代码的Web应用服务器，是Apache软件基金会项目中的一个核心项目，由Apache、Sun和一些公司以及个人共同开发而成，深受Java爱好者的喜爱，是一款比较流行的Web应用服务器。接下来演示如何基于Dockerfile文件构建一个封装了Tomcat服务的镜像。

基于Dockerfile构建Tomcat镜像的具体步骤如下：

（1）创建一个目录，把构建Tomcat的Dockerfile文件保存到此目录。

```
mkdir tomcat8          #创建目录Tomcat8
cd tomcat8             #进入刚才创建的目录
```

把apache-tomcat-8.0.26.tar.gz和jdk-8u45-linux-x64.rpm传到这个目录，apache-tomcat-8.0.26.tar.gz和jdk-8u45-linux-x64.rpm请从配书资源下的"Dockerfile构建Tomcat镜像"目录下获取。

（2）创建Dockerfile文件。

使用vim来创建Dockerfile。

```
vim dockerfile
FROM centos                                           #使用CentOS作为基础镜像
MAINTAINER xianchao                                   #指定镜像作者
RUN yum install wget -y                               #在镜像中安装wget指令
ADD jdk-8u45-linux-x64.rpm /usr/local/               #把物理机的jdk包传到镜像中
ADD apache-tomcat-8.0.26.tar.gz /usr/local/          #把物理机的apache包解压之后传到镜像中
RUN cd /usr/local && rpm -ivh jdk-8u45-linux-x64.rpm    #rpm命令安装jdk包
RUN mv /usr/local/apache-tomcat-8.0.26 /usr/local/tomcat8 #对apache解压的文件夹重命名
EXPOSE 8080                                           #声明tomcat服务是8080端口
```

（3）基于Dockerfile开始构建镜像。

```
docker build -t="tomcat8:v1" .
```

用来构建一个名为tomcat8:v1的Docker镜像。其中tomcat8是镜像的名称，v1是版本号。

（4）运行一个容器。

基于刚才构建好的镜像运行一个容器：

```
docker run --name tomcat8 -itd -p 8080:8080 tomcat8:v1
```

上述命令用来启动一个名为tomcat8的Docker容器。

- --name tomcat8：表示给容器取一个名字，即tomcat8。
- -itd：表示以交互式、终端和后台运行的方式启动容器。其中，i表示交互式，t表示为容器分配一个虚拟终端，d表示在后台运行。
- -p 8080:8080：将容器的8080端口映射到宿主机的8080端口上。其中，左侧的8080表示宿主机的端口，右侧的8080表示容器的端口。这个命令告诉Docker将容器的8080端口映射到宿主机的8080端口上，这样就可以通过访问宿主机的8080端口来访问容器中运行的应用程序。如果容器中的应用程序使用的是其他端口，比如80端口，则需要将左侧的端口改为80端口。

（5）进入容器。

```
docker exec -it tomcat8  /bin/bash
```

这个命令会在正在运行的名为tomcat8的Docker容器中启动一个Bash shell终端，以便进行交互式操作。

- -it：表示以交互式、终端的方式进入容器。
- tomcat8：表示要进入的容器名称。
- /bin/bash：表示要在容器中执行的命令，即进入一个Bash shell终端。

（6）启动Tomcat。

```
/usr/local/tomcat8/bin/startup.sh
```

该命令会执行Tomcat服务器的启动脚本，启动Tomcat服务器。

其中/usr/local/tomcat8是Tomcat服务器的安装路径，bin/startup.sh是Tomcat服务器启动脚本所在的路径。

（7）查看刚才创建的tomcat8这个容器的详细信息。

```
docker ps | grep tomcat
```

该命令将列出正在运行的Docker容器名称中包含tomcat的容器的信息，以便进行查看和操作。

- ps：表示列出正在运行的Docker容器的信息。
- |：表示管道符，将前面命令的输出作为后面命令的输入。
- grep tomcat：表示搜索包含tomcat字符串的行，即查找正在运行的Docker容器名称中包含tomcat的容器信息。

显示如下：

```
4d4c91cff4b5        tomcat8:v1                                      "/bin/bash"
About a minute ago  Up About a minute   0.0.0.0:8080->8080/tcp  tomcat8
```

说明如下：

- 4d4c91cff4b5：容器ID，每个Docker容器都有唯一的容器ID。
- tomcat8:v1：容器镜像名称和版本号。
- "/bin/bash"：容器启动时执行的命令，即进入Bash shell终端。
- About a minute ago：容器启动的时间，此处表示大约1分钟前启动。

- Up About a minute：容器运行的时间，此处表示容器已经运行了大约1分钟。
- 0.0.0.0:8080->8080/tcp：容器的端口映射规则，即将容器的8080端口映射到宿主机的32776端口。
- tomcat8：容器名称，可以通过该名称来对容器进行操作，如停止、重启、删除等。

这个信息表明一个名为tomcat8的Docker容器已经启动，并且容器镜像为tomcat8:v1，容器的8080端口被映射到宿主机的8080端口上。容器已经运行了大约1分钟，可以通过容器名称tomcat8来对其进行操作。

比如，我们可以通过请求Docker节点的ip:8080来访问Tomcat的内容。

以上我们实现了通过Dockerfile构建Tomcat镜像，并基于构建好的镜像运行了容器。

2.3　本章小结

Dockerfile是用于构建Docker镜像的一种文本格式，它包含构建镜像的指令和参数，可以通过执行Docker build命令自动构建镜像。Dockerfile中的指令包括FROM、RUN、COPY、ADD、CMD、ENTRYPOINT、EXPOSE、ENV、WORKDIR、USER、VOLUME、ONBUILD、HEALTHCHECK等，这些指令可以帮助我们在构建镜像时进行操作。

构建Docker镜像的基本流程包括编写Dockerfile文件、执行Docker build命令、等待构建完成，然后就可以使用Docker run命令启动容器了。在编写Dockerfile文件时，需要注意一些细节，如使用最小化镜像、减少层数、使用缓存等，以便提高构建效率和镜像的安全性。

构建企业级镜像需要注意镜像的安全性、稳定性和可维护性。可以通过使用最小化镜像、限制权限、使用健康检查、添加日志记录等方式来提高镜像的安全性和稳定性。同时，使用环境变量、标签、版本控制等方式可以提高镜像的可维护性，方便进行升级和维护。

总之，Dockerfile是构建Docker镜像的核心，熟练掌握Dockerfile的编写和使用可以提高Docker的使用效率和镜像的安全性、稳定性和可维护性。

## 第 3 章

Docker私有镜像仓库Harbor

前面学习了Docker以及通过Dockerfile构建镜像，那么构建的镜像放在哪里才能被Docker容器快速获取到呢？通过前面的知识，我们知道可以把镜像放在Docker Hub镜像仓库，但是Docker Hub是国外网站，一方面生产核心代码做的镜像放在Docker Hub不安全，另一方面从Docker Hub下载镜像速度很慢，尽管可以配置Docker Hub镜像加速器，但是速度最快只能达到10m/s，对于生产来说肯定达不到快速构建的要求，因此，为了更安全以及下载镜像更快速，把镜像放在私有镜像仓库是一种更好的做法。

Harbor属于私有镜像仓库，功能多、高可用，目前是存放镜像的最佳方案。本章将介绍Docker私有镜像仓库Harbor的概念及使用。

本章内容：

- Harbor的概念及证书签发
- 安装Harbor
- Harbor图形界面使用说明
- 测试使用Harbor私有镜像仓库

3.1 Harbor 的概念及证书签发

Harbor是一个企业级的容器镜像仓库，它提供了镜像的存储、管理、分发、安全扫描等一系列功能。使用Harbor，企业可以轻松地创建和管理自己的私有镜像仓库，可以自定义访问控制、镜像复制和同步等策略，使得团队协作更加高效安全。此外，Harbor还可以通过整合外部认证系统来实现企业级的身份验证，以保证镜像的安全性。因此，学习Harbor对于进行容器化部署、构建企业级应用和管理容器化基础设施都是非常重要的。

Harbor作为优秀的私有镜像仓库，被很多企业和个人用户使用，Harbor提供了很友好的UI界面（图形用户界面），我们在访问Harbor UI界面时，可以通过HTTP和HTTPS方式访问，一般为了安全性，都是基于HTTPS访问，如何通过HTTPS方式访问呢？在实际应用中，我们可以通过购买CA证书，或者通过自签发证书来实现HTTPS方式的访问。

自签发证书是相对简单的一种方式，我们可以使用OpenSSL来生成自签发证书。下面将详细介绍使用OpenSSL生成自签发证书的具体步骤。

（1）创建存放证书的目录：

```
[root@harbor ~]# mkdir /data/ssl -p
[root@harbor ~]# cd /data/ssl/
```

（2）生成CA证书。

CA（Certificate Authority）是数字证书的签发机构，我们需要生成一个CA证书来签署服务器证书。在Linux系统上，我们可以使用OpenSSL来生成CA证书。下面是生成CA证书的命令：

```
[root@harbor ssl]# openssl genrsa -out ca.key 3072
[root@harbor ssl]# openssl req -new -x509 -days 3650 -key ca.key -out ca.pem
```

这个命令会使用OpenSSL命令行工具生成一个长度为3072位的RSA私钥文件ca.key和一个自签名的X.509数字证书ca.pem，有效期为10年。在生成证书的过程中，需要按照提示输入证书的相关信息，例如国家、省份、城市、单位名称等。对于一些可选项，可以直接按回车键保持默认设置即可。生成CA证书需要填写的具体参数如图3-1所示。

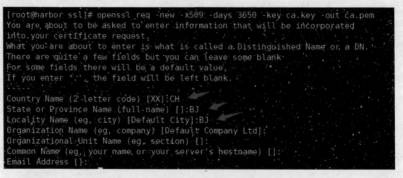

图3-1　生成 CA 证书需要填写的参数

（3）生成服务器证书。

该证书用于对客户端的HTTPS请求进行响应。生成服务器证书的步骤如下：

首先，创建一个服务器证书的私钥文件server.key：

```
[root@harbor ssl]# openssl genrsa -out server.key 3072
```

其次，创建一个证书签名请求（Certificate Signing Request，CSR）文件server.csr，该文件包含需要在证书中包含的信息：

```
[root@harbor ssl]# openssl req -new -key server.key -out server.csr
```

在生成CSR文件的过程中，同样需要输入一些证书的相关信息，例如国家、省份、城市、单位名称等，如图3-2所示。

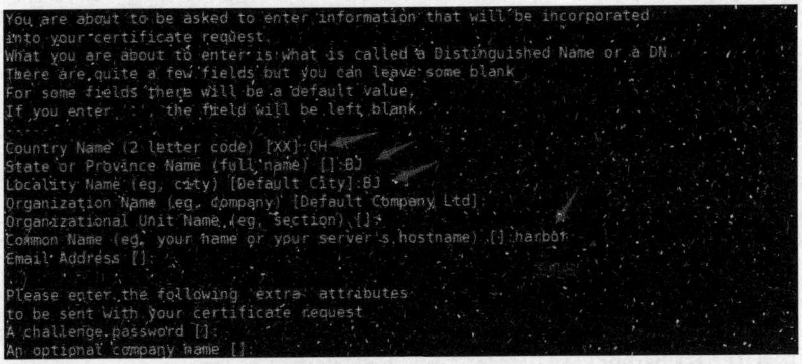

图 3-2　生成 CSR 文件需要输入的信息

最后，使用之前生成的CA证书ca.pem对服务器证书进行签名，生成最终的服务器证书server.crt：

```
[root@harbor ssl]# openssl x509 -req -in server.csr -CA ca.pem -CAkey ca.key
-CAcreateserial -out server.crt -days 3650
```

这个命令会使用OpenSSL命令行工具生成一个自签名的X.509数字证书"server.crt"，有效期为10年。在生成证书的过程中，不需要输入密码，直接按回车键即可。

完成上述步骤后，就可以使用HTTPS方式访问Harbor UI界面了。需要注意的是，在使用自签发证书的情况下，浏览器会提示证书不受信任，需要手动添加证书信任才能正常访问。

3.2　安装 Harbor

3.1节生成了数字证书，并且已经签发完成，本节介绍Harbor的安装。

具体安装步骤如下：

（1）创建安装目录。

```
[root@harbor]# mkdir /data/install -p
[root@harbor]# cd /data/install/
```

（2）把Harbor的离线包harbor-offline-installer-v2.3.0-rc3.tgz上传到/data/install目录，可以从配书资源下的安装Harbor文件夹下获取harbor-offline-installer-v2.3.0-rc3.tgz。

（3）解压Harbor离线包：

```
[root@harbor install]# tar zxvf harbor-offline-installer-v2.3.0-rc3.tgz
```

该命令使用tar命令解压缩Harbor离线安装包harbor-offline-installer-v2.3.0-rc3.tgz，并将其解压到当前目录下的harbor文件夹中，以便进行后续的安装操作。

- tar：表示使用tar命令。
- zxvf：表示解压缩tar包并显示详细执行过程，其中z表示gzip压缩文件，x表示解压缩，v表示显示详细执行过程，f表示指定要解压缩的文件名。
- harbor-offline-installer-v2.3.0-rc3.tgz：表示要解压缩的Harbor离线安装包文件名。

（4）修改Harbor配置文件。

Harbor的配置文件是harbor.yml，需要修改harbor.yml文件，分别执行以下命令：

```
[root@harbor install]# cd harbor
```

上述命令用于切换到harbor目录：

```
[root@harbor harbor]# cp harbor.yml.tmpl harbor.yml
```

- cp：表示复制文件。
- harbor.yml.tmpl：表示要复制的Harbor配置文件模板。
- harbor.yml：表示复制后的文件名，即复制后的配置文件名称。

上述命令将Harbor配置文件模板harbor.yml.tmpl复制一份，并将其保存为harbor.yml，即复制后的配置文件。复制后的配置文件可以根据实际情况进行修改，以满足部署需求。

```
[root@harbor harbor]# vim harbor.yml
```

修改配置文件harbor.yml。具体修改如下：

```
hostname: harbor      #用于访问用户界面和Harbor服务。它应该是目标机器的IP地址或完全限定的
                      #域名（FQDN），不要使用localhost或127.0.0.1为主机名，这里设置成与
                      #上面签发的证书域名中的Common name的值保持一致
certificate: /data/ssl/server.crt    #harbor的根证书，只有开启https时才会用到
private_key: /data/ssl/server.key    #harbor的私钥，只有开启https时才会用到
```

其他配置保持默认即可。

修改之后保存退出。

说明 Harbor默认的账号和密码是admin/Harbor12345。

（5）安装Docker-compose。

Docker-compose项目是Docker官方的开源项目，负责实现对Docker容器集群的快速编排。安装Harbor是通过Docker-compose命令实现的，可以通过如下方法安装Docker-compose。

把docker-compose-Linux-x86_64.64文件传到安装Harbor机器的/data/install/目录下，可以从配书资源下的"安装Harbor"文件夹获取docker-compose-Linux-x86_64.64文件。

把docker-compose-Linux-x86_64.64文件复制到/usr/bin/目录下，并重命名成docker-compose：

```
[root@harbor harbor]# mv docker-compose-Linux-x86_64.64 /usr/bin/docker-compose
```

以方便在任何位置使用Docker Compose命令进行容器编排操作。

修改Docker Compose执行文件/usr/bin/docker-compose的许可权限，添加文件执行权限，以便在任何位置使用Docker Compose命令进行容器编排操作。

```
[root@harbor harbor]# chmod +x /usr/bin/docker-compose
```

- chmod：表示修改文件的许可权限。
- +x：表示添加文件的执行权限。
- /usr/bin/Docker-compose：表示要修改许可权限的Docker Compose执行文件。

说明　docker-compose的工程配置文件默认为docker-compose.yml，docker-compose运行目录下必须要有一个docker-compose.yml。docker-compose可以管理多个Docker实例。

（6）安装Harbor。

安装harbor之前，需要按照第1章1.3节安装docker：

```
[root@harbor install]# cd /data/install/harbor
[root@harbor harbor]# ./install.sh
```

其中，./install.sh表示当前目录下的install.sh脚本文件。

命令会执行当前目录下的install.sh脚本文件，进而启动Harbor的安装程序，根据配置文件的设置完成Harbor的安装过程。在执行安装脚本期间，可能需要输入相关参数或确认信息，以便安装程序正确地部署Harbor服务。

```
[Step 5]: starting Harbor ...
Creating network "harbor_harbor" with the default driver
Creating harbor-log      ... done
Creating registryctl     ... done
Creating harbor-db       ... done
Creating redis           ... done
Creating registry        ... done
Creating harbor-portal    ... done
```

```
Creating harbor-core        ... done
Creating harbor-jobservice  ... done
Creating nginx              ... done
✔ ----Harbor has been installed and started successfully.----
```

看到最终显示出"Harbor has been installed and started successfully"信息，则说明Harbor安装成功了。

如果想要在自己的浏览器通过域名访问Harbor服务，可以修改自己计算机的hosts文件，如图3-3所示。

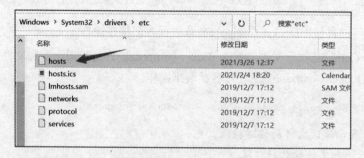

图 3-3　修改 hosts 文件

在hosts文件中添加如下内容，然后保存即可：

```
192.168.40.181  harbor
```

192.168.40.181是安装Harbor机器的IP；harbor是192.168.40.181这个IP对应的主机名，也是签发证书中指定的域名。

（7）停止并删除由docker-compose up命令启动的harbor服务。

Harbor安装成功之后，如果要停止运行，可以使用如下方法：

```
[root@harbor harbor]# cd /data/install/harbor
[root@harbor harbor]# docker-compose down
```

具体来说，docker-compose down 会按照以下步骤执行：

① 停止容器（如果已经在运行）。

② 删除所有已经停止的容器。

③ 删除所有与服务关联的网络（除非网络是由external指令定义的外部网络）。

④ 删除所有与服务关联的匿名和命名卷（Volumes）。

需要注意的是，docker-compose down命令不会删除镜像或构建缓存。如果需要删除这些内容，那么需要使用docker image prune或docker builder prune命令。

（8）重新启动Harbor：

```
[root@harbor harbor]# cd /data/install/harbor
[root@harbor harbor]# docker-compose up -d
```

该命令用来启动Harbor服务中所有的容器，包括Harbor服务端和各种依赖组件容器，以便恢复Harbor服务的正常运行。在停止或重启Harbor服务后，可以使用该命令启动Harbor容器。其中，up -d表示启动所有容器。

3.3　Harbor 图形界面使用说明

前面已经成功地安装了Harbor，只需要打开浏览器即可访问Harbor，并且能够通过网页操作Harbor。

通过浏览器访问https://harbor，登录Harbor的页面如图3-4所示。

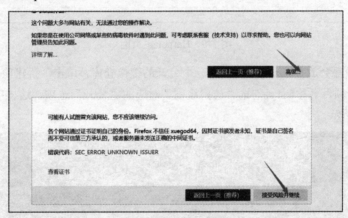

图 3-4　Harbor 登录界面

单击"接受风险并继续"按钮，出现如图3-5所示的界面，说明访问正常。

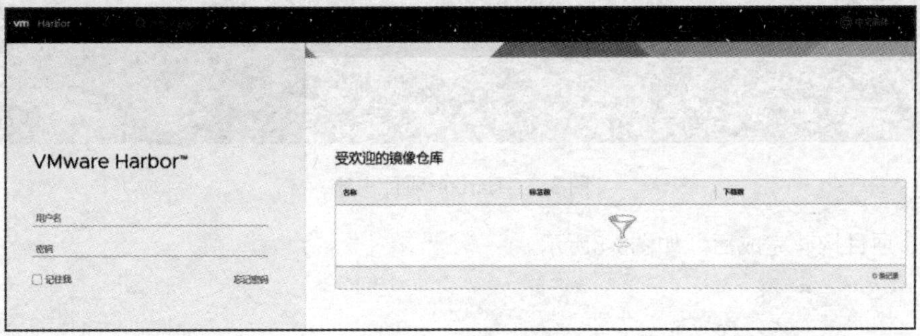

图 3-5　Harbor 首页

提示 Harbor安装之后，如果没有修改用户名和密码，默认使用如下用户名和密码：

用户名：admin。

密码：Harbor12345。

输入用户名和密码出现如图3-6所示的界面。

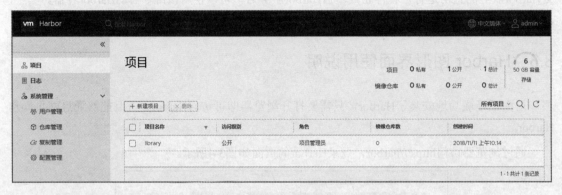

图 3-6   Harbor 主页面

所有基础镜像都会放在library中，这是一个公开的镜像仓库，单击"新建项目"按钮，在"新建项目"界面起个项目名称test（勾选"访问级别"对应的"公开"选项，这样项目才可以被公开使用），如图3-7所示。

图 3-7   Harbor 项目构建

Harbor项目构建完成后，如图3-8所示。

图 3-8　Harbor 项目构建完成

3.4　测试使用 Harbor 私有镜像仓库

要使用Harbor私有镜像仓库，需要Docker login登录Harbor，默认是基于HTTPS的，如果使用HTTPS，那么还需要配置客户端证书，如果不使用HTTPS，而使用HTTP，可以增加insecure-registries字段，如果Docker客户端添加了insecure-registries配置，就不需要在Docker客户端配置对应证书，具体方法如下。

1. 修改Docker配置

使用vim编辑daemon.json文件：

```
[root@xianchaomaster1 ~]# vim /etc/docker/daemon.json
```

- daemon.json文件安装Docker之后默认是不存在的，需要自己创建，创建之后在该文件中写入如下内容：

```
{
"insecure-registries": ["192.168.40.181","harbor"]
}
```

- 192.168.40.181是Harbor机器的IP，harbor是192.168.40.181对应的主机名。

2. 重启服务使配置生效

Docker配置修改成功后，需要重启Docker服务，配置才能生效，命令如下：

```
[root@xianchaomaster1 ~]# systemctl daemon-reload && systemctl restart docker
```

- systemctl daemon-reload：重新加载systemd管理的所有服务配置文件，以使更改生效。
- &&：表示前面的命令执行成功后才执行后面的命令。
- systemctl restart Docker：重启Docker服务，使Docker服务重新加载最新的配置文件，并对之前的修改生效。

3. 查看 Docker 是否启动成功

使用以下命令输出Docker服务的当前状态，包括是否正在运行、运行时间、日志等信息：

```
[root@xianchaomaster1 ~]# systemctl status docker
```

- systemctl是Linux系统下管理系统服务的工具，可以用来启动、停止、重启、查询服务状态等。
- status是systemctl命令的一个参数，用来查询服务的当前状态。
- docker是要查询状态的服务名称，这里是指Docker服务。

通常，这个命令可以用来检查Docker服务是否正常运行，以及查找问题的原因。

显示如下说明启动成功：

```
Active: active (running) since Fri … ago
```

上述信息表明Docker服务当前处于活动状态（active），并且自从某个时间（Fri…ago）以来一直在运行（running）。这表示Docker服务当前已经启动并正在运行，没有出现异常或故障。

4. 登录 Harbor

如果Docker客户端想要使用Harbor，那么需要先登录Harbor。执行docker login命令可以登录Harbor：

```
[root@xianchaomaster1]# docker login 192.168.40.181
```

该命令登录到名为192.168.40.181的Docker镜像仓库，该仓库的IP地址为192.168.40.181。

登录Harbor需要输入用户名和密码，例如：

```
Username: admin          #登录Harbor默认的用户名
Password: Harbor12345    #登录Harbor默认的密码
```

输入用户名和密码之后看到如下信息，说明登录成功了：

```
Login Succeeded
```

5. 测试上传镜像到 Harbor 私有仓库

执行以下命令从Docker Hub下载Tomcat镜像作为测试镜像：

```
[root@xianchaomaster1 ~]# docker pull tomcat
```

为Tomcat镜像打标签：

```
[root@xianchaomaster1 ~]# docker tag tomcat:latest 192.168.40.181/test/tomcat:v1
```

- tag：为镜像打标签的命令，相当于为镜像重新起了个名字。
- tomcat:latest：打标签之前的镜像。
- 192.168.40.181/test/tomcat:v1：192.168.40.181表示Harbor镜像仓库的地址或者IP，用于指定从哪个Harbor仓库中下载镜像，如果省略了该部分，则默认从Docker官方镜像仓库（Docker Hub）下载镜像。test/tomcat表示该镜像在Harbor中的命名空间（Namespace）和仓库名（Repository Name），命名空间可以理解为一个组织或者团队，仓库名是该组织或者团队中某个镜像仓库的名称。v1表示该镜像的版本号，用于标识不同的镜像版本。如果省略了该部分，则默认使用 latest 版本。因此，192.168.40.181/test/tomcat:v1表示从192.168.40.181这个镜像仓库下载test命名空间下的tomcat仓库的v1版本的镜像。

使用push命令推送镜像到镜像仓库：

```
[root@xianchaomaster1 ~]# docker push 192.168.40.181/test/tomcat:v1
```

此处，把192.168.40.181/test/tomcat:v1镜像上传到192.168.40.181这个机器的Harbor仓库的test项目下，如图3-9所示。

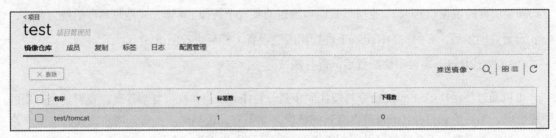

图3-9　镜像在项目中的预览图

6. 从 Harbor 仓库下载镜像

模拟xianchaomaster1机器上没有192.168.40.181/test/tomcat:v1这个镜像，所以需要从Harbor仓库下载镜像，执行以下命令：

```
[root@xianchaomaster1 ~]#focker pull 192.168.40.181/test/tomcat:v1
```

该pull命令告诉Docker要从镜像仓库中下载具体的镜像。

- 192.168.40.181是Docker镜像仓库的地址。
- 这里的test是组织或者命名空间，而tomcat是镜像的名称。
- v1是标签，标签是为了区分不同版本的镜像。

3.5　Harbor 高可用

我们在3.2节介绍了如何安装单节点的Harbor，但是在实际生产环境中，为了保证Harbor的高可用性，需要将它部署成高可用集群。如果只有单节点，一旦该节点出现故障，整个镜像仓库都会受到影响，因此需要进行高可用部署。目前，官方只提供了一种Harbor高可用的部署方式，即通过镜像同步的方式实现多节点之间的数据同步。例如，当Harbor A有新的镜像时，它会自动同步给Harbor B，而Harbor B上传的镜像也会同步给Harbor A。这种方式不涉及底层数据库和存储的同步，只是将Docker镜像进行同步。除了镜像同步外，Harbor还可以通过共享数据库和存储的方式进行数据同步。本节将重点介绍如何通过镜像同步的方式实现Harbor的高可用部署。在部署好两台Harbor服务之后，还需要设置仓库管理和复制管理，然后在其中一台Harbor上上传镜像，另一台Harbor会自动同步。

Harbor高可用的配置步骤如下：

（1）登录Harbor UI界面，选择"仓库管理"，设置目标Harbor仓库及用户名和密码，单击"确定"按钮。如果连接失败，就需要取消勾选"验证远程证书"复选框。

（2）选择"复制管理"，设置同步。在设置同步之前，需要先设置项目。可以使用"project/*"方式同步所有的镜像（image），也可以只同步固定的某几个镜像，具体方式是写具体的镜像名称。

设置好同步后，在另一台Harbor上进行相应的设置，然后进行测试。

（3）完成Harbor高可用的配置后，进行测试同步。

可以通过使用Docker push命令将镜像同步到一台Harbor，并检查复制管理，查看是否有新的同步出现。然后检查目标Harbor是否有新的镜像，如果有，说明同步正常。同步镜像的方式非常简单，只需要设置一下仓库管理及复制管理即可，无须人为干涉，如图3-10所示。

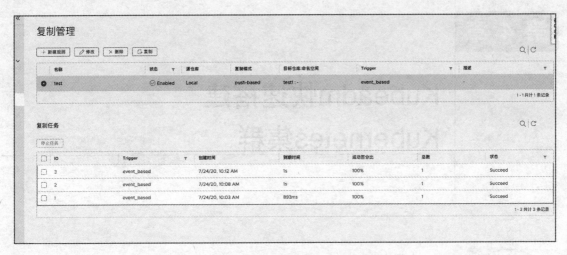

图 3-10　镜像同步完成结果展示

3.6　本章小结

本章介绍了Docker私有仓库Harbor，包括Harbor的概念及证书签发、Harbor的安装、Harbor图形界面、Harbor私有镜像仓库的使用以及Harbor高可用。通过本章的学习，希望读者能够掌握使用Harbor仓库存储镜像、下载镜像以及Harbor仓库的高可用部署方法。

第 4 章

Kubeadm快速搭建
Kubernetes集群

本章内容：

- 初始化实验环境
- 安装Kubernetes集群
- 扩容Kubernetes集群
- 安装Kubernetes网络组件Calico
- 测试Kubernetes集群是否健康

Docker是一个非常流行的容器化平台，它可以让我们方便地构建、打包、发布和运行容器化应用程序。但是，在生产环境中，我们可能需要处理成百上千个容器，需要一种更好的方式来管理这些容器，这就是Kubernetes的用武之地。

Kubernetes是一个开源容器编排系统，它可以管理和部署容器化应用程序，自动化容器部署、扩展和故障恢复。Kubernetes可以让我们更好地管理容器以及与容器相关的资源和服务，同时提供了许多强大的功能，如负载均衡、自动扩展、滚动更新、健康检查等。

学习Kubernetes可以让我们更好地理解容器编排和集群管理的概念，提高管理容器化应用程序的能力，更好地掌握DevOps技能。

Kubernetes的安装方法有很多种，但官方推荐的Kubernetes安装方法只包括Kubeadm和二进制安装。这是因为Kubeadm和二进制安装可以提供更稳定、更适合生产环境的Kubernetes。本章主要介绍如何使用Kubeadm安装Kubernetes集群。

首先带领读者了解一下Kubeadm和二进制安装Kubernetes的适用场景。

Kubeadm是官方提供的开源工具，用于快速搭建Kubernetes集群，目前是比较方便也是推荐使用的安装方式。其中的kubeadm init和kubeadm join这两个命令可以快速创建Kubernetes集群。Kubeadm可以初始化Kubernetes，且所有的组件都以Pod形式运行，具有故障自恢复能力。

　　Kubeadm相当于使用程序脚本帮助我们自动完成集群安装，简化了部署操作，证书、组件资源清单文件也是自动创建的。但自动部署屏蔽了很多细节，使得使用者对各个模块的了解很少。如果使用者对Kubernetes架构组件知识了解不深的话，那么遇到问题将会比较难排查。因此，Kubeadm适合需要经常部署Kubernetes或对自动化要求比较高的场景使用。

　　二进制安装方式需要在官方网站下载相关组件的二进制包，手动安装会对Kubernetes理解得更全面。

　　Kubeadm和二进制都适合生产环境，在生产环境下运行也都很稳定，具体选择哪一种安装方式，可以根据实际项目进行评估。

4.1　初始化实验环境

　　首先，构建一个实验环境。我们对安装Kubernetes的实验环境的规划如下：

　　生产环境的Kubernetes需要在服务器上安装，这样表现会更稳定，如果读者没有生产环境服务器，可以选择通过虚拟机的方式创建一个CentOS 7.9操作系统的虚拟服务器。当然，如果CentOS系列停止维护了，可以基于Rocky Linux系统安装Kubernetes，具体配置如下：

　　操作系统：CentOS 7.9或者Rocky Linux。

　　配置：6GB内存/6vCPU/100GB硬盘。

　　网络：桥接或者NAT模式均可。

　　开启虚拟机的虚拟化，如图4-1所示。

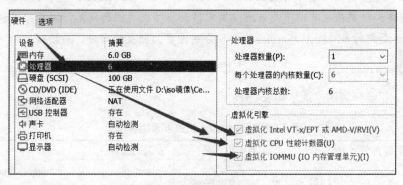

图 4-1　服务器配置概览

Kubernetes网络规划：

- podSubnet（Pod网段）10.244.0.0/16：在Kubernetes中，每个Pod都有一个唯一的IP地址，这个IP地址是在Pod启动时动态分配的。这些Pod IP地址属于一个特定的IP地址段，称为Pod

网络。Pod网络是在Kubernetes网络模型中实现的，它允许不同的Pod相互通信，同时也允许集群中的其他部分与Pod进行通信。在Kubernetes中，Pod网络的IP地址段是通过--pod-subnet参数来指定的。例如，podSubnet: 10.244.0.0/16表示Kubernetes集群使用的Pod网络IP地址段是10.244.0.0/16。这个地址段中的IP地址将用于Pod IP地址的分配。需要注意的是，Pod网络的IP地址段不能与Kubernetes集群中其他网络的IP地址段重叠，否则会导致网络冲突。因此，在设置Pod网络时，需要仔细选择一个不与其他网络重叠的IP地址段。

- serviceSubnet（Service网段）10.96.0.0/12：在Kubernetes集群中，Service是一种资源对象，用于提供稳定的服务访问入口。它是一组具有相同标签的Pod的抽象，可以通过一个虚拟IP地址和端口暴露出来。在Kubernetes中，Service IP地址由serviceSubnet分配。这个网段是专门为Service分配的IP地址范围，与Pod IP地址范围（podSubnet）是分离的。当Service被创建时，Kubernetes会为它分配一个唯一的IP地址，这个IP地址是由serviceSubnet中的一个IP地址来分配的。举例来说，如果设置了serviceSubnet为10.10.0.0/16，那么Kubernetes就会在这个网段中分配IP地址，用于给Service分配唯一的IP地址。如果有多个Service，它们将共享这个网段。需要注意的是，podSubnet和serviceSubnet不能重叠，否则可能会导致网络冲突和不可预期的行为。因此，在Kubernetes部署时，必须确保podSubnet和serviceSubnet没有重叠。

- 物理机网段192.168.40.0/24：表示IP地址从192.168.40.1到192.168.40.254这个范围内的所有地址都可以在该网络内分配使用，其中192.168.40.0代表网络本身，192.168.40.255用于广播地址，因此在该网段内可用的IP地址数量为254个。

提示　Pod和Service的网段不能和物理机网段一致，这是因为它们是在集群内部使用的虚拟网络，需要避免和物理机上的网络地址冲突，防止出现不必要的网络问题。另外，使用不同的网段也有助于更好地隔离容器和宿主机之间的网络。因此，建议在部署Kubernetes集群时，将Pod和Service的网段分别设置为独立的网段，与物理机的网段区分开来。

Kubernetes机器部署组件清单如表4-1所示。

表 4-1　Kubernetes 机器部署组件清单

Kubernetes 集群角色	IP	主 机 名	安装的组件
控制节点	192.168.40.180	xianchaomaster1	apiserver、controller-manager、schedule、kubelet、etcd、kube-proxy、容器运行时、calico、kubeadm
工作节点	192.168.40.181	xianchaonode1	Kube-proxy、calico、coredns、容器运行时、kubelet、kubeadm
工作节点	192.168.40.182	Xianchaonode2	Kube-proxy、calico、coredns、容器运行时、kubelet、kubeadm

安装Kubernetes的机器必须进行相应的初始化设置，否则Kubeadm安装Kubernetes的时候预检查会失败，导致无法继续。接下来介绍安装Kubernetes时对机器进行初始化操作的具体步骤。

4.1.1　配置静态 IP 地址

服务器或者虚拟机的IP地址默认是DHCP动态分配的，这样重启机器IP地址就会发生变化，为了让IP地址固定不变，需要变成静态IP地址，这样机器重启IP地址也不会变化。

我们可以使用vim编辑器打开网络设置文件/etc/sysconfig/network-scripts/ifcfg-ens33，对该文件进行编辑：

```
vim /etc/sysconfig/network-scripts/ifcfg-ens33
```

- /etc/sysconfig/network-scripts是网络设置文件所在的目录。
- ifcfg-ens33是一个网络接口文件，它指定了网络参数，例如IP地址、子网掩码、网关等。

配置文件如下：

```
TYPE=Ethernet
PROXY_METHOD=none
BROWSER_ONLY=no
BOOTPROTO=static
IPADDR=192.168.40.180
NETMASK=255.255.255.0
GATEWAY=192.168.40.2
DNS1=192.168.40.2
DEFROUTE=yes
IPV4_FAILURE_FATAL=no
IPV6INIT=yes
IPV6_AUTOCONF=yes
IPV6_DEFROUTE=yes
IPV6_FAILURE_FATAL=no
IPV6_ADDR_GEN_MODE=stable-privacy
NAME=ens33
DEVICE=ens33
ONBOOT=yes
```

上述配置文件说明如下：

- BOOTPROTO=static：static表示静态IP地址。
- IPADDR=192.168.40.180：IP地址，需要和自己计算机所在的网段一致。
- NETMASK=255.255.255.0：子网掩码，需要和自己计算机所在的网段一致。
- GATEWAY=192.168.40.2：网关，在自己计算机打开"命令提示符"窗口，输入ipconfig /all可以看到。

- DNS1=192.168.40.2: DNS, 在自己计算机打开"命令提示符"窗口, 输入ipconfig /all可以看到。
- NAME=ens33: 网卡名字, 和DEVICE名字保持一致即可。
- DEVICE=ens33: 网卡设备名, 使用ip addr命令可看到自己的网卡设备名, 每台机器的网卡设备名可能不一样, 需要写自己的。
- ONBOOT=yes: 开机自启动网络, 必须是yes。

修改配置文件之后需要重启网络服务才能使配置生效, 重启网络服务的命令如下:

```
service network restart
```

4.1.2　配置机器主机名

在Kubernetes集群中, 每个节点都需要一个唯一的名称来标识自己, 这个名称在节点加入集群时需要使用。如果每个节点都设置了唯一的主机名, 那么管理员可以更轻松地管理集群, 并且可以方便地通过主机名来识别和访问每个节点。此外, 每个节点的主机名也可以用于生成Kubernetes对象的DNS记录, 比如Service和Pod等。因此, 为每个节点设置唯一的主机名是一种良好的实践, 有助于管理和维护Kubernetes集群。

把192.168.40.180主机名设置成xianchaomaster1:

```
hostnamectl set-hostname xianchaomaster1 && bash
```

把192.168.40.181主机名设置成xianchaonode1:

```
hostnamectl set-hostname xianchaonode1 && bash
```

把192.168.40.182主机名设置成xianchaonode2:

```
hostnamectl set-hostname xianchaonode2 && bash
```

4.1.3　配置主机 hosts 文件

配置hosts文件可以让各个Kubernetes节点通过主机名互相通信, 这样就不需要去记IP地址了。修改每台机器的/etc/hosts文件, 增加如下3行:

```
192.168.40.180    xianchaomaster1
192.168.40.181    xianchaonode1
192.168.40.182    xianchaonode2
```

4.1.4　配置控制节点到工作节点无密码登录

在Kubernetes集群中, 控制节点需要能够通过SSH连接到工作节点, 以便执行各种命令和任务, 例如管理Pod、检查节点状态等。如果每次连接时都需要手动输入密码, 那么将会非常麻烦, 也不利于自动化脚本的编写和执行。因此，为了方便管理和操作，建议在控制节点和工作节点之间进行SSH免密登录配置。这样，控制节点可以通过SSH直接登录到工作节点，而无须再输入密码，可以更加高效地进行各种操作和管理。此外，如果Kubernetes集群规模较大，节点数量众多，手动管理将会非常烦琐和困难。通过SSH免密登录配置，可以更加方便地进行集群节点的自动化管理和维护，提高集群的稳定性和可靠性。

执行以下命令可以实现控制节点免密登录到工作节点：

```
[root@xianchaomaster1 ~]# ssh-keygen
```

该命令可以生成一对SSH密钥，其中包括一个私钥和一个公钥。该密钥可以用于在计算机之间安全地传输数据，例如在远程服务器和本地计算机之间进行安全的SSH连接时使用。

默认情况下，该命令会在用户的主目录中生成一个名为id_rsa的私钥文件和一个名为id_rsa.pub的公钥文件。

生成的密钥文件通常被保存在用户主目录的~/.ssh目录中。私钥文件应该保持安全，并且只有持有私钥的用户才能使用它进行身份验证。公钥文件可以被传输到其他计算机上的授权用户，以便将它添加到本地计算机的授权列表中，进而允许该用户在本地计算机上进行SSH连接。

在生成公钥和私钥的过程中，一直按回车键即可。

接着依次执行以下命令，把本地生成的公钥文件复制到远程主机：

```
[root@xianchaomaster1 ~]# ssh-copy-id xianchaomaster1
[root@xianchaomaster1 ~]# ssh-copy-id xianchaonode1
[root@xianchaomaster1 ~]# ssh-copy-id xianchaonode2
```

以上命令分别将当前用户的公钥文件（默认是~/.ssh/id_rsa.pub）复制到xianchaomaster1、xianchaonode1、xianchaonode2计算机的授权列表中，以便允许当前用户使用SSH连接，并使用该用户的私钥进行身份验证，连接该计算机。其中，ssh-copy-id工具会自动使用SSH协议进行连接，在目标计算机上创建~/.ssh目录（如果不存在），并将当前用户的公钥追加到目标计算机的~/.ssh/authorized_keys文件中。

4.1.5　关闭交换分区

Linux中的交换分区（Swap）类似于Windows的虚拟内存，就是当内存不足的时候，把一部分硬盘空间虚拟成内存使用，从而解决内存容量不足的情况。

在Kubernetes集群中，关闭交换分区可以确保内存不被交换出去，避免因为内存不足导致的应用程序崩溃和节点异常。因为Kubernetes会在每个节点上部署多个容器，如果节点上的应用程序占用的内存超过了可用内存，操作系统就会将部分内存换出到硬盘，从而降低容器的性能和稳定性。因此，在部署Kubernetes集群之前，需要关闭交换分区。可以通过命令swapoff -a来关闭交换分区。

同时，还需要在/etc/fstab文件中注释掉swap相关的配置，这样可以确保系统在重启时不会自动挂载交换分区。

1．临时关闭交换分区

```
[root@xianchaomaster1 ~]# swapoff -a
[root@xianchaonode1 ~]#  swapoff -a
[root@xianchaonode2~]#  swapoff -a
```

上述命令使用swapoff命令关闭系统上所有的交换分区，-a选项指示关闭系统上所有的交换分区，而不只是指定的交换分区。请注意，swapoff命令需要root权限才能运行。

2．永久关闭交换分区

使用vim打开/etc/fstab文件，添加配置项来挂载交换分区，即给这一行开头加一些注释。

```
[root@xianchaomaster1 ~]# vim /etc/fstab
#/dev/mapper/centos-swap swap      swap      defaults       0 0
[root@ xianchaonode1 ~]# vim /etc/fstab
#/dev/mapper/centos-swap swap      swap      defaults       0 0
[root@ xianchaonode2 ~]# vim /etc/fstab
#/dev/mapper/centos-swap swap      swap      defaults       0 0
```

上述命令中：

```
#/dev/mapper/centos-swap swap      swap      defaults       0 0
```

是添加的用于挂载交换分区的配置项，包括以下信息：

- /dev/mapper/centos-swap：表示要挂载的交换分区的设备文件路径。
- swap：表示此分区用作交换分区。
- defaults：表示使用默认值选项挂载此分区。
- 0 0：表示对于交换分区，此参数通常设置为0 0，以适应固定的交换分区大小。

> 提示 fstab（全称是File System Table）是用于在系统启动时自动挂载文件系统的文件。每次系统启动时，都会读取fstab文件中的数据，并根据其中的信息自动挂载文件系统。

4.1.6　修改机器内核参数

1．加载 br_netfilter 模块

br_netfilter叫作透明防火墙（Transparent Firewall），又称桥接模式防火墙（Bridge Firewall）。简单来说，就是在网桥设备上加入防火墙功能。透明防火墙具有部署能力强、隐蔽性好、安全性高的优点。开启ip6tables和iptables需要加载透明防火墙。可以使用modprobe命令加载Linux机器的内核模块：

```
[root@xianchaomaster1 ~]# modprobe br_netfilter
[root@xianchaonode1 ~]# modprobe br_netfilter
[root@xianchaonode2 ~]# modprobe br_netfilter
```

modprobe命令用于加载内核模块br_netfilter。该模块可用于Linux系统中的网桥（Bridge）和网络过滤（Netfilter）的交互。它实现了一个netfilter hook函数，使其能够处理网桥的数据包。当该模块被加载时，它将被插入内核中，使得网络数据包可以正确地被过滤和转发。

2. 启用相关内核参数

在安装和配置Kubernetes集群时，需要开启一些内核参数以确保网络功能的正常运行。这些参数说明如下：

- net.bridge.bridge-nf-call-ip6tables = 1：允许iptables对IPv6数据包进行处理。
- net.bridge.bridge-nf-call-iptables = 1：允许iptables对桥接数据包进行处理，这是容器之间进行通信所必需的。
- net.ipv4.ip_forward = 1：允许在Linux内核中开启IP转发功能，使得数据包可以在不同网络之间进行路由。

在Kubernetes集群中，每个节点上的容器都可以使用虚拟网络进行通信，因此需要确保这些网络参数被正确地设置以保证容器之间的通信正常运行。同时，开启IP转发功能还可以让不同节点上的容器进行通信，进一步增强集群的可扩展性和灵活性。

开启内核参数的代码清单：

```
[root@xianchaomaster1 ~]# cat > /etc/sysctl.d/k8s.conf <<EOF
net.bridge.bridge-nf-call-ip6tables = 1
net.bridge.bridge-nf-call-iptables = 1
net.ipv4.ip_forward = 1
EOF
[root@xianchaomaster1 ~]# sysctl -p /etc/sysctl.d/k8s.conf
[root@xianchaonode1 ~]# cat > /etc/sysctl.d/k8s.conf <<EOF
net.bridge.bridge-nf-call-ip6tables = 1
net.bridge.bridge-nf-call-iptables = 1
net.ipv4.ip_forward = 1
EOF
[root@xianchaonode1 ~]# sysctl -p /etc/sysctl.d/k8s.conf
[root@xianchaonode2 ~]# cat > /etc/sysctl.d/k8s.conf <<EOF
net.bridge.bridge-nf-call-ip6tables = 1
net.bridge.bridge-nf-call-iptables = 1
net.ipv4.ip_forward = 1
EOF
[root@xianchaonode2 ~]# sysctl -p /etc/sysctl.d/k8s.conf
```

其中，

```
sysctl -p /etc/sysctl.d/k8s.conf
```

命令的作用是使内核参数生效，其中-p选项表示读取指定的文件并使参数生效。/etc/sysctl.d/k8s.conf 是一个存储内核参数的文件，该文件中的参数会在命令执行后被加载到内核中。这些参数对于 Kubernetes的运行是必需的。

```
cat > /etc/sysctl.d/k8s.conf <<EOF
net.bridge.bridge-nf-call-ip6tables = 1
net.bridge.bridge-nf-call-iptables = 1
net.ipv4.ip_forward = 1
EOF
```

该命令的作用是将3个内核参数写入一个文件/etc/sysctl.d/k8s.conf中，其中<<EOF和EOF之间的内容是需要写入文件的内容。

4.1.7　关闭 Firewalld 防火墙

Firewalld是一个动态的守护进程，用于管理Linux上的防火墙规则。它是CentOS、Fedora和Red Hat Enterprise Linux等操作系统中默认的防火墙解决方案。它提供了简单的命令行接口和图形用户界面，以便于管理防火墙规则。

Firewalld的工作原理是将所有网络端口分为不同的区域，并对这些区域应用特定的规则。它使用各种防火墙策略来确保网络的安全性，包括允许或拒绝特定IP地址、端口和协议等。

在安装Kubernetes集群时，关闭Firewalld防火墙可以避免由于防火墙规则的限制而导致 Kubernetes集群组件之间无法正常通信的问题。Kubernetes使用大量的网络端口进行通信，包括etcd、kubelet、kube-proxy等组件都需要开放对应的端口才能正常工作。如果Firewalld防火墙未正确配置，可能会导致节点之间的通信中断，从而导致Kubernetes集群无法正常运行。

在关闭Firewalld防火墙之前，需要确保已经采取了其他安全措施，例如使用安全组等来保护节点的安全性。关闭Firewalld防火墙的命令如下：

```
[root@xianchaomaster1 ~]# systemctl stop firewalld ; systemctl disable firewalld
[root@xianchaonode1 ~]# systemctl stop firewalld ; systemctl disable firewalld
[root@xianchaonode2 ~]# systemctl stop firewalld ; systemctl disable firewalld
```

- systemctl stop firewalld表示停用防火墙功能。
- systemctl disable firewalld表示禁止Firewalld开机自启动。

4.1.8　关闭 SELinux

在安装Kubernetes集群时，通常会关闭SELinux，因为默认情况下，SELinux可能会阻止Kubernetes 的某些操作，例如挂载卷和访问容器日志等。这可能会导致Kubernetes集群无法正常工作。

要关闭SELinux，可以通过修改配置文件/etc/sysconfig/selinux，将SELinux的值修改为disabled，并重新启动服务器生效。

如果必须开启SELinux，并想通过Kubeadm安装Kubernetes，那么需要在安装Kubeadm之前执行以下操作：

（1）设置容器运行时为privileged模式，这将允许容器在SELinux中运行。

（2）将Kubelet的安全上下文设置为容器默认的上下文，以便让Kubelet进程可以在SELinux中运行。

（3）将所有Kubelet所需的目录和文件的SELinux标签设置为正确的标签，以便Kubelet可以读写这些文件。

具体操作可以参考Kubernetes官方文档。

1. 关闭SELinux

```
[root@xianchaomaster1 ~]# sed -i 's/SELINUX=enforcing/SELINUX=disabled/g'
/etc/selinux/config
[root@xianchaonode1 ~]# sed -i 's/SELINUX=enforcing/SELINUX=disabled/g'
/etc/selinux/config
[root@xianchaonode2 ~]# sed -i 's/SELINUX=enforcing/SELINUX=disabled/g'
/etc/selinux/config
```

以上命令用于在系统中禁用SELinux，即将系统中的SELinux设置从enforcing模式更改为disabled模式，并在相关配置文件中进行持久化修改。其中：

- sed命令用于编辑文件。
- -i选项表示in-place，即直接修改原始文件而不是将修改的结果输出到终端。
- s/SELINUX=enforcing/SELINUX=disabled/g是执行的编辑操作，意思是将文件中任何一行中的SELINUX=enforcing替换为SELINUX=disabled，g表示全局替换。
- /etc/selinux/config是编辑的文件名，该文件用于SELinux的配置。

2. 重启服务器使配置生效

修改SELinux配置文件之后，重启机器，SELinux配置才能永久生效。

3. 重新连接服务器，验证SELinux是否关闭

```
[root@xianchaomaster1 ~]# getenforce
```

执行getenforce命令可以获取SELinux的状态，如果显示Disabled，那么说明SELinux已经关闭。

4.1.9　配置安装 Docker 和 Containerd 需要的阿里云的在线 yum 源

配置阿里云的在线yum源可以使安装Docker和Containerd更加方便和快速。有时本地yum源中可能没有需要的软件包，此时可以通过配置网络yum源来解决。在安装Docker和Containerd时，机器自带的yum源可能没有提供相关包，因此需要配置阿里云的在线yum源。配置之后，安装Docker

和Containerd时就会从阿里云的在线yum源中下载相关包，速度会更快，也可以避免因为找不到包而出现的安装失败问题。具体命令如下：

```
[root@xianchaomaster1 ~]# yum-config-manager --add-repo
http://mirrors.aliyun.com/Docker-ce/linux/centos/docker-ce.repo
[root@xianchaonode1 ~]# yum-config-manager --add-repo
http://mirrors.aliyun.com/Docker-ce/linux/centos/docker-ce.repo
[root@xianchaonode2 ~]# yum-config-manager --add-repo
http://mirrors.aliyun.com/Docker-ce/linux/centos/docker-ce.repo
```

yum-config-manager命令可以把指定的在线repo源http://mirrors.aliyun.com/Docker-ce/linux/centos/docker-ce.repo下载到本地的/etc/yum.repos.d目录下。

4.1.10　配置安装 Kubernetes 组件需要的阿里云的在线 yum 源

Kubernetes命令包在本地源是不存在的，需要配置阿里云在线源用于安装Kubernetes命令行工具。配置步骤如下：

```
[root@xianchaomaster1 ~]#vim  /etc/yum.repos.d/kubernetes.repo
[kubernetes]
name=Kubernetes
baseurl=https://mirrors.aliyun.com/kubernetes/yum/repos/kubernetes-el7-x86_64/
enabled=1
gpgcheck=0
```

kubernetes.repo文件内容说明如下。

- name：定义该仓库的名称，这里为Kubernetes。
- baseurl：指定阿里云Kubernetes yum仓库的镜像地址，即https://mirrors.aliyun.com/kubernetes/yum/repos/kubernetes-el7-x86_64/。
- enabled：表示是否启用该仓库，默认为1，即启用该仓库。
- gpgcheck：表示是否进行GPG签名检查，默认为1，表示进行检查。由于阿里云Kubernetes yum仓库并没有提供GPG签名文件，因此将其设为0，关闭签名检查。

这个配置文件的作用是在yum安装软件包时，使用阿里云提供的Kubernetes yum仓库中的软件包，以便更快地下载和安装Kubernetes相关软件包。

将 xianchaomaster1 上的 kubernetes.repo 源通过 scp 远程复制工具复制到 xianchaonode1 和 xianchaonode2服务器的/etc/yum.repos.d/目录下：

```
[root@xianchaomaster1 ~]# scp /etc/yum.repos.d/kubernetes.repo
xianchaonode1:/etc/yum.repos.d/
[root@xianchaomaster1 ~]# scp /etc/yum.repos.d/kubernetes.repo
xianchaonode2:/etc/yum.repos.d/
```

4.1.11　配置时间同步

在Windows中，系统时间的设置很简单，设置后，重启、关机都没关系，系统时间会自动保存在BIOS的时钟里面，启动计算机的时候，系统会自动在BIOS中获取硬件时间，以保证时间不间断。但在Linux下，默认情况下，系统时间和硬件时间并不会自动同步。在Linux运行过程中，系统时间和硬件时间以异步的方式运行，互不干扰。硬件时间的运行是靠BIOS电池来维持的，而系统时间是用CPU tick来维持的。

在Kubernetes集群中，节点之间的时间同步非常重要，因为Kubernetes的各个组件之间需要通过时间戳来确定事件的先后顺序，如果各个节点的时间不同步，就会导致Kubernetes集群出现各种奇怪的问题。因此，在安装Kubernetes集群时，最好使用ntpdate进行时间同步，以确保所有节点的时间保持同步。

1. 安装ntpdate命令

```
[root@xianchaomaster1 ~]# yum install ntpdate -y
[root@ xianchaonode1 ~]# yum install ntpdate -y
[root@xianchaonode2 ~]# yum install ntpdate -y
```

上述命令安装了ntpdate软件包，其中-y标志用于自动应答命令中的所有提示，无须手动确认。命令被执行在3个主机上，其中xianchaomaster1为主机，xianchaonode1和xianchaonode2为客户机。

ntpdate软件包用于与网络时间协议（Network Time Protocol，NTP）服务器同步本地系统的时间，以确保计算机的时间和日期是准确的。

2. 与网络时间同步

```
[root@xianchaomaster1 ~]#ntpdate cn.pool.ntp.org
[root@ xianchaonode1 ~]#ntpdate cn.pool.ntp.org
[root@xianchaonode2 ~]#ntpdate cn.pool.ntp.org
```

ntpdate命令使用网络时间协议从cn.pool.ntp.org服务器同步本地系统的时间，以确保服务器和客户机的时间相同以及系统时钟的准确性。其中cn.pool.ntp.org是中国的一个公共NTP服务器。

3. 把时间同步做成计划任务

为了让时间同步正常进行，定期与网络时间同步，需要设置计划任务（Cron Job）来实现定时同步，可按照如下方法设置：

```
[root@xianchaomaster1 ~]#crontab -e
* * * * * /usr/sbin/ntpdate   cn.pool.ntp.org
[root@ xianchaonode1 ~]#crontab -e
* * * * * /usr/sbin/ntpdate   cn.pool.ntp.org
```

```
[root@xianchaonode2 ~]#crontab -e
* * * * * /usr/sbin/ntpdate  cn.pool.ntp.org
```

上述命令编辑系统中当前用户的crontab文件，并在文件中添加了1行计划任务。这些计划任务每隔一分钟就会自动执行，使用ntpdate指令从cn.pool.ntp.org服务器同步本地系统时间。

计划任务以"* * * * *"的格式指定计划任务执行的时间间隔，即每分钟一次。

4．重启crond服务

crond是Linux下用来周期性地执行某种任务或等待处理某些事件的一个守护进程，与Windows下的计划任务类似，当安装完操作系统后，默认会安装此服务工具，并且会自动启动crond进程，crond进程每分钟会定期检查是否有要执行的任务，如果有要执行的任务，则自动执行该任务。

```
[root@xianchaomaster1 ~]#service crond restart
[root@ xianchaonode1 ~]#service crond restart
[root@xianchaonode2 ~]#service crond restart
```

上述命令用于重新启动crond服务。

4.1.12　安装 Docker-CE 和 Containerd 服务

Kubernetes是一个容器编排和管理系统，它的任务是在集群中部署、运行和管理容器化应用程序。因此，Kubernetes需要一个容器运行时来管理容器，以便能够将容器化的应用程序部署和运行在集群中。Docker和Containerd都是常用的容器运行时，因此在安装Kubernetes之前，需要先安装其中之一。

具体来说，Docker和Containerd都能够提供以下功能：

（1）容器生命周期管理，例如创建、启动、停止、销毁容器等。

（2）容器文件系统管理，例如创建、挂载、卸载容器文件系统等。

（3）容器网络管理，例如为容器分配IP地址、端口转发等。

（4）容器安全隔离，例如使用Linux命名空间、控制组等技术来保证容器间的隔离。

因此，在安装Kubernetes之前需要先安装Docker或者Containerd，以便能够正确地管理容器。

从Kubernetes 1.20版本开始，Kubernetes官方已经将默认的容器运行时从Docker改为Containerd。因此，从Kubernetes 1.20开始，Kubernetes官方将支持使用Docker和Containerd作为容器运行时，同时也意味着Kubernetes从Docker的依赖中解耦了出来。在Kubernetes 1.24及之后的版本中，Docker作为容器运行时已经被官方弃用，Containerd成为唯一推荐的容器运行时。具体安装步骤如下：

```
[root@xianchaomaster1 ~]#yum install  containerd.io-1.6.6 -y
```

接下来生成Containerd的配置文件：

```
[root@xianchaomaster1 ~]#mkdir -p /etc/containerd
[root@xianchaomaster1 ~]#containerd config default > /etc/containerd/config.toml
```

修改配置文件：打开/etc/containerd/config.toml，把SystemdCgroup = false修改成SystemdCgroup = true，把sandbox_image = "k8s.gcr.io/pause:3.6"修改成sandbox_image="registry.aliyuncs.com/google_containers/pause:3.7"。

SystemdCgroup=false修改成SystemdCgroup=true表示Containerd驱动用Systemd，在Kubernetes中，容器运行时需要与宿主机的Cgroup和Namespace进行交互，以管理容器的资源。而对于Cgroup的驱动程序，Docker和Containerd默认使用的都是Cgroupfs。而systemd-cgroup则是Systemd对Cgroup的一个实现。

相比Cgroupfs，systemd-cgroup在资源隔离方面提供了更好的性能和更多的特性。例如，systemd-cgroup可以使用更多的内存压缩算法，以便更有效地使用内存。此外，systemd-cgroup还提供了更好的Cgroup监控和控制机制，可以更精确地调整容器的资源使用量。

总之，使用systemd-cgroup作为容器运行时的Cgroup驱动程序，可以提高Kubernetes集群中容器的资源管理效率，从而提升整个集群的性能。

将sandbox_image设置为阿里云镜像仓库中的pause:3.7，是因为国内的网络可以访问阿里云镜像仓库。在Kubernetes中，每个Pod中都有一个pause容器，这个容器不会运行任何应用，只是简单地休眠。它的作用是保证Pod中所有的容器共享同一个网络命名空间和IPC命名空间。pause容器会在Pod的初始化过程中首先启动，然后为Pod中的其他容器创建对应的网络和IPC命名空间，并且在其他容器启动之前保持运行状态，以保证其他容器可以加入共享的命名空间中。

简单来说，pause容器就是一个占位符，它为Pod中的其他容器提供了一个共享的环境，使它们可以共享同一个网络和IPC命名空间。这也是Kubernetes 实现容器间通信和网络隔离的重要机制之一。

创建/etc/crictl.yaml文件：

```
[root@xianchaomaster1 ~]#cat > /etc/crictl.yaml <<EOF
runtime-endpoint: unix:///run/containerd/containerd.sock
image-endpoint: unix:///run/containerd/containerd.sock
timeout: 10
debug: false
EOF
```

这个文件是crictl工具的配置文件，用于指定与Containerd交互的相关设置。

指定unix:///run/containerd/containerd.sock是为了告诉crictl使用UNIX域套接字的方式来连接Containerd的API。Containerd提供了一个Socket文件/run/containerd/containerd.sock，crictl通过连接该Socket文件可以与Containerd进行通信，实现管理容器和镜像等操作。

- runtime-endpoint: 指定Containerd的运行时接口地址，以便crictl可以与Containerd通信来管理容器生命周期和资源隔离。
- image-endpoint: 指定Containerd的镜像接口地址，以便crictl可以与Containerd通信来管理镜像的拉取和推送。
- timeout: 指定crictl等待Containerd响应的最大时间，避免出现无响应的情况。
- debug: 开启或关闭crictl的调试模式，方便排查问题。

配置Containerd开机启动，并启动Containerd：

```
[root@xianchaomaster1 ~]#systemctl enable containerd  --now
[root@xianchaonode1 ~]#yum install  containerd.io-1.6.6 -y
```

接下来生成Containerd的配置文件：

```
[root@xianchaonode1 ~]#mkdir -p /etc/containerd
[root@xianchaonode1 ~]#containerd config default > /etc/containerd/config.toml
```

修改配置文件：打开/etc/containerd/config.toml，把SystemdCgroup = false修改成SystemdCgroup = true，把sandbox_image = "k8s.gcr.io/pause:3.6"修改成sandbox_image="registry.aliyuncs.com/google_containers/pause:3.7"。

修改/etc/crictl.yaml文件：

```
[root@xianchaonode1 ~]#cat > /etc/crictl.yaml <<EOF
runtime-endpoint: unix:///run/containerd/containerd.sock
image-endpoint: unix:///run/containerd/containerd.sock
timeout: 10
debug: false
EOF
```

配置Containerd镜像加速器可以提高容器镜像的拉取速度，从而加快容器的启动速度。在Kubernetes集群中，容器镜像是常见的资源之一，而镜像的拉取速度直接影响应用程序的启动速度。通过配置容器镜像加速器可以使用国内的加速服务，从而提高镜像的拉取速度，加快应用程序的启动速度，提升用户体验。

在所有节点上配置相同的镜像加速器可以保证集群中所有节点的镜像拉取速度一致，避免由于节点之间镜像拉取速度不同而导致的应用程序启动速度不一致的问题。此外，配置镜像加速器还可以避免由于网络问题而导致的镜像拉取失败的问题。

Kubernetes所有节点均按照以下步骤配置镜像加速器：

（1）编辑vim /etc/containerd/config.toml文件。

（2）找到config_path = ""，指定证书存放目录：config_path = "/etc/containerd/certs.d"。config_path = "/etc/containerd/certs.d"用于指定Containerd的证书目录路径。该目录用于存储容器镜

像仓库的证书和密钥，以便Containerd可以在与远程仓库通信时进行身份验证和加密通信。

默认情况下，Containerd使用/etc/containerd目录来存储其所有的配置和数据文件，其中包括镜像、容器、事件、日志等。/etc/containerd/certs.d则是该目录下的一个子目录，用于存储容器镜像仓库的证书和密钥。如果需要与受信任的私有镜像仓库通信，就需要将其证书和密钥复制到这个目录中。

```
mkdir /etc/containerd/certs.d/docker.io/ -p
```

上述命令可以创建一个/etc/containerd/certs.d/docker.io/目录。

编辑hosts.toml文件：

```
vim /etc/containerd/certs.d/docker.io/hosts.toml
```

/etc/containerd/certs.d/docker.io/hosts.toml是容器运行时Containerd使用的证书目录下的一个文件，用于配置拉取Docker Hub 镜像时使用的镜像加速器地址。

Hosts.toml写入如下内容：

```
[host."https://vh3bm52y.mirror.aliyuncs.com",host."https://registry.docker-cn.com"]
 capabilities = ["pull","push"]
```

上述配置中指定了两个镜像加速器的主机地址，即https://vh3bm52y.mirror.aliyuncs.com和https://registry.docker-cn.com。同时，这两个主机都被授予了pull和push权限，表示可以从这些镜像加速器中拉取镜像，也可以向这些镜像加速器推送镜像。在Containerd中，可以使用这些配置来加速容器镜像的拉取和推送，以提高容器的创建和启动效率。

重启Containerd使配置生效：

```
systemctl restart containerd
```

Docker也要安装，Docker跟Containerd不冲突，安装Docker是为了能基于Dockerfile构建镜像：

```
[root@xianchaomaster1 ~]#yum install  docker-ce -y
[root@xianchaonode1 ~]#yum install  docker-ce -y
[root@xianchaonode2 ~]#yum install  docker-ce -y

[root@xianchaomaster1 ~]#systemctl enable docker --now
[root@xianchaonode1 ~]#systemctl enable docker --now
[root@xianchaonode2 ~]#systemctl enable docker --now
```

配置Docker镜像加速器，Kubernetes所有节点均按照以下配置进行：

```
vim /etc/docker/daemon.json
```

写入如下内容:

```
{
  "registry-mirrors":["https://vh3bm52y.mirror.aliyuncs.com","https://registry.dock
er-cn.com","https://docker.mirrors.ustc.edu.cn","https://dockerhub.azk8s.cn","http://
hub-mirror.c.163.com"]
  }
```

执行以下命令，重启Docker使配置生效：

```
systemctl restart docker
```

4.2　安装 Kubernetes 集群

使用Kubeadm安装Kubernetes集群快速且方便，而且这种安装方式比较稳定，可以在生产环境中使用。本节开始介绍Kubeadm安装Kubernetes集群的具体步骤。

4.2.1　安装初始化 Kubernetes 集群需要的软件包

1. 安装1.27版本的Kubernetes

```
[root@xianchaomaster1 ~]# yum install -y kubelet-1.27.0 kubeadm-1.27.0 kubectl-1.27.0
[root@xianchaonode1 ~]# yum install -y kubelet-1.27.0 kubeadm-1.27.0 kubectl-1.27.0
[root@xianchaonode2 ~]# yum install -y kubelet-1.27.0 kubeadm-1.27.0 kubectl-1.27.0
```

yum是Linux发行版CentOS或Red Hat Enterprise Linux（RHEL）的软件包管理器，用于下载和安装软件包。-y选项表示回答任何确认提示（如"是否要安装软件包？"）都选择"是"，避免在安装过程中产生询问提示。

Kubelet、Kubeadm和Kubectl都是Kubernetes的组件，其具体解释如下。

（1）Kubelet：Kubernetes的一个核心组件，负责在每个节点上运行Pod并管理其生命周期，它通过容器运行时（如Docker或Containerd）来运行容器。Kubelet负责监控容器的状态、资源使用情况和网络连接情况，并将这些信息报告给Kubernetes的其他组件，以便它们可以协调容器在整个集群中的运行。

（2）Kubeadm：用于启动Kubernetes集群的命令行工具。它负责在集群中的每个节点上初始化Kubernetes控制面和工作负载节点的各种资源。Kubeadm还可以协调集群组件之间的相互依赖关系，并配置默认的网络插件和其他功能。

（3）Kubectl：Kubernetes的命令行工具，可用于管理Kubernetes集群的各个方面，包括创建、部署、管理和监控应用程序、服务和资源。Kubectl可以与Kubernetes API服务器交互，以管理集群的各个方面。

版本号1.27.0表示Kubernetes的主要版本是1，次要版本号是27，补丁版本号是0。在这个版本中，Kubernetes引入了一些新的功能和修复了一些Bug。

2. Kubelet 设置成开机自启动

```
[root@xianchaomaster1 ~]# systemctl enable kubelet
[root@xianchaonode1 ~]# systemctl enable kubelet
[root@xianchaonode2 ~]# systemctl enable kubelet
```

设置Kubelet为enable可以确保它在节点启动时自动运行，从而保证集群正常运行。

4.2.2　Kubeadm 初始化 Kubernetes 集群

```
[root@xianchaomaster1 ~]# kubeadm config print init-defaults > kubeadm.yaml
```

kubeadm config print init-defaults是一个Kubeadm命令，用于打印出默认的Kubernetes初始化配置文件。将这个命令的输出重定向到一个文件中，比如kubeadm.yaml，就可以将这个默认的配置保存到文件中。在之后使用kubeadm init初始化Kubernetes集群时，可以使用这个文件作为输入，而不用手动输入所有的配置参数。这样做的好处是可以节省时间，也可以避免手动输入时出错。

kubeadm.yaml配置文件如下：

```
apiVersion: kubeadm.k8s.io/v1beta3
...
kind: InitConfiguration
localAPIEndpoint:
  advertiseAddress: 192.168.40.180 #控制节点的IP地址
  bindPort: 6443
nodeRegistration:
  criSocket: unix:///run/containerd/containerd.sock  #指定Containerd容器运行时
  imagePullPolicy: IfNotPresent
  name: xianchaomaster1 #控制节点主机名
  taints: null
---
apiVersion: kubeadm.k8s.io/v1beta3
certificatesDir: /etc/kubernetes/pki
clusterName: kubernetes
controllerManager: {}
dns: {}
etcd:
  local:
    dataDir: /var/lib/etcd
imageRepository: registry.cn-hangzhou.aliyuncs.com/google_containers
# 指定阿里云镜像仓库地址，这样在安装Kubernetes时，会自动从阿里云镜像仓库拉取镜像
kind: ClusterConfiguration
kubernetesVersion: 1.27.0              #Kubernetes版本
networking:
  dnsDomain: cluster.local
```

```
  podSubnet: 10.244.0.0/16          #指定Pod网段
  serviceSubnet: 10.96.0.0/12       #指定Service网段
scheduler: {}
---
apiVersion: kubeproxy.config.k8s.io/v1alpha1
kind: KubeProxyConfiguration
mode: ipvs
---
apiVersion: kubelet.config.k8s.io/v1beta1
kind: KubeletConfiguration
cgroupDriver: systemd

#基于kubeadm.yaml初始化Kubernetes集群
[root@xianchaomaster1 ~]# kubeadm init --config=kubeadm.yaml
--ignore-preflight-errors=SystemVerification
```

显示结果如图4-2所示，说明安装完成。

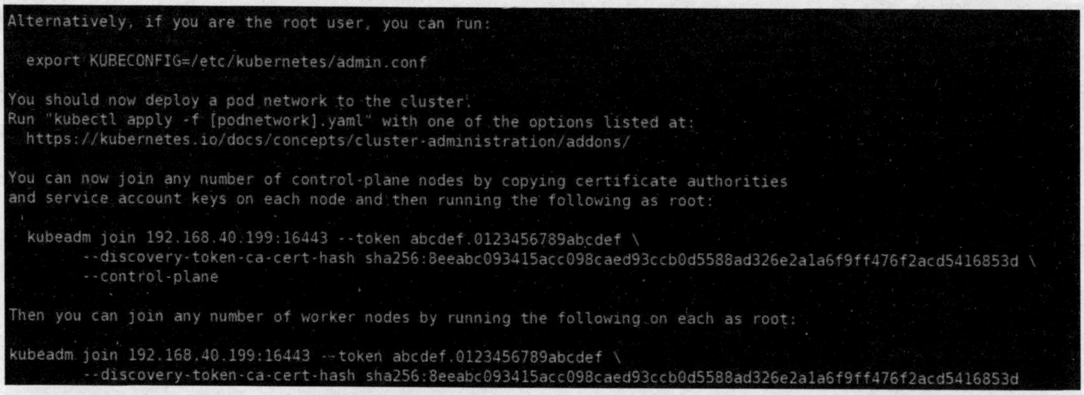

```
Alternatively, if you are the root user, you can run:

  export KUBECONFIG=/etc/kubernetes/admin.conf

You should now deploy a pod network to the cluster.
Run "kubectl apply -f [podnetwork].yaml" with one of the options listed at:
  https://kubernetes.io/docs/concepts/cluster-administration/addons/

You can now join any number of control-plane nodes by copying certificate authorities
and service account keys on each node and then running the following as root:

  kubeadm join 192.168.40.199:16443 --token abcdef.0123456789abcdef \
        --discovery-token-ca-cert-hash sha256:8eeabc093415acc098caed93ccb0d5588ad326e2a1a6f9ff476f2acd5416853d \
        --control-plane

Then you can join any number of worker nodes by running the following on each as root:

kubeadm join 192.168.40.199:16443 --token abcdef.0123456789abcdef \
        --discovery-token-ca-cert-hash sha256:8eeabc093415acc098caed93ccb0d5588ad326e2a1a6f9ff476f2acd5416853d
```

图 4-2　显示结果

上述kubeadm.yaml文件参数解释如下。

- localAPIEndpoint：Kubernetes API Server监听的地址和端口。localAPIEndpoint下面可以定义如下内容：
  - advertiseAddress：指定控制节点的IP地址，即API Server暴露给集群内其他节点的地址。
  - bindPort：指定API Server监听的端口，默认为6443。
  - nodeRegistration：控制节点的注册信息。
  - criSocket：指定容器运行时使用的CRI Socket，即容器与 Kubernetes API Server 之间的通信通道。这里指定为Containerd的Socket 地址。
  - imagePullPolicy：指定容器镜像拉取策略，这里指定为如果本地已有镜像，则不拉取。
  - name：控制节点的名称，主机名。

◆ taints: 控制节点的标记，用于限制哪些Pod可以调度到该节点。这里指定为空，即不对Pod的调度进行限制。

● podSubnet: 10.244.0.0/16: 指定Pod网段。在Kubernetes集群中，每个Pod都会被分配一个IP地址，这些IP地址需要从一个预定义的IP地址池中分配。 podSubnet参数用于指定Pod IP地址池的范围，它定义了Pod的IP地址范围，例如10.244.0.0/16表示IP地址从10.244.0.1到10.244.255.255。

● serviceSubnet: 10.96.0.0/12: Service网段。Kubernetes服务（Service）也会被分配一个IP地址，用于暴露Kubernetes服务的端口。 serviceSubnet参数用于指定Service IP地址池的范围，它定义了Service的IP地址范围，例如10.96.0.0/12表示IP地址从10.96.0.1到10.111.255.255。

● mode: ipvs: 表示kube-proxy代理模式是IPVS，如果不指定IPVS，则会默认使用iptables，开启IPVS可以提高Kubernetes集群的性能和可靠性。IPVS是一个高性能的负载均衡器，与Kubernetes Service一起使用，可以在Pod之间分配负载。相比Kubernetes自带的iptables模式，IPVS模式在处理大流量时具有更好的性能和可靠性。此外，IPVS还支持四层和七层协议的负载均衡，能够满足更多的应用场景需求。因此，在安装Kubernetes集群时，建议开启IPVS以提高集群性能和可靠性。

4.2.3　配置 Kubectl 的配置文件 config

默认安装Kubernetes之后，Kubectl是没有权限访问Kubernetes API的，所以需要有一个config文件，相当于对Kubectl进行授权，这样kubectl命令可以使用config文件中的用户和证书对Kubernetes集群进行管理。

具体操作步骤如下：

（1）在当前家（HOME）目录下创建一个目录.kube，用来存放安全上下文config文件。

```
[root@xianchaomaster1 ~]# mkdir -p $HOME/.kube
```

● mkdir表示创建目录的命令。

● -p表示在创建目录的过程中，如果上级目录不存在，则一并创建，以保证目录路径的完整性。

● $HOME表示当前登录用户的家目录（Home Directory）的路径，即/home/<用户名称>，因为通常.kube目录会存储在当前用户的家目录下。

● .kube表示要创建的目录名，即.kube目录，这是Kubernetes用于存储配置文件和其他资源的默认目录。

.kube目录是Kubernetes中非常重要的目录，它存储了集群的配置信息和其他资源，例如，kubectl命令使用kubeconfig配置文件访问Kubernetes API Server。

（2）把/etc/kubernetes/admin.conf复制到.kube下并重命名成config。

```
[root@xianchaomaster1 ~]# sudo cp -i /etc/kubernetes/admin.conf $HOME/.kube/config
```

该命令将Kubernetes集群管理员使用的配置文件admin.conf复制到当前用户的家目录下的.kube目录中，并将它重命名为config。这个配置文件包含Kubernetes集群外的客户端连接到集群内的信息，例如Kubernetes API服务器的地址、证书信息和可选的认证方式。这样，当前用户就可以使用kubectl命令连接并控制Kubernetes集群了。

- sudo表示以管理员（root）权限执行命令。
- cp表示复制命令，用于将源文件或目录复制到目标位置。
- -i表示当目标位置已经存在同名文件时，提示用户是否覆盖，避免误操作覆盖重要文件。
- /etc/kubernetes/admin.conf是源文件的路径，即Kubernetes集群管理员使用的配置文件路径。
- $HOME/.kube/config是当前用户的家目录下的.kube目录中的config文件。

（3）修改属主和属组。

```
[root@xianchaomaster1 ~]# sudo chown $(id -u):$(id -g) $HOME/.kube/config
```

该命令将当前用户的家目录下的.kube目录中的config文件所有者更改为当前用户。

- chown命令表示更改文件或目录的所有者和所属组。
- $(id -u)和$(id -g)表示从id命令中获取当前登录用户的用户ID（UserID，UID）和所属组ID（GroupID，GID）。

config文件必须由当前用户或由具有该文件的所有权的用户修改。上述命令可以确保该配置文件始终由当前用户所有，以确保当前用户拥有对此文件的完全访问权限，以便在必要时进行更改、编辑或更新。

（4）查看Kubernetes集群。

```
[root@xianchaomaster1 ~]# kubectl get nodes
```

该命令用来查看Kubernetes集群状态。

显示如下：

```
NAME              STATUS      ROLES                 AGE    VERSION
xianchaomaster1   NotReady    control-plane,master  60s    v1.27.0
```

说明如下：

- NAME：Kubernetes控制节点名称。
- STATUS：Kubernetes集群状态，此时集群状态还是NotReady状态，因为没有安装网络插件。

- ROLES：集群角色，xianchaomaster1这个机器构成的Kubernetes是控制平面。
- AGE：集群创建的时间。
- VERSION：Kubernetes集群版本。

4.3　扩容 Kubernetes 集群

通过前面的步骤安装的是单点的Kubernetes，即整个Kubernetes集群只有一个控制节点。在Kubernetes中，控制节点是有污点的，不允许Pod调度，想要创建的Pod能调度控制节点，需要对Pod定义容忍度，但是在Kubernetes中，控制节点是不希望有业务Pod运行的，控制节点只是运行Kubernetes本身的组件，所以这就需要扩容Kubernetes，以便在Kubernetes中添加工作节点来运行业务Pod。

本节介绍扩容Kubernetes集群的节点的具体步骤。

4.3.1　添加第一个工作节点

首先，在Kubernetes控制节点xianchaomaster1上查看加入的节点，命令如下：

```
[root@xianchaomaster1 ~]# kubeadm token create --print-join-command
```

这是一个使用Kubeadm创建新的Token的命令，生成的Token可以用于将新节点加入Kubernetes集群。

- kubeadm安装Kubernetes生成的Token的有效期为24小时，当过期之后，该Token就不可用了。
- kubeadm token create --print-join-command可以重新生成Token，并把加入Kubernetes集群的命令打印出来。

执行kubeadm token create --print-join-command之后，Kubeadm将输出一个打印的命令，类似于kubeadm join [IP_ADDRESS:PORT] --token [TOKEN_VALUE] --discovery-token-ca-cert-hash sha256:[CERTIFICATE_HASH]。管理员可以将此命令复制到新节点上并运行来完成节点的加入。

具体显示如下：

```
kubeadm join 192.168.40.180:6443 --token vulvta.9ns7da3saibv4pg1
--discovery-token-ca-cert-hash
sha256:72a0896e27521244850b8f1c3b600087292c2d10f2565adb56381f1f4ba7057a
```

- kubeadm join：一个Kubeadm的子命令，用于将节点加入集群。
- 192.168.40.180:6443：Kubernetes主节点的地址，即新节点需要连接的主节点。这个地址包含端口号6443，它是Kubernetes API Server的默认端口号。

- --token vulvta.9ns7da3saibv4pg1：一个用于授权新节点加入集群的令牌，它是由Kubernetes主节点生成的。这个特定的令牌是vulvta.9ns7da3saibv4pg1。
- --discovery-token-ca-cert-hash sha256：一个证书散列值，它用于验证节点是否能够加入Kubernetes集群。在这个例子中，证书散列值是72a0896e27521244850b8f1c3b600087292c2d10f2565adb56381f1f4ba7057a。

然后，把xianchaonode1作为工作节点加入Kubernetes集群。

使上述获取到的命令kubeadm join 192.168.40.180:6443 --token vulvta.9ns7da3saibv4pg1 --discovery-token-ca-cert-hash sha256:72a0896e27521244850b8f1c3b600087292c2d10f2565adb56381f1f4ba7057a 在xianchaonode1上执行，这样就可以将xianchaonode1加入Kubernetes集群，并且充当工作节点：

```
[root@xianchaonode1~]# kubeadm join 192.168.40.180:6443 --token
vulvta.9ns7da3saibv4pg1    --discovery-token-ca-cert-hash
sha256:72a0896e27521244850b8f1c3b600087292c2d10f2565adb56381f1f4ba7057a
```

显示结果如图4-3所示。

```
This node has joined the cluster:
* Certificate signing request was sent to apiserver and a response was received.
* The Kubelet was informed of the new secure connection details.

Run 'kubectl get nodes' on the control-plane to see this node join the cluster.
```

图4-3　扩容集群概览

看到上面的内容，说明xianchaonode1节点已经加入Kubernetes集群，并且充当了工作节点。在xianchaomaster1上查看集群节点的状况：

```
[root@xianchaomaster1 ~]# kubectl get nodes
```

显示如下：

```
NAME              STATUS     ROLES                    AGE     VERSION
xianchaomaster1   NotReady   control-plane,master     53m     v1.27.0
xianchaonode1     NotReady   <none>                   59s     v1.27.0
```

- xianchaomaster1表示Kubernetes控制平面。
- xianchaonode1表示Kubernetes工作节点。

4.3.2　添加第二个工作节点

Kubernetes集群每个节点默认允许运行110个Pod，可能一个工作节点不足以运行大量Pod，因此需要扩容节点，如添加一个新的工作节点。下面介绍添加新节点的具体步骤。

首先，在xianchaomaster1上查看加入节点的命令：

```
[root@xianchaomaster1 ~]# kubeadm token create --print-join-command
```

显示如下：

```
kubeadm join 192.168.40.180:6443 --token i3u8gu.n1d6fy40jdxgqjpu
--discovery-token-ca-cert-hash
sha256:72a0896e27521244850b8f1c3b600087292c2d10f2565adb56381f1f4ba7057a
```

然后，把xianchaonode2加入Kubernetes集群：

```
[root@xianchaonode2~]# kubeadm join 192.168.40.180:6443 --token
i3u8gu.n1d6fy40jdxgqjpu    --discovery-token-ca-cert-hash
sha256:72a0896e27521244850b8f1c3b600087292c2d10f2565adb56381f1f4ba7057a
```

显示结果如图4-4所示。

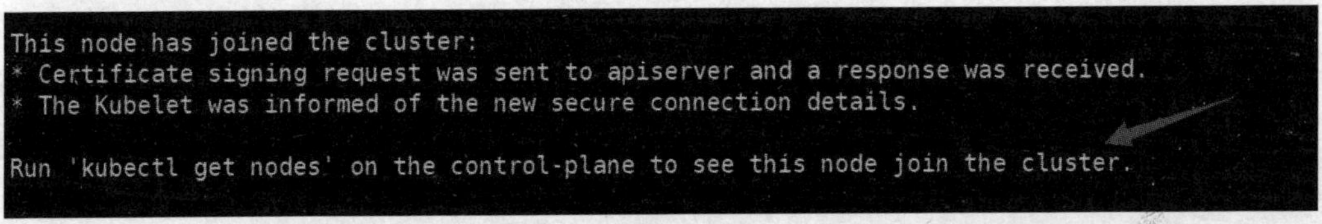

```
This node has joined the cluster:
* Certificate signing request was sent to apiserver and a response was received.
* The Kubelet was informed of the new secure connection details.

Run 'kubectl get nodes' on the control-plane to see this node join the cluster.
```

图 4-4　kubeadm join 加入工作节点概览图

看到上面的结果，说明xianchaonode2节点已经加入集群，并且充当了工作节点。在xianchaomaster1上查看集群节点的状况：

```
[root@xianchaomaster1 ~]# kubectl get nodes
NAME              STATUS     ROLES                  AGE    VERSION
xianchaomaster1   NotReady   control-plane,master   53m    v1.27.0
xianchaonode1     NotReady   <none>                 59s    v1.27.0
xianchaonode2     NotReady   <none>                 59s    v1.27.0
```

通过上面的结果可以看到，xianchaonode1、xianchaonode2的ROLES角色为空，<none>表示这个节点是工作节点。可以把xianchaonode1和xianchaonode2的ROLES变成worker，ROLES列用于描述节点是什么角色，我们一般把工作节点标注为worker，按照如下方法：

```
[root@xianchaomaster1 ~]# kubectl label node xianchaonode1 node-role.kubernetes.io/
worker=worker
[root@xianchaomaster1 ~]# kubectl label node xianchaonode2 node-role.kubernetes.io/
worker=worker
```

上面的状态都是NotReady状态，说明没有安装网络插件，可以利用4.4节的步骤安装网络插件。

4.4   安装 Kubernetes 网络插件 Calico

通过前几节，已经把Kubernetes安装成功了，但是Kubernetes的状态一直是NotReady，说明没有安装网络插件，本节将带领读者安装网络插件Calico。

Calico是一种容器之间互通的网络方案，基于BGP的纯三层网络架构。它能够与OpenStack、Kubernetes、AWS、GCE等云平台良好地集成。在虚拟化平台中，比如OpenStack、Docker等，需要实现跨主机互连，并对容器进行隔离控制。然而，大多数虚拟化平台使用二层隔离技术来实现容器网络，这些技术存在一些弊端，比如需要依赖VLAN、Bridge和Tunnel（隧道）等技术。其中，Bridge带来了复杂性，而VLAN隔离和隧道在拆包或加包头时会消耗更多的资源，并且对物理环境也有要求。随着网络规模的增大，整体会变得越加复杂。

在Kubernetes集群中，如果没有安装网络插件，那么Kubernetes集群就不会正常工作，无法跨节点通信，也无法对Pod进行IP分配。Kubernetes支持多种网络插件，Calico是目前使用最多的一个，因为Calico效率高，还支持网络隔离，应用范围更广。

4.4.1   安装 Calico

calico.yaml文件在配书资源，安装k8s集群下载。

上传calico.yaml到k8s控制节点xianchaomaster1上，使用yaml文件安装calico网络插件。

该命令使用Kubectl部署Kubernetes网络插件Calico。

- kubectl apply：用于通过YAML配置文件来创建或更新Kubernetes资源。
- -f calico.yaml：将指定的YAML文件应用于当前的Kubernetes环境。

该命令被执行时，Kubectl将读取指定的calico.yaml文件，并使用文件中指定的配置来创建或更新Kubernetes资源，以部署Calico网络插件。YAML文件中的配置可能包括各种类型的Kubernetes对象，例如Pod、ReplicaSet、Deployment等，在本例中可能包括Deployment、Service、DaemonSet等。该命令执行完成后，Calico网络插件应该已经在Kubernetes集群中部署并运行。

安装Calico之后查看Kubernetes集群的状态：

```
[root@xianchaomaster1 ~]# kubectl get nodes
```

当上述命令被执行时，Kubectl将查询Kubernetes集群中的所有节点，并输出有关每个节点的信息，例如名称、状态、标签等。输出的节点信息通常以表格形式呈现，包括节点的IP地址、系统信息以及其他节点的元数据。

- kubectl get：一个kubectl命令，用于获取Kubernetes资源的信息。
- nodes：这是一个资源类型，指示kubectl获取Kubernetes集群中所有节点的信息。

获取的节点信息如下：

```
NAME              STATUS    ROLES                   AGE     VERSION
xianchaomaster1   Ready     control-plane,master    58m     v1.27.0
xianchaonode1     Ready     <none>                  5m46s   v1.27.0
xianchaonode2     Ready     <none>                  5m46s   v1.27.0
```

- NAME：节点的名称，即在Kubernetes集群中给该节点分配的唯一标识符。
- STATUS：节点的状态，表示该节点在Kubernetes集群中是否已准备好接受工作负载。在本例中所有节点的状态都为Ready，表示它们都已经准备好。
- ROLES：节点的角色，即该节点在Kubernetes集群中所扮演的角色。在本例中，xianchaomaster1节点的角色为control-plane和master，表示它是Kubernetes控制平面的主节点；而xianchaonode1和xianchaonode2节点的角色为none，表示它们不是Kubernetes控制平面的节点，代表工作节点。
- AGE：节点的年龄，即该节点在Kubernetes集群中运行的时间。
- VERSION：节点使用的Kubernetes版本，即它所运行的Kubernetes软件的版本号。

> 提示　上述信息很有用，可以帮助管理员确定集群中节点的状态和分布情况，以及决策如何分配工作负载。

可以看到，STATUS的状态是Ready，说明Kubernetes集群正常运行了，可见只有安装了网络插件，Kubernetes集群才能够正常使用。

4.4.2　Calico 的配置

Calico的配置比较复杂，支持的功能也较多，下面带领读者详细了解Calico的配置方式（calico.yaml文件的内容）。

1. ConfigMap 的配置

Calico使用ConfigMap存储和管理其配置信息。其配置信息说明如下。

- calico-config：Calico插件的全局配置，主要包括网络拓扑、Node标签、授权策略等信息。
- calico-node：Node节点上Calico插件的配置，包括IP地址管理、BGP路由等信息。
- felix-config：Felix代理程序的配置，包括报警、链路监测、NAT路由等信息。
- felix-cfg：Felix代理程序的较低级别的配置。

- typha：Typha程序的配置。Typha是Calico使用的一个gRPC脚本，用于加速处理规则引擎的RPC请求。
- calicoctl.cfg：Calico CLI的配置。CLI用于管理Calico插件。
- logrotate：日志轮换配置。

具体配置如下：

```
kind: ConfigMap
apiVersion: v1
metadata:
  name: calico-config
  namespace: kube-system
data:
  typha_service_name: "none"
  calico_backend: "bird"
  veth_mtu: "1440"
  cni_network_config: |-
    {
      "name": "k8s-pod-network",
      "cniVersion": "0.3.0",
      "plugins": [
        {
          "type": "calico",
          "log_level": "info",
          "datastore_type": "kubernetes",
          "nodename": "__KUBERNETES_NODE_NAME__",
          "mtu": __CNI_MTU__,
          "ipam": {
              "type": "calico-ipam"
          },
        },
      ]
    }
```

说明如下：

- calico_backend为Calico的后端，默认为bird。
- cni_network_config: |-符合CNI规范的网络配置，其中type=calico表示Kubelet从CNI_PATH（默认为/opt/cni/bin）找名为calico的可执行文件，用于容器的网络设置。
- ipam中的type为calico-ipam，表示Kubelet将在/opt/cni/bin目录下搜索名为calico-ipam的可执行文件，用于完成容器IP地址的分配。

▓注意 Bird实际上是Brid Internet Routing Daemon的缩写，是一款可运行在Linux和其他类UNIX系统上的路由软件，它支持多种路由协议，比如BGP、OSPF和RIP等。

---

2. DaemonSet 的配置

Calico的DaemonSet配置用于在每个Kubernetes节点上运行Calico的Agent。其配置参数大致说明如下：

- Image：Calico Agent需要的容器镜像名。
- Name：DaemonSet的名字。
- Node Selector：通过节点选择器筛选要在哪些节点上运行DaemonSet。
- Environment Variables：设置Agent容器的环境变量，例如CALICO_NETWORKING_BACKEND以决定使用哪种网络后端，以及Calico CNI插件的配置等。
- Host Networking：设置为true以便Agent容器使用主机网络。
- Volumes：挂载宿主机的文件或目录到Agent容器中，例如/var/log/calico和/etc/cni/net.d等卷。
- Security Context：设置Agent容器的安全上下文，包括容器的特权、用户和组等信息。也可以使用PodSecurityPolicy来限制容器的权限。
- Tolerations：容忍污点节点并继续部署DaemonSet，例如Taints（节点污点标签）用于标识不同类型的节点。
- Service Account：为DaemonSet关联一个服务账号以赋予Agent一些特定的访问权限。
- Liveness and Readiness Probes：用于检测DaemonSet运行是否正常的生命周期（Liveness）和准备（Readiness）探测器。

具体配置如下：

```
kind: DaemonSet
apiVersion: extensions/v1beta1
metadata:
  name: calico-node
  namespace: kube-system
  labels:
    k8s-app: calico-node
spec:
  selector:
    matchLabels:
      k8s-app: calico-node
  updateStrategy:
    type: RollingUpdate
    rollingUpdate:
      maxUnavailable: 1
  template:
    metadata:
      labels:
        k8s-app: calico-node
      annotations:
       scheduler.alpha.kubernetes.io/critical-pod: ''
```

```
spec:
  initContainers:
    - name: upgrade-ipam
      image: calico/cni:v3.6.0
      command: ["/opt/cni/bin/calico-ipam", "-upgrade"]
      env:
        - name: KUBERNETES_NODE_NAME
          valueFrom:
            fieldRef:
              fieldPath: spec.nodeName
        - name: CALICO_NETWORKING_BACKEND
          valueFrom:
            configMapKeyRef:
              name: calico-config
              key: calico_backend
      volumeMounts:
        - mountPath: /var/lib/cni/networks
          name: host-local-net-dir
        - mountPath: /host/opt/cni/bin
          name: cni-bin-dir
    - name: install-cni
      image: calico/cni:v3.6.0
      command: ["/install-cni.sh"]
      env:
        - name: CNI_CONF_NAME
          value: "10-calico.conflist"
        - name: CNI_NETWORK_CONFIG
          valueFrom:
            configMapKeyRef:
              name: calico-config
              key: cni_network_config
  containers:
    - name: calico-node
      image: calico/node:v3.6.0
      env:
        - name: DATASTORE_TYPE
          value: "kubernetes"
        - name: WAIT_FOR_DATASTORE
          value: "true"
        - name: NODENAME
          valueFrom:
            fieldRef:
              fieldPath: spec.nodeName
        - name: CALICO_NETWORKING_BACKEND
          valueFrom:
            configMapKeyRef:
              name: calico-config
              key: calico_backend
        - name: CLUSTER_TYPE
          value: "k8s,bgp"
```

```
        - name: IP
          value: "autodetect"
        - name: IP_AUTODETECTION_METHOD
          value: "inetrface=ens33"
        - name: CALICO_IPV4POOL_IPIP
          value: "Always"
        - name: FELIX_IPINIPMTU
          valueFrom:
            configMapKeyRef:
              name: calico-config
              key: veth_mtu
        - name: CALICO_IPV4POOL_CIDR
          value: "10.10.0.0/16"
        - name: CALICO_DISABLE_FILE_LOGGING
          value: "true"
        - name: FELIX_DEFAULTENDPOINTTOHOSTACTION
          value: "ACCEPT"
        - name: FELIX_IPV6SUPPORT
          value: "false"
        - name: FELIX_LOGSEVERITYSCREEN
          value: "info"
        - name: FELIX_HEALTHENABLED
          value: "true"
      securityContext:
        privileged: true
```

在该Pod中包括如下两个容器。

- install-cni：在Node上把CNI二进制文件安装到/opt/cni/bin目录下，并把相应的网络配置文件安装到/etc/cni/net.d目录下，设置为initContainers并在运行完成后退出。
- calico-node：Calico服务程序，用于设置Pod的网络资源，以保证Pod的网络与各Node互联互通。它还需要以hostNetwork模式运行，直接使用宿主机网络。

calico-node服务的主要参数如下。

- IP_AUTODETECTION_METHOD：表示获取Node IP地址的方式，默认使用第1个网络接口的IP地址，对于安装了多块网卡的Node，可以使用正则表达式选择正确的网卡，例如"interface=eth.*"表示选择名称以eth开头的网卡的IP地址。
- CALICO_IPV4POOL_CIDR：Calico IPAM的IP地址池，Pod的IP地址将从该池中进行分配。
- CALICO_IPV4POOL_IPIP：是否启用IPIP模式。启用IPIP模式时，Calico将在Node上创建一个名为tunl0的虚拟隧道。
- FELIX_IPV6SUPPORT：是否启用IPv6。
- FELIX_LOGSEVERITYSCREEN：日志级别。
- privileged=true：表示以特权模式运行。

　　IP Pool可以使用两种模式：BGP或IPIP。使用IPIP模式时，设置CALICO_IPV4POOL_IPIP="always"，不使用IPIP模式时，设置CALICO_IPV4POOL_IPIP="off"，此时使用BGP模式。

　　1）IPIP

　　使用一种称为IP封装（IP Encapsulation）的技术，在IP层之上创建一个隧道（Tunnel）。在隧道中，原始的IP数据包被封装在新的IP包中作为数据部分进行传输，它的作用其实就相当于一个基于IP层的网桥，一般来说，普通的网桥是基于MAC层的，根本不需要IP，而IPIP模式则是通过两端的路由创建一个隧道，把两个本来不通的网络点对点连接起来。

　　Calico以IPIP模式部署完毕后，Node上会有一个tunl0的网卡设备，用于在IPIP模式下进行隧道封装，也是一种Overlay模式的网络。当我们把节点下线，Calico容器都停止后，这个设备依然存在，执行rmmodipip命令可以将它删除。

　　2）BGP

　　BGP（Border Gateway Protocol，边界网关协议）是互联网上一个核心的去中心化的自治路由协议。它通过维护IP路由表或"前缀"表来实现自治系统（Autonomous System，AS）之间的可达性，属于矢量路由协议。BGP不使用传统的内部网关协议（Interior Gateway Protocol，IGP）的指标，而是基于路径、网络策略或规则集来决定路由。因此，它更适合被称为矢量性协议，而不是路由协议，通俗地说就是将接入机房的多条线路（如电信、联通、移动等）融合为一体，以实现多线单IP。

　　BGP机房的优点：服务器只需要设置一个IP地址，最佳访问路由是由网络上的骨干路由器根据路由跳数与其他技术指标来确定的，不会占用服务器的任何系统。

　　官方提供的calico.yaml模板中，默认打开了IPIP功能，该功能会在Node上创建一个设备tunl0，容器的网络数据会经过该设备被封装成一个IP头再转发。这里，calico.yaml中通过修改calico-node的环境变量CALICO_IPV4POOL_IPIP来实现IPIP功能的开关：默认是Always，表示开启；Off表示关闭IPIP。

```
- name: CLUSTER_TYPE
    value: "k8s,bgp"
  # Auto-detect the BGP IP address.
  - name: IP
    value: "autodetect"
  # Enable IPIP
  - name: CALICO_IPV4POOL_IPIP
    value: "Always"
```

4.4.3　calico-kube-controllers 解析

　　用户在Kubernetes集群中设置了Pod的Network Policy之后，calico-kube-controllers就会自动通知各Node上的calico-node服务，在宿主机上设置相应的iptables规则，完成Pod间网络访问策略的设置。

calico-node 在正常运行之后，会根据 CNI 规范在 /etc/cni/net.d/ 目录下生成两个文件（10-calico.conflist 和 calico-kubeconfig），并在 /opt/cni/bin/ 目录下生成一些二进制文件，如 calico 和 calico-ipam，供 Kubelet 调用。

4.5　测试 Kubernetes 集群是否健康

前面几节已经成功安装了 Kubernetes 集群和网络插件 Calico，但是 Kubernetes 集群是否能够正常使用，需要经过测试才能判断，具体测试分为网络测试和 DNS 测试，本节介绍具体的测试步骤。

4.5.1　测试在 Kubernetes 中创建的 Pod 是否可以正常访问网络

执行以下命令：

```
[root@xianchaomaster1 ~]# kubectl run busybox --image busybox:1.28 --restart=Never
--rm -it busybox -- sh
/ # ping www.baidu.com
PING www.baidu.com (39.156.66.18): 56 data bytes
64 bytes from 39.156.66.18: seq=0 ttl=127 time=39.3 ms
```

该命令在 Kubernetes 集群上创建了一个名为 busybox 的 Pod，然后在该 Pod 内运行了一个 BusyBox 容器。

- kubectl run busybox：创建一个新的 Pod 或部署到已有的 Deployment、StatefulSet 中。这里使用此命令创建了一个新的 Pod，Pod 的名字是 busybox。
- --image busybox:1.28：Pod 使用的 Docker 镜像的名称和版本。这里使用的是版本为 1.28 的 busybox 镜像。
- --restart=Never：Pod 的重启策略。这里设置为 Never，即如果该 Pod 出现故障，就不会自动重启。
- --rm：容器退出后，自动清理该容器的资源（例如存储卷等）。
- -it：以交互式终端的方式运行容器。
- busybox：要启动的容器的名字。这里使用了 busybox，因为我们正在运行一个 busybox 镜像。
- sh：在容器中执行的命令是 shell（sh）。
- /：执行命令的工作目录。
- # ping www.baidu.com：在 shell 中执行的命令，即 ping 百度网站。

最后打印的内容是 ping 百度网站的结果，显示了 IP 地址、数据字节、序列号、生存时间（TTL）和延迟时间。

可以看到，在 Kubernetes 中创建的 Pod 能访问百度网站，说明 Calico 网络插件已经被正常安装了，可以访问网络。

4.5.2   测试 CoreDNS 是否正常

CoreDNS是一个Kubernetes集群中非常重要的DNS服务器，它通过提供命名服务简化了服务间通信和DNS解析的管理和维护。

在Kubernetes中，每个Pod都有一个唯一的DNS名称，例如pod-name.namespace-name.svc.cluster-domain.tld，其中cluster-domain.tld是集群中使用的域名后缀。每个服务都有一个DNS名称，例如service-name.namespace-name.svc.cluster-domain.tld，它将解析为该服务的群集IP地址。

CoreDNS使用插件来支持各种DNS记录类型，例如A、CNAME、SRV等。它可以与Kubernetes的API服务器进行交互，以了解Kubernetes中运行的应用程序和服务的状态。CoreDNS还支持在Kubernetes中使用自定义DNS名称，这些名称将映射到外部DNS记录。

如果要测试CoreDNS是否正常工作，可执行以下命令：

```
[root@xianchaomaster1 ~]# kubectl run busybox --image busybox:1.28 --restart=Never
--rm -it busybox -- sh
/ # nslookup kubernetes.default.svc.cluster.local
Server:    10.96.0.10
Address 1: 10.96.0.10 kube-dns.kube-system.svc.cluster.local
Name:      kubernetes.default.svc.cluster.local
Address 1: 10.96.0.1 kubernetes.default.svc.cluster.local
```

- nslookup kubernetes.default.svc.cluster.local用于解析Kubernetes中的apiserver这个Pod前面的代理Service域名，内部Service的名称是通过coreDNS来解析的。10.96.0.10就是coreDNS的clusterIP，说明coreDNS配置好了。

4.5.3   延长证书

Kubeadm安装的Kubernetes证书默认有效期为一年，过了一年APIServer就会禁止连接，所以需要把证书延长，本小节介绍延长证书的具体步骤。

我们先来查看CA证书的有效期，执行以下命令：

```
openssl x509 -in /etc/kubernetes/pki/ca.crt -noout -text  |grep Not
```

该命令主要从Kubernetes TLS的根证书中提取证书的有效期限，并将证书生效时间和过期时间的信息（Not Before和Not After）打印到控制台上，同时检查是否需要更新证书以确保集群的安全性。

- openssl x509：运行OpenSSL中的x509工具来对证书进行操作。
- -in /etc/kubernetes/pki/ca.crt：指定要查看的证书文件路径，这里是Kubernetes根证书的路径。
- -noout：输出证书信息时不输出证书本身。
- -text：显示证书详细信息。

- grep Not：通过管道将输出结果传递给 grep命令来筛选包含Not字段的行，即证书的生效时间和过期时间信息。

显示如下：

```
Not Before: Apr 22 04:09:07 2020 GMT
Not After : Apr 20 04:09:07 2021 GMT
```

可看到CA证书的有效期是1年，从2020年到2021年。

接着执行下述命令，查看APIServer证书的有效期。

```
openssl x509 -in /etc/kubernetes/pki/apiserver.crt -noout -text |grep Not
```

显示如下：

```
Not Before: Apr 22 04:09:07 2020 GMT
Not After : Apr 22 04:09:07 2021 GMT
```

可以看到APIServer证书的有效期是1年，从2020年到2021年。

从以上两个命令的测试可以看到，CA证书和APIServer证书的有效期都是1年。如果要将证书的有效时间延长，可以执行以下操作：

（1）把update-kubeadm-cert.sh文件上传到xianchaomaster1节点，可从配书资源下的安装Kubernetes集群文件夹获取update-kubeadm-cert.sh文件，为update-kubeadm-cert.sh证书授权可执行权限：

```
[root@xianchaomaster1~]#chmod +x update-kubeadm-cert.sh
```

该命令可以将update-kubeadm-cert.sh脚本文件的权限更改为可执行，这意味着超级用户以及具有适当权限的用户可以运行脚本文件以更新Kubernetes集群证书，从而确保集群的安全性和稳定性。

- chmod：用于更改文件或目录的权限。
- +x：将执行权限添加到文件或目录，"+x"表示添加执行权限。
- update-kubeadm-cert.sh：目标文件的名称，这里是一个shell脚本的名称，该脚本将被添加执行权限。

（2）执行以下命令修改证书的过期时间，把时间延长到10年：

```
[root@xianchaomaster1 ~]# ./update-kubeadm-cert.sh all
```

这个命令执行update-kubeadm-cert.sh脚本文件，并将all参数传递给该脚本，以更新Kubernetes集群中的所有证书。

- ./update-kubeadm-cert.sh：当前目录下update-kubeadm-cert.sh shell脚本文件的路径和名称。
- all：脚本的参数，指示脚本更新Kubernetes集群中的所有证书。

此处，我们将证书过期时间延长为10年。

（3）在xianchaomaster1节点查询Pod是否正常，如果能查询出数据，则说明证书签发完成。

```
kubectl  get pods -n kube-system
```

这个命令主要用于获取Kubernetes系统命名空间中所有的Pod信息。

- get：从Kubernetes集群中获取对象信息。
- pods：Kubernetes中Pod对象的类型。
- -n kube-system：指定在Kubernetes系统命名空间中执行此操作。

显示如下：

```
...
calico-node-b5ks5                  1/1      Running    0       157m
calico-node-r6bfr                  1/1      Running    0       155m
calico-node-r8qzv                  1/1      Running    0       7h1m
coredns-66bff467f8-5vk2q           1/1      Running    0       7h
...
```

可以看到pod信息，说明证书签发正常。

下面我们再来验证一下证书的有效时间是否延长到10年：

```
openssl x509 -in /etc/kubernetes/pki/ca.crt -noout -text  |grep Not
```

显示如下：

```
Not Before: Apr 22 04:09:07 2023 GMT
Not After : Apr 20 04:09:07 2033 GMT
```

可看到CA证书的有效期已经延长为10年，即从2023年到2033年。

```
openssl x509 -in /etc/kubernetes/pki/apiserver.crt -noout -text  |grep Not
```

显示如下：

```
Not Before: Apr 22 11:15:53 2023  GMT
Not After : Apr 20 11:15:53 2033  GMT
```

可看到APIServer证书的有效期是10年，从2023年到2033年。

除了上述两种证书延期之外，本例中还对ETCD和front-proxy证书进行了延期，可以采用上述同样的方式进行验证。

```
openssl x509 -in /etc/kubernetes/pki/apiserver-etcd-client.crt  -noout -text  |grep
Not
```

显示如下：

```
Not Before: Apr 22 11:32:24 2023 GMT
Not After : Apr 20 11:32:24 2033 GMT
```

可看到ETCD证书的有效期是10年，从2023年到2033年。

```
openssl x509 -in /etc/kubernetes/pki/front-proxy-ca.crt  -noout -text  |grep Not
```

显示如下：

```
Not Before: Apr 22 04:09:08 2023 GMT。
Not After : Apr 20 04:09:08 2033 GMT。
```

可看到front-proxy证书的有效期是10年，从2023年到2033年。

4.6　基于 containerd 做容器运行时从 harbor 拉取镜

harbor是私有镜像仓库，可以用来存储镜像，在k8s1.24之后版本k8s中，创建pod可以配置从harbor自动拉取镜像，步骤如下：

```
#修改containerd配置文件
[root@xianchaomaster1 ~]# cd /etc/containerd/
[root@xianchaomaster1 ~]# cat config.toml
```

内容如下（以下略去部分文件的内容参见下载文件）：

```
disabled_plugins = []
imports = []
oom_score = 0
...
[ttrpc]
  address = ""
  gid = 0
  uid = 0
```

#备注：修改containerd.toml配置文件里的harbor的ip地址，变成自己真实环境的harbor的ip

```
#重启containerd
[root@xianchaomaster1~]# systemctl restart containerd

#测试Pod从containerd拉取镜像
[root@xianchaomaster1 ~]# cat pod.yaml
apiVersion: v1
kind: Pod
metadata:
  name: nginx-test
  namespace: default
spec:
  containers:
  - name: nginx
    image: 192.168.40.62/library/nginx:latest
    imagePullPolicy: Always

[root@xianchaomaster1 ~]# kubectl get pods
NAME      READY    STATUS    RESTARTS    AGE
nginx-test  1/1     Running   0          8s
```

4.7   本章小结

本章介绍了通过Kubeadm快速搭建Kubernetes集群，搭建Kubernetes集群之后，测试了Kubernetes网络和CoreDNS服务，都正常，这样就可以在这套Kubernetes集群进行相应的实验了。

第 5 章

Kubernetes核心资源Pod

　　通过前几章的介绍，我们成功地安装了Kubernetes，本章开始在Kubernetes中创建一些资源，部署应用程序。在Kubernetes中，所有的服务都是由一个或多个Pod运行的，Pod是Kubernetes中最小的调度单位，它可以封装一个或多个容器。在Kubernetes中，我们通常不直接操作容器，而是使用Pod来操作容器，因为Pod提供了一个抽象层，使得我们可以更方便地管理容器。本章将详细介绍Pod的基本概念和使用，让读者更好地理解Kubernetes中的Pod及其在应用部署中的作用。

　　本章内容：

- Pod是什么
- Pod的工作方式
- 如何创建一个Pod资源
- Node节点选择器
- Pod生命周期
- Pod容器钩子和探测

5.1　Pod 是什么

5.1.1　Pod 基本介绍

　　在Kubernetes中，Pod是最小的可调度单元。Kubernetes通过定义Pod的资源，在其中运行容器来提供具体的服务。每个Pod封装一个或多个容器，这些容器共享存储和网络等资源。从另一个角度看，可以将整个Pod视为虚拟机，而每个容器则相当于在该虚拟机上运行的进程。在如图5-1所示的Kubernetes架构图中，可以清晰地看到Pod的作用。

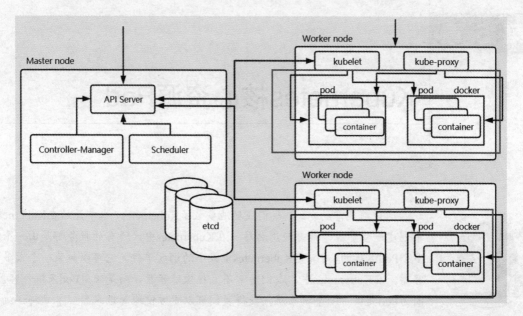

图 5-1   Kubernetes 架构图

在Kubernetes集群中，Pod需要被调度到工作节点上才能运行，而具体的节点调度是由调度器（scheduler）实现的。可以将Pod想象成一个豌豆荚，里面包含许多豆子（容器），如图5-2所示。Pod中的容器共享着Pod的网络和存储资源。

在Kubernetes中，可以将Pod看作是一个逻辑主机。举个例子，假设我们要部署一个WordPress网站。在没有使用容器化技术的情况下，可能需要将WordPress应用程序部署到物理机、虚拟机或云主机上。但通过Kubernetes，我们可以定义一个Pod资源，在Pod中运行 WordPress 应用程序的容器。这样，Pod就扮演了一个逻辑主机的角色，将WordPress应用程序以容器化的形式运行起来。

图 5-2   豌豆荚 Pod

5.1.2   Pod如何管理多个容器

在一个Pod内部可以定义多个容器，它们将共享Pod的网络命名空间、存储卷以及资源（CPU、内存等）。多个容器可以协同工作来完成一个应用的不同方面的功能，从而使应用更灵活、模块化。

例如，一个常见的模式是在Pod内运行一个Web服务器容器和一个Sidecar容器（File Puller）。Web服务器容器负责提供HTTP服务，而Sidecar容器则负责辅助Web服务器容器，比如收集日志、提供配置等。

在一个Pod内部，所有容器共享相同的网络命名空间。这意味着它们可以使用localhost或

127.0.0.1来相互通信，而不需要通过网络来传输数据，这种通信方式可以大大提高容器间的通信效率。同时，它们也可以访问共享的存储卷，从而共享文件等数据。

　　需要注意的是，多个容器共享相同的PID命名空间和IPC命名空间，这意味着它们可以相互访问进程和共享内存等资源。因此，在使用多个容器时，需要确保它们之间不会产生冲突，以免导致意外的行为。具体示意图如图5-3所示。

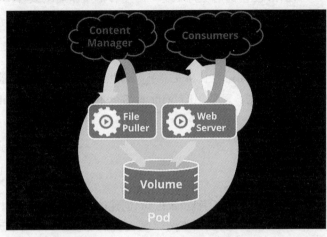

图 5-3　Pod

5.1.3　Pod 网络

　　在Kubernetes中，Pod是最小的调度单位，Pod中的所有容器共享同一个网络命名空间。这意味着在同一个Pod中的所有容器可以通过localhost相互通信，使用相同的IP地址和端口号。因此，如果需要在同一个Pod中运行多个容器并且这些容器需要彼此通信，Pod内部的容器可以使用localhost地址，就像在单个主机上运行多个进程一样。

　　Pod还具有自己的网络，由网络插件Calico、Flannel、Weave等分配和管理。每个Pod被分配一个唯一的IP地址，该地址由网络插件负责分配。Pod网络是一个虚拟网络，不同于物理机网络。这个虚拟网络使得Pod之间可以相互通信，即使它们不在同一台物理机上也是如此。

　　因此，在Kubernetes中，Pod是具有IP地址的，并且Pod中的容器共享相同的网络命名空间，因此可以轻松地相互通信。此外，Pod网络也是非常重要的，它允许在Kubernetes集群中的Pod之间进行通信，并提供了一种可扩展和高可用的网络架构。

5.1.4　Pod 存储

　　Pod可以使用多种存储来管理其数据，包括以下几种。

　　（1）空白存储：Pod可以使用空白存储来存储临时数据。在容器退出后，空白存储会被删除。

空白存储在Kubernetes中被称为emptyDir。

（2）挂载存储卷：Pod可以使用存储卷来持久化数据。存储卷可以从主机、网络存储系统或云提供商等外部存储中创建。Pod可以挂载一个或多个存储卷，并将其提供给容器使用。

（3）非挂载存储卷：非挂载存储卷与挂载存储卷类似，但与Pod的生命周期无关。非挂载存储卷是一种静态存储，可以在Pod创建后保持不变，即使容器重新启动或替换，数据也不会丢失。

（4）配置存储：Pod可以使用配置存储来存储配置数据，例如Kubernetes对象配置、证书和密码。配置存储通常用于跨Pod共享数据，并且与容器中的数据不相关。

需要注意的是，Pod的生命周期短暂且易受影响，因此使用Pod存储来存储长期数据不是一个好的选择。为了更可靠地存储数据，应使用Kubernetes StatefulSet、Deployment等资源来管理容器的生命周期和数据存储。

5.2　Pod 的工作方式

在Kubernetes中，除了使用命令行工具kubectl run创建Pod（这种方式不太常用），通常我们会使用YAML配置文件来创建Pod资源。举个例子，假设我们要创建一个用于运行一个简单的Web服务器的Pod，则可以使用以下的YAML配置文件来定义这个Pod：

```yaml
apiVersion: v1
kind: Pod
metadata:
  name: web-server
spec:
  containers:
  - name: nginx-container
    image: nginx:latest
    ports:
    - containerPort: 80
```

Pod又分为自主式Pod和控制器管理的Pod两种，本节介绍这两种Pod的特点和创建方式。

5.2.1　自主式 Pod

自主式Pod是一种在Kubernetes上运行的最简单的Pod类型，由Kubernetes API直接管理，没有任何控制器或其他管理实体干涉它的生命周期。自主式Pod的使用场景比较有限，通常用于测试和开发环境中，自主式Pod如果被删除，就会从Kubernetes集群彻底删除，不会再自动创建。创建自主式Pod的具体步骤如下。

1. 创建资源清单 YAML 文件

执行以下命令创建 YAML 文件：

```
[root@xianchaomaster1 ~]# vim tomcat.yaml
```

以上使用 vim 编辑器创建 tomcat.yaml 资源清单文件，其内容如下：

```
apiVersion: v1                #Pod资源使用的api版本
kind: Pod                     #创建的资源类型指定是Pod
metadata:                     #定义元数据
  name: tomcat                #Pod名字
  namespace: default          #创建的pod所在名称空间，如果不指定也是默认default名称空间
  labels:
    app:  tomcat              #创建的pod打个标签，用于分组使用
spec:
  containers:                 #定义pod里封装的容器
  - name:  tomcat             #容器的名字，必须字段，一定要写的
    ports:
    - containerPort: 8080 #容器生命的的端口，因为使用的是Tomcat镜像，所以端口默认是8080
    image:  tomcat:latest #创建pod使用的镜像
    imagePullPolicy: IfNotPresent #镜像拉取策略，如果是IfNotPresent表示Pod调度到的节点，
如果有tomcat:latest镜像，直接用节点上的镜像，如果没有则需要从Dockerhub拉取
```

这个 YAML 文件创建的 Pod 名为 tomcat，它是一个自主式 Pod，即不会被其他控制器所管理。它包含了一个名为 tomcat 的容器，这个容器使用的镜像是 tomcat:latest，暴露了 8080 端口。Pod 的元数据中包含了一个名为 app 的标签，可以用来对 pod 进行分组管理。

2. 通过 kubectl apply -f 指定 YAML 文件创建 pod 资源

执行下述命令创建 pod 资源：

```
[root@xianchaomaster1 ~]# kubectl apply -f tomcat.yaml
```

该命令会根据当前目录下的 tomcat.yaml 文件创建一个 Pod 资源到 Kubernetes 集群中。这个命令使用 Kubernetes API 创建 Pod，以确保所描述的 Pod 的实际状态与期望的状态一致。如果该 Pod 资源不存在，则将创建该 Pod；否则，将根据 YAML 文件的定义更新该 Pod 的规格和元数据。

Kubectl 常用的选项如下。

（1）kubectl get：获取资源信息。常用的选项如下。

- pods：获取 Pod 信息。
- services：获取 Service 信息。
- nodes：获取 Node 信息。

- deployments：获取Deployment信息。
- configmaps：获取ConfigMap信息。
- secrets：获取Secret信息。

（2）kubectl create：创建资源，可以从文件或标准输入创建。常用的选项如下。

- -f file.yaml：从文件创建资源。
- --edit：通过编辑器创建资源。

（3）kubectl apply：应用更新，可以从文件或标准输入创建或更新资源。常用的选项如下。

- -f file.yaml：从文件更新资源。
- --edit：通过编辑器更新资源。

（4）kubectl delete：删除资源，可以按名称、标签选择删除。常用的选项如下。

- pod pod-name：按名称删除Pod。
- deployment deployment-name：按名称删除Deployment。
- service service-name：按名称删除Service。
- --all：删除所有资源。

（5）kubectl describe：查看资源的详细信息。常用的选项如下。

- pod pod-name：查看Pod的详细信息。
- deployment deployment-name：查看Deployment的详细信息。
- service service-name：查看Service的详细信息。

（6）kubectl logs：查看Pod日志。常用的选项如下。

- pod pod-name：查看指定Pod的日志。
- -f：持续查看日志。

（7）kubectl exec：在Pod中执行命令。常用的选项如下。

- pod pod-name：指定Pod名称。
- -it：使用交互式终端。
- -- command：指定要执行的命令。

（8）kubectl port-forward：将Pod端口转发到本地端口。常用的选项如下。

- pod pod-name：指定Pod名称。
- local-port:pod-port：指定本地端口和Pod端口。

（9）kubectl rollout：管理滚动更新。常用的子命令如下。

- kubectl rollout status deployment deployment-name：查看更新状态。
- kubectl rollout history deployment deployment-name：查看更新历史。
- kubectl rollout undo deployment deployment-name：回滚更新。

（10）kubectl config：管理Kubernetes配置。常用的子命令如下。

- kubectl config get-contexts：查看当前可用的上下文。
- kubectl config use-context context-name：切换到指定的上下文。
- kubectl config set-context context-name --namespace=namespace-name：设置默认的命名空间。

3. 查看Pod是否创建成功

```
[root@xianchaomaster1 ~]# kubectl get pods -o wide -l app=tomcat
```

该命令将会列出具有标签app=tomcat的所有Pod，包括每个Pod的名称、命名空间、所在节点、IP地址和状态等详细信息。

- kubectl get pods：获取Kubernetes集群中所有的Pod对象列表。
- -o wide：指定输出格式，-o (--output)参数可以用来指定输出格式，此处指定输出宽表格式，将额外显示Pod的IP地址、节点信息等。
- -l app=tomcat：通过标签选择器指定筛选条件，用于查询具有app=tomcat标签的Pod。

执行结果如下：

```
NAME      READY   STATUS    IP             NODE
tomcat    1/1     Running   10.244.121.88  xianchaonode1
```

以上是一个Pod的信息，说明如下：

- NAME：Pod的名称，该名称在创建Pod时指定。
- READY：表示Pod中容器的就绪状况。此处输出的是1/1，表示这个Pod中只有一个容器，目前已经准备就绪。
- STATUS：表示Pod最近的状态。此处输出的是Running，表示该Pod正在运行中且处于健康的状态。
- IP：Pod在Kubernetes集群内部的IP地址，其他Pod或Service等可以通过这个IP地址来访问该Pod。
- NODE：运行该Pod的Kubernetes节点的名称。

上述信息表明运行在Kubernetes集群中的Pod名称是tomcat，它里面的容器处于健康的就绪状态并正在运行（有app=tomcat标签的pod状态是running），该Pod在节点xianchaonode1上，并且其 IP地址为10.244.121.88。

请注意，通过上面的YAML文件创建的自主式Pod存在一个问题——假如我们不小心删除了Pod，Pod就彻底被删除了。下面我们对此做一个实验来测试一下。

首先，删除Pod：

```
[root@xianchaomaster1 ~]# kubectl delete pods tomcat
```

然后，查看Pod：

```
[root@xianchaomaster1 ~]# kubectl get pods -l app=tomcat
```

使用kubectl delete命令删除Pod之后，再查看Pod发现结果为空，说明Pod已经被删除了，并且不会自动恢复。

可见，如果直接定义一个kind:Pod是自主式Pod，那么，一旦Pod被删除，就彻底被删除了，不会再创建一个新的Pod，这在生产环境中是具有非常大的风险的，所以今后我们接触的Pod都是由控制器管理的。

5.2.2　控制器管理的 Pod

5.2.1节介绍的是自主式Pod，即没有人监测和维护的Pod。如果删除了Pod，他就将彻底被删除，并不会自动重新运行，因而存在风险。因此，在生产环境中创建的Pod都是由控制器进行管理，常见的Pod管理控制器包括ReplicaSet、Deployment、Job、CronJob、DaemonSet、StatefulSet等。通过控制器管理的Pod可以确保Pod始终维持在指定的副本数运行。

> 提示　Deployment 控制器是Kubernetes中的一种资源类型，用于确保Pod在集群中进行平滑地更新和回滚，其基本作用是：定义Pod的副本数，密封一个新的Pod模板，用新的Pod替换掉旧的Pod，从而实现应用程序的部署和更新。

1. 通过资源清单 YAML 文件创建一个 deployment 资源

```
[root@xianchaomaster1 ~]# vim nginx-deploy.yaml
```

资源清单文件内容如下：

```
apiVersion: apps/v1          #deployment使用的API版本
kind: Deployment             #指定创建的资源是deployment
metadata:
 name: nginx-test            #deployment控制器的名字
 labels:
   app: nginx-deploy         #deployment控制器具有的标签
spec:
 selector:                   #标签选择器，控制器通过标签选择器找到它关联的Pod
  matchLabels:
    app: nginx
 replicas: 2                 #deployment控制器创建的Pod副本数
```

```
  template:                    #定义Pod模板
    metadata:                  #定义元数据
      labels:
        app: nginx             #通过deployment创建的Pod具有的标签
    spec:
      containers:              #定义Pod中封装的容器
      - name: my-nginx         #容器的名字
        image: xianchao/nginx:v1          #容器使用的镜像
        imagePullPolicy: IfNotPresent     #镜像拉取策略，IfNotPresent表示本地有镜像，
                                          #就用本地的，本地没有则从Dockerhub拉取
        ports:
        - containerPort: 80               #定义容器声明的端口，此处为80
```

2. 更新资源清单文件

执行以下命令：

```
[root@xianchaomaster1 ~]# kubectl apply -f nginx-deploy.yaml
```

kubectl apply -f nginx-deploy.yaml是一个Kubernetes命令，用于在Kubernetes集群中创建Deployment对象，该对象的配置定义在nginx-deploy.yaml文件中。

具体来说，该命令使用Kubectl命令行工具，该工具是与Kubernetes集群进行交互的主要方式之一。apply命令用于将一个或多个配置文件应用于Kubernetes集群。在本例中，-f标志指定要应用的配置文件的路径和文件名，即nginx-deploy.yaml。

nginx-deploy.yaml文件包含Deployment对象的配置信息，包括要部署的镜像名称、副本数、卷挂载等。Deployment是Kubernetes中的一种资源对象，用于声明式地管理容器化应用程序的部署，它可以自动创建、更新和维护一个或多个Pod。因此，通过执行该命令，Kubernetes集群会根据nginx-deploy.yaml中的配置信息创建一个Deployment，并在集群中启动相应的Pod实例，以便运行Nginx容器镜像。

3. 查看 Deployment 是否创建成功

执行以下命令：

```
[root@xianchaomaster1 ~]# kubectl get deploy -l app=nginx-deploy
```

kubectl get deploy -l app=nginx-deploy是一个Kubernetes命令，它用于在Kubernetes集群中获取所有标签为app=nginx-deploy的Deployment对象的详细信息。

具体来说，该命令使用Kubectl命令行工具，该工具是与Kubernetes集群进行交互的主要方式之一。get命令用于获取Kubernetes集群中的资源对象。在本例中，deploy参数指定要获取的资源对象类型为Deployment。-l标志用于筛选特定标签的资源对象。app=nginx-deploy表示要获取标签名为app、标签值为nginx-deploy的Deployment对象。

执行该命令后,Kubernetes集群会返回所有满足上述标签筛选条件的Deployment对象的详细信息,包括名称、所属命名空间、标签、副本数、可用副本数、更新策略、所使用的镜像等。

需要注意的是,如果没有Deployment对象满足上述标签筛选条件,则该命令不会返回任何结果。

执行kubectl get deploy -l app=nginx-deploy之后显示的结果如下:

```
NAME          READY   UP-TO-DATE   AVAILABLE   AGE
nginx-test    2/2        2             2        16s
```

- NAME: deployment资源的名称。
- READY: 2/2,/右侧的2表示控制器管理Pod的副本数是2个,/左侧的2表示两个Pod都通过了就绪性探测,可以正常提供服务。
- UP-TO-DATE: Deployment中最新版本的Pod实例数,也就是更新了应用程序版本并成功部署到集群的Pod实例数。在本例中,UP-TO-DATE列的值为2,与所需的总Pod实例数相同,表明所有Pod实例都已经更新到最新的版本。
- AVAILABLE: Deployment中当前可用的Pod实例数,也就是已经就绪且可以接受流量的Pod实例数。在本例中,AVAILABLE列的值为2,与就绪的Pod实例数相同,表明所有Pod实例都已经就绪且可用。
- AGE: Deployment对象自创建以来的时间,以秒为单位。在本例中,AGE 列的值为16秒,表示该 Deployment对象自创建以来的时间为16秒。

4．查看 ReplicaSet 资源

ReplicaSet是Kubernetes中的一种资源对象,可以简写成rs,用于确保在集群中运行指定数目的Pod副本。如果Pod副本数低于指定的副本控制数,则ReplicaSet会创建更多的Pod副本;如果Pod副本数多于指定的副本控制数,则ReplicaSet会删除多余的Pod副本,从而自动对集群进行扩容或缩容。

在Kubernetes中,ReplicaSet通常与Deployment结合使用,而Deployment接管了ReplicaSet的管理任务,并对部署的多个版本进行控制。当创建Deployment时,Kubernetes会自动创建与Deployment关联的ReplicaSet。Deployment可以根据需要升级或回滚应用程序,从而更新或还原副本控制器中Pod的数量。

ReplicaSet可以根据用户指定的标签选择器(Label Selector)来选择需要扩容或缩容的Pod,以及需要进行哪些操作。标签选择器可以根据Pod中特定的标签来定义,与Pod相关的标签通常在Pod模板中指定。因此,ReplicaSet可以根据Pod模板定义中的标签选择器来控制Pod副本的数量和状态。

在成功创建Deployment之后，会自动创建ReplicaSet，那么如何查看ReplicaSet呢？可以执行以下命令来查看：

```
[root@xianchaomaster1 ~]# kubectl get rs -l app=nginx
```

该命令将返回所有具有标签app=nginx的ReplicaSet资源，包括每个ReplicaSet的名称、所属命名空间、副本数量、创建时间等信息。

kubectl get rs命令用于列出所有的ReplicaSet资源，而-l app=nginx参数用于筛选出具有标签app=nginx的ReplicaSet资源。执行kubectl get rs -l app=nginx之后显示的信息如下：

```
NAME                    DESIRED   CURRENT   READY   AGE
nginx-test-75c685fdb7   2         2         2       71s
```

- NAME：ReplicaSet的名称为nginx-test-75c685fdb7。
- DESIRED：用户期望的Pod 副本个数（spec.replicas的值），为2。
- CURRENT：当前处于 Running 状态的Pod的个数，为2。
- READY：实际准备好对外提供服务的副本数量是2。
- AGE：该ReplicaSet的创建时间为71秒前。

在用户提交了一个Deployment对象后，Deployment控制器会立即创建一个管理两个Pod副本数的ReplicaSet资源。这个ReplicaSet的名字，是由Deployment的名字和一个随机字符串共同组成的。

这个随机字符串叫作pod-template-hash，在这个例子里就是75c685fdb7。ReplicaSet会把这个随机字符串加在它所控制的所有Pod的标签中，从而保证这些Pod不会与集群中的其他Pod混淆。

而ReplicaSet的DESIRED、CURRENT和READY字段的含义和Deployment中是一致的。所以，相比之下，Deployment只是在ReplicaSet的基础上添加了UP-TO-DATE 这个与版本有关的状态字段。

5. 查看 pod

创建Deployment之后，会创建对应的rs资源，rs的名字是由Deployment的名字和随机数组成的，然后由rs管理Pod，Pod的名字是由rs的名字和随机数组成的。

```
[root@xianchaomaster1 ~]# kubectl get pods -o wide -l app=nginx
```

该命令的作用是获取标签为app=nginx的所有Pod列表，并显示更详细的信息，包括Pod的IP地址、节点名称等。

- get：获取一个或多个Kubernetes资源信息。
- pods：获取所有Pod对象的信息。
- -o wide：以更宽格式显示结果，包含更多的列。
- -l app=nginx：使用标签选择器筛选与指定标签匹配的对象，这里选择app=nginx的Pod。

执行kubectl get pods -o wide -l app=nginx之后显示的结果如下：

```
NAME                             READY     STATUS        IP
nginx-test-75c685fdb7-6d4lx      1/1       Running       10.244.102.69
nginx-test-75c685fdb7-9s95h      1/1       Running       10.244.102.68
```

该命令返回具有app=nginx标签的所有Pod的详细信息。

- NAME：Pod的名称，分别是nginx-test-75c685fdb7-6d4lx和nginx-test-75c68fdb7-9s95h。
- READY：Pod已准备就绪的副本数。这里是1/1，表示每个Pod都有一个容器，并且这些容器都已准备就绪。
- STATUS：Pod的当前状态，这里是Running，表示Pod正在运行且处于正常状态。
- IP：每个Pod的IP地址，分别是10.244.102.69和10.244.102.68。这些IP地址是Kubernetes集群中的虚拟IP地址，用于Pod之间的通信。

6. 删除 nginx-test-75c685fdb7-9s95h 这个 Pod

执行以下命令：

```
[root@xianchaomaster1 ~]# kubectl delete pods nginx-test-75c685fdb7-9s95h
```

该命令删除了名为nginx-test-75c685fdb7-9s95h的Pod。

7. 再次查看 Pod

执行以下命令：

```
[root@xianchaomaster1 ~]# kubectl get pods -o wide -l app=nginx
```

显示如下：

```
NAME                             READY    STATUS        IP
nginx-test-75c685fdb7-6d4lx      1/1      Running       10.244.102.69
nginx-test-75c685fdb7-pr8gh      1/1      Running       10.244.102.70
```

从显示结果可以看到，删除Pod之后会重新创建一个新的Pod nginx-test-75c685fdb7-pr8gh，这就说明Deployment管理的Pod可以确保pod始终维持在指定副本数量，即始终保持2个副本数。

5.3   如何创建一个 Pod 资源

上一节介绍了创建自主式Pod和通过控制器管理的Pod，本节将详细介绍Pod的更多细节和功能。

Pod是Kubernetes中基本的部署调度单元，一个Pod中可以包含一个或者多个容器。例如一个Web服务由前端、后端及数据库构建而成，这3个组件需要运行在各自的容器中，此时就可以创建包含3个容器的Pod。

Kubernetes创建Pod的流程如图5-4所示。

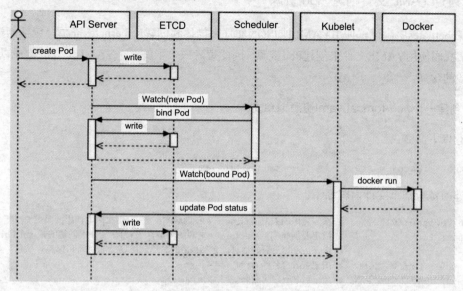

图 5-4　Pod 创建流程图

具体流程如下：

（1）客户端提交创建Pod的请求，可以通过调用API Server的Rest API接口来实现，也可以通过Kubectl命令行工具来实现，如kubectl apply -f filename.yaml（资源清单文件）。

（2）APIServer接收到Pod创建请求后，会将YAML文件中的属性信息（metadata，元数据）写入ETCD。

（3）APIServer触发watch机制准备创建Pod，将信息转发给调度器（Scheduler），调度器使用调度算法选择Node，调度器将Node信息传给APIServer，APIServer将绑定的Node信息写入ETCD，调度器用一组规则过滤掉不符合要求的主机。比如Pod指定了所需的资源量，那么可用资源比Pod需要的资源量少的主机会被过滤掉。Scheduler查看Kubernetes API，类似于通知机制。首先判断"pod.spec.Node == null？"，若为null，则表示这个Pod请求是新来的，需要创建，因此先进行调度计算，找到最"闲"的Node。然后将信息在ETCD数据库中更新分配结果：pod.spec.Node = nodeA（设置一个具体的节点）。同样，上述操作的各种信息也要写到ETCD数据库中。

（4）APIServer通过watch机制调用Kubelet，指定Pod信息，调用容器API创建并启动Pod内的容器。

（5）创建完成之后反馈给Kubelet，Kubelet又将Pod的状态信息传给APIServer，APIServer将Pod的状态信息写入ETCD。

本节通过具体的示例来演示创建Pod资源的技巧。

5.3.1 通过 YAML 文件创建 Pod 资源

在Kubernetes中，可以使用YAML或JSON文件来描述和创建Kubernetes资源，包括创建Pod资源。通常我们使用YAML文件来创建Pod资源，因此读者应该了解这个YAML文件的构成以及其中各个字段的含义。

1. 创建一个pod-tomcat.yaml资源清单文件

执行以下命令：

```
[root@xianchaomaster1 ~]# vim pod-tomcat.yaml
```

创建的资源清单文件内容如下：

```
apiVersion: v1          # 指定使用的Kubernetes API的版本，该YAML文件中使用的是v1版本
kind: Pod               # 指定要创建的Kubernetes资源的类型，该YAML文件中创建的是一个Pod
metadata:               # 定义Pod的元数据信息，包括Pod的名称、所属命名空间和标签等信息
  name: tomcat-test     # 指定Pod的名称为tomcat-test
  namespace: default    # 指定Pod所在的命名空间为default
  labels:               # 定义标签
    app: tomcat         # 定义Pod的标签，这里指定Pod具有标签app=tomcat
spec:                   # 定义Pod的规范信息，包括Pod中包含的容器、容器使用的镜像和端口等信息
  containers:           # 定义Pod中包含的容器，这里定义了一个名为tomcat-java的容器
    - name: tomcat-java            # 指定容器的名称为tomcat-java
      ports:                       # 定义容器使用的端口，这里定义了一个暴露端口8080
      - containerPort: 8080        # 容器暴露的端口
      image: xianchao/tomcat-8.5-jre8:v1 # 指定容器使用的镜像为xianchao/tomcat-8.5-jre8:v1
imagePullPolicy: IfNotPresent      # 定义容器的镜像拉取策略为IfNotPresent，表示如果本地
                                   # 已经有该镜像，则直接使用本地的镜像，否则从镜像仓库拉取
```

综上所述，该YAML文件定义了一个名为tomcat-test的Pod，该Pod包含一个名为tomcat-java的容器，使用镜像xianchao/tomcat-8.5-jre8:v1，暴露端口 8080，所属命名空间为default，并具有标签app=tomcat。

2. 更新资源清单文件

如果对创建的资源进行更新，那么可以执行以下命令：

```
[root@xianchaomaster1 ~]# kubectl apply -f pod-tomcat.yaml
```

kubectl apply命令用于创建或更新Kubernetes资源。-f参数后面指定Pod清单文件的路径。此命令中的Pod清单文件名为pod-tomcat.yaml。

使用该命令，Kubernetes将读取pod-tomcat.yaml文件并根据配置进行Pod的创建或更新。如果该Pod还不存在，则使用该文件中指定的配置新建一个Pod资源。如果已经存在，则使用该文件中的配置更新该Pod资源。

5.3.2　Pod 资源清单编写技巧

Pod资源清单是一个描述Kubernetes中Pod的配置文件，它指定了如何创建、配置和管理Pod。编写Pod资源清单需要考虑以下几点。

（1）Pod的基本信息：Pod的名称、所属命名空间、标签、注释等基本信息需要明确。

（2）容器的定义：Pod可以包含一个或多个容器，每个容器需要定义名称、镜像、命令、参数、环境变量、卷、端口等属性。

（3）资源限制：为容器定义资源限制，包括CPU和内存等。

（4）存储卷：将容器需要的数据存储到卷中，这些卷可以是持久化的，也可以是临时的。

（5）网络配置：指定容器的网络配置，如端口号、协议、服务类型等。

（6）生命周期：定义容器的生命周期，包括启动前、启动后、终止前等操作。

（7）安全策略：为容器设置安全策略，包括用户ID、组ID、特权、SELinux等。

在编写Pod资源清单时，可以参考Kubernetes官方文档和示例，以及各种开源项目中的示例。另外，可以使用Kubernetes提供的命令行工具和图形界面工具来验证Pod资源清单的正确性和有效性。最后，需要对Pod资源清单进行测试和调试，确保能够正常创建、运行和管理Pod。

1. 查看定义的 Pod 资源包含哪些字段

通过kubectl explain可查看定义的Pod资源包含哪些字段，执行以下命令：

```
[root@xianchaomaster1 ~]# kubectl explain pod
```

显示如下：

```
KIND:     Pod
VERSION:  v1
DESCRIPTION:
     Pod is a collection of containers that can run on a host. This resource is created
by clients and scheduled onto hosts.（Pod是可以在主机上运行的容器的集合。此资源是由客户端创建并
安排到主机上的）
FIELDS: #字段
  apiVersion<string>        #定义了Kubernetes API中用于创建对象的版本，
                            #用于指定Kubernetes API的版本号
  kind <string>            #定义了要创建的Kubernetes对象的类型
  metadata <Object>        #包含Kubernetes对象的元数据，如对象名称、标签、注释等信息
  spec <Object>            #包含创建Kubernetes对象的规格，如Pod中包含的容器信息、卷信息等
  status<Object>           #包含Kubernetes对象的状态信息，表示对象当前的状态，不需要手动指定。
                           #在Pod对象创建后，Kubernetes系统会自动更新这个字段
```

2. 执行如下命令查看 Pod 资源中的 metadata 字段如何定义

```
[root@xianchaomaster1 ~]# kubectl explain pod.metadata
```

显示如下：

```
KIND:     Pod
VERSION:  v1
RESOURCE: metadata <Object>   #metadata字段是对象类型
FIELDS:
   Annotations <map[string]string>
   clusterName <string>
   creationTimestamp <string>
   deletionGracePeriodSeconds <integer>
   deletionTimestamp <string>
   finalizers <[]string>
   generateName <string>
   generation <integer>
   labels <map[string]string>
   managedFields <[]Object>
   name <string>
   namespace <string>
   ownerReferences <[]Object>
   selfLink <string>
   uid <string>
```

接下来对"FIELDS:"下的字段进行详细说明。

（1）annotations <map[string]string>：用于存储一些与对象相关的元数据，例如用于监控的指标、日志等。比如在部署应用程序时，我们可能需要记录一些元数据，如创建时间、版本号、维护状态等，这些都可以通过annotations存储。例如：

```
apiVersion: apps/v1
kind: Deployment
metadata:
  name: nginx-deployment
  annotations:
    app.version: v1.0
    app.create-time: '2023-05-06T10:00:00Z'
```

（2）clusterName <string>：对象所属的Kubernetes集群名称。在多个Kubernetes集群中管理对象时，可能需要识别对象属于哪个集群。例如：

```
apiVersion: v1
kind: Pod
metadata:
  name: nginx-pod
  namespace: default
  labels:
```

```
    app: nginx
  annotations:
    app.version: v1.0
  clusterName: my-cluster
spec:
  containers:
  - name: nginx
    image: nginx:latest
```

（3）creationTimestamp <string>：对象创建的时间戳。

（4）deletionGracePeriodSeconds <integer>：对象删除时的优雅期限，即删除对象前等待的时间（秒）。在这个时间段内对象可以进行清理和终止操作。在Kubernetes中，删除一个对象时，通常会设置一个grace period，在这个期限内，Kubernetes将尝试优雅地终止该对象，并释放与之相关的资源。

（5）deletionTimestamp <string>：如果对象被删除，则记录删除时间戳。

（6）finalizers <[]string>：指定在对象删除时，需要先完成的操作列表。例如，在删除一个命名空间（也称为名字空间）时，可能需要确保其中所有的Pod 都已经被删除，才能将该命名空间删除。例如：

```
apiVersion: v1
kind: Namespace
metadata:
  name: my-namespace
  finalizers:
    - kubernetes
spec:
  finalizers:
    - my-namespace-cleanup
```

（7）generateName <string>：用于指定对象名称的前缀，通常用于通过模板自动生成对象名称。例如，在Kubernetes中创建一个Pod模板时，可以指定generateName属性为"my-pod-"，这样每次创建Pod时，Kubernetes将会根据该模板自动生成一个名称，如my-pod-1，my-pod-2等。

（8）generation <integer>：用于记录对象的更新次数。每次对象被更新时，generation属性的值将会加一。例如，当一个Deployment对象更新时，它包含的ReplicaSet对象的generation属性也会被更新。

（9）labels <map[string]string>：用于存储与对象相关的标签，标签可以用于标识对象所属的类型、环境、版本等。例如，在Kubernetes中创建一个Pod时，可以为该Pod添加一些标签，如app=nginx、env=prod等，这样可以方便地对Pod进行管理和查询。

（10）managedFields <[]Object>：用于记录对象的管理历史，每当对象被修改时，Kubernetes会记录一条管理历史，包括修改时间、修改人员等。例如，在Kubernetes中更新一个Deployment

对象时，Kubernetes会在该对象的managedFields属性中记录修改历史。

（11）name <string>：用于指定对象的名称，名称必须是唯一的。例如，在Kubernetes中创建一个Pod时，必须指定该Pod的名称。

（12）namespace <string>：用于指定对象所属的命名空间，命名空间用于对不同的对象进行隔离，例如将不同的应用程序部署到不同的命名空间中。例如，在Kubernetes中创建一个Pod时，可以指定该Pod所属的命名空间。

（13）ownerReferences <[]Object>：用于记录对象的所有者。例如，一个Deployment对象可能会拥有多个ReplicaSet对象，在ReplicaSet对象的ownerReferences属性中会记录它所属的Deployment对象。

（14）selfLink <string>：selfLink字段是对象的自我链接，可以用来获取对象的详细信息。该字段包含一个URL，可以通过该URL访问对象的详细信息。

例如，假设有一个名为my-pod的Pod对象，那么可以使用kubectl命令获取该对象的selfLink，命令如下：

```
kubectl get pod my-pod -o jsonpath='{.selfLink}'
```

运行该命令后，会输出该Pod对象的selfLink。例如：

```
/api/v1/namespaces/default/pods/my-pod
```

该selfLink可以用来获取该Pod对象的详细信息。例如，可以使用kubectl命令获取该Pod对象的YAML格式：

```
kubectl get /api/v1/namespaces/default/pods/my-pod -o yaml
```

或者使用curl命令获取该Pod对象的JSON格式：

```
curl https://<kubernetes_api_server>/api/v1/namespaces/default/pods/my-pod
```

这样就可以通过selfLink字段获取对象的详细信息了。

（15）uid <string>：用于指定对象的唯一标识符，在Kubernetes中，每个对象都有一个唯一的uid，用于标识该对象。例如，在Kubernetes中查询一个Pod对象的详细信息时，可以使用该对象的uid属性。

3. 查看 Pod 资源下的 spec 字段如何定义

执行如下命令：

```
[root@xianchaomaster1 ~]# kubectl explain pod.spec
```

显示如下：

```
KIND:     Pod
VERSION:  v1

RESOURCE: spec <Object> #spec是对象类型

FIELDS:
  activeDeadlineSeconds <integer>
  affinity <Object>
  automountServiceAccountToken <boolean>
  containers <[]Object> -required-
  dnsConfig <Object>
  dnsPolicy <string>
  enableServiceLinks <boolean>
  ephemeralContainers <[]Object>
  hostAliases <[]Object>
  hostIPC <boolean>
  hostNetwork <boolean>
  hostPID <boolean>
  hostname <string>
  imagePullSecrets <[]Object>
  initContainers <[]Object>
  nodeName <string>
  nodeSelector <map[string]string>
  os <Object>
  overhead <map[string]string>
  preemptionPolicy <string>
  priority <integer>
  priorityClassName <string>
  readinessGates <[]Object>
  restartPolicy <string>
  runtimeClassName <string>
  schedulerName <string>
  securityContext <Object>
  serviceAccount <string>
  serviceAccountName <string>
  setHostnameAsFQDN <boolean>
  shareProcessNamespace <boolean>
  subdomain <string>
  terminationGracePeriodSeconds <integer>
  tolerations <[]Object>
  topologySpreadConstraints <[]Object>
  volumes <[]Object>
```

"FIELDS:" 各字段的含义说明如下：

（1）activeDeadlineSeconds <integer>：整数类型，代表Pod运行的最长时间（秒）。用法：当Pod的运行时间超过指定的时间时，Kubernetes会自动终止该Pod。该字段可以用来避免Pod运行时间过长，造成资源的浪费或影响业务。例如：

```
apiVersion: v1
kind: Pod
metadata:
  name: my-pod
spec:
  activeDeadlineSeconds: 600 # 表示该Pod的最长运行时间为10分钟
  containers:
  - name: nginx
    image: nginx:latest
```

（2）affinity<Object>：对象类型，代表Pod的亲和性约束。用法：通过affinity字段可以控制Pod与节点之间的调度关系，例如将Pod调度到指定的节点或避免将Pod调度到某些节点等。例如：

```
apiVersion: v1
kind: Pod
metadata:
  name: my-pod
spec:
  affinity:
    nodeAffinity:
      requiredDuringSchedulingIgnoredDuringExecution:
        nodeSelectorTerms:
        - matchExpressions:
          - key: disktype
            operator: In
            values:
            - ssd
  containers:
  - name: nginx
    image: nginx:latest
```

上述示例中，该Pod会被调度到具有disktype=ssd标签的节点上。

（3）automountServiceAccountToken <boolean>：布尔类型，代表Pod是否自动挂载服务账户的凭证。用法：当该字段为true时，Kubernetes会在该Pod中自动挂载指定的服务账户的凭证，使该Pod可以访问受限制的API。例如：

```
apiVersion: v1
kind: Pod
metadata:
  name: my-pod
spec:
  automountServiceAccountToken: true
  serviceAccountName: my-service-account
  containers:
  - name: nginx
    image: nginx:latest
```

在上述示例中，该Pod会自动挂载名为my-service-account的服务账户的凭证。

（4）containers：对象数组类型，代表 Pod 中的容器列表。用法：通过 containers 字段可以指定该 Pod 中需要运行的容器的详细信息，例如容器的镜像、命令、参数等。例如：

```
apiVersion: v1
kind: Pod
metadata:
  name: my-pod
spec:
  containers:
  - name: nginx
    image: nginx:latest
    ports:
    - containerPort: 80
```

在上述示例中，该 Pod 中包含一个名为 nginx 的容器，容器的镜像为 nginx:latest，容器会监听 80 端口。

（5）dnsConfig：对象类型，代表 Pod 的 DNS 配置信息。在 Kubernetes 中，每个 Pod 可以拥有自己的 DNS 配置。在 Pod 的 spec 部分，可以通过 dnsConfig 字段来定义 DNS 配置。例如：

```
apiVersion: v1
kind: Pod
metadata:
  name: my-pod
spec:
  containers:
  - name: my-container
    image: nginx
  dnsPolicy: ClusterFirst
  dnsConfig:
    nameservers:
      - 1.1.1.1
      - 8.8.8.8
    searches:
      - mydomain.local
```

在上面的例子中，我们定义了一个名为 my-pod 的 Pod，它包含一个名为 my-container 的容器。在 spec 部分，我们使用了 dnsPolicy 字段来指定 Pod 的 DNS 策略。在这里，将 DNS 策略设置为 ClusterFirst，这意味着 Pod 将使用 Kubernetes 集群内的 DNS 服务器来解析域名。

此外，还使用了 dnsConfig 字段来定义 Pod 的 DNS 配置。在 nameservers 字段中，我们指定了两个 DNS 服务器的 IP 地址，它们分别是 1.1.1.1 和 8.8.8.8。这意味着 Pod 将优先使用这两个 DNS 服务器来解析域名。

在 searches 字段中，我们指定了一个本地域名搜索路径 mydomain.local。这意味着如果 Pod 需要解析一个没有后缀的域名，它将自动将此域名附加到搜索路径上，以便能够正确解析。

总之，通过dnsConfig字段，我们可以对Pod的DNS配置进行细粒度的控制，从而确保它能够正确解析域名。

（6）dnsPolicy <string>：指定容器内的DNS解析策略，可选值为ClusterFirstWithHostNet、ClusterFirst、Default、None，默认值为ClusterFirst。

- ClusterFirst：容器内的DNS解析首先尝试解析本地集群的服务DNS记录，然后解析Kubernetes默认的DNS记录。这是默认的DNS策略，通常也是最常用的策略。
- ClusterFirstWithHostNet：与ClusterFirst相似，但是当Pod的hostNetwork设置为true时，使用主机的DNS解析配置。这种策略通常用于需要直接访问主机网络资源的Pod。
- Default：继承了Kubernetes集群的DNS配置。如果使用自定义的DNS配置，该策略将使用自定义的DNS服务器进行解析。
- None：不配置DNS设置。在使用该策略时，容器内部无法通过域名访问其他服务，需要直接使用IP地址进行访问。

下面是一个具体的案例，使用ClusterFirst策略来解析DNS。假设有一个Pod定义文件，定义了一个名为dns-policy-pod的Pod：

```
kind: Pod
metadata:
  name: dns-policy-pod
spec:
  containers:
  - name: dns-container
    image: nginx
  dnsPolicy: ClusterFirst
```

在这个Pod中，有一个名为dns-container的容器，使用ClusterFirst策略来解析DNS。这意味着，容器内部的应用程序首先尝试解析本地集群的服务DNS记录，然后解析Kubernetes默认的DNS记录。如果要修改DNS策略，只需要将dnsPolicy字段设置为所需的值即可。

（7）enableServiceLinks <boolean>：在Kubernetes中，每个Pod都可以访问本地的Kubernetes API服务器，以便获取自己的元数据和其他相关信息。为了方便访问这些信息，Kubernetes提供了一个特殊的环境变量$KUBERNETES_SERVICE_HOST和$KUBERNETES_SERVICE_PORT，以及一个默认的DNS域名kubernetes.default.svc.cluster.local，可以通过这些方式来访问API服务器。

enableServiceLinks字段用于启用或禁用Kubernetes中的服务链接。当启用时，Pod将自动创建到它所在命名空间的其他服务的链接。这些链接将以DNS记录的形式暴露给Pod，从而使Pod可以更容易地访问其他服务。

例如，如果一个Pod需要与一个名为my-service的服务通信，它可以使用my-service的DNS名称进行通信，该DNS名称将自动映射到服务的群集IP地址。启用服务链接后，可以在Pod的环境变量中看到相关的DNS记录。

下面是一个启用服务链接的Pod定义文件的示例：

```
apiVersion: v1
kind: Pod
metadata:
  name: my-pod
spec:
  containers:
  - name: my-container
    image: nginx
enableServiceLinks: true
```

在这个示例中，enableServiceLinks字段被设置为true，因此Pod将自动创建到它所在命名空间的其他服务的链接。如果要禁用服务链接，可以将该字段设置为false。

（8）ephemeralContainers <[]Object>：ephemeralContainers用于在一个运行中的Pod中临时添加容器。这些容器只是暂时存在的，一旦它们完成工作，就会自动被删除。这个功能可以用于调试和临时修改Pod。例如，在运行中的Pod中添加一个调试容器来排查问题，而不必重新启动Pod。

（9）hostAliases <[]Object>：hostAliases字段用于为Pod中的容器添加主机别名。这可以用于在Pod中使用主机名来访问主机上的服务。例如，如果要从Pod中访问主机上的MySQL数据库，则可以使用主机别名来简化连接字符串。下面是一个hostAliases字段的示例：

```
apiVersion: v1
kind: Pod
metadata:
  name: my-pod
spec:
  hostAliases:
  - ip: "192.168.0.1"
    hostnames:
    - "mysql.example.com"
  containers:
  - name: my-container
    image: nginx
```

在这个示例中，我们为Pod添加了一个主机别名mysql.example.com，它指向主机的IP地址192.168.0.1。

（10）hostIPC <boolean>：hostIPC字段用于控制Pod是否可以访问主机的IPC（Inter-Process Communication）命名空间。如果将hostIPC字段设置为true，则Pod可以访问主机的IPC命名空间，从而使容器可以与主机上运行的进程进行通信。默认情况下，hostIPC字段是被禁用的。

（11）hostNetwork <boolean>：hostNetwork字段用于控制Pod是否可以使用主机网络命名空间。如果将hostNetwork字段设置为true，则Pod将与主机共享网络命名空间，从而使容器可以使用主机的网络配置。默认情况下，hostNetwork字段是被禁用的。

（12）hostPID <boolean>：hostPID字段用于控制Pod是否可以访问主机的PID（Process ID）命名空间。如果将hostPID字段设置为true，则Pod可以访问主机的PID命名空间，从而使容器可以查看和控制主机上运行的进程。默认情况下，hostPID字段是被禁用的。

（13）hostname <string>：hostname字段用于设置Pod的主机名。这可以用于识别特定的Pod和容器。如果未设置hostname字段，则Kubernetes将自动生成一个主机名。下面是一个设置hostname字段的示例：

```yaml
apiVersion: v1
kind: Pod
metadata:
  name: my-pod
spec:
  hostname: my-hostname
  containers:
  - name: my-container
    image: nginx
```

在这个示例中，我们为Pod设置了主机名my-hostname。

（14）imagePullSecrets <[]Object>：imagePullSecrets字段用来指定用于拉取私有容器镜像的密钥对象，它是一个包含多个对象的数组，每个对象包含name字段，它指定了密钥对象的名称。

在Kubernetes中，用户可以使用imagePullSecrets来指定私有容器镜像的凭据，以便容器可以成功地拉取镜像。

比如，用户有一个私有的Docker镜像仓库，想使用其中的一个镜像来运行Kubernetes中的一个容器，那么需要为此指定一个imagePullSecrets来提供访问镜像仓库所需的认证信息。

示例如下：

```yaml
apiVersion: v1
kind: Pod
metadata:
  name: my-pod
spec:
  containers:
  - name: my-container
    image: my-private-image
  imagePullSecrets:
  - name: my-registry-credentials
```

　　在上面的示例中，Pod中的容器my-container 需要拉取my-private-image 镜像。为了成功拉取该镜像，需要提供一个名为my-registry-credentials的imagePullSecrets，其中包含访问私有镜像仓库所需的凭据信息。

　　（15）initContainers <[]Object>：initContainers是一种特殊类型的容器，它在主应用容器启动之前运行。这些容器通常用于预处理应用程序需要的资源或者等待外部服务或配置就绪。下面是一个使用initContainers的例子：假设我们要在Kubernetes上部署一个WordPress应用，该应用需要先创建一个MySQL数据库。为了解决这个问题，我们可以使用一个initContainers容器来创建数据库，等待数据库就绪后再启动WordPress容器。

　　示例如下：

```
apiVersion: v1
kind: Pod
metadata:
  name: wordpress
spec:
  initContainers:
  - name: init-mysql
    image: mysql:5.7
    env:
      - name: MYSQL_ROOT_PASSWORD
        value: wordpress
    command: ["sh", "-c", "echo -n 'waiting for mysql...' ; while ! mysqladmin ping
-h mysql --silent; do sleep 1; done; echo 'mysql is ready!'"]
  containers:
  - name: wordpress
    image: wordpress:latest
    env:
      - name: WORDPRESS_DB_HOST
        value: mysql
      - name: WORDPRESS_DB_PASSWORD
        value: wordpress
```

　　在上面的例子中，initContainers定义了一个名为init-mysql的容器。这个容器使用了mysql:5.7镜像，设置了MySQL的root密码，然后使用command字段指定了在容器启动时运行的脚本，该脚本会等待MySQL就绪后输出"mysql is ready!"。在WordPress容器启动之前，Kubernetes会等待init-mysql容器完成。当init-mysql容器完成后，WordPress容器就可以使用MySQL数据库了。

　　（16）nodeName <string>：nodeName是一个用于指定Pod所在Node的字段。在Kubernetes集群中，每个Node都会有一个唯一的nodeName，可以使用它来控制Pod运行的位置。举个例子，假设用户有一个Kubernetes集群，其中有5个Node，它们分别命名为node1、node2、node3、node4和node5。现在用户想让一个特定的Pod只运行在node3上，那么可以通过在Pod的spec中指定nodeName字段来实现：

```
apiVersion: v1
kind: Pod
metadata:
  name: my-pod
spec:
  containers:
    - name: my-container
      image: my-image
  nodeName: node3
```

这样，这个Pod就会被调度到node3上运行。

（17）nodeSelector <map[string]string>：nodeSelector是Kubernetes中的一种机制，它用于选择要运行Pod的节点。用户可以通过指定标签"键－值对"来选择节点，只有匹配的节点才会被选中来运行Pod。

下面是一个nodeSelector的示例：

```
nodeSelector:
  disktype: ssd
```

这个示例指定了选择拥有disktype=ssd 标签的节点来运行Pod。

例如，假设用户的Kubernetes集群由两个节点组成，一个节点拥有标签 disktype=ssd，另一个节点拥有标签disktype=hdd。如果用户想在拥有disktype=ssd标签的节点上启动一个Pod，则可以使用上述的nodeSelector来指定该节点。

这在实际应用中很有用。例如，当用户的应用需要特定的硬件才能运行时，可以通过nodeSelector来确保该应用只运行在拥有这些硬件的节点上。

（18）os <Object>：在Kubernetes中，os字段用于指定Pod运行的操作系统类型。具体来说，os字段是一个对象，包含linux、windows和darwin等属性，每个属性对应一个布尔值。这些属性表示Pod将在哪些操作系统上运行。

举个例子，如果需要运行一个只在Windows操作系统上运行的应用程序，可以使用以下Pod定义：

```
apiVersion: v1
kind: Pod
metadata:
  name: windows-app
spec:
  nodeName: node-1 # 指定运行的节点
  containers:
  - name: app
    image: my-windows-image
```

```
os:
  windows: true # 指定运行在Windows操作系统上
```

在上面的示例中,Pod指定了windows属性为true,这意味着Pod将在Windows操作系统上运行。这样,即使集群中有Linux节点,该Pod也只会在Windows节点上运行。

需要注意的是,如果没有指定os字段,Kubernetes会默认使用Linux操作系统。此外,该字段仅影响Pod中容器运行的操作系统,不影响其他方面的配置,例如节点的操作系统类型。

（19）overhead <map[string]string>：overhead字段通常用于为Pod中的容器保留一些额外的资源,这些资源可能不是容器自身使用的,而是由Kubernetes系统进行管理和使用的。overhead字段的实际作用是告诉Kubernetes预留多少额外资源,这些资源可以用于调度和管理Pod。例如,一个容器可能需要使用一定数量的CPU和内存资源,同时Kubernetes系统也需要使用一些额外的CPU和内存来管理这个容器,这时就可以通过overhead字段来告诉Kubernetes预留多少额外资源。以下是一个使用overhead字段的Pod的示例:

```
apiVersion: v1
kind: Pod
metadata:
  name: example-pod
spec:
  containers:
  - name: example-container
    image: nginx
    resources:
      requests:
        cpu: 200m
        memory: 256Mi
      limits:
        cpu: 500m
        memory: 512Mi
  overhead:
    cpu: 100m
    memory: 64Mi
```

在这个示例中,Pod中的example-container容器需要使用200m CPU和256Mi内存的资源,并限制它的最大使用量为500m CPU和512Mi内存。此外,通过overhead字段告诉Kubernetes系统需要预留额外的100m CPU和64Mi内存的资源,以供Kubernetes系统管理和调度这个容器。

（20）preemptionPolicy <string>：preemptionPolicy字段用于定义在资源抢占情况下该如何处理正在运行的Pod。在Kubernetes中,如果有一个高优先级的Pod正在等待资源,但是该资源已被低优先级Pod占用,则Kubernetes可以抢占该低优先级的Pod来为高优先级的Pod腾出资源。

preemptionPolicy字段的取值包括PreemptLowerPriority和Never,分别表示可以抢占低优先级的

Pod和不允许抢占。在生产环境中，可以根据不同应用的重要性和紧急程度来设置Pod的优先级和preemptionPolicy。下面来看一个示例。

假设我们有一个应用需要占用10个CPU和20Gi内存资源，但是在Kubernetes集群中没有足够的资源来满足该应用的需求，此时有两个正在运行的Pod占用了5个CPU和10Gi内存。如果该应用的preemptionPolicy字段设置为PreemptLowerPriority，则Kubernetes将会抢占其中一个低优先级的Pod来为该应用腾出资源，从而保证该应用的正常运行；如果设置为Never，则Kubernetes会等待资源释放或者手动调整Pod之后才会启动该应用的Pod。

（21）priority <integer>：priority字段用于指定Pod的优先级，值越高表示优先级越高。当系统资源不足时，Kubernetes会根据Pod的优先级来选择哪些Pod可以继续运行，哪些Pod需要被暂停或删除。

一个简单的例子是，假设用户有一个运行计算密集型任务的应用程序，需要大量的CPU和内存资源。同时，还有一个运行Web服务的应用程序，需要较少的资源。在这种情况下，用户可能会为计算密集型任务的应用程序分配更高的优先级，以确保它能够在系统资源不足时继续运行，而不是被低优先级的应用程序占用资源。

具体来说，可以在Pod的YAML文件中使用priority字段来指定优先级。例如：

```
apiVersion: v1
kind: Pod
metadata:
  name: my-pod
spec:
  containers:
  - name: my-container
    image: my-image
  priority: 1000
```

在这个例子中，my-pod这个Pod的优先级为1000。

需要注意的是，priority字段只能用于Pod。如果想为其他Kubernetes对象（如Deployment或StatefulSet）指定优先级，则需要使用priorityClassName字段。

（22）priorityClassName <string>：priorityClassName字段用于指定调度程序优先级的名称，它与Pod的priority字段配合使用，可以控制Pod在调度时的优先级。优先级高的Pod会优先调度到节点上，而低优先级的Pod可能需要等待更长的时间才能被调度。

下面是一个使用priorityClassName的示例：

```
apiVersion: v1
kind: Pod
metadata:
  name: my-priority-pod
```

```
spec:
  priorityClassName: high-priority
  priority: 100
  containers:
  - name: my-container
    image: nginx
```

在这个示例中，我们指定了Pod的priorityClassName为high-priority，并将其优先级设置为100。这将使得该Pod在调度时优先级高于默认情况下的Pod，尽可能地优先被调度到可用的节点上。

在实际使用中，我们可以根据业务需求设置不同的priorityClassName，如high-priority、mid-priority、low-priority等，以便根据不同的优先级需求来调度Pod。比如，对于需要高可靠性的关键应用，可以将其设置为高优先级，以便尽可能优先调度到可用的节点上，提高应用的可用性和可靠性。而对于一些非关键应用，则可以将其设置为低优先级，以便在集群资源紧张时被暂时降低优先级，让更重要的应用先获得资源。

（23）readinessGates <[]Object>：readinessGates是Kubernetes中用于控制容器readiness（准备就绪）状态的一种机制。它允许用户定义readiness检查的自定义实现，并且只有当这些检查都通过时，Kubernetes才会将流量转发到该容器。

readinessGates字段本质上是一个列表，其中每个元素都是一个对象，可以包含以下字段：

- conditionType：readiness检查的类型，是一个字符串，必须设置。它指定了Kubernetes应该使用哪种readiness检查类型来决定容器是否准备就绪。
- matchExpressions：readiness检查的匹配条件，是一个对象，可选。它允许用户使用标签选择器等方式定义readiness检查的具体实现。

以下是一个示例，展示如何使用readinessGates字段定义一个readiness检查，以确保MySQL数据库在启动后能够正常响应请求：

```
apiVersion: v1
kind: Pod
metadata:
  name: mysql
spec:
  containers:
  - name: mysql
    image: mysql:5.7
    readinessProbe:
      tcpSocket:
        port: 3306
    ports:
    - containerPort: 3306
    env:
```

```
    - name: MYSQL_ROOT_PASSWORD
      value: "password"
  readinessGates:
  - conditionType: "mysql-connection-ready"
    matchExpressions:
    - {key: "app", operator: "In", values: ["mysql"]}
```

在这个例子中，我们定义了一个readiness检查mysql-connection-ready，它使用了标签选择器来选择具有标签app=mysql的Pod。只有当容器的readiness 检查通过，并且mysql-connection-ready检查也通过时，Kubernetes 才会将请求转发到该容器。

（24）restartPolicy <string>：restartPolicy是容器启动失败或者异常退出后，系统自动重启容器的策略。常见的有以下3种策略。

- Always: 容器异常退出后，系统会自动重启容器。
- OnFailure: 容器异常退出并返回非零值，系统才会自动重启容器。
- Never: 容器异常退出后，系统不会自动重启容器。

使用场景：对于一些长时间运行的应用程序，可能会在某些时候出现异常退出的情况，这时可以通过设置restartPolicy为Always来保证应用程序不会因为异常退出而停止。

（25）runtimeClassName <string>：runtimeClassName用于指定容器运行时的类名，用来选择不同的运行时类实现容器的运行环境，例如Docker或者Containerd等。使用场景：在同一个集群中，可能存在多种不同的容器运行时环境，而不同的应用程序可能需要不同的运行时环境，这时可以通过设置runtimeClassName来指定容器运行时环境。

（26）schedulerName <string>：schedulerName用于指定Pod调度使用的调度器的名称，用来选择不同的调度器进行调度。使用场景：在Kubernetes中，可能存在多个调度器，而不同的应用程序需要使用不同的调度器进行调度，这时可以通过设置schedulerName来指定调度器。

（27）securityContext <Object>：securityContext用于指定Pod中容器的安全上下文，包括用户ID、组ID、访问控制等信息。使用场景：在运行一些需要权限控制的容器时，可以通过设置securityContext来限制容器的权限，以提高安全性。

（28）serviceAccountName <string>：serviceAccountName用于指定Pod使用的Service Account的名称，用来为Pod提供身份验证和授权。使用场景：在Kubernetes中，可以通过Service Account来授权Pod对其他资源的访问，例如访问API Server等。

（29）setHostnameAsFQDN <boolean>：setHostnameAsFQDN是一个布尔类型的字段，用于指定 Pod是否应该使用完全限定域名（Fully Qualified Domain Name，FQDN）作为主机名。

在Kubernetes中，每个Pod都有一个主机名。如果未指定主机名，则Kubernetes将为其分配一个随机名称。通常，主机名只是Pod名称的一个子集。但是，在某些情况下，主机名需要设置为FQDN，以便在网络中进行正确路由。

如果将setHostnameAsFQDN设置为true，则Kubernetes将使用FQDN作为主机名；否则，将使用默认的主机名格式。

例如，假设有一个Pod名称为my-pod，设置setHostnameAsFQDN为true，并且该Pod所在的命名空间为my-namespace，则该Pod的完全限定域名为my-pod.my-namespace.svc.cluster.local。

需要注意的是，只有当Pod所在的命名空间启用了DNS服务时，才能使用FQDN。如果未启用DNS服务，则该字段不会生效。

（30）shareProcessNamespace <boolean>：shareProcessNamespace是一个布尔类型的字段，用于指定该容器是否与宿主机共享进程命名空间。

进程命名空间是用于隔离进程的一种机制，每个进程都有自己的进程ID（PID），每个PID只能属于一个进程命名空间。当容器中的进程需要访问宿主机中的进程时，可以通过将容器与宿主机共享进程命名空间来实现。

如果shareProcessNamespace设置为true，则表示容器将与宿主机共享进程命名空间，容器中的进程可以访问宿主机中的进程。如果设置为false，则表示容器与宿主机不共享进程命名空间，容器中的进程只能访问容器中的进程。

下面是一个使用shareProcessNamespace的例子：

```
apiVersion: v1
kind: Pod
metadata:
  name: example
spec:
  shareProcessNamespace: true
  containers:
  - name: container-1
    image: nginx
  - name: container-2
    image: nginx
```

在上面的例子中，两个容器container-1和container-2都将与宿主机共享进程命名空间，这意味着它们可以互相访问彼此的进程。

（31）subdomain <string>：指定Pod所属的子域名（subdomain），用于DNS服务的解析。具体来说，当Pod中的容器需要通过服务名（Service Name）来访问其他Pod时，Kubernetes会将该服务名解析为一个DNS记录，该记录的主机名为<service name>.<namespace>.svc.<subdomain>，其中<namespace>是Pod所属的命名空间，<subdomain>是该字段所指定的子域名。

例如，如果一个Pod的subdomain字段值为example.com，而它所属的命名空间为my-ns，当它要访问名为my-service的服务时，该服务的DNS 记录就是my-service.my-ns.svc.example.com。

需要注意的是，subdomain字段通常只有在创建Headless Service（spec.clusterIP字段为None）时才会用到。对于普通的Service，不需要设置该字段。

（32）terminationGracePeriodSeconds <integer>：terminationGracePeriodSeconds是一个整数类型的字段，它用于设置Pod中容器的优雅停机时间。在Kubernetes中，当需要删除一个Pod或者调度器需要将Pod从一个节点上驱逐时，会发送一个终止信号（SIGTERM）给Pod中的容器，以让容器有足够的时间来执行清理操作并安全地关闭。这个时间就是由terminationGracePeriodSeconds字段设置的。如果容器在这个时间内还没有停止，Kubernetes将发送一个强制终止信号（SIGKILL），并立即终止容器。

这个字段的值必须是一个正整数，单位是秒。默认值是30秒，如果用户的容器在默认时间内无法完成清理操作，可以通过设置这个字段的值来增加容器的优雅停机时间。

以下是一个使用terminationGracePeriodSeconds字段的例子：

```
apiVersion: v1
kind: Pod
metadata:
  name: my-pod
spec:
  containers:
    - name: my-container
      image: my-image
  terminationGracePeriodSeconds: 60
```

在这个例子中，将terminationGracePeriodSeconds字段设置为60秒，表示当需要终止Pod中的容器时，Kubernetes会给容器发送一个终止信号，并等待60秒，如果容器在这个时间内没有停止，Kubernetes将发送一个强制终止信号并立即终止容器。

（33）tolerations <[]Object>：tolerations是一个对象类型的字段，用于指定Pod所容忍的污点（Taints）。在Kubernetes中，节点可以设置污点，以避免Pod在节点上调度，从而实现一些特定的调度需求。例如，一个节点可能设置了一个污点，表示这个节点只能运行特定的Pod，其他Pod不能在该节点上调度。但有时我们需要让一个Pod容忍这些污点并在这些节点上运行，这时就可以使用tolerations字段来设置Pod的容忍度。

tolerations字段是一个包含多个容忍规则对象的数组。每个容忍规则对象包含key字段，用于指定污点的名称。除了key字段外，还可以设置其他字段，如operator、value和effect，以指定匹配的操作符、值和匹配成功后的操作。

以下是一个tolerations字段的示例：

```
apiVersion: v1
kind: Pod
metadata:
  name: my-pod
spec:
  containers:
  - name: my-container
    image: my-image
  tolerations:
  - key: node-role.kubernetes.io/master
    operator: Equal
    effect: NoSchedule
  - key: node.kubernetes.io/not-ready
    operator: Exists
    effect: NoExecute
    tolerationSeconds: 3600
```

在这个示例中，tolerations字段设置了两个容忍规则对象。第一个规则表示Pod可以容忍key是node-role.kubernetes.io/master，effect是NoSchedule的污点；第二个规则表示Pod可以在节点上运行，即使节点处于NotReady状态，并且设置了tolerationSeconds字段为3600秒，表示这个规则在3600秒内有效，超过这个时间，Pod将不能容忍这个污点。

（34）topologySpreadConstraints <[]Object>：topologySpreadConstraints是Kubernetes中用于控制Pod部署在集群拓扑结构上分布的一种机制。通过设置topologySpreadConstraints，可以确保集群中不同的Pod不会过度集中在同一节点或同一机架上，从而提高了集群的可用性和可靠性。

具体来说，topologySpreadConstraints允许指定一个或多个规则，以确保在Pod部署时满足以下拓扑约束：

- maxSkew: 指定了Pod数量的最大差异。例如，如果将maxSkew设置为1，那么在任意拓扑域（比如节点、机架）上的Pod数量相差不应该超过1。
- topologyKey: 指定用于拓扑约束的标签键。通常使用节点名称或区域名称等标签。
- whenUnsatisfiable: 指定当无法满足拓扑约束时应采取的措施，有三种选项：DoNotSchedule、ScheduleAnyway和RequiredDuringSchedulingIgnoredDuringExecution。

例如，假设用户有一个希望在Kubernetes集群中部署的StatefulSet，可以通过下面的topologySpreadConstraints来确保它们被正确地部署在集群中：

```
topologySpreadConstraints:
- maxSkew: 1
  topologyKey: "kubernetes.io/hostname"
  whenUnsatisfiable: ScheduleAnyway
```

```
- maxSkew: 1
  topologyKey: "failure-domain.beta.kubernetes.io/zone"
  whenUnsatisfiable: ScheduleAnyway
- maxSkew: 1
  topologyKey: "failure-domain.beta.kubernetes.io/region"
  whenUnsatisfiable: ScheduleAnyway
```

在上面的例子中，我们定义了3个topologySpreadConstraints 规则。第一个规则确保每个Pod部署在不同的节点上，第二个规则确保每个Pod部署在不同的可用区中，第三个规则确保每个Pod部署在不同的区域中。如果无法满足这些规则，我们将使用ScheduleAnyway策略来调度Pod。这样可以确保Pod在部署时满足拓扑约束，并增强集群的高可用性和可靠性。

（35）volumes <[]Object>: volumes用于对Pod中的容器进行数据持久化。volumes可以给一个或者多个容器使用，并可以在容器之间共享数据。volumes可以是临时性的，也可以是永久性的，可以在Pod的生命周期中持久保存数据。

volumes的定义包含两个主要部分：volume本身的定义和volume与容器之间的挂载点定义。Kubernetes 支 持 多 种 类 型 的 volumes ， 如 EmptyDir 、 HostPath 、 ConfigMap 、 Secret 、PersistentVolumeClaim等。

4. 查看 pod.spec.containers 字段如何定义

执行如下命令：

```
[root@xianchaomaster1 ~]# kubectl explain pod.spec.containers
```

显示如下：

```
KIND:     Pod
VERSION:  v1

RESOURCE: containers <[]Object> #containers是对象列表类型

FIELDS:
  args <[]string>
  command <[]string>
  env <[]Object>
  envFrom <[]Object>
  image <string>
  imagePullPolicy <string>
  lifecycle <Object>
  livenessProbe <Object>
  name <string> -required-
  ports <[]Object>
  readinessProbe <Object>
  resources <Object>
  securityContext <Object>
```

```
startupProbe <Object>
stdin <boolean>
stdinOnce <boolean>
terminationMessagePath <string>
terminationMessagePolicy <string>
tty <boolean>
volumeDevices <[]Object>
volumeMounts <[]Object>
workingDir <string>
```

"FIELDS:"各字段说明如下：

（1）args <[]string>：args字段是一个字符串列表，表示容器的命令行参数。例如，以下Pod配置将在容器启动时传递参数"arg1"和"arg2"：

```
apiVersion: v1
kind: Pod
metadata:
  name: my-pod
spec:
  containers:
  - name: my-container
    image: nginx
    args: ["arg1", "arg2"]
```

（2）command <[]string>：command字段是一个字符串列表，表示容器的启动命令。例如，以下Pod配置将使用命令echo在容器中运行字符串"hello world"：

```
apiVersion: v1
kind: Pod
metadata:
  name: my-pod
spec:
  containers:
  - name: my-container
    image: busybox
    command: ["echo"]
    args: ["hello world"]
```

（3）env <[]Object>：env字段是一个对象列表，表示容器的环境变量。例如，以下Pod配置将在容器中设置名为MY_VAR的环境变量：

```
apiVersion: v1
kind: Pod
metadata:
  name: my-pod
spec:
  containers:
```

```
- name: my-container
  image: nginx
  env:
  - name: MY_VAR
    value: "my value"
```

（4）envFrom <[]Object>：envFrom字段是一个对象列表，表示从其他资源中获取环境变量。例如，以下Pod配置从名为my-configmap的ConfigMap中获取环境变量：

```
apiVersion: v1
kind: Pod
metadata:
  name: my-pod
spec:
  containers:
  - name: my-container
    image: nginx
    envFrom:
    - configMapRef:
        name: my-configmap
```

（5）image <string>：image字段是一个字符串，表示容器要使用的镜像。例如，以下Pod配置将使用名为nginx的Docker镜像：

```
apiVersion: v1
kind: Pod
metadata:
  name: my-pod
spec:
  containers:
  - name: my-container
    image: nginx
```

（6）imagePullPolicy <string>：imagePullPolicy 指定何时拉取容器镜像。它有3个取值：Always、Never或IfNotPresent。Always表示每次启动Pod时都会拉取容器镜像，Never表示不会拉取容器镜像，IfNotPresent表示仅在节点上不存在镜像时才会拉取镜像。例如：

```
apiVersion: v1
kind: Pod
metadata:
  name: nginx
spec:
  containers:
  - name: nginx
    image: nginx:latest
    imagePullPolicy: IfNotPresent
```

在此示例中，容器镜像nginx:latest仅在节点上不存在时才会拉取。

（7）lifecycle<Object>：lifecycle允许用户为容器指定在停止前和启动后执行的操作。例如，用户可以配置容器在终止之前执行一些清理任务，或在开始服务请求之前执行一些初始化任务。

例如：

```
apiVersion: v1
kind: Pod
metadata:
  name: myapp
spec:
  containers:
  - name: myapp
    image: myapp:v1
    lifecycle:
      postStart:
        exec:
          command: ["/bin/sh", "-c", "echo Hello from the postStart handler >
/usr/share/message"]
      preStop:
        exec:
          command: ["/bin/sh", "-c", "echo Hello from the preStop handler >
/usr/share/message"]
```

在此示例中，当容器启动时，它将在容器内执行命令echo Hello from the postStart handler > /usr/share/message，并在容器停止之前执行命令echo Hello from the preStop handler > /usr/share/message。

（8）livenessProbe <Object>：livenessProbe定义一个用于检测容器是否存活的探针，以决定容器是否应被重启。探针可以是HTTP GET请求、TCP套接字连接或执行的命令。如果容器不响应探测器，则Kubernetes将认为容器已崩溃，并尝试重启它。

例如：

```
apiVersion: v1
kind: Pod
metadata:
  name: myapp
spec:
  containers:
  - name: myapp
    image: myapp:v1
    livenessProbe:
      httpGet:
        path: /healthz
        port: 8080
```

在此示例中，容器应用程序需要暴露一个名为"/healthz"的HTTP端点，并监听端口号8080。如果此端点响应码不是200，则认为容器已崩溃，如果容器重启策略是Always，将被重启。

（9）name <string> -required-： name指定Pod的名称，名称必须在命名空间内是唯一的。

（10）ports <[]Object>：指定容器监听的网络端口。一个port对象由两个属性组成：containerPort 和protocol，分别表示容器内部的端口和协议类型。例如，下面的ports字段指定了一个容器监听在80 端口上，协议为TCP：

```
ports:
- containerPort: 80
  protocol: TCP
```

（11）readinessProbe <Object>：指定容器是否准备好接收网络流量的检查机制。它会定期向容器发送请求，来判断容器是否已经启动完成并准备好接收流量。readinessProbe对象包含多个属性，分别说明如下。

- httpGet: 发送HTTP GET请求检查容器是否准备好。它包含请求的路径、端口和HTTP头等信息。
- tcpSocket: 通过发送TCP连接检查容器是否准备好。
- exec: 通过在容器内部执行一条命令检查容器是否准备好。

例如，下面的readinessProbe指定了一个HTTP GET请求检查容器是否准备好，它会定期向http://localhost:8080/health发送请求，并在响应状态码为200时认为容器已经准备好。

```
readinessProbe:
  httpGet:
    path: /health
    port: 8080
  initialDelaySeconds: 5
  periodSeconds: 10
  failureThreshold: 3
```

（12）resources <Object>：指定容器的资源限制和请求。它包含多个属性，分别说明如下。

- limits: 指定容器能够使用的资源上限，例如CPU和内存。
- requests: 指定容器对资源的需求，例如CPU和内存。

例如，下面的resources指定了一个容器最多能够使用1个CPU和512Mi内存的资源，同时请求0.5个CPU和256Mi内存的资源。

```
resources:
  limits:
    cpu: "1"
    memory: "512Mi"
  requests:
    cpu: "0.5"
    memory: "256Mi"
```

（13）securityContext <Object>：指定容器的安全上下文，包括运行容器的用户、权限和SELinux等设置。例如，下面的securityContext 指定了一个容器以 UID为1000 的用户身份运行，并禁止容器以特权模式运行。

```
securityContext:
  runAsUser: 1000
  privileged: false
```

（14）startupProbe <Object>：startupProbe是一个对象类型，用于定义在Pod启动时运行的探针，以确定容器是否已成功启动。startupProbe对象中的字段说明如下。

- exec: 一个ExecAction类型的对象，用于在容器内部运行命令行指令来确定容器是否已成功启动。
- httpGet: 一个HTTPGetAction类型的对象，用于通过向容器暴露的HTTP端口发送请求来确定容器是否已成功启动。
- tcpSocket: 一个TCPSocketAction类型的对象，用于通过向容器暴露的TCP端口发送请求来确定容器是否已成功启动。
- failureThreshold: 一个整数值，表示在认为探针失败之前，允许连续多少次探测失败。默认值为3。
- initialDelaySeconds: 一个整数值，表示在容器启动后等待多少秒后开始进行探测。默认值为0。
- periodSeconds: 一个整数值，表示每隔多少秒进行一次探测。默认值为10。
- timeoutSeconds: 一个整数值，表示探针超时的秒数。默认值为1。

在以下示例中，Pod中的容器将在启动后的10 秒内每隔 5 秒运行一个HTTP GET 探测，以确定容器是否已成功启动：

```
apiVersion: v1
kind: Pod
metadata:
  name: my-pod
spec:
  containers:
  - name: my-container
    image: nginx
    ports:
    - containerPort: 80
    startupProbe:
      httpGet:
        path: /
        port: 80
      periodSeconds: 5
      timeoutSeconds: 1
      initialDelaySeconds: 10
```

（15）stdin <boolean>：stdin是一个布尔类型的值，表示容器是否需要一个标准输入流。如果设置为true，则在容器中运行时将打开一个标准输入流。默认值为false。

在以下示例中，创建一个需要标准输入流的busybox 容器：

```
apiVersion: v1
kind: Pod
metadata:
  name: my-pod
spec:
  containers:
  - name: my-container
    image: busybox
    stdin: true
    command: ["/bin/sh", "-c", "while true; do echo hello; sleep 10; done"]
```

（16）stdinOnce <boolean>：这个字段是一个布尔类型的值，表示容器是否应该在读取一次标准输入后立即退出。默认情况下，它的值为false，也就是容器不会在读取标准输入后立即退出。这个字段通常用在需要从终端输入内容的应用场景中，例如在容器内运行交互式命令行程序。如果将这个值设置为true，那么在读取一次标准输入后，容器就会立即退出。

（17）terminationMessagePath <string>：这个字段指定容器终止时将写入容器日志的文件的路径。这个字段的默认值为/dev/termination-log，表示容器日志将写入一个名为termination-log的文件中。这个文件通常由容器运行时创建，并在容器终止时用于记录容器的终止事件。

（18）terminationMessagePolicy <string>：这个字段定义了容器在终止时记录日志的策略。它的值可以是File或FallbackToLogsOnError。如果设置为File，则容器日志将始终写入terminationMessagePath指定的文件中。如果设置为FallbackToLogsOnError，则容器日志将首先写入terminationMessagePath指定的文件中。如果写入失败，则会将容器日志写入容器的标准输出中。

（19）tty <boolean>：这个字段指定容器是否应该分配一个终端。如果这个字段的值为true，容器将会分配一个伪终端设备，并且容器的标准输入和输出将会连接到这个设备上。这通常用于需要从终端输入内容的应用场景中，例如在容器内运行交互式命令行程序。如果这个字段的值为false，容器将不会分配终端设备，并且容器的标准输入和输出将会连接到容器的标准输入和输出流。

（20）volumeDevices <[]Object>：这个字段定义了容器可以访问的块设备的列表。每个元素都是一个对象，包含块设备的名称和路径等信息。这个字段通常用于需要访问底层块设备的应用场景中，例如运行数据库或文件系统等应用程序。

（21）volumeMounts <[]Object>：这个字段定义了容器可以挂载的卷列表。每个元素都是一个对象，包含卷的名称、挂载路径和访问模式等信息。这个字段通常用于将容器内的文件系统和主机或其他容器的文件系统进行共享，从而实现数据共享和持久化等功能。

（22）workingDir <string>：这是一个字符串类型的字段，表示容器的工作目录。当容器启动时，它将在此目录中运行其进程。如果未指定此字段，则容器的工作目录将是其镜像的默认工作目录。

5. 查看 pod.spec.container.ports 字段如何定义

执行如下命令：

```
[root@xianchaomaster1 ~]# kubectl explain pod.spec.containers.ports
```

显示如下：

```
KIND:     Pod
VERSION:  v1

RESOURCE: ports <[]Object> #ports是对象列表

FIELDS:
   containerPort <integer> -required-
   hostIP    <string>
   hostPort  <integer>
   name      <string>
   protocol  <string>
```

“FIELDS:”各字段说明如下：

- containerPort <integer> -required-：容器需要监听的端口号，是必填字段。
- hostIP <string>：指定了Pod所在的Node的IP地址。如果未指定，则表示绑定到所有Node的所有IP地址。
- hostPort <integer>：容器需要监听的Node的端口号。如果未指定，则表示随机指定一个端口。
- name <string>：该端口在Pod内的名称，用于标识不同的端口。
- protocol <string>：通信协议，可以是TCP或UDP。如果未指定，则默认为TCP。

举个例子，下面是一个Pod中ports字段的示例：

```
apiVersion: v1
kind: Pod
metadata:
  name: my-pod
spec:
  containers:
    - name: my-container
      image: nginx
      ports:
        - containerPort: 80
          hostPort: 8080
          name: http
          protocol: TCP
```

在上面的示例中，Pod中有一个名为my-container的容器，该容器监听 80 端口。在Node上，这个端口映射到了8080端口。该端口在Pod内的名称为http，通信协议为TCP。

5.3.3　创建一个完整的 Pod 资源

前面介绍了kubectl explain命令，可以通过kubectl explain命令查看Pod资源具有哪些字段，本小节将学习如何在Kubernetes中创建一个标准的Pod，并在其中运行Tomcat服务。以下是详细的步骤。

1. 查看 Pod 资源的字段

在Kubernetes中，可以使用kubectl explain命令来查看Pod资源的所有字段。在命令行中输入以下命令：

```
kubectl explain pod
```

这将会输出Pod资源的所有字段和它们的含义，以及如何使用它们。

2. 创建 Pod 的清单文件

使用你最喜欢的文本编辑器创建一个名为tomcat-pod.yaml的文件，并将以下内容复制到该文件中：

```
apiVersion: v1
kind: Pod
metadata:
  name: tomcat-pod
spec:
  containers:
  - name: tomcat-container
    image: tomcat:8.5-jre8-alpine
    ports:
    - containerPort: 8080
```

在这个文件中，指定了一个名为tomcat-pod的Pod，其中包含一个名为tomcat-container的容器。还指定了容器使用的Tomcat镜像，以及将在容器中打开的端口号。

3. 使用 kubectl 创建 Pod

要使用清单文件创建Pod，可以使用以下命令：

```
kubectl apply -f tomcat-pod.yaml
```

该命令将会读取tomcat-pod.yaml文件的内容，并使用它来创建Pod。

4. 检查 Pod 的状态

使用以下命令检查Pod的状态：

```
kubectl get pods
```

显示如下：

```
NAME              READY   STATUS    RESTARTS   AGE
tomcat-pod        1/1     Running   0          11s
```

上面的命令kubectl get pods用于获取当前集群中所有Pod的状态信息。其中，返回结果的各列含义如下。

- NAME：Pod的名称。
- READY：Pod中容器的就绪状态，例如1/1表示该Pod中只有一个容器，且该容器处于就绪状态。
- STATUS：Pod的状态，常见的状态有Running、Pending、Succeeded、Failed等。
- RESTARTS：Pod内所有容器的重启次数总和。
- AGE：Pod自创建以来的运行时间。

在该命令返回的结果中，tomcat-pod是我们刚才创建的Pod的名称，1/1表示该Pod中只有一个容器，且该容器处于就绪状态，Running表示该Pod正在运行，0表示该Pod内所有容器的重启次数总和为0，11s表示该Pod自创建以来的运行时间为11秒。

要查看Pod的详细信息，请使用以下命令：

```
kubectl describe pod tomcat-pod
```

显示如下：

```
Name:         tomcat-pod
Namespace:    default
Priority:     0
Node:         xianchaonode1/192.168.40.181
Start Time:   Sat, 06 May 2023 17:13:30 +0800
Labels:       <none>
Annotations:  cni.projectcalico.org/podIP: 10.244.121.20/32
              cni.projectcalico.org/podIPs: 10.244.121.20/32
Status:       Running
IP:           10.244.121.20
IPs:
  IP:  10.244.121.20
Containers:
  tomcat-container:
    Container ID:
docker://1c50fb5554cd04ea108a87324f35997f0c1e0927e231d0c3287b4e8cb2042ca8
    Image:          tomcat:8.5-jre8-alpine
    Image ID:
docker://sha256:8b8b1eb786b54145731e1cd36e1de208d10defdbb0b707617c3e7ddb9d6d99c8
```

```
        Port:            8080/TCP
        Host Port:       0/TCP
        State:           Running
          Started:       Sat, 06 May 2023 17:13:31 +0800
        Ready:           True
        Restart Count:   0
        Environment:     <none>
        Mounts:
          /var/run/secrets/kubernetes.io/serviceaccount from kube-api-access-qxqsh (ro)
  Conditions:
    Type              Status
    Initialized       True
    Ready             True
    ContainersReady   True
    PodScheduled      True
  Volumes:
    kube-api-access-qxqsh:
      Type:    Projected (a volume that contains injected data from multiple sources)
      TokenExpirationSeconds:  3607
      ConfigMapName:           kube-root-ca.crt
      ConfigMapOptional:       <nil>
      DownwardAPI:             true
  QoS Class:                   BestEffort
  Node-Selectors:              <none>
  Tolerations:         node.kubernetes.io/not-ready:NoExecute op=Exists for 300s
                       node.kubernetes.io/unreachable:NoExecute op=Exists for 300s
  Events:
    Type    Reason     Age    From             Message
    ----    ------     ----   ----             -------
    Normal  Scheduled  33m    default-scheduler  Successfully assigned
default/tomcat-pod to xianchaonode1
    Normal  Pulled     33m    kubelet            Container image "tomcat:8.5-jre8-alpine"
already present on machine
    Normal  Created    33m    kubelet            Created container tomcat-container
    Normal  Started    33m    kubelet            Started container tomcat-container
```

这是一个描述Kubernetes Pod（容器组）的输出，它包含Pod的元数据（名称、命名空间、启动时间等）、状态（运行状态、IP地址等）、容器信息（名称、镜像、端口等）、调度信息（所在的节点、调度事件等）等。

此Pod中有一个名为tomcat-container的容器，使用的镜像为tomcat:8.5-jre8-alpine，并且在容器内部将容器的8080端口映射到主机的任意端口。该Pod已经成功地被调度到名为xianchaonode1的节点上，并且该节点的IP地址为192.168.40.181。

Pod的运行状态为Running，处于就绪状态，没有重启过。它没有设置节点选择器和容忍策略，QoS的等级为BestEffort。此外，该Pod已经被注入了一个类型为Projected的Volume，其中包含来自多个来源的注入数据。

在调度过程中，该Pod被调度器成功地调度到了节点上。在容器启动后，Kubelet从容器镜像仓库中拉取镜像，创建容器并启动它。最后，Kubelet将容器的状态更新为Running，并将该状态报告给Kubernetes控制平面。

5. 访问 Tomcat 服务

要访问Tomcat服务，请先找到Pod的IP地址。使用以下命令可以查找Pod的IP地址：

```
kubectl get pod tomcat-pod -o wide
```

显示如下：

```
NAME          READY   STATUS     RESTARTS   AGE   IP              NODE
tomcat-pod    1/1     Running    0          38m   10.244.121.20   xianchaonode1
```

该命令将输出tomcat-pod的IP地址。

要访问Tomcat服务，请使用以下命令：

```
curl http://<Pod IP address>:8080
```

以上我们介绍了创建Pod的方法，上面的方法创建的Pod是一个自主式Pod，也就是通过Pod创建一个应用程序，如果Pod出现故障停掉，那么通过Pod部署的应用也会停掉，这样不安全。通过控制器创建的Pod可以对Pod的生命周期进行管理，可以定义Pod的副本数，如果有一个Pod意外停掉，会自动起来一个Pod替代之前的Pod，后续会详细介绍通过控制器管理Pod。

5.3.4　和 Pod 相关的命令解读

Kubectl是Kubernetes的命令行工具，用于管理Kubernetes集群。以下是一些与Pod相关的常用命令：

（1）创建Pod：使用kubectl create命令可以创建一个Pod。例如，要创建名为my-pod的Pod，可以运行以下命令：

```
kubectl create pod my-pod --image=nginx
```

该命令会创建一个名为my-pod的Pod，使用nginx镜像作为容器。

（2）查看Pod：使用kubectl get命令可以查看Pod。例如，要查看当前命名空间中的所有Pod，可以运行以下命令：

```
kubectl get pods
```

该命令会显示所有Pod的名称、状态、IP地址和所在节点等信息。

（3）查看Pod日志：使用kubectl logs命令可以查看Pod的日志。例如，要查看名为my-pod的Pod的日志，可以运行以下命令：

```
kubectl logs my-pod
```

该命令会显示my-pod的日志。

（4）进入Pod：使用kubectl excc命令可以进入Pod。例如，要进入名为my-pod的Pod，可以运行以下命令：

```
kubectl exec -it my-pod -- /bin/bash
```

该命令会在my-pod容器中启动一个新的Bash 会话。

（5）删除Pod：使用kubectl delete命令可以删除一个Pod。例如，要删除名为my-pod的Pod，可以运行以下命令：

```
kubectl delete pod my-pod
```

该命令会删除名为my-pod的Pod。

（6）查看Pod描述信息：使用kubectl describe命令可以查看Pod的详细信息。例如，要查看名为my-pod的Pod的详细信息，可以运行以下命令：

```
kubectl describe pod my-pod
```

该命令会显示有关my-pod的详细信息，包括容器、卷和节点等信息。

（7）更新Pod：使用kubectl apply命令可以更新一个Pod的配置。例如，要更新名为my-pod的Pod的镜像为nginx:latest，可以运行以下命令：

```
kubectl apply -f my-pod.yaml
```

其中my-pod.yaml是一个包含更新配置的YAML文件。

（8）暂停和恢复Pod：使用kubectl pause命令可以暂停一个Pod，使用kubectl unpause命令可以恢复一个已暂停的Pod。例如，要暂停名为my-pod的Pod，可以运行以下命令：

```
kubectl pause pod my-pod
```

要恢复该Pod，可以运行以下命令：

```
kubectl unpause pod my-pod
```

（9）手动扩容和缩容Pod：使用kubectl scale命令可以手动扩容和缩容一个Pod。例如，要将名为my-pod的Pod的副本数扩大到5，可以运行以下命令：

```
kubectl scale --replicas=5 deployment/my-pod
```

其中deployment/my-pod是要扩容的Pod对象的名称。

（10）导出和导入Pod：使用kubectl export命令可以将一个Pod导出为YAML或JSON文件，使用kubectl apply命令可以将一个导出的文件导入为一个新的Pod对象。例如，要将名为my-pod的Pod导出为YAML文件，可以运行以下命令：

```
kubectl export pod my-pod --output=my-pod.yaml
```

该命令会将my-pod导出为my-pod.yaml文件。

（11）查看Pod的CPU和内存使用情况：使用kubectl top命令可以查看Pod的CPU和内存使用情况。例如，要查看当前命名空间中所有Pod的CPU和内存使用情况，可以运行以下命令：

```
kubectl top pods
```

（12）端口转发：使用kubectl port-forward命令可以将本地端口与Pod中的端口进行转发。例如，要将本地端口8080 转发到名为my-pod的Pod中的端口80，可以运行以下命令：

```
kubectl port-forward my-pod 8080:80
```

5.4　nodeName 和 nodeSelector

在Kubernetes集群中，有多个节点可以用来运行Pod。当你创建一个Pod时，Kubernetes 需要选择一个节点来运行该Pod。nodeName和nodeSelector是Kubernetes中用于选择节点的两种方法。

nodeName则是一种直接指定节点名称的方式。在创建Pod时，用户可以使用nodeName字段来指定要在哪个节点上运行该Pod。这种方法比较直接，但需要手动指定节点名称，并且不够灵活。

nodeSelector是一种机制，它可以在Pod的配置中指定一些标签，这些标签可以用来匹配节点的标签。当Kubernetes调度Pod时，它会查找所有的节点，并根据它们的标签来确定哪些节点符合Pod的要求。然后，Kubernetes会在这些节点中选择一个节点来运行Pod。

举个例子，假设用户有一个计算节点池，其中有一些节点具有高性能的CPU，另一些节点具有高性能的GPU。用户可以给这些节点打上不同的标签，例如cpu: high-performance和gpu: high-performance。然后，用户可以在Pod的配置文件中使用nodeSelector 来选择只在具有高性能CPU的节点上运行需要大量计算资源的应用程序。

总之，nodeName和nodeSelector都是用于在Kubernetes集群中选择节点的方法。通过这两种方法可以更好地管理节点资源，控制Pod的部署位置，优化集群的资源利用率，从而提高应用程序的性能和可靠性。

5.4.1 nodeName 实例

nodeName字段可以用来强制将Pod调度到指定的节点上运行，适用于某些特殊的场景，说明如下。

- 部署基础设施Pod：在Kubernetes集群中，有些Pod需要在指定的节点上运行，例如监控代理或者日志收集器等基础设施Pod。这些Pod的部署和调度必须非常稳定和可靠，不能被Kubernetes的调度器自动调度到其他节点上。在这种情况下，使用nodeName 来强制指定节点是一个很好的选择。
- 管理节点资源：当用户需要手动管理节点资源时，可以使用nodeName字段来将Pod部署到指定节点上。例如，当用户需要在某个节点上进行维护操作时，可以使用nodeName将Pod调度到其他节点上，以免在维护时影响应用程序的正常运行。

下面是一个实战案例，展示如何使用nodeName字段在指定节点上运行Pod。

（1）执行以下命令查看Kubernetes集群中的节点列表：

```
kubectl get nodes
```

显示如下：

```
NAME                 STATUS     ROLES           AGE       VERSION
xianchaomaster1      Ready      control-plane   110d      v1.27.0
xianchaonode1        Ready      work            110d      v1.27.0
```

（2）选择一个节点来运行Pod，然后将其名称赋值给nodeName字段。例如，用户可以选择节点名为node-1的节点来运行Pod：

```
apiVersion: v1
kind: Pod
metadata:
  name: my-pod
spec:
  containers:
  - name: my-container
    image: nginx
  nodeName: xianchaonode1
```

（3）保存上述配置文件为my-pod.yaml，然后使用kubectl apply命令来创建Pod：

```
kubectl apply -f my-pod.yaml
```

这样，Kubernetes就会将Pod调度到名为xianchaonode1的节点上运行。当用户需要将Pod调度到其他节点上时，只需要修改nodeName字段即可。注意，如果指定的节点不存在或不可用，Pod

会一直处于Pending状态，直到节点变为可用或者手动将其删除。

5.4.2　nodeSelector 实例

nodeSelector字段可以用来根据节点标签将Pod调度到特定的节点上运行，适用于某些需要针对节点资源进行调度的场景。下面是一个实战案例，展示如何使用nodeSelector字段来将Pod调度到指定标签的节点上运行。

（1）为节点打上相应的标签。假设有两个节点，一个具有cpu: high-performance标签，另一个具有gpu: high-performance 标签。用户可以使用kubectl label命令为节点打上标签：

```
kubectl label nodes xianchaonode1 cpu=high-performance
kubectl label nodes xianchaonode2 gpu=high-performance
```

这两个命令用来给Kubernetes集群中的节点打上标签。其中kubectl label nodes是指定要打标签的节点，xianchaonode1和xianchaonode2是节点的名称，cpu=high-performance和gpu=high-performance则是要打上的标签。

具体来说，第一个命令是为名为xianchaonode1的节点打上一个名为cpu、值为high-performance的标签，表示该节点具有较高的CPU性能。第二个命令是为名为xianchaonode2的节点打上一个名为gpu、值为high-performance的标签，表示该节点具有较高的GPU性能。

这些标签可用于节点选择，例如在创建Pod时可以使用nodeSelector字段将Pod调度到具有特定标签的节点上运行。这样可以更好地管理节点资源，提高应用程序的性能和可靠性。

（2）为Pod的配置文件添加nodeSelector字段，并指定一个节点标签。例如，可以选择只在具有cpu: high-performance标签的节点上运行Pod：

```
apiVersion: v1
kind: Pod
metadata:
  name: my-pod
spec:
  containers:
  - name: my-container
    image: nginx
  nodeSelector:
    cpu: high-performance
```

（3）保存上述配置文件为my-pod.yaml，然后使用kubectl apply命令来创建Pod：

```
kubectl apply -f my-pod.yaml
```

这样，Kubernetes就会将Pod调度到具有cpu: high-performance标签的节点上运行。如果没有任何节点具有该标签，则Pod会一直处于Pending状态，直到符合要求的节点出现为止。

总的来说，nodeSelector字段适用于需要针对节点资源进行调度的场景，例如部署具有特定硬件需求的应用程序或者将多个应用程序分别部署在不同类型的节点上。通过灵活使用nodeSelector字段，用户可以更好地管理节点资源，提高应用程序的性能和可靠性。

5.5 亲和性、污点和容忍度

nodcName和nodeSelector可以用来将Pod调度到特定的节点上运行，但是它们的灵活性和扩展性相对较差。而Kubernetes更加灵活和可扩展的调度策略，包括提供了亲和性、污点和容忍度等机制，这些机制可以更好地管理节点资源并保障应用程序的高可用性。

（1）亲和性：与nodeSelector相比，Kubernetes的亲和性更加灵活。可以定义多个亲和性规则，并指定它们的优先级，以便在需要时按照优先级进行调度。此外，亲和性还可以通过节点亲和性和Pod亲和性两种方式进行定义，从而更加灵活地控制Pod的调度。

（2）污点和容忍度：污点和容忍度是Kubernetcs中一种基于标签的调度策略，可以让Kubernetes集群在节点不满足某些条件时避免将Pod调度到该节点上。通过设置污点和容忍度，可以在节点出现问题时自动将Pod重新调度到其他可用节点上，从而提高应用程序的可用性和稳定性。

因此，学习Kubernetes的亲和性、污点和容忍度可以让我们更加灵活地管理节点资源和提高应用程序的可用性和稳定性，是深入学习Kubernetes调度和管理的重要一步。

5.5.1 节点亲和性

节点亲和性是Kubernetes中的一种调度策略，用于指定Pod应该调度到哪个节点上运行。通俗来说，亲和性规则是用来告诉Kubernetes，哪些Pod需要运行在哪些节点上。

节点亲和性包括软亲和性和硬亲和性。软亲和性是指Pod与节点之间的亲和关系是可插拔的，当有多个节点符合亲和性规则时，Kubernetes会将Pod调度到一个优先级较高的节点上。而硬亲和性是指Pod必须运行在符合亲和性规则的节点上，否则将无法运行。

下面我们介绍节点亲和性的具体定义方法。

1. 查看pod.spec.affinity字段下的详细信息

```
[root@xianchaomaster1 ~]# kubectl explain pods.spec.affinity
```

pods.spec.affinity说明了Pod对象的调度规则和亲和性参数。pods.spec.affinity是由三部分组成的路径，其中第一部分是资源类型pods，第二部分是字段spec，第三部分是字段affinity。

执行该命令后会显示关于 Pod对象中spec.affinity字段的详细说明，包括该字段表示什么意思、该字段所包含的属性和值的意义以及使用它的示例和注意事项。

显示如下：

```
FIELDS:
   nodeAffinity        <Object>           # 节点亲和性
   podAffinity         <Object>           # Pod亲和性
   podAntiAffinity     <Object>           # Pod反亲和性
```

以上3个Kubernetes中的亲和性概念在Pod和节点之间建立关联关系，用于指定Pod应该被部署到哪些节点上，或者哪些Pod应该被部署到同一节点或不同节点上。

* nodeAffinity（节点亲和性）：通过标签选择器（Selector）和表达式（Expression）来约束Pod 可以调度到哪些节点上的规则，可通过PodSpec中的nodeAffinity字段来配置。
* podAffinity（Pod亲和性）：用于指定Pod应该被部署到具有特定标签或类似标签的其他 Pod所在的节点上，可通过PodSpec中的affinity.podAffinity字段来配置。
* podAntiAffinity（Pod反亲和性）：用于指定在同一节点上不应该部署相似的Pod，以便确保应用程序的可靠性，避免单点故障，可通过PodSpec中的affinity.podAntiAffinity字段来配置。

这3个字段都可以使用标签选择器来指定目标节点或Pod，也可以使用表达式来更灵活地指定。这样，Kubernetes调度器就可以根据这些规则智能地将Pod部署到最佳的节点上，以实现高可用性、负载均衡以及资源利用的最大化。

2. 查看pods.spec.affinity.nodeAffinity字段如何定义

```
[root@xianchaomaster1 ~]# kubectl explain pods.spec.affinity.nodeAffinity
```

pods.spec.affinity.nodeAffinity描述了指定将Pod调度到哪些节点上的规则和条件，以及针对调度到哪些节点上进行的节点选择和排除的逻辑关系。

pods.spec.affinity.nodeAffinity也是由三部分组成的路径：第一个部分是资源类型pods，第二部分是字段spec，第三部分是字段affinity的子字段nodeAffinity。

执行该命令后，将会提供该字段的详细说明信息，其中包括字段意义、语法、可以使用的属性和值、示例以及注意事项。

执行kubectl explain pods.spec.affinity.nodeAffinity之后显示如下：

```
KIND:     Pod
VERSION:  v1
RESOURCE: nodeAffinity <Object>
DESCRIPTION:
    Describes node affinity scheduling rules for the pod.
    Node affinity is a group of node affinity scheduling rules.
```

```
FIELDS:
    preferredDuringSchedulingIgnoredDuringExecution   <[]Object>
    requiredDuringSchedulingIgnoredDuringExecution    <Object>
```

上述 "FIELDS:" 各字段说明如下:

- requiredDuringSchedulingIgnoredDuringExecution: 硬亲和性, 硬亲和性是指Pod必须将自己调度到具有特定标签的节点上运行, 否则不能被调度。如果没有符合条件的节点, 那么Pod会一直处于Pending状态, 直到有符合条件的节点出现。
- preferredDuringSchedulingIgnoredDuringExecution: 软亲和性, 软亲和性是指 Pod 可以选择将自己调度到具有特定标签的节点上运行, 但不是必需的。也就是说, 如果没有符合条件的节点, Pod 仍然可以在其他节点上运行。

例如, 如果一个Pod的硬亲和性规则为nodeSelector: { matchLabels: { color: blue } }, 那么表示该Pod必须运行在具有color=blue标签的节点上。如果没有符合条件的节点, 那么Pod会一直处于Pending状态, 直到有一个符合条件的节点出现。

软亲和性和硬亲和性的选择取决于具体的业务需求。如果需要确保一定数量的Pod运行在特定的节点上, 或者需要优先使用某些节点, 那么可以选择硬亲和性。如果只是希望更倾向于某些节点而不是绝对要求, 那么可以选择软亲和性。

3. 查看节点硬亲和性如何定义

```
[root@xianchaomaster1 ~]# kubectl explain
pods.spec.affinity.nodeAffinity.requiredDuringSchedulingIgnoredDuringExecution
```

该命令表示查看Pod对象的spec.affinity.nodeAffinity.requiredDuringSchedulingIgnoredDuringExecution字段的详细说明。

- Pod是Kubernetes中基本的部署单元。
- spec表示Pod规格。
- affinity表示亲和性。
- nodeAffinity表示节点亲和性。
- requiredDuringSchedulingIgnoredDuringExecution: 在某些场景下, 我们希望一个Pod在运行时需要满足某些亲和性要求, 但在节点上已经运行了不符合亲和性的Pod时, 该Pod也可以被调度到该节点上。这个时候就可以使用requiredDuringSchedulingIgnoredDuringExecution机制。

举个例子, 假设有3个节点: xianchaonode1、xianchaonode2和xianchaonode3。其中, xianchaonode1节点带有一个硬件标签hardware-type=ssd, 我们希望一个Pod在运行时必须部署在带有这个标签的节点上。同时, 希望该Pod能够在节点上共存, 即节点上已经运行的其他Pod不需要满足这个亲和性要求。

在这个场景下, 可以创建一个YAML文件, 代码如下:

```
apiVersion: v1
kind: Pod
metadata:
  name: pod-with-taint
spec:
  affinity:
    nodeAffinity:
      requiredDuringSchedulingIgnoredDuringExecution:
        nodeSelectorTerms:
        - matchExpressions:
          - key: hardware-type
            operator: In
            values:
            - ssd
  tolerations:
  - key: "ssd"
    operator: "Exists"
    effect: "NoSchedule"
  containers:
  - name: nginx
    image: nginx:latest
```

　　这个 YAML 文件中，我们首先定义了 Pod 的亲和性规则。在这个规则中，使用 requiredDuringSchedulingIgnoredDuringExecution 机制指定了一个节点选择器，用来筛选出拥有 hardware-type=ssd 标签的节点。同时，在 Pod 的容忍度中指定了一个污点（taint），即节点上存在 ssd 污点时，该 Pod 仍然可以被调度到该节点上。

　　使用 requiredDuringSchedulingIgnoredDuringExecution 机制可以确保在节点调度时必须满足亲和性要求，但在节点上运行时可以被忽略。这样，在存在 ssd 污点的节点上也可以运行该 Pod，只是不会再将其他不满足亲和性的 Pod 调度到该节点上。

　　执行 kubectl explain pods.spec.affinity.nodeAffinity.requiredDuringSchedulingIgnoredDuringExecution 命令后，会显示 Pod 对象中 requiredDuringSchedulingIgnoredDuringExecution 资源的重要信息，包括它是什么、有哪些属性以及如何使用它。

　　显示如下：

```
KIND:       Pod         #表示定义的是Pod资源
VERSION:    v1          #表示Pod的apiVersion版本是v1
RESOURCE:   requiredDuringSchedulingIgnoredDuringExecution <Object>  #表示
requiredDuringSchedulingIgnoredDuringExecution是对象类型
DESCRIPTION:            #给出了该对象的概括性描述
FIELDS:                #给出了该对象的字段列表和描述，即该对象包含哪些字段
  nodeSelectorTerms <[]Object> -required- 必须字段，是对象类型，节点选择
  # nodeSelectorTerms是Pod对象中requiredDuringSchedulingIgnoredDuringExecution
  # 资源中的一个字段。这个字段的值是一个[]Object类型的数组，表示一组节点选择的要求。
  # 这是一个必须字段，也就是说，如果不设置nodeSelectorTerms字段，该对象就是无效的
```

4. 查看nodeSelectorTerms字段下有哪些字段

```
[root@xianchaomaster1 ~]# kubectl explain
pods.spec.affinity.nodeAffinity.requiredDuringSchedulingIgnoredDuringExecution.nodeSe
lectorTerms
```

显示如下：

```
FIELDS:
   matchExpressions   <[]Object>        #匹配表达式的
   matchFields   <[]Object>        #匹配字段的
```

5. 查看matchExpressions字段下有哪些字段

```
[root@xianchaomaster1 ~]# kubectl explain
pods.spec.affinity.nodeAffinity.requiredDuringSchedulingIgnoredDuringExecution.nodeSe
lectorTerms.matchExpressions
```

显示如下：

```
KIND:  Pod
VERSION:  v1
RESOURCE: matchExpressions <[]Object>
DESCRIPTION:
FIELDS:
   key         <string> -required-        #key：检查label
   operator  <string> -required-        #operator：做等值选择还是不等值选择
   values     <[]string>                  #values：给定key对应的value值
```

假设现在有一个Kubernetes集群，包括一个控制节点xianchaomaster1和两个工作节点xianchaonode1和xianchaonode2。我们希望将某些Pod调度到xianchaonode1节点上运行，可以使用节点亲和性来实现。

（1）为xianchaonode1 节点添加一个标签 node-type=worker，表示该节点是工作节点。可以使用以下命令为节点添加标签：

```
kubectl label nodes xianchaonode1 node-type=worker
```

这个命令是在Kubernetes集群中为节点xianchaonode1添加一个名为node-type的标签，其值为worker。标签是用于对Kubernetes对象进行分类和选择的一种方法。在这种情况下，node-type=worker标签将允许用户在调度Pod时使用节点选择器来选择类型为worker的节点。

下面是一些常用的kubectl命令。

- kubectl label：用于将标签添加到 Kubernetes对象上。
- nodes：用于选择要标记的节点。
- xianchaonode1：节点的名称。

- node-type=worker: 添加到节点上的标签,键-值对(Key-Value Pair)的形式,键为node-type, 值为worker。

（2）为Pod定义一个亲和性规则,将其调度到具有node-type=worker标签的节点上运行。可以使用以下YAML文件定义一个Pod:

```
apiVersion: v1
kind: Pod
metadata:
  name: my-pod
spec:
  containers:
  - name: my-container
    image: nginx
  affinity:
    nodeAffinity:
      requiredDuringSchedulingIgnoredDuringExecution:
        nodeSelectorTerms:
        - matchExpressions:
          - key: node-type
            operator: In
            values:
            - worker
```

在这个YAML文件中,定义了一个名称为my-pod的Pod,包含一个名为my-container的容器,使用nginx镜像。在Pod的规范中,使用了一个affinity字段,并在其中定义了一个nodeAffinity字段,表示要使用节点亲和性来调度Pod。在nodeAffinity中,使用了requiredDuringSchedulingIgnoredDuringExecution字段,表示该Pod必须满足亲和性规则才能被调度。在nodeSelectorTerms中,定义了一个matchExpressions,表示节点选择器的匹配表达式使用了node-type=worker的标签作为匹配条件。

通过这样的配置,Kubernetes调度器会将my-pod这个Pod调度到具有node-type=worker标签的节点上运行,也就是xianchaonode1节点。

5.5.2　Pod 亲和性和反亲和性

5.5.1节介绍了节点亲和性,虽然使用节点亲和性可以将Pod调度到特定的节点上,但有时候我们需要将多个相关的Pod调度到同一个节点上,以便它们可以更快地进行通信,提高应用程序的性能和可靠性。这就需要使用Pod亲和性和反亲和性。

Pod亲和性用于指定多个Pod之间的亲和关系,告诉Kubernetes哪些Pod应该运行在同一个节点上。Pod反亲和性用于指定哪些Pod不应该运行在同一个节点上。这些规则通常与节点亲和性一起使用,以便更好地管理Pod的调度和部署。

例如,当我们部署一个包含多个微服务的应用程序时,通常希望将同一个微服务的多个实例部署在同一个节点上，以便它们可以更快地进行通信。这可以通过使用Pod亲和性来实现。如果我们将多个相互竞争的Pod调度到同一个节点上，那么可能会导致资源竞争和性能问题，这时可以使用Pod反亲和性来避免这些问题。

因此，学习Pod亲和性和反亲和性可以帮助我们更好地管理多个相关的Pod，提高应用程序的性能和可靠性，减少网络延迟和资源浪费。同时，它们也是Kubernetes调度器的重要功能，掌握这些功能可以更好地使用Kubernetes来管理容器化应用程序。

Pod自身的亲和性调度有以下两种表示形式。

- podaffinity：Pod更倾向于与其他Pod紧密耦合，把相近的Pod结合到相近的位置，如同一区域或同一机架上，这样Pod和Pod之间更好通信，比如有两个机房部署了集群，其中有1000台主机，我们希望把Nginx和Tomcat部署在同一个节点上，这样可以提高通信效率。
- podunaffinity：Pod更倾向于不与其他Pod紧密耦合，如果需要部署两套程序，那么这两套程序更倾向于具有反亲和性，这样相互之间不会有影响。

第一个Pod随机选择一个节点，作为评判后续的Pod能否到达这个Pod所在节点的运行方式，这就称为Pod亲和性。我们怎么判定哪些节点是相同位置的，哪些节点是不同位置的？在定义Pod亲和性时需要有一个前提，哪些Pod在同一个位置，哪些Pod不在同一个位置，这个位置是怎么定义的，标准是什么？以节点名称为标准，节点名称相同的表示同一个位置，节点名称不同的表示不是同一个位置。

1. 查看Pod亲和性如何定义

执行以下命令：

```
[root@xianchaomaster1 ~]# kubectl explain pods.spec.affinity.podAffinity
```

该命令用来获取有关pods.spec.affinity.podAffinity的详细信息。

podAffinity指的是Pod亲和性配置模块中的podAffinity字段。podAffinity是一种Pod调度配置，用于指定一个Pod要求与同一节点上的一组 Pod或另一个Pod 所在节点上的同一组Pod "亲和"。

affinity是pod亲和性配置模块的字段，用于允许进一步的细分，例如定义节点亲和性等。

该命令将返回有关pods.spec.affinity.podAffinity这个字段的详细描述和用法，包括相关的属性和类型信息，以及实现亲和性限制的方法和机制，并且可以帮助开发人员更好地理解和配置Pod的亲和性设置。

返回的配置文件信息如下：

```
FIELDS:
  preferredDuringSchedulingIgnoredDuringExecution  <[]Object>  #软亲和性
  requiredDuringSchedulingIgnoredDuringExecution   <[]Object>  #硬亲和性
```

这是一个提供 Kubernetes Pod 亲和性配置的文件。其中涉及软亲和性和硬亲和性的配置。

- preferredDuringSchedulingIgnoredDuringExecution字段：表示Pod的软亲和性设置，指定了Pod倾向于与哪些Pod位于同一位置上或相邻的节点上。与硬亲和性不同，软亲和性并不是强制性的要求，它只是表示Pod更喜欢与哪些Pod在同一节点上。如果无法满足软亲和性的要求，则Kubernetes仍然可以在其他节点上调度Pod。这个属性包含拓扑域键和选择器的对象数组。
- requiredDuringSchedulingIgnoredDuringExecution字段：表示Pod的硬亲和性设置，要求Pod必须与其他Pod位于同一位置上或与另一个Pod相关。如果无法满足硬亲和性的要求，则Pod不会被调度。这个属性包含拓扑域键和选择器的对象数组；其中拓扑域键指定了要用于确定Pod的位置的拓扑域，选择器指定了与Pod关联的其他Pod。

这些字段是Kubernetes Pod亲和性配置中的属性，可以使用Kubernetes API或Kubectl命令行工具等来创建和管理。这些属性可以用来方便地管理Pod的调度规则，以确保在Kubernetes集群中的相应限制下Pod能正确运行。

2. 查看Pod硬亲和性requiredDuringSchedulingIgnoredDuringExecution如何定义

```
[root@xianchaomaster1 ~]# kubectl explain
pods.spec.affinity.podAffinity.requiredDuringSchedulingIgnoredDuringExecution
```

执行上述命令，显示如下：

```
KIND:     Pod
VERSION:  v1
RESOURCE: requiredDuringSchedulingIgnoredDuringExecution <[]Object>
FIELDS:
  labelSelector <Object>
  namespaceSelector <Object>
  namespaces    <[]string>
  topologyKey   <string> -required-
```

requiredDuringSchedulingIgnoredDuringExecution是Kubernetes中用来指定Pod硬亲和性的一种设置，它表示这些Pod必须在同一节点上部署。它有以下字段。

- labelSelector：用来指定标签选择器，用于匹配Pod所属的Label。可以理解为使用这个字段来筛选具有相同标签的Pod。
- namespaceSelector：用来指定命名空间选择器，用于匹配Pod所属的命名空间。可以理解为使用这个字段来筛选属于相同命名空间的Pod。
- namespaces：用来指定要与Pod位于同一节点上的命名空间列表。可以理解为使用这个字段来指定与这些Pod放在同一个节点上的其他Pod所属的命名空间。

- **topologyKey**：用来指定拓扑域键，这是必填字段，用于确定在哪个拓扑域中匹配Pod。例如，如果拓扑域键是kubernetes.io/hostname，则Pod会在同一主机上的其他Pod中查找匹配项。可以理解为使用这个字段来指定同一节点上需要匹配的标识符。

这些字段可以被用来配置Pod之间的硬亲和性，从而确保这些Pod能够部署在同一节点上，以便它们可以快速地相互通信。比如，如果一个应用程序需要多个容器来处理不同的任务，并且这些容器需要快速且高效地相互通信，那么就可以使用这些字段来将这些容器部署到同一节点上，以确保它们之间的通信是本地的，而不是通过网络进行的。

下面以一个具体的案例来演示Pod和Pod亲和性的使用。

例1：Pod和Pod亲和性。

定义两个Pod，第一个Pod作为基准，第二个Pod跟着它走。

1）创建第一个 Pod

```
[root@xianchaomaster1 ~]        # cat pod-required-affinity-demo-1.yaml
apiVersion: v1                  # 指定使用的Kubernetes API版本为v1
kind: Pod                       # 指定对象类型为Pod
metadata:
  name: pod-first               # 为Pod对象指定一个名字，这个Pod的名字是pod-first
  labels:                       # 为Pod对象添加标签，这些标签可以用于选择器进行选择匹配
    app2: myapp2
    tier: frontend
spec:
  containers:                   # 这个Pod包含的容器列表
  - name: myapp                 # 容器的名字是myapp
    image: ikubernetes/myapp:v1 # 指定容器使用的镜像，这里使用的是名为
                                # ikubernetes/myapp的镜像，并且指定了版本为v1
```

执行以下命令基于pod-required-affinity-demo-1.yaml文件创建Pod：

```
[root@xianchaomaster1 ~]# kubectl apply -f pod-required-affinity-demo-1.yaml
```

2）创建第二个 Pod

```
[root@xianchaomaster1 ~]        # cat pod-required-affinity-demo-2.yaml
apiVersion: v1                  # 定义Kubernetes API的版本。这里使用的是v1版本
kind: Pod                       # 定义Kubernetes对象的类型。这里使用的是Pod类型
metadata:                       # 定义Kubernetes对象的元数据，比如对象的名字、标签等
  name: pod-second              # 定义Pod的名字为pod-second
  labels:                       # 定义Pod的标签。这里定义了两个标签，分别是app和tier
    app: backend
    tier: db
spec:                   # 定义Pod的规格，比如容器的定义、存储的定义、网络的定义等
  containers:           # 定义Pod包含的容器。这里定义了一个容器，名为busybox，
                        # 使用的镜像为busybox:latest，并且指定了容器运行的命令为sleep 3600，
```

```
                    # 即让容器睡眠3600秒
  - name: busybox                        # 指定Pod中容器的名字
    image: busybox:latest                # 指定容器的镜像
    imagePullPolicy: IfNotPresent        # 镜像拉取策略，若本地有镜像，则用本地的，
                                         # 若本地没有，则从Docker Hub拉取
    command: ["sh","-c","sleep 3600"]    # 指定容器要运行的命令
  affinity:                              # 定义Pod的亲和性规则
    podAffinity:                         # 定义Pod的亲和性规则类型为Pod亲和性
      # 定义Pod的亲和性为硬亲和性，即要求与指定标签匹配的Pod 必须在同一节点上运行
      requiredDuringSchedulingIgnoredDuringExecution:
      - labelSelector:            # 指定需要匹配的标签选择器
          matchExpressions:       # 定义匹配的表达式，这里指定了一个表达式，即匹配键为app2、
                                  # 操作符为In、值为["myapp2"]的标签
          - {key: app2, operator: In, values: ["myapp2"]}
```

执行以下命令基于pod-required-affinity-demo-2.yaml文件创建Pod：

```
[root@xianchaomaster1 ~]# kubectl apply -f pod-required-affinity-demo-2.yaml
```

总之，这个YAML文件定义了一个包含名为busybox的容器的Pod，且该Pod要求与另一个具有标签"app2=myapp2"的Pod在同一节点上运行。这就是Pod的亲和性的实际应用。

3）查看 Pod 是否创建成功

```
[root@xianchaomaster1 ~]#kubectl get pods -o wide
```

显示如下：

```
pod-first          running         xianchaonode1
pod-second         running         xianchaonode1
```

可以看到pod-first和pod-second调度到同一个节点，说明第一个Pod调度到哪里，第二个Pod也调度到哪里，这就是Pod和Pod亲和性。

例2：Pod和Pod反亲和性。

Pod反亲和性是指Kubernetes中的一个调度策略，它通过避免将相互影响的Pod调度到同一节点上来提高应用程序的可靠性和性能。Pod反亲和性可用于避免由于节点故障、节点重启或网络问题等原因导致的服务中断。

Pod反亲和性的原理是在调度Pod时，Kubernetes会根据特定的标签和选择器规则将相互影响的Pod分配到不同的节点上。例如，如果两个Pod需要访问同一个存储卷或同一个节点资源，那么它们就会被标记为相互影响的Pod，Kubernetes会避免将它们调度到同一个节点上。

实际使用场景包括以下几种情况：

- 避免多个数据库实例在同一个节点上运行，以避免由于节点故障导致的数据库宕机。

- 避免多个应用程序实例在同一个节点上运行，以提高应用程序的可靠性和性能。
- 避免多个相同类型的服务实例在同一个节点上运行，以避免由于节点故障导致的服务中断。

下面是一个使用Pod反亲和性的实际案例。

定义两个Pod，第一个Pod作为基准，第二个Pod跟它调度的节点相反。此实验需要有两个工作节点，分别是xianchaonode1和xianchaonode2。

1）创建资源清单文件

```
[root@xianchaomaster1 ~]# cat pod-required-anti-affinity-demo-3.yaml
apiVersion: v1
kind: Pod
metadata:
  name: pod-first
  labels:
    app1: myapp1
    tier: frontend
spec:
    containers:
    - name: myapp
      image: ikubernetes/myapp:v1
[root@xianchaomaster1 ~]# cat pod-required-anti-affinity-demo-4.yaml
apiVersion: v1
kind: Pod
metadata:
  name: pod-second
  labels:
    app: backend
    tier: db
spec:
    containers:
    - name: busybox
      image: busybox:latest
      imagePullPolicy: IfNotPresent
      command: ["sh","-c","sleep 3600"]
    affinity:
    podAntiAffinity:           #定义Pod反亲和性
        requiredDuringSchedulingIgnoredDuringExecution:
        - labelSelector:
            matchExpressions:
            - {key: app1, operator: In, values: ["myapp1"]}
          topologyKey: kubernetes.io/hostname
```

这是一个使用Pod Anti-Affinity规则的Kubernetes Pod的示例清单文件。其中包含两个Pod的清单文件，分别是pod-first和pod-second。

（1）pod-first 是一个前端 Pod，包含一个名为 myapp 的容器，使用了一个名为 ikubernetes/myapp:v1 的镜像。该 Pod 带有标签 app1: myapp1 和 tier: frontend。

（2）pod-second 是一个后端 Pod，包含一个名为 busybox 的容器，使用了一个名为 busybox:latest 的镜像。该 Pod 带有标签 app: backend 和 tier: db。同时，pod-second 还定义了 Pod Anti-Affinity 规则，以确保该 Pod 不会被调度到与标签选择器 app1: myapp1 匹配的任何其他 Pod 所在的节点上。

这里需要注意的是，这两个 Pod 之间使用了 YAML 文档分隔符（---）进行分隔。这是因为在同一个 YAML 文档中定义多个 Kubernetes 资源对象时，需要使用该分隔符将它们分开。

2）更新资源清单文件

```
[root@xianchaomaster1 ~]# kubectl apply -f pod-required-anti-affinity-demo-3.yaml
[root@xianchaomaster1 ~]# kubectl apply -f pod-required-anti-affinity-demo-4.yaml
```

3）查看 Pod 是否创建成功

```
[root@xianchaomaster1 ~]# kubectl get pods -o wide
```

显示如下：

```
pod-first          running          xianchaonode1
pod-second         running          xianchaonode2
```

显示两个 Pod 不在一个节点上，这就是 Pod 节点反亲和性。

5.5.3　污点和容忍度

污点是指给节点赋予选择的主动权，我们可以给节点打一个污点，不容忍的 Pod 就无法运行。污点就是定义在节点上的键值属性数据，可以决定拒绝哪些 pod。它主要有以下两个属性：

- Taints（污点）是"键-值对"数据，用在节点上，定义的是污点。
- Tolerations（容忍度）是"键i值"数据，用在 Pod 上，定义的是容忍度，表示能容忍哪些污点。

要注意 Pod 的亲和性和污点两者的区别，Pod 亲和性是 Pod 的属性，污点是节点的属性。

使用 kubectl taint 命令可以给某个节点设置污点，节点被设置污点之后就和 Pod 之间存在一种相斥的关系，可以让节点拒绝 Pod 的调度执行，甚至将节点上已经存在的 Pod 驱逐出去。

每个污点的组成如下：

```
key=value:effect
```

这是Kubernetes中声明式授权（Declarative Authorization）规则的一种表示方式，常用于定义访问控制策略。

其中，key=value:表示授权规则的条件，其中 key是一个属性名或者一个Kubernetes对象的域，value是该属性或者域的取值。effect表示应该执行什么操作。

下面来演示污点的用法。

1. 查看 Kubernetes 控制节点的详细信息

```
[root@xianchaomaster1]# kubectl describe nodes xianchaomaster1
```

显示如下：

```
Taints: node-role.kubernetes.io/master:NoSchedule
```

其中，Taints后面的值是Kubernetes控制节点具有的污点，key是node-role.kubernetes.io/master，对应的effect是NoSchedule。

2. 查看 taints 字段如何定义

```
[root@xianchaomaster1 ~]# kubectl explain node.spec.taints
```

显示如下：

```
FIELDS:
   Effect <string> -required-        #定义排斥等级
   Key <string> -required-           #定义容忍污点具有的key（键）
   value <string>                    #定义容忍污点key对应的value（值）
```

每个污点都有一个key和value作为污点的标签，effect用来描述污点的作用。effect支持如下选项。

- NoSchedule: 表示Kubernetes将不会把Pod调度到具有打了这个该污点的节点上，仅影响Pod的调度过程，如果Pod能容忍这个节点的污点，就可以调度到当前节点。但是，如果这个节点的污点发生了变化，例如添加了一个新的污点，之前调度的Pod不能容忍新的污点，那么调度到添加了新的污点的Pod还是会正常运行，不会受影响。
- PreferNoSchedule: 表示Kubernetes将尽量避免把Pod调度到具有该污点的节点上。
- NoExecute: 表示Kubernetes将不会把Pod调度到具有该污点的节点上，同时会将节点上已经存在的Pod驱逐出去，既影响调度过程，又影响现存的Pod，如果现存的Pod不能容忍节点后来加的污点，这个Pod就会被驱逐。

在Pod资源对象定义容忍度的时候支持以下两种操作。

- 等值密钥: key和value上完全匹配。
- 存在性判断: key和effect必须同时匹配，value可以为空。

在Pod上定义的容忍度可能不止一个，在节点上定义的污点可能有多个，需要逐个检查容忍度和污点能否匹配，每一个污点都能被容忍，才能完成调度。如果不能容忍怎么办？那就需要看Pod的容忍度了。

3. 查看控制节点 xianchaomaster1 的详细信息

```
[root@xianchaomaster1 ~]# kubectl describe nodes xianchaomaster1
```

显示的控制节点master的详细信息如图5-5所示。

```
                    volumes.kubernetes.io/controller-managed-attach-detach:true
CreationTimestamp:  Sat, 15 Dec 2018 21:49:02 +0800
Taints:             node-role.kubernetes.io/master:NoSchedule
Unschedulable:      false
Conditions:
  Type            Status  LastHeartbeatTime                 LastTransitionTime                Reason                       Message
  ----            ------  -----------------                 ------------------                ------                       -------
  OutOfDisk       False   Fri, 18 Jan 2019 14:58:40 +0800   Sat, 15 Dec 2018 21:48:54 +0800   KubeletHasSufficientDisk     kubelet has s
ufficient disk space available
  MemoryPressure  False   Fri, 18 Jan 2019 14:58:40 +0800   Sat, 15 Dec 2018 21:48:54 +0800   KubeletHasSufficientMemory   kubelet has s
ufficient memory available
  DiskPressure    False   Fri, 18 Jan 2019 14:58:40 +0800   Sat, 15 Dec 2018 21:48:54 +0800   KubeletHasNoDiskPressure     kubelet has n
o disk pressure
  PIDPressure     False   Fri, 18 Jan 2019 14:58:40 +0800   Sat, 15 Dec 2018 21:48:54 +0800   KubeletHasSufficientPID      kubelet has s
ufficient PID available
  Ready           True    Fri, 18 Jan 2019 14:58:40 +0800   Sat, 15 Dec 2018 22:15:02 +0800   KubeletReady                 kubelet is po
sting ready status
Addresses:
  InternalIP:  192.168.199.180
  Hostname:    master
```

图 5-5　master 节点的详细信息

可以看到，master节点的污点是NoSchedule，所以我们创建的Pod都不会调度到master上，因为创建的Pod没有定义容忍度。

4. 查看 apiserver 这个 Pod 的详细信息

```
[root@xianchaomaster1 ~]# kubectl describe pods kube-apiserver-xianchaomaster1 -n
kube-system
```

结果如图5-6所示。

可以看到，apiserver这个Pod的容忍度是NoExecute，能容忍控制节点的污点，因此可以调度到xianchaomaster1上。

```
Node-Selectors:  <none>
Tolerations:     :NoExecute
Events:          <none>
```

图 5-6　apiserver 的容忍度

5. 案例

下面通过案例测试污点具体的应用场景。

例1：把xianchaonode2当成是生产环境专用的，其他节点是测试用的。

（1）对xianchaonode2打个污点：

```
[root@xianchaomaster1 ~]# kubectl taint node xianchaonode2
node-type=production:NoSchedule
```

- xianchaonode2污点的key是node-type，value是production，effect是NoSchedule。

（2）创建Pod，不定义容忍度：

```
[root@xianchaomaster1 ~]# cat pod-taint.yaml
apiVersion: v1
kind: Pod
metadata:
  name: taint-pod
  namespace: default
  labels:
    tomcat: tomcat-pod
spec:
  containers:
  - name: taint-pod
    ports:
    - containerPort: 8080
    image: tomcat:8.5-jre8-alpine
imagePullPolicy: IfNotPresent
```

（3）更新资源清单文件：

```
[root@xianchaomaster1 ~]# kubectl apply -f pod-taint.yaml
```

（4）查看Pod是否创建成功：

```
[root@xianchaomaster1 ~]# kubectl get pods -o wide
```

执行上述命令显示如下：

```
taint-pod   running   xianchaonode1
```

可以看到Pod被调度到xianchaonode1上了，因为xianchaonode2这个节点打了污点，而我们在创建Pod时没有容忍度，所以xianchaonode2上不会有Pod调度上去。

例2：给xianchaonode1打污点。

（1）打污点：

```
[root@xianchaomaster1 ~]#kubectl taint node xianchaonode1 node-type=dev:NoExecute
```

（2）查看Pod的状态：

```
[root@xianchaomaster1 ~]#kubectl get pods -o wide
```

执行上述命令显示如下：

```
taint-pod   termaitering xianchaonode1
```

可以看到，已经存在的 Pod 节点都被撵走了，因为设置污点的排斥等级是 NoExecute，所以已经存在的 Pod 会被驱逐走。

（3）创建 Pod，定义容忍度：

```
[root@xianchaomaster1 ~]# cat pod-demo-1.yaml
apiVersion: v1
kind: Pod
metadata:
  name: myapp-deploy
  namespace: default
  labels:
    app: myapp
    release: canary
spec:
    containers:
    - name: myapp
      image: ikubernetes/myapp:v1
      ports:
      - name: http
        containerPort: 80
    tolerations:                      #定义容忍度
    - key: "node-type"                #容忍污点的key是node-type
      operator: "Equal"               #等值关系，key和value、effect全都匹配上才可以
      value: "production"             #容忍污点的value是production
      effect: "NoSchedule"            #容忍的排斥等级是NoSchedule
      tolerationSeconds: 3600         #驱逐时间，3600秒
```

（4）更新资源清单文件：

```
[root@xianchaomaster1 ~]# kubectl apply -f pod-demo-1.yaml
```

（5）查看 Pod 状态：

```
[root@xianchaomaster1 ~]# kubectl get pods
myapp-deploy   1/1     running  0         11s xianchaonode2
```

可以看到 Pod 调度到 xianchaonode2 上了，因为在 Pod 中定义的容忍度能容忍 xianchaonode2 节点上的污点。

（6）删除节点污点。

删除 xianchaonode1 和 xianchaonode2 节点上的所有标签：

```
[root@xianchaomaster1]# kubectl taint nodes xianchaonode1 node-type:NoExecute-
[root@xianchaomaster1]# kubectl taint nodes xianchaonode2 node-type-
```

5.6 Pod 生命周期和健康探测

Pod是Kubernetes最小的部署单元，它可以包含一个或多个容器，并且具有自己的生命周期。在Pod的生命周期中，可以通过初始化容器、主容器（主容器是Pod中负责执行主要任务或运行核心应用程序的容器。它通常是实现特定功能或提供特定服务的关键组件）、健康探测和容器钩子等方式来确保容器的正常运行。关于Pod的生命周期过程可以参考图5-7。

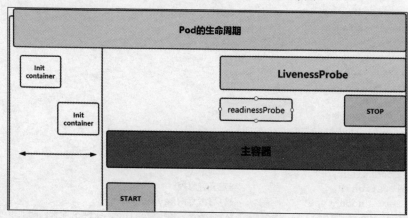

图 5-7　Pod 中可包括多个容器

如图5-7所示，Pod的生命周期实际上是指Pod中的容器的运行过程，包含多个阶段，如初始化容器、主容器、存活探测、就绪探测以及容器钩子等。这些阶段有着紧密的联系，共同保证了Pod及其容器的正常运行。

下面是这些阶段的详细介绍及它们之间的关系。

1）初始化容器

初始化容器是指在主容器启动之前运行的容器。它可以用于执行一些必要的初始化任务，例如加载配置文件、准备数据等。只有当初始化容器成功完成其任务后，主容器才会启动。如果初始化容器失败，则Pod会重启，直到初始化容器成功为止。

2）主容器

主容器是指运行应用程序或服务的容器。在Pod中通常只有一个主容器。主容器的生命周期包括启动、运行、停止等阶段。在启动后，主容器可以执行应用程序或服务，并向其他容器或外部系统提供服务。

3）存活探测

存活探测用于检测容器是否正在运行，以及是否处于可用状态。在Kubernetes中，存活探测通过发送HTTP请求或TCP套接字请求来实现。如果探测失败，则Kubernetes认为容器不可用，并根据Pod的重启策略来处理它。

4）就绪探测

就绪探测用于检测容器是否已准备好接受流量。与存活探测不同，就绪探测通常会发送一个HTTP GET请求来测试容器的某个特定端点。如果就绪探测失败，则Kubernetes不会将流量路由到该容器，直到其变为就绪状态。

5）容器钩子

容器钩子是指在容器生命周期中执行特定操作的机制。Kubernetes支持两种容器钩子：启动钩子和终止钩子。启动钩子在容器启动之前执行，终止钩子在容器终止之前执行。容器钩子可以用于执行任意操作，例如更新配置文件、备份数据、清理垃圾等。

这些阶段和功能在Pod的生命周期中密不可分，它们共同保证了Pod及其容器的正常运行。通过灵活地配置和使用这些功能，可以提高应用程序的可靠性、稳定性和可扩展性。

5.6.1　初始化容器 initcontainer

当我们创建一个Pod时，可以在其中定义一个或多个初始化容器，以在启动主容器之前执行一些必要的初始化任务。下面是一个初始化容器的具体案例演示。

假设有一个应用程序，需要在启动前从外部资源下载数据并解压缩。为此，可以创建一个初始化容器，并执行以下任务：

（1）下载数据文件。

（2）解压数据文件。

（3）将解压后的数据文件保存到主容器的共享卷中。

我们可以使用Kubernetes的YAML文件来定义一个包含初始化容器的Pod。以下是一个示例：

```yaml
apiVersion: v1
kind: Pod
metadata:
  name: init-container-demo
spec:
  containers:
  - name: main-container
    image: nginx
    volumeMounts:
    - name: data-volume
      mountPath: /usr/share/nginx/html/data
  initContainers:
  - name: init-container
```

```
        image: busybox
        command: ['sh', '-c', 'wget -O /data/data.zip http://example.com/data.zip && unzip
/data/data.zip -d /data']
        volumeMounts:
        - name: data-volume
          mountPath: /data
    volumes:
    - name: data-volume
      emptyDir: {}
```

在这个示例中，我们定义了一个Pod，包含一个主容器（使用Nginx镜像）和一个初始化容器（使用Busybox镜像）。主容器将共享卷挂载到路径/usr/share/nginx/html/data，以访问解压后的数据文件。初始化容器使用wget命令从外部资源下载数据文件，并使用unzip命令将其解压缩到/data路径下。然后，共享卷会将解压后的数据文件保存到主容器中。

要创建该Pod，请将以上YAML文件保存为init-container.yaml文件，并使用以下命令：

```
kubectl apply -f init-container.yaml
```

此时，Kubernetes将创建该Pod及其相关容器和卷，并执行初始化容器中的任务。初始化容器完成后，主容器将启动，并可以访问共享卷中的数据文件。

通过使用初始化容器，可以在主容器启动之前执行各种任务，例如加载配置文件、准备数据等，从而提高应用程序的可靠性和稳定性。

5.6.2　存活探测

Kubernetes中的存活探测机制用于检查Pod中的容器是否处于正常状态，以确保应用程序在容器内部正常运行。存活探测的目的是确保容器不会因为软件或硬件问题而崩溃或无响应。

为了实现存活探测，Kubernetes提供了三种探针类型：tcpSocket、httpGet和exec。在定义Pod的时候，可以针对每个容器指定探针类型以及探针的具体参数，例如等待时间、超时时间、成功或失败的阈值等。

当一个Pod中的某个容器处于运行状态时，Kubernetes会定期检查这个容器的存活探测探针。如果探针探测到容器处于不正常状态，比如无法建立TCP连接，HTTP请求返回状态码不在200到399之间，或者执行命令返回状态码不为0，那么Kubernetes就会认为这个容器已经不健康了。

一旦某个容器被标记为不健康，Kubernetes就会采取一些措施来确保Pod的可用性。具体来说，Kubernetes可以选择重启这个容器，或者把请求发送到其他可用的Pod。这样就能够保证应用程序的高可用性，即使某个容器因为一些原因不健康了，整个应用程序也不会因此受到影响。

综上所述，存活探测是Kubernetes中非常重要的一项机制，它能够确保容器处于正常状态，从而保证应用程序的高可用性。对于一些对应用程序的稳定性和可靠性有要求的企业来说，存活探测是不可或缺的一项技术。

存活探测通常使用以下3种探针类型之一来实现。

- tcpSocket探针：该探针类型会尝试在容器的指定端口上建立TCP连接。如果连接成功，则认为容器是存活的。
- httpGet探针：该探针类型会向容器发送HTTP GET请求。如果返回状态码在200和399之间，则认为容器是存活的。
- exec探针：该探针类型会在容器内执行指定的命令。如果返回状态码为0，则认为容器是存活的。

在定义存活探测时，可以指定以下参数。

- initialDelaySeconds：在容器启动后等待多少秒开始进行第一次探测。
- periodSeconds：每隔多少秒进行一次探测。
- timeoutSeconds：探测超时时间，即在多长时间内未收到响应即认为探测失败。
- successThreshold：连续成功探测多少次后将容器标记为存活状态。
- failureThreshold：连续失败探测多少次后将容器标记为不健康状态。

以下是一个使用HTTP GET方式进行存活探测的Pod示例：

```
apiVersion: v1
kind: Pod
metadata:
  name: liveness-probe-demo
spec:
  containers:
  - name: main-container
    image: nginx
    livenessProbe:
      httpGet:
        path: /index.html
        port: 80
```

在这个示例中，我们定义了一个名为liveness-probe-demo的Pod，其中包含一个使用Nginx镜像的主容器。还定义了一个存活探测，以定期检查容器是否可以通过HTTP GET方法访问路径/index.html。如果探测失败，则Kubernetes将尝试重新启动容器。

下面是一个使用TCPSOCKET和exec方式进行存活探测的Pod示例：

```
apiVersion: v1
kind: Pod
metadata:
  name: my-pod
spec:
  containers:
  - name: my-container
```

```
image: my-image
ports:
- containerPort: 8080
livenessProbe:
  tcpSocket:
    port: 8080
  exec:
    command:
    - sh
    - -c
    - ps aux | grep my-process-name
  initialDelaySeconds: 15
  periodSeconds: 20
```

这个示例定义了一个名为my-pod的Pod，它有一个名为my-container的容器，该容器使用镜像my-image运行，并在端口8080上公开服务。

livenessProbe部分定义了以下两种存活探测方式。

- tcpSocket方式：通过在Pod中的容器上执行一个简单的TCP连接测试来检查容器是否存活。如果连接成功，则认为容器存活。
- exec方式：通过在Pod中的容器上执行一个简单的命令来检查容器是否存活。在这个例子中，命令是ps aux | grep my-process-name，它将查找名为my-process-name的进程是否正在运行。

这些存活探测将在Pod启动后等待15秒开始，并且每20秒运行一次。如果探测失败，Kubernetes将重启该Pod中的容器。

在Kubernetes中，存活探测由3种探针来实现，分别是tcpSocket、httpGet和exec。下面是这些探针的使用场景分析。

1. tcpSocket

tcpSocket方式是最简单的存活探测方式。它只需要尝试在容器的指定端口上建立TCP连接，如果连接成功，则认为容器是存活的。由于tcpSocket方式不需要在容器中运行额外的代码，因此它对于应用程序的存活检查快速且高效。tcpSocket方式适用于只需要检查容器是否在指定端口上启动并监听的情况。

例如，一个简单的Web服务器只需要确保它正在侦听端口80或443，并且它没有崩溃或死锁，就可以使用tcpSocket方式进行存活探测。

2. httpGet

httpGet方式通过向容器发送HTTP GET请求来检查容器是否已准备好接收流量。这种方式需要容器中运行一个Web服务器或其他HTTP服务器，并且该服务器必须实现一个特定的路径来响应存活探测请求。如果请求返回200 OK响应，则认为容器是存活的。

由于大多数Web应用程序都使用HTTP作为其主要协议，因此httpGet方式是常用的存活探测方式之一。它适用于需要检查应用程序是否能够处理请求的情况。

例如，一个使用HTTP作为其主要协议的Web应用程序可以使用httpGet方式进行存活探测，以确保应用程序已准备好接收流量。

3. exec

exec方式通过在容器中运行一个命令来检查容器是否存活。该命令通常检查容器内部的某些状态，例如进程是否正在运行或文件是否存在。如果命令成功执行并返回退出码0，则认为容器是存活的。

exec方式适用于需要进行更复杂的存活检查的应用程序，例如需要确保数据库正在运行或文件系统可用的应用程序。

例如，一个应用程序可能需要确保其依赖的数据库正在运行，可以使用exec方式进行存活探测，以检查数据库进程是否在容器中运行。

5.6.3　就绪探测

就绪探测（Readiness Probe）是Kubernetes中一种用于检测Pod中的容器是否已经准备好接收流量的机制。当一个容器处于就绪状态时，Kubernetes会将该Pod加入负载均衡器中，开始向该Pod转发流量。就绪探测与存活探测类似，但它关注的是Pod中的容器是否已经准备好接收流量，而不是容器是否正在运行。

Kubernetes支持以下3种就绪探针类型。

- tcpSocket探针：通过建立TCP连接来检查容器是否已经准备好接收流量。这种探针只需要指定容器中的IP地址和端口号即可。
- httpGet探针：通过HTTP GET请求来检查容器是否已经准备好接收流量。这种探针需要指定容器中的IP地址、端口号以及HTTP GET请求的路径、主机名、HTTP头等信息。
- exec探针：通过在容器内部执行命令来检查容器是否已经准备好接收流量。这种探针需要指定容器中要执行的命令及其参数。

就绪探针的参数与存活探针相同，分别说明如下。

- initialDelaySeconds：Pod启动后首次检查就绪探测的时间，默认为0秒。
- periodSeconds：两次就绪探测之间的间隔时间，默认为10秒。
- timeoutSeconds：就绪探测等待响应的超时时间，默认为1秒。
- successThreshold：成功就绪探测的连续次数，默认为1次。
- failureThreshold：失败就绪探测的连续次数，默认为3次。

就绪探测是确保Pod中的容器正常工作的重要机制，可以帮助Kubernetes平台在容器处于就绪状态时开始向该容器转发流量，从而确保应用程序的稳定性和可靠性。

示例1： 使用TCP方式进行就绪探测。

```
apiVersion: v1
kind: Pod
metadata:
  name: readiness-probe-demo
spec:
  containers:
  - name: main-container
    image: nginx
    readinessProbe:
      tcpSocket:
        port: 80
```

在这个示例中，定义了一个名为readiness-probe-demo的Pod，其中包含一个使用Nginx镜像的主容器。还定义了一个就绪探测，以定期检查容器是否可以通过TCP方式访问端口80。如果探测失败，则Kubernetes不会将流量发送到该容器。

示例2： 使用httpGet方式进行就绪探测。

```
apiVersion: v1
kind: Pod
metadata:
  name: my-pod
spec:
  containers:
  - name: my-container
    image: my-image
    ports:
    - containerPort: 8080
    readinessProbe:
      httpGet:
        path: /healthz
        port: 8080
      initialDelaySeconds: 10
      periodSeconds: 5
```

这个示例定义了一个名为my-pod的Pod，它有一个名为my-container的容器，该容器使用镜像my-image运行，并在8080端口上公开服务。

readinessProbe部分定义了一个httpGet方式的就绪探测：通过向容器的8080端口发送一个HTTP GET请求，检查该容器是否已准备好接收流量。在这个示例中，请求路径为/healthz，因此容器需要实现一个处理/healthz路径的HTTP处理程序，并在准备好接收流量时返回200 OK响应。

这个就绪探测将在Pod启动后等待10秒开始，并且每5秒运行一次。

示例3：使用exec方式进行就绪探测。

```
apiVersion: v1
kind: Pod
metadata:
  name: my-pod
spec:
  containers:
  - name: my-container
    image: my-image
    ports:
    - containerPort: 8080
    readinessProbe:
      exec:
        command:
        - sh
        - -c
        - |
          if curl --silent --fail http://localhost:8080/healthz > /dev/null; then
            exit 0
          else
            exit 1
          fi
      initialDelaySeconds: 10
      periodSeconds: 5
```

这个示例与上一个示例非常相似，但是使用exec方式进行就绪探测。在这个示例中，探测器将在容器中执行一个命令，该命令使用curl命令向http://localhost:8080/healthz发送HTTP GET请求，并根据响应状态码返回0或1。如果返回0，则容器已准备好接收流量；如果返回1，则容器未准备好接收流量。

这个就绪探测将在Pod启动后等待10秒开始，并且每5秒运行一次。

5.6.4　容器钩子

在Kubernetes中，Pod是一组紧密耦合的容器，可以通过容器钩子（Hook）来对容器的生命周期进行管理。容器钩子在容器运行期间可以执行自定义命令，以便容器可以与其他系统交互、监控和响应。容器钩子可以用于检查环境、配置文件是否正确、向外部系统注册容器、执行清理操作等。使用容器钩子可以确保应用程序的可靠性和稳定性。

容器钩子包括两种类型：启动钩子（PostStart）和终止钩子（PreStop）。容器级别的钩子只会应用于特定的容器，而不是整个Pod。

1. 启动钩子（PostStart）

当容器成功启动后，Kubernetes会执行PostStart钩子。PostStart钩子通常用于在容器启动之后执行一些初始化操作，如加载配置文件等。如果PostStart钩子执行失败，Kubernetes将标记Pod为失败并重新启动它。

下面是一个使用PostStart钩子加载配置文件的示例。

```
apiVersion: v1
kind: Pod
metadata:
  name: poststart-pod
spec:
  containers:
  - name: poststart-container
    image: nginx
    lifecycle:
      postStart:
        exec:
          command: ["/bin/sh", "-c", "echo 'Loading config file'; sleep 10"]
```

2. 终止钩子（PreStop）

在容器被终止之前，Kubernetes会执行PreStop钩子。PreStop钩子通常用于在容器终止之前执行一些清理操作，如关闭数据库连接等。如果PreStop钩子执行失败，Kubernetes将继续终止容器。

下面是一个使用PreStop钩子关闭数据库连接的示例。

```
apiVersion: v1
kind: Pod
metadata:
  name: prestop-pod
spec:
  containers:
  - name: prestop-container
    image: mysql
    lifecycle:
      preStop:
        exec:
          command: ["/bin/sh", "-c", "echo 'Closing database connection'; sleep 10"]
```

3. 运行中钩子（PreStop和PostStart）

Kubernetes还支持运行中钩子，它包括PreStop和PostStart两个钩子。PreStop钩子和PostStart钩子的执行顺序与启动钩子和终止钩子相同，都是按照先后顺序执行的。

下面是一个使用PreStop和PostStart钩子打印容器状态的示例。

```
apiVersion: v1
kind: Pod
metadata:
  name: running-hook-pod
spec:
  containers:
  - name: running-hook-container
    image: nginx
    lifecycle:
      postStart:
        exec:
          command: ["/bin/sh", "-c", "echo 'Container started'"]
      preStop:
        exec:
          command: ["/bin/sh", "-c", "echo 'Container stopping'"]
```

以上是容器钩子的简单介绍和使用示例。在实际使用中，根据实际需求和场景选择不同类型的钩子来管理Pod和容器的生命周期，可以更好地确保应用程序的可靠性和稳定性。

5.7　本章小结

在Kubernetes中，Pod是一种抽象的概念，是Kubernetes中最小的可调度的部署单元。Pod可以包含一个或多个容器，共享同一个网络命名空间和存储卷，并运行在一个节点上。

本章主要介绍了Pod的核心概念和资源清单的编写技巧，以及Pod网络、存储、自主式Pod和控制器管理的Pod等内容。此外，本章还介绍了Pod高级调度方面的知识，例如污点、容忍度、亲和性、生命周期、存活探测和就绪探测、容器钩子等。

通过本章的学习，读者能够深入了解Pod的基本概念和使用方法，了解Pod的特性和调度机制，从而更好地使用Pod进行容器化应用的部署和管理。同时，还可以通过Pod进一步学习Kubernetes的其他资源和调度机制，掌握Kubernetes的核心技术，为企业的容器化转型提供技术支持。

第 6 章

ReplicaSet和Deployment 控制器管理Pod

Pod是Kubernetes中最小的可调度的部署单元,但是Pod并不适合用来进行应用的管理和更新。这是因为当我们需要对应用进行更新时,需要停止原有的Pod并创建新的Pod,这会导致应用的停机时间和不可用性。而Deployment是Kubernetes中一种用来管理Pod的控制器,它提供了应用的滚动升级和回滚、扩容和缩容等功能。使用Deployment来管理应用,可以做到更新Pod而不影响业务,以保证应用的持续可用性。

此外,Deployment还提供了很多方便的功能,如可以通过修改Deployment的副本数来实现自动扩缩容,也可以通过设置Deployment的健康检查参数来确保Pod的稳定性等。

因此,学习Deployment可以让我们更好地管理和更新应用,提高应用的可用性和稳定性。同时,也可以深入了解Kubernetes的控制器机制,为后续的学习打下更好的基础。

本章内容:

- ReplicaSet如何管理Pod
- ReplicaSet资源清单文件的编写技巧
- ReplicaSet使用案例:部署Guestbook留言板
- ReplicaSet管理Pod:扩容、缩容、更新
- Deployment控制器的概念与工作原理
- Deployment资源清单文件的编写技巧

6.1 ReplicaSet 如何管理 Pod

6.1.1 ReplicaSet 概述

ReplicaSet是Kubernetes中的一种控制器，用于确保Pod的副本数恰好为所需的数量。如果Pod的数量与所需的数量不符，ReplicaSet会自动调整Pod的数量，以确保副本数恰好为所需的数量。

在Kubernetes中，每个ReplicaSet都与一个或多个Pod模板相关联。这个Pod模板指定了ReplicaSet要创建的Pod的规格，例如Pod的镜像、容器资源限制等。ReplicaSet基于这个模板来创建和管理Pod，同时监控Pod的运行状况，以确保Pod的数量恰好为所需的数量。

当需要更新Pod的镜像或其他规格时，可以使用新的Pod模板来创建一个新的ReplicaSet。在创建新的ReplicaSet之前，必须先删除旧的ReplicaSet。通过这种方式可以确保更新的Pod可以替换旧的Pod，同时确保Pod的副本数始终为所需的数量。

ReplicaSet的工作原理是通过Kubernetes的调度器来实现的。当ReplicaSet创建或删除Pod时，调度器会根据Pod的调度要求选择最合适的节点来运行Pod。同时，调度器还会监控Pod的运行状态，如果Pod的状态异常，调度器会重新调度Pod，以确保Pod为健康状态。

总之，ReplicaSet是Kubernetes中非常重要的控制器之一，通过它的使用，我们可以确保Pod的副本数恰好为所需的数量，同时也可以方便地进行应用更新和管理。

6.1.2 ReplicaSet 资源清单文件的编写技巧

ReplicaSet是Kubernetes中的资源，想要定义一个ReplicaSet资源，可以通过命令行创建，也可以通过YAML文件创建，命令行创建不是很方便，而且对于长字段也无法灵活指定和创建，所以企业创建ReplicaSet基本都用YAML文件。接下来介绍如何基于YAML文件创建ReplicaSet资源。

可以通过kubectl explain命令来查看Kubernetes资源对象的详细信息和帮助文档。使用该命令可以获得对应API版本的所有字段及其含义，帮助用户手写资源清单文件。

kubectl explain是一个非常有用的命令，可以帮助用户了解Kubernetes中的各种资源类型以及它们的字段和属性。可以通过以下命令查看ReplicaSet资源的所有字段：

```
kubectl explain replicaset
```

下面列出ReplicaSet资源的所有字段和属性。

```
KIND:     ReplicaSet
VERSION:  apps/v1

FIELDS:
  apiVersion   <string>
  kind      <string>
```

```
metadata  <Object>
spec      <Object>
status    <Object>
```

上述"FIELDS:"各字段的含义说明如下：

- apiVersion：ReplicaSet资源的Kubernetes API版本。
- kind：资源类型，即ReplicaSet。
- metadata：元数据对象，包括名称、命名空间、标签等信息。
- spec：ReplicaSet的规范，包括要管理的Pod模板、副本数等信息，spec下包含的字段如下：

    - replicas：需要创建的Pod副本数。
    - selector：选择Pod的标签，用于将Pod分配给该ReplicaSet。
    - template：要创建的Pod模板，包括容器、卷等信息。
    - metadata：模板Pod的元数据，包括名称、标签等信息。
    - spec：模板Pod的规范，包括容器、卷等信息。

现在，让我们来创建一个ReplicaSet资源。以下是一个完整的ReplicaSet YAML文件，它将创建一个运行nginx服务的Pod：

```
apiVersion: apps/v1          # 表示这个YAML文件使用的是Kubernetes的apps/v1 API版本，
                             # 该版本包含ReplicaSet资源类型
kind: ReplicaSet             # 指定这个YAML文件定义的资源类型是ReplicaSet
metadata:
  name: nginx-rs             # 指定这个ReplicaSet资源的名称为nginx-rs
spec:
  replicas: 3                # 指定要创建的Pod副本数量为3个。这意味着为Deployment会确保
                             # 在集群中运行3个相同的Pod副本
  selector:
    matchLabels:
      app: nginx             # 标签选择器的匹配条件，这里指定了app: nginx，意味着Deployment
                             # 将选择具有标签app: nginx的Pod作为目标
    template:                # 定义了要创建的Pod的模板
      metadata:              # od模板的元数据，用于定义Pod的标签等信息
        labels:
          app: nginx:        # 定义了Pod的标签，这里设置了app: nginx作为标签，
                             # 与selector中的匹配条件相对应
        spec:                # 定义Pod的规范（specification）
          containers:        # 定义Pod中的容器
          - name: nginx      # 容器的名称，这里是"nginx"
            image: nginx:latest   # 容器使用的镜像，这里是使用最新的nginx镜像
            ports:
            - containerPort: 80   # 容器监听的端口号为80，意味着容器将通过该端口
                             # 接收来自外部的请求
```

这个YAML文件的含义是：创建一个名为nginx-rs的ReplicaSet资源，该资源管理app: nginx标

签的Pod，要求创建3个Pod副本，每个Pod包含一个名为nginx的容器，该容器使用nginx:latest镜像，监听80端口。

要使用此YAML文件创建ReplicaSet，请使用以下命令：

```
kubectl apply -f replicaset.yaml
```

这将在Kubernetes中创建一个新的ReplicaSet资源，并自动创建指定数量的Pod。

6.2　ReplicaSet 管理 Pod 案例：部署 Guestbook 留言板

前面介绍了ReplicaSet资源的概念、YAML文件的创建方法，本节通过具体的案例，加深读者对ReplicaSet资源的理解。

本案例我们使用ReplicaSet管理Pod部署Guestbook留言板。

我们需要创建一个名为redis的ReplicaSet资源，它将创建一个Redis实例，用于存储Guestbook应用程序中的留言。下面是redis的YAML文件：

```
vim redis.yaml
apiVersion: apps/v1
kind: ReplicaSet      # 定义该配置文件中对象的类型为ReplicaSet，它用于确保指定数量的Pod副本
                      # 正在运行
metadata:             # 包含有关ReplicaSet对象的元数据信息，例如名称和标签
  name: redis         # 指定ReplicaSet对象的名称为redis
  labels:             # 为ReplicaSet对象定义标签，可以用于选择和过滤对象
    app: guestbook    # 为该ReplicaSet对象添加一个名为app的标签，并设置其值为guestbook
    tier: backend     # 为该ReplicaSet对象添加一个名为tier的标签，并设置其值为backend
spec:                 # 定义ReplicaSet的规范，包括副本数量、选择器和Pod模板
  replicas: 1         # 指定ReplicaSet需要维护的Pod副本数量为1
  selector:           # 指定用于选择要管理的Pod副本的标签匹配规则
    matchLabels:      # 指定要匹配的标签集合
      tier: backend   # 要求Pod的tier标签的值必须为backend
      app: redis      # 要求Pod的app标签的值必须为redis
  template:           # 定义创建新Pod的模板
    metadata:         # 包含有关Pod模板的元数据信息，例如标签
      labels:         # 为Pod模板定义标签
        tier: backend # 为Pod模板添加一个名为tier的标签，并设置其值为backend
        app: redis    # 为Pod模板添加一个名为app的标签，并设置其值为redis
    spec:             # 定义了Pod的规范，包括容器和镜像
      containers:     # 定义要在Pod中运行的容器列表
      - name: redis   # 容器的名称为redis
        image: redis:5.0.3-alpine      # 指定要使用的Redis镜像及其版本
        imagePullPolicy: IfNotPresent  # 指定在默认情况下从镜像仓库中拉取镜像的策略。
                                       # 此处指定为仅在本地不存在时才拉取镜像
```

执行下述命令，基于redis.yaml创建ReplicaSet资源：

```
kubectl apply -f redis.yaml
```

最后，创建一个名为worker的ReplicaSet资源，它将创建一个后端工作节点实例，用于处理Guestbook应用程序中的留言。下面是worker的YAML文件：

```
vim worker.yaml
apiVersion: apps/v1
kind: ReplicaSet
metadata:
  name: worker
  labels:
    app: guestbook
    tier: backend
spec:
  replicas: 3
  selector:
    matchLabels:
      tier: backend
      app: worker
  template:
    metadata:
      labels:
        tier: backend
        app: worker
    spec:
      containers:
      - name: worker
        image: yecc/gcr.io-google_samples-gb-worker:v3
        imagePullPolicy: IfNotPresent
apiVersion: apps/v1
kind: ReplicaSet
metadata:
  name: worker
  labels:
    app: guestbook
    tier: backend
spec:
  replicas: 3
  selector:
    matchLabels:
      tier: backend
      app: worker
  template:
    metadata:
      labels:
        tier: backend
        app: worker
    spec:
      containers:
      - name: worker
```

```
    image: yecc/gcr.io-google_samples-gb-worker:v3
    imagePullPolicy: IfNotPresent

#基于worker.yaml创建ReplicaSet资源
kubectl apply -f worker.yaml
```

这个YAML文件定义了一个名为worker的ReplicaSet资源，该资源用于管理Guestbook应用程序的后端worker Pod。其中，

- metadata字段指定了ReplicaSet的名称和标签。它的标签包括app: guestbook和tier: backend，以便将它们与应用程序的其他组件关联起来。
- spec字段定义了 ReplicaSet的规范。它指定了要创建的Pod副本数，即replicas: 3，以及用于选择Pod的标签选择器。在这种情况下，选择器匹配tier: backend和app: worker标签的Pod。
- template字段定义了要在ReplicaSet中创建的Pod的模板。它指定了Pod所需的元数据和容器规范。在这种情况下，Pod具有与ReplicaSet相同的标签，并且只有一个名为worker的容器，该容器使用名为yecc/gcr.io-google_samples-gb-worker:v3的Docker镜像。imagePullPolicy: IfNotPresent指定了Kubernetes在容器启动时检查本地 Docker存储库是否具有所需的镜像。

通过上述3个ReplicaSet资源的定义，我们可以创建一个包含前端、Redis实例和后端工作节点实例的Guestbook应用程序。

6.3　ReplicaSet 管理 Pod 实例：扩容、缩容、更新

ReplicaSet资源可以帮助我们管理一组Pod，其中每个Pod具有相同的镜像和配置。它可以用来扩展和缩小Pod的数量，以满足应用程序的需求，同时还可以执行滚动、更新等操作。

以下实例是ReplicaSet管理Pod实现扩容、缩容、更新的过程。

我们可以使用ReplicaSet来扩展或缩小Pod的数量，以适应应用程序的需求。例如，创建一个ReplicaSet来运行3个Nginx Pod，使用以下YAML文件：

```
apiVersion: apps/v1
kind: ReplicaSet
metadata:
  name: nginx-rs
spec:
  replicas: 3
  selector:
    matchLabels:
      app: nginx
  template:
    metadata:
      labels:
```

```
        app: nginx
    spec:
      containers:
      - name: nginx
        image: nginx:latest
```

在上面的YAML文件中，我们指定ReplicaSet的名称为nginx-rs，并且有3个Pod运行在其中。选择器匹配Pod的标签为app: nginx。此外，我们定义了Pod的模板，它指定要运行的容器镜像和配置。

要创建该ReplicaSet，请运行以下命令：

```
$ kubectl apply -f nginx-rs.yaml
```

这将创建3个Pod，每个Pod都运行着Nginx容器。要查看这些Pod，请运行以下命令：

```
$ kubectl get pods -l app=nginx
```

读者应该可以看到输出类似如下内容：

```
NAME              READY   STATUS    RESTARTS   AGE
nginx-rs-8vltc    1/1     Running   0          5s
nginx-rs-lj5sm    1/1     Running   0          5s
nginx-rs-mzctk    1/1     Running   0          5s
```

（1）如果我们想要扩展ReplicaSet中Pod的数量，只需更新YAML文件中的replicas字段并重新应用：

```
apiVersion: apps/v1
kind: ReplicaSet
metadata:
  name: nginx-rs
spec:
  replicas: 5 # 增加数量到5
  selector:
    matchLabels:
      app: nginx
  template:
    metadata:
      labels:
        app: nginx
    spec:
      containers:
      - name: nginx
        image: nginx:latest
$ kubectl apply -f nginx-rs.yaml
```

现在，ReplicaSet将启动更多的Pod，以匹配新的副本数：

```
$ kubectl get pods -l app=nginx
```

读者应该可以看到输出类似如下内容：

```
NAME             READY   STATUS    RESTARTS   AGE
nginx-rs-8vltc   1/1     Running   0          2m
nginx-rs-1j5sm   1/1     Running   0          2m
nginx-rs-mzctk   1/1     Running   0          2m
nginx-rs-zztwt   1/1     Running   0          7s
nginx-rs-hv7db   1/1     Running   0          7s
```

（2）如果想要减少Pod的数量，只需更新YAML文件中的replicas字段并重新应用：

```
apiVersion: apps/v1
kind: ReplicaSet
metadata:
  name: nginx-rs
spec:
  replicas: 2 # 减少数量到2
  selector:
    matchLabels:
      app: nginx
  template:
    metadata:
      labels:
        app: nginx
    spec:
      containers:
      - name: nginx
        image: nginx:latest
$ kubectl apply -f nginx-rs.yaml
```

ReplicaSet将删除多余的Pod，以匹配新的副本数：

```
$ kubectl get pods -l app=nginx
```

读者应该可以看到类似如下的输出内容：

```
NAME             READY   STATUS    RESTARTS   AGE
nginx-rs-8vltc   1/1     Running   0          5m
nginx-rs-1j5sm   1/1     Running   0          5m
```

（3）如果想要更新Pod镜像，可以按照如下方式实现。

① 编辑ReplicaSet对象的Pod模板，使用以下命令：

```
kubectl edit replicaset frontend
```

② 在编辑器中，将要更新的容器的镜像版本修改为新的版本。例如，将php-redis容器的镜像版本从v3修改为v4。然后保存并退出编辑器。

③ 退出编辑器之后，Pod不会自动基于新的镜像重新创建。

④ 可以使用以下命令删除旧的Pod，重新启动后新的Pod才会基于新的镜像运行。

```
kubectl delete pod <pod-name>
```

需要注意的是，在ReplicaSet中更新Pod镜像版本时，可能会造成短暂的服务中断。如果需要避免服务中断，可以使用Deployment对象来更新Pod镜像。在Deployment中，可以使用滚动更新策略来逐步替换Pod，从而避免服务中断。

6.4　Deployment 如何管理 Pod

虽然ReplicaSet可以帮助我们管理Pod，但是在进行应用程序的更新时，仅使用ReplicaSet可能会带来一些问题，比如在升级时会导致部署暂时中断，因为ReplicaSet在更新时必须先停止原来的Pod，再启动新的Pod，这样会导致在更新期间服务不可用。而Deployment可以解决这个问题。

Deployment是Kubernetes中的另一个控制器资源，它以ReplicaSet为基础，提供了更高级别的部署管理功能，支持无宕机滚动更新、灰度发布等策略，通过Deployment可以保证应用程序的稳定运行。Deployment 还支持回滚到以前的版本，这是ReplicaSet所不具备的。

因此，学习Deployment可以更好地管理和更新应用程序，提高应用程序的可靠性和可维护性。

6.4.1　Deployment 概述

Deployment是Kubernetes中用于管理Pod版本更新的主要控制器对象之一。Deployment对象提供了一种声明式的方法来创建和管理Pod，可以方便地进行滚动更新、回滚和扩展等操作。

Deployment对象可以创建和管理ReplicaSet对象，从而确保Pod的副本数量始终符合期望值，并在进行版本更新时逐步滚动更新，避免服务中断。当需要更新Pod版本时，可以通过修改Deployment对象的Pod模板来实现。Deployment将自动创建一个新的ReplicaSet对象，并根据新的Pod模板创建新的Pod。随后，Deployment会逐步停止并删除旧的ReplicaSet中的Pod，直到所有Pod都被替换成新版本。

除了版本更新之外，Deployment还支持扩展和缩小Pod数量的操作。通过修改Deployment的replicas字段，可以指定期望的Pod副本数量，并让Kubernetes 自动创建或删除Pod，以满足期望的副本数量。

在Kubernetes中，Deployment对象是一个非常常用的控制器对象，适用于多种应用场景，包括Web应用程序、数据库、消息队列和分布式计算等。

6.4.2　Deployment 如何管理 ReplicaSet 和 Pod

Deployment控制着多个ReplicaSet对象，而ReplicaSet又控制着多个Pod。Deployment使用ReplicaSet来确保在应用程序更新过程中的高可用性和稳定性，通过创建和管理ReplicaSet和Pod，Deployment提供了一种可靠的方式来管理应用程序的部署。

Deployment使用ReplicaSet来管理Pod的数量和状态。当Deployment中的Pod发生故障时，ReplicaSet可以自动创建新的Pod来替换故障的Pod，以确保应用程序的高可用性。同时，ReplicaSet还可以自动扩展Pod的数量，以满足Deployment中指定的副本数。

在Deployment中更新镜像版本时，Deployment会自动创建一个新的ReplicaSet，新的ReplicaSet会控制新版本的Pod，而旧的ReplicaSet会逐步减少控制的Pod，直到所有Pod都由新的ReplicaSet控制为止。这样可以确保在更新过程中的高可用性和稳定性，同时也可以提供回滚机制，以便在更新过程中发生任何问题时，都可以快速回滚到旧版本。

Deployment更新Pod过程图如图6-1所示。

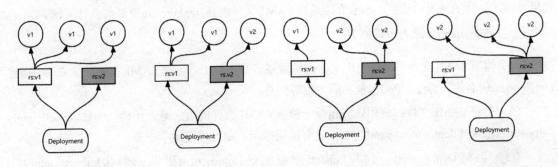

图 6-1   Deployment 更新 Pod 过程图

下面详细说明如何使用Deployment对象逐步更新Pod镜像，并控制使用哪个ReplicaSet：

（1）创建Deployment对象，使用replicas: 3指定需要3个Pod，使用相应的标签选择器来选择这些Pod。

（2）将镜像版本设置为v1，并使用kubectl apply命令创建Deployment，Kubernetes将创建3个Pod，并由replicaset v1控制。

（3）假设要更新镜像版本，则可以通过更新Deployment的Pod模板来实现。将镜像版本更改为v2，并使用kubectl apply命令更新Deployment，Kubernetes将自动创建一个新的replicaset v2，用于控制新版本的Pod。

（4）通过查看Deployment的状态，可以看到replicaset v1正在逐步滚动更新，即删除一个Pod并使用replicaset v2 创建一个新的Pod。逐步滚动更新可以确保在升级过程中保持服务的高可用性。

（5）如果需要回滚，则可以使用kubectl rollout undo命令回滚Deployment。这将导致Kubernetes创建一个新的replicaset v3，用于控制旧版本的Pod。然后，Kubernetes将使用类似于升级的方式逐步回滚Deployment中的所有Pod。

（6）当用户确定Deployment的所有Pod都可以正常运行时，可以使用kubectl delete命令删除replicaset v1和replicaset v2，这将删除这两个ReplicaSet控制的所有Pod。

（7）创建一个新的Deployment对象，它将使用新的镜像版本v2，并控制所有Pod。Deployment对象将使用一个ReplicaSet，用于控制当前版本的所有Pod。

总之，通过使用Deployment和ReplicaSet，用户可以实现灵活的应用程序部署和管理，并确保在更新和回滚过程中最小化应用程序停机时间和服务中断。

6.5　Deployment 资源清单文件的编写技巧

创建Deployment资源可以通过命令行创建，也可以基于YAML文件创建。基于YAML文件创建更灵活，且易于修改和维护，本节介绍通过YAML文件创建Deployment资源的具体方法。

创建Deployment资源的步骤如下。

（1）编写YAML文件：可以使用文本编辑器或者命令行工具创建YAML文件。在文件中指定Deployment的名称、标签、Pod模板和副本数等信息。

（2）验证YAML文件：使用kubectl命令验证YAML文件的语法是否正确，例如kubectl apply --dry-run=client -f deployment.yaml。如果没有错误提示，则可以继续下一步。

（3）创建Deployment：使用kubectl命令创建Deployment资源，例如kubectl apply -f deployment.yaml。如果创建成功，则会输出类似于deployment.apps/my-deployment created的信息。

（4）验证Deployment：使用kubectl命令验证Deployment是否正确创建，例如kubectl get deployments。如果输出类似于my-deployment 1/1 1 my-image 10m的信息，则表示Deployment已经成功创建。

（5）验证Pod：使用kubectl命令验证Deployment创建的Pod是否正确运行，例如kubectl get pods。如果输出类似于my-deployment-xyz12 1/1 Running 0 10m的信息，则表示Pod已经成功运行。

在编写YAML文件时，可以考虑以下技巧。

（1）保持简洁：只包含必要的字段，尽量避免使用复杂的配置。

（2）使用标签：使用标签可以方便管理和查询资源，尽量给资源添加标签。

（3）使用变量：使用变量可以方便重复使用相同的值，例如使用$(ImageName)表示镜像名称。

（4）添加注释：使用注释可以方便其他人理解文件内容，尽量添加注释说明每个字段的作用。

（5）使用缩进：使用缩进可以方便其他人阅读文件，尽量保持缩进统一。

（6）避免硬编码：避免在YAML文件中硬编码敏感信息，例如密码和私有密钥等，可以使用Secret或者ConfigMap等资源来保存这些信息。

　　总之，通过YAML文件创建Deployment资源是非常方便和灵活的，可以根据实际需求进行调整和修改。

6.5.1　查看 Deployment 资源对象 YAML 文件的组成

　　要查看Deployment资源对象YAML文件的组成，可以执行kubectl explain deployment命令，该命令将输出Deployment资源对象的详细说明，包括其YAML文件的组成部分。

　　Deployment资源对象的YAML文件包括以下组成部分。

- apiVersion：Deployment对象的API版本。
- kind：Deployment对象的类型，即Deployment。
- metadata：Deployment对象的元数据，包括名称、命名空间、标签等信息。
- spec：Deployment对象的规范，指定了Deployment对象的期望状态，包括Pod模板、副本数、滚动升级策略等信息。
- status：Deployment对象的当前状态，包括 Pod 副本数、更新状态等信息。

　　以下是kubectl explain deployment命令输出的一部分内容：

```
FIELDS:
  apiVersion    <string>
  kind      <string>
  metadata    <Object>
  spec    <Object>
  status     <Object>
```

　　可以看到，Deployment对象的YAML文件中包含apiVersion、kind、metadata、spec和status字段。

6.5.2　查看 Deployment 下的 spec 字段

　　Deployment对象的spec字段用于描述Deployment对象的期望状态和行为。查看deployment资源的spec字段下有哪些字段，可以通过如下命令：

```
[root@xianchaomaster1 ~]# kubectl explain deployment.spec
```

　　以下是spec字段下的所有子字段：

- minReadySeconds（整数）：在新创建的Pod 没有任何容器崩溃的情况下，必须准备好的最短时间（以秒为单位），才能将其视为可用。默认值为0（只要 Pod 准备好，就会被视为可用）。
- paused（布尔值）：指示Deployment是否暂停。
- progressDeadlineSeconds（整数）：Deployment在被视为失败之前可以进行的最长时间（以秒为单位）。失败的 Deployment 会继续被处理，而且状态中会显示一个具有

ProgressDeadlineExceeded原因的条件。请注意，在暂停Deployment时不会估算进度。默认值为600秒。

- replicas（整数）：期望的Pod数量。这是一个指针，用于区分明确的零和未指定。默认值为1。
- revisionHistoryLimit（整数）：为了允许回滚，要保留的旧ReplicaSet数量。这是一个指针，用于区分明确的零和未指定。默认值为10。
- selector（对象）：一组用于选择将应用于Deployment的Pod的标签。
- strategy（对象）：指定如何更新Deployment。
- rollingUpdate（对象）：滚动升级的策略。
- maxSurge（字符串或整数）：允许的Pod数量超出所需数量的最大数量。默认为一个字符串，表示一个百分比，例如25%。还可以使用整数，表示要创建的额外Pod的绝对数量。
- maxUnavailable（字符串或整数）：在进行滚动更新时，不可用Pod的最大数量。默认为一个字符串，表示一个百分比，例如25%。还可以使用整数，表示要同时停止的最大 Pod 数量。
- type（字符串）：更新 Deployment的策略类型，可以是Recreate或RollingUpdate。
- template（对象）：描述将创建的Pod。
- metadata（对象）：Pod元数据。
- spec（对象）：Pod规格。
- test（布尔值）：指示是否应该将Deployment标记为测试。默认为false。
- revisionHistoryLimit（整数）：要保留的旧ReplicaSet数量，以便允许回滚。这是一个指针，用于区分明确的零和未指定。默认值为10。
- progressDeadlineSeconds（整数）：定义Deployment在被视为失败之前可以运行的最长时间（以秒为单位）。如果Deployment的新副本无法在指定的时间内成功启动和运行，则该Deployment将被认为是失败的。当一个Deployment被创建或更新时，Kubernetes会尝试创建指定数量的Pod副本来满足Deployment的要求。每个Pod副本会被调度到集群中的节点，并开始运行容器。在运行期间，Kubernetes会监视Pod的状态，以确定是否成功完成Deployment。如果在progressDeadlineSeconds指定的时间内，Deployment的新副本无法成功启动和变为可用状态，Kubernetes将认为该Deployment失败，并将其标记为失败状态。此时，在Deployment的状态中将显示一个特定的错误消息，即"ProgressDeadlineExceeded"。这表示Deployment无法在指定的时间内取得进展，并且达到了允许的最长等待时间。通过设置适当的progressDeadlineSeconds值，可以控制Deployment在无法正常进行时自动终止的时间。这有助于避免无限等待非正常情况下的Deployment，例如由于资源不足或容器启动问题导致的无法启动新副本。

6.6　Deployment 管理 Pod 案例解析

6.5节介绍了如何通过kubectl explain查看Deployment资源包含哪些字段，本节通过案例来介绍Deployment资源的实际应用，以加深读者对Deployment资源的理解。Deployment是一个三级结构，即Deployment管理ReplicaSet，而ReplicaSet管理Pod。

首先，编写一个Deployment的YAML文件来描述我们要部署的应用。这里以一个简单的Web应用为例：

```
apiVersion: apps/v1
kind: Deployment
metadata:
  name: webapp
spec:
  replicas: 3
  selector:
    matchLabels:
      app: webapp
  template:
    metadata:
      labels:
        app: webapp
    spec:
      containers:
      - name: webapp
        image: nginx:latest
        ports:
        - containerPort: 80
```

让我们来分析一下这个Deployment的YAML文件。首先，它的apiVersion是apps/v1，kind是Deployment，这表示我们要创建一个Deployment资源。metadata字段定义了该Deployment的元数据，包括名称等信息。spec字段则描述了该Deployment的规范，包括副本数、标签选择器和Pod模板。

在这个YAML文件中，我们要部署一个名为webapp的应用，副本数为3。标签选择器选择的标签是app: webapp，它会选择所有标签中app为webapp的Pod。Pod模板中定义了一个名为webapp的容器，使用最新的Nginx镜像，对外暴露80端口。

接下来，可以通过kubectl apply命令来创建该Deployment资源：

```
kubectl apply -f webapp-deployment.yaml
```

创建完Deployment资源后，可以使用kubectl get命令来查看该Deployment的状态：

```
kubectl get deployments
```

输出结果类似于：

```
NAME      READY   UP-TO-DATE   AVAILABLE   AGE
webapp    3/3         3            3        1m
```

在这个输出结果中，READY表示已经就绪的Pod数/该Deployment中的Pod总数，UP-TO-DATE表示正在运行的、和期望的Pod数一致的Pod数，AVAILABLE表示可以提供服务的Pod数，AGE表示该Deployment的创建时间。

还可以使用kubectl describe命令来查看该Deployment的详细信息：

```
kubectl describe deployment webapp
```

输出结果中包含Deployment的各种详细信息，例如labels、selector、replicas、strategy等。

接着，使用kubectl get命令来查看该Deployment所管理的ReplicaSet的状态：

```
kubectl get replicasets
```

输出结果类似于：

```
NAME              DESIRED   CURRENT   READY   AGE
webapp-5c5b5bf5d     3         3         3     1m
```

在这个输出结果中，DESIRED表示期望的Pod数，CURRENT表示当前的Pod数，READY表示就绪的Pod数，AGE表示该ReplicaSet的创建时间。我们可以看到，该Deployment所管理的ReplicaSet的名称为webapp-5c5b5bf5d。

最后，使用kubectl get命令来查看该Deployment所管理的Pod的状态：

```
kubectl get pods -l app=webapp
```

这里使用标签选择器来筛选出与该Deployment相关的Pod。输出结果类似于：

```
NAME                    READY   STATUS    RESTARTS   AGE
webapp-5c5b5bf5d-5ft7j   1/1    Running      0        2m
webapp-5c5b5bf5d-jt4s4   1/1    Running      0        2m
webapp-5c5b5bf5d-wbxsl   1/1    Running      0        2m
```

在这个输出结果中，READY表示该Pod中容器的就绪状态，STATUS表示该Pod的状态，RESTARTS表示该Pod中容器的重启次数，AGE表示该Pod的创建时间。

至此，我们已经成功使用Deployment资源部署了一个简单的Web应用，并且了解了如何使用kubectl命令查看Deployment、ReplicaSet和Pod的状态信息。

6.7　Deployment 管理 Pod：扩容和缩容

在Kubernetes中，Deployment是用于管理Pod的高级别抽象。Deployment控制器可以根据用户定义的规则管理一组Pod的副本数量，实现Pod的扩容、缩容和滚动更新等功能。

Pod的扩容和缩容指的是在Deployment控制器的管理下，增加或减少Pod的副本数量。例如，我们可以通过修改Deployment资源的副本数量来扩容或缩容应用程序。Deployment控制器会自动根据副本数量的变化创建或删除Pod来维护指定数量的Pod副本。

Pod的扩容和缩容是根据实际需求来决定的。当负载加重时，我们可以增加Pod的副本数量，以提高应用程序的性能和可用性；当负载减轻时，我们可以减少Pod的副本数量，以节省资源和降低成本。

需要注意的是，增加Pod的副本数量并不总是能够提高应用程序的性能和可用性。因为每个Pod都需要占用计算资源和存储资源，增加Pod的数量可能会导致资源的浪费和成本的增加，所以，需要根据实际情况来决定Pod的副本数量。

总之，Deployment控制器的扩容和缩容功能是Kubernetes中非常重要的功能之一，可以帮助我们根据实际需求动态地管理Pod的数量，从而提高应用程序的性能和可用性。

6.7.1　电商网站访问量急增——扩容 Pod

Deployment扩容Pod的主要应用场景是应对流量增长和负载变化。当访问量增加时，可以通过增加Pod的数量来增加应用的处理能力，从而保证应用的可用性和性能。

例如，在一个电商网站上，某个商品突然爆红，访问量急剧增加，此时可以通过扩容Pod的数量来增加应用的处理能力，以保证用户的访问体验。

另外，还有一些情况也需要扩容Pod。比如，在进行版本升级时，可以先将新版本的Pod逐渐加入Deployment中，同时减少旧版本的Pod，以此来平滑升级应用。

需要注意的是，在扩容Pod时，需要考虑集群资源的限制，避免资源不足而导致的性能问题。可以通过使用HPA（Horizontal Pod Autoscaler）等资源自动扩展工具来动态地调整Pod的副本数，从而更好地适应变化的负载。

例如，如果我们想要将该Deployment的副本数扩容到5个，可以使用以下命令：

```
kubectl scale deployment webapp --replicas=5
```

这个命令会将名为webapp的Deployment的副本数扩展到5个。接下来，可以使用kubectl get deployments命令来查看该Deployment的状态：

```
kubectl get deployments
```

输出结果类似于：

```
NAME      READY    UP-TO-DATE    AVAILABLE    AGE
webapp    5/5      5             5            10m
```

现在该Deployment的副本数已经扩展到了5个。

6.7.2   电商网站淡季或业务低峰期——缩容 Pod

Deployment缩容Pod的主要应用场景是在负载减少时，自动地减少Pod的数量，以节约集群资源。

例如，在电商网站淡季或业务低峰期，应用的访问量可能会下降，此时可以通过缩减Pod的数量来释放资源，减少资源的浪费。这样可以使集群中的其他应用获得更多的资源，提高整个集群的利用率。

另外，当应用发生故障或者不可用时，也可以通过缩减Pod的数量来减轻故障的影响，避免出现更严重的故障。

需要注意的是，在缩容Pod时，需要避免将应用缩减到无法处理负载的程度。可以通过使用 Horizontal Pod Autoscaler（HPA）等资源自动缩容工具来动态地调整Pod的副本数，从而更好地适应变化的负载。同时，需要合理地设置Deployment的最小副本数，以保证应用的可用性。

接下来演示如何对Pod数量进行缩容：

```
kubectl scale deployment webapp --replicas=2
```

这个命令会将名为webapp的Deployment的副本数缩小到2个。接下来，可以使用kubectl get deployments命令来查看该Deployment的状态：

```
kubectl get deployments
```

输出结果类似于：

```
NAME      READY    UP-TO-DATE    AVAILABLE    AGE
webapp    2/2      2             2            15m
```

现在该Deployment的副本数已经缩小到了2个。

6.8   基于 Deployment 实现 Pod 滚动更新——WebApp 应用版本升级

滚动更新是Deployment的一个重要特性，它允许在不中断服务的情况下更新应用程序。在滚动更新期间，Deployment会自动创建新的Pod，并逐渐替换旧的Pod，从而实现应用程序的平滑升级。

下面通过一个案例来演示如何使用Deployment实现Pod的滚动更新，同时展示所有支持的更新策略。假设我们有一个应用程序，名为webapp，它运行在一个名为webapp-deployment的Deployment

中，其中包含3个副本。我们现在要将这个应用程序从v1升级到v2，同时使用Deployment提供的不同更新策略来演示它们的应用场景。

1. 创建 Deployment 资源

首先，创建一个Deployment资源，用于运行webapp应用程序。可以使用以下YAML文件创建Deployment资源：

```
apiVersion: apps/v1
kind: Deployment
metadata:
  name: webapp-deployment
spec:
  replicas: 3
  selector:
    matchLabels:
      app: webapp
  template:
    metadata:
      labels:
        app: webapp
    spec:
      containers:
      - name: webapp
        image: nginx:1.16
```

在这个YAML文件中，我们创建了一个名为webapp-deployment的Deployment资源，并指定它的副本数为3。同时，还定义了一个名为webapp的容器，使用了nginx:1.16镜像来运行这个应用程序。

2. 实现滚动更新

接下来，将应用程序从v1升级到v2。为了演示所有支持的更新策略，我们将依次使用4种不同的策略来更新应用程序。

1）使用默认的 RollingUpdate 策略

默认情况下，Deployment会使用RollingUpdate策略来进行滚动更新。RollingUpdate策略会先创建新的Pod，然后逐步将旧的Pod替换成新的Pod，直到所有Pod都更新完成。为了使用默认的RollingUpdate策略，我们需要修改Deployment的YAML文件，将镜像版本升级到v2：

```
apiVersion: apps/v1
kind: Deployment
metadata:
  name: webapp-deployment
spec:
  replicas: 3
  selector:
```

```
      matchLabels:
        app: webapp
    strategy:
      type: RollingUpdate
      rollingUpdate:
        maxUnavailable: 1
        maxSurge: 1
    template:
      metadata:
        labels:
          app: webapp
      spec:
        containers:
        - name: webapp
          image: nginx:1.17
```

在这个YAML文件中，我们添加了一个strategy字段，并将其设置为RollingUpdate类型。RollingUpdate策略会在滚动更新过程中保证在任何时刻最多只有1个Pod不可用（maxUnavailable为1），同时在新的Pod创建完成后，最多允许1个额外的Pod（maxSurge为1）。这样可以确保在滚动更新期间，Deployment始终保持一定数量的Pod可用，从而不会中断服务。

接下来，使用kubectl apply命令来更新Deployment：

```
kubectl apply -f webapp-deployment.yaml
```

此时，Deployment会自动创建新的Pod，然后逐步将旧的Pod替换成新的Pod。我们可以使用以下命令查看Deployment的更新状态：

```
kubectl rollout status deployment webapp-deployment
```

此命令将显示Deployment的更新状态，直到所有Pod都被更新完成。在更新完成后，我们可以使用以下命令来查看Deployment中运行的Pod：

```
kubectl get pods -l app=webapp
```

2）使用 Recreate 策略

Recreate策略会直接删除所有旧的Pod，并创建新的Pod来替代它们。这种策略会导致一段时间内服务不可用，因此一般只在紧急情况下使用。为了使用Recreate策略，我们需要修改Deployment的YAML文件，将策略类型设置为Recreate：

```
apiVersion: apps/v1
kind: Deployment
metadata:
  name: webapp-deployment
spec:
  replicas: 3
  selector:
```

```
    matchLabels:
      app: webapp
  strategy:
    type: Recreate
  template:
    metadata:
      labels:
        app: webapp
    spec:
      containers:
      - name: webapp
        image: nginx:1.18
```

在这个YAML文件中，我们将strategy类型设置为Recreate，这样在更新Deployment时，所有旧的Pod将会被直接删除。接下来，使用kubectl apply命令来更新Deployment：

```
kubectl apply -f webapp-deployment.yaml
```

此时，Deployment会直接删除所有旧的Pod，并创建新的Pod来替代它们。我们可以使用以下命令来查看Deployment中运行的Pod：

```
kubectl get pods -l app=webapp
```

在这个例子中，我们使用了Recreate策略，因此在更新过程中服务将会短暂不可用。在实际生产环境中，一般不建议使用这种策略。

3）使用 OnDelete 策略

OnDelete策略会在手动删除Deployment时，同时删除所有Pod。这种策略通常用于临时测试环境中，当我们需要删除Deployment时，也希望同时删除所有关联的Pod。为了使用OnDelete策略，我们需要修改Deployment的YAML文件，将策略类型设置为OnDelete：

```
apiVersion: apps/v1
kind: Deployment
metadata:
  name: webapp-deployment
spec:
  replicas: 3
  selector:
    matchLabels:
      app: webapp
  strategy:
    type: OnDelete
  template:
    metadata:
      labels:
        app: webapp
    spec:
```

```
        containers:
        - name: webapp
          image: nginx:1.19
```

在这个YAML文件中，我们将strategy类型设置为OnDelete，这样在手动删除Deployment时，所有关联的Pod也会被同时删除。接下来，使用kubectl apply命令来创建Deployment：

```
kubectl apply -f webapp-deployment.yaml
```

此时，Deployment会创建3个Pod。接下来，使用以下命令来查看Deployment中运行的Pod：

```
kubectl get pods -l app=webapp
```

在这个例子中，我们使用了OnDelete策略，因此当我们手动删除Deployment时，所有关联的Pod也会被同时删除。

综上所述，Deployment资源提供了多种滚动更新策略，可以根据实际需求选择合适的策略。默认的RollingUpdate策略是最常用的策略，可以在保证服务可用性的前提下，逐步将旧的Pod替换成新的Pod。如果需要一次性将所有旧的Pod删除，并创建新的Pod来替代它们，可以使用Recreate策略。如果希望在手动删除Deployment时，同时删除所有关联的Pod，可以使用OnDelete策略。

6.9　本章小结

本章主要介绍了Kubernetes中的两个重要控制器：ReplicaSet和Deployment。

ReplicaSet控制器用于保证在Kubernetes集群中指定数量的Pod副本正在运行。ReplicaSet使用标签选择器来匹配需要管理的Pod，并根据需要创建、更新或删除Pod。ReplicaSet控制器可以管理多个Pod，并且可以在满足条件的情况下自动扩展或缩小Pod的副本数量。

Deployment控制器是ReplicaSet控制器的高级别抽象，它为Pod的滚动更新提供了支持。Deployment资源定义了Pod应该如何运行，并且通过控制ReplicaSet来实现Pod的滚动更新。Deployment提供了多种滚动更新策略，可以根据实际需求选择合适的策略。

本章还介绍了如何编写ReplicaSet和Deployment的资源清单，以及如何使用kubectl命令行工具来管理它们。我们讲解了ReplicaSet和Deployment控制器的工作原理，以及它们如何管理Pod的扩容、缩容、滚动更新和回滚等操作。

掌握ReplicaSet和Deployment控制器的使用方法可以帮助我们更好地管理Kubernetes集群中的Pod，并且提高应用程序的可靠性和可伸缩性。

## 第 7 章

Service四层负载均衡

在Kubernetes集群内部，Pod IP地址只在集群内部可访问，在外部无法访问。为了让外部应用程序能够访问Kubernetes集群内部的Pod，我们需要使用代理。

在Kubernetes中，我们可以使用Service作为四层代理，将外部的请求转发到内部的Pod上。Service会为Pod提供一个稳定的IP地址和DNS名称，外部应用程序可以通过这个IP地址和DNS名称来访问Pod。Service是Kubernetes中一个非常重要的概念，它是一个抽象的逻辑层，将一组Pod绑定到一个稳定的IP地址和DNS名称上，同时提供了负载均衡和服务发现的功能。

通常情况下，我们会将Service与Deployment或ReplicaSet配合使用，以便为Pod提供服务发现和负载均衡的功能。这样，当扩展或缩减Deployment或ReplicaSet中的Pod数量时，Service会自动更新它所绑定的Pod，以确保服务的稳定性和高可用性。

总之，Service是Kubernetes中一个非常重要的概念，用于将外部请求代理到内部的Pod上，提供负载均衡和服务发现的功能，使得我们可以构建高可用性和可扩展的应用程序。

本章内容：

- 四层负载均衡Service的概念与工作原理
- 创建Service资源

7.1 Service 的概念与原理

7.1.1 Service 基本介绍

Service是Kubernetes中的一种抽象，用于定义一组Pod及访问这组Pod的策略。Service的作用是将一组Pod封装为一个虚拟服务，并提供一个统一的入口，供客户端访问。Service支持负载均衡、服务发现、服务暴露等功能。

在Kubernetes中，Pod的IP地址是动态变化的，因此无法直接通过Pod的IP地址进行访问。Service的出现正是为了解决这个问题。Service会为一组Pod创建一个虚拟IP地址，通过这个IP地址可以访问这组Pod中的任意一个。当客户端请求这个虚拟IP地址时，请求会被负载均衡到一组Pod中的某一个Pod上，从而完成对Pod的访问。

Service的实现依赖于kube-proxy组件。kube-proxy会在每个节点上监听Service的变化，一旦有Service发生变化，kube-proxy会更新本地的iptables规则，从而实现流量的转发和负载均衡。

另外，Service还与CoreDNS有关。CoreDNS是Kubernetes集群中的DNS解析服务。在Kubernetes中，Service的虚拟IP地址会注册到CoreDNS中，从而使得客户端可以通过Service名称访问Service的虚拟IP地址。在Service的定义中，可以通过spec.selector字段指定哪些Pod属于这个Service，这样就可以将请求负载均衡到这些Pod上。

总之，Service是Kubernetes中一种非常重要的资源对象，它可以让Pod对外提供服务，并提供负载均衡、服务发现等功能。Service的实现依赖于kube-proxy和CoreDNS组件，它们共同协作，将Service与Pod连接起来，实现对Pod的代理访问，如图7-1所示。

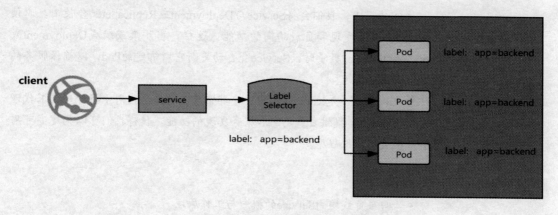

图 7-1　Service 代理 Pod 流程图

7.1.2　Kubernetes 集群中的 3 类 IP 地址

在Kubernetes集群中，有3种不同类型的IP地址，分别说明如下。

1）Cluster IP

一个Kubernetes Service对应的虚拟 IP 地址，这个地址可以让集群内的其他组件访问 Service对应的Pod。这个地址是Kubernetes 自动分配的，无法手动指定，同时也只能在集群内部使用，不能从集群外部访问。

执行以下命令获取Service资源的详细信息:

```
[root@xianchaomaster1 ~]# kubectl get svc
NAME          TYPE        CLUSTER-IP    EXTERNAL-IP     PORT(S)     AGE
kubernetes    ClusterIP   10.96.0.1     <none>          443/TCP     110d
```

2) Node IP

Kubernetes集群节点的IP地址,用于节点之间的通信。在Kubernetes中,Pod运行在节点上,所以Pod也可以使用Node IP直接与其他节点通信。如果需要从集群外部访问Pod,则需要将Node IP映射到集群外部的IP地址上。

执行以下命令获取节点的IP:

```
[root@xianchaomaster1 ~]# ip addr
1: lo: <LOOPBACK,UP,LOWER_UP> mtu 65536 qdisc noqueue state UNKNOWN group default qlen
1000
    link/loopback 00:00:00:00:00:00 brd 00:00:00:00:00:00
    inet 127.0.0.1/8 scope host lo
       valid_lft forever preferred_lft forever
    inet6 ::1/128 scope host
       valid_lft forever preferred_lft forever
2: ens33: <BROADCAST,MULTICAST,UP,LOWER_UP> mtu 1500 qdisc pfifo_fast state UP group
default qlen 1000
    link/ether 00:0c:29:95:04:89 brd ff:ff:ff:ff:ff:ff
    inet 192.168.40.180/24 brd 192.168.40.255 scope global noprefixroute ens33
       valid_lft forever preferred_lft forever
    inet6 fe80::b6ef:8646:1cfc:3e0c/64 scope link noprefixroute
       valid_lft forever preferred_lft forever
```

3) External IP

一种Kubernetes Service的配置项,可以让Service对应的Pod通过集群外部的IP地址访问。与Node IP不同,External IP可以手动指定,可以将集群内部的Service暴露给外部用户或应用程序。

Kubernetes的核心组件kube-proxy负责维护这些IP地址之间的关系。kube-proxy在每个节点上运行,并监控API Server上的Service和Endpoints对象。当一个Service被创建时,kube-proxy会自动创建一个虚拟IP(Cluster IP),并将这个虚拟IP映射到集群内部的Pod上。当一个Pod的状态发生变化时,kube-proxy会更新对应的映射关系。

另外,CoreDNS是Kubernetes集群中的一个核心组件,负责为Pod提供DNS服务。在Kubernetes中,Pod可以通过DNS名称访问其他Pod,这个DNS名称就是由CoreDNS提供的。因此,可以说CoreDNS在Kubernetes集群中扮演着维护IP地址之间关系的关键角色。

7.2 创建 Service 资源

在Kubernetes中，用户可以使用多种方法来创建Service资源。

7.2.1 创建 Service 资源的方法

以下是一些创建Service资源的常用方法。

（1）使用Kubectl命令行工具：使用kubectl create或kubectl apply命令可以在YAML或JSON文件中创建Service。例如：

```
kubectl apply -f service.yaml
```

（2）使用Kubernetes Dashboard：Kubernetes Dashboard是一种基于Web的UI，可用于创建和管理Kubernetes资源。用户可以使用Kubernetes Dashboard创建Service资源，输入Service的规范细节，并通过UI管理它们。

（3）使用Kubernetes API：如果是Kubernetes的高级用户或开发人员，可以使用Kubernetes API创建Service资源。API可以通过HTTP或RESTful方式访问。

（4）使用Helm Chart：Helm是一个Kubernetes的包管理工具，用户可以使用Helm Chart创建Service资源并进行版本控制。

以上方法都可以用于创建Service资源。用户可以根据自己的喜好和需求选择最适合的方法。无论使用哪种方法，都需要确保Service具有正确的选择器和类型，并且可以路由到正确的Pods。

7.2.2 案例：用 YAML 文件创建 Service 资源

接下来我们通过案例演示基于YAML文件创建Service资源。

编写Service资源清单YAML文件需要遵循以下步骤：

（1）指定API版本和资源类型。

（2）指定metadata，包括名称、标签和命名空间等。

（3）指定spec，包括端口和选择器等。

以下是一个示例的Service资源清单文件：

```
apiVersion: v1          # 指定Service的API版本，一般为v1
kind: Service           # 指定资源类型，这里是Service
metadata:               # 指定元数据，包括Service的名称、标签和命名空间等
  name: my-servic
```

```
      labels:
        app: my-app
    spec:
      selector:                      # 指定要将Service路由到哪些Pod上的选择器
        app: my-app
      ports:                         # 指定Service暴露的端口和对应的Pod端口
      - name: http                   # 可选字段，指定端口的名称
        port: 80                     # Service暴露的端口号
        targetPort: 8080             # Pod上暴露的端口号
      - name: https
        port: 443
        targetPort: 8443
      type: LoadBalancer             # 指定Service类型，可选值包括ClusterIP、NodePort、LoadBalancer
                                     # 和ExternalName
```

用户可以使用Kubectl命令行工具查看Service的字段和子字段。例如，使用以下命令查看Service的字段：

```
kubectl explain svc
```

这将显示Service对象的所有字段和子字段的说明。

对于端口，用户可以在Service清单的ports字段中指定。在上面的示例中，Service使用名称为http和https的两个端口，分别映射到Pod上的端口8080和8443。

在Service清单中，可以通过type字段指定Service类型。在上面的示例中，Service的类型为LoadBalancer，这意味着Kubernetes将在云提供商中创建一个负载均衡器，并将流量路由到Service的Pods。如果你的Kubernetes集群不在云中，则需要使用其他类型，例如NodePort或ClusterIP。

假设用户有一个名为my-app的Pod，使用标签app: my-app进行标记，可以使用以下Service清单将该Pod暴露到集群外部：

```
apiVersion: v1
kind: Service
metadata:
  name: my-service
spec:
  selector:
    app: my-app
  ports:
  - name: http
    port: 80
    targetPort: 8080
  type: LoadBalancer
```

这将创建一个名为my-service的Service，将流量路由到使用标签app: my-app标记的Pod。Service将使用80端口暴露，并使用类型为LoadBalancer的Service类型，这意味着Kubernetes将在云提供商中创建一个负载均衡器，并将流量路由到Service代理的Pod中。

假设用户的Kubernetes集群规模如下：

- 1个控制节点：xianchaomaster1。
- 2个工作节点：xianchaonode1和xianchaonode2。

使用kubectl命令来创建、查看和管理Service资源。在xianchaomaster1节点上运行以下命令来创建上述Service：

```
kubectl apply -f service.yaml
```

这将根据用户在service.yaml文件中定义的内容创建一个Service资源。如果希望在特定的命名空间中创建Service，请在清单文件中指定metadata.namespace字段。

一旦Service创建成功，可以使用以下命令查看该Service的详细信息：

```
kubectl describe svc my-service
```

这将显示有关Service的详细信息，包括IP地址、端口、选择器和类型等。

还可以使用以下命令获取Service的IP地址和端口：

```
kubectl get svc my-service
```

这将显示类似于以下内容的输出：

```
NAME          TYPE            CLUSTER-IP       EXTERNAL-IP    PORT(S)        AGE
my-service    LoadBalancer    10.0.250.192     <pending>      80:31194/TCP   1m
```

其中，CLUSTER-IP是Service的IP地址，PORT(S)是Service暴露的端口号。

在这个示例中，可以使用curl命令来测试Service是否可用：

```
curl http://<CLUSTER-IP>:<PORT>
```

其中，<CLUSTER-IP>和<PORT>是上面获取到的Service IP地址和端口号。如果使用的是LoadBalancer类型的Service，还可以使用云提供商的负载均衡器URL来访问Service。

7.2.3 查看定义 Service 资源需要的字段

（1）当查看定义Kubernetes Service资源需要的字段时，可以执行以下命令：

```
kubectl explain service
```

它会显示以下4个字段：

- apiVersion <string>：指定Service资源所使用的API组和版本。
- kind <string>：指定创建的资源类型，这里是Service。

- metadata <Object>：指定定义资源的元数据，例如名称、标签和注释。
- spec <Object>：指定Service资源的配置规范，包括其选择器和端口等信息。

（2）查看Service的spec字段如何定义。

可以通过执行以下命令查看Service的spec字段及其含义：

```
kubectl explain service.spec
```

Service的spec字段定义了Service资源的配置规范，包括其选择器和端口等信息。下面是spec下常用的字段。

- clusterIP：Service的IP地址，如果未指定，则由Kubernetes集群自动分配。例如："10.0.0.1"。
- externalTrafficPolicy：指定Service的流量转发策略，可以为Cluster或Local。
- ports：指定Service暴露的端口及协议，例如TCP或UDP。
- selector：用于指定Service对象管理的Pod集合，例如{"app": "example"}。
- sessionAffinity：用于指定Service的会话关联策略，可以为None、ClientIP或ClientIPHash。
- type：用于指定Service的类型，例如ClusterIP、NodePort或LoadBalancer。

下面是一个例子，演示如何定义一个Service资源：

```
apiVersion: v1
kind: Service
metadata:
  name: example-service
spec:
  selector:
    app: example
  ports:
  - name: http
    port: 80
    targetPort: 8080
  - name: https
    port: 443
    targetPort: 8443
  type: ClusterIP
```

在这个例子中，Service名称为example-service，它管理的Pod集合由标签app=example指定。该Service暴露两个端口，名称分别为http和https，并将它们映射到Pod中的端口8080和8443。该 Service的类型为ClusterIP，意味着它只能在Kubernetes集群内部使用。

7.2.4　Service 的 4 种 Type 类型

Kubernetes支持以下4种Service类型，Service的Type，实际应用中可以根据应用场景的不同，选择适合的类型。

1. ClusterIP

默认类型，创建一个仅在Kubernetes集群内部访问的Service，由Kubernetes自动分配IP地址。这种类型适用于仅在集群内部提供服务的应用。

以下是创建一个ClusterIP类型Service的例子：

```
apiVersion: v1
kind: Service
metadata:
  name: my-service
spec:
  selector:
    app: MyApp
  ports:
  - name: http
    port: 80
    targetPort: 9376
```

2. NodePort

创建一个Service，并在每个节点上公开一个静态端口，使得外部客户端可以通过该端口访问Service。这种类型适用于需要从外部访问Service的应用。

以下是创建一个NodePort类型Service的例子：

```
apiVersion: v1
kind: Service
metadata:
  name: my-service
spec:
  selector:
    app: MyApp
  ports:
  - name: http
    port: 80
    targetPort: 9376
  type: NodePort
```

3. LoadBalancer

LoadBalancer类型的Service适用于需要提供公共服务并且需要高可用性和高伸缩性的场景。当创建一个LoadBalancer类型的Service时，云平台会自动为该Service创建一个外部负载均衡器，并配置相应的路由规则，以实现外部客户端可以访问该Service。外部负载均衡器通常由云平台提供商提供，例如AWS、GCP和Azure等。

LoadBalancer类型的Service在Kubernetes集群中与其他类型的Service相比，它的实现更为复杂。

在创建LoadBalancer类型的Service时，需要将其绑定到云平台的负载均衡器服务上。因此，这种类型的Service通常只适用于云平台环境。

　　下面创建一个名为my-loadbalancer的LoadBalancer类型的Service，将它绑定到云平台提供商提供的负载均衡器上，使得外部客户端可以通过负载均衡器访问Service：

```
apiVersion: v1
kind: Service
metadata:
  name: my-loadbalancer
spec:
  selector:
    app: my-app
  type: LoadBalancer
  ports:
    - name: http
      port: 80
      targetPort: 8080
```

　　在上面的例子中，Service的类型为LoadBalancer，它将请求转发到具有app=my-app标签的Pod。Service将监听80端口，当有请求进入时，将其转发到8080端口。这个Service将自动创建一个外部负载均衡器，并将其绑定到云平台的负载均衡器服务上，从而使得外部客户端可以通过负载均衡器访问该Service。

4. externalName

Service的externalName类型允许Service引用一个外部服务，通过DNS解析直接访问该服务，而不需要其他的负载均衡器。这种类型适用于访问外部服务的场景，比如访问一个运行在集群外部的数据库服务。

　　下面是一个externalName类型的Service的示例：

```
apiVersion: v1
kind: Service
metadata:
  name: my-service
spec:
  type: ExternalName
  externalName: my.database.example.com
```

　　在这个示例中创建了一个名为my-service的externalName类型的Service，它引用了一个运行在集群外部的数据库服务my.database.example.com。这个Service会将所有的请求转发到这个外部服务，并且不会分配任何ClusterIP。

　　需要注意的是，这种类型的Service只能使用默认的spec.ports.name字段，并且这个字段的值必须是default。因为externalName类型的Service不会使用任何端口或选择器。

7.2.5　Service 的端口定义

执行如下命令查看Service端口如何定义：

```
[root@xianchaomaster1 ~]# kubectl explain service.spec.ports
```

显示如下：

```
KIND:     Service
VERSION:  v1

RESOURCE: ports <[]Object>

DESCRIPTION:
    The list of ports that are exposed by this service. More info:
    https://kubernetes.io/docs/concepts/services-networking/service/
#virtual-ips-and-service-proxies

    ServicePort contains information on service's port.

FIELDS:
    appProtocol    <string>
    name           <string>
    nodePort       <integer>
    port           <integer> -required-
    protocol       <string>
    targetPort     <string>
```

以上是一个定义Service端口的YAML文件，其FIELDS字段的含义说明如下：

- appProtocol：字符串类型，表示在端口处使用的应用层协议，例如HTTP、HTTPS等。这是一个可选字段，如果未设置，则使用TCP。
- name：字符串类型，为端口指定一个名称，方便管理和识别。这是一个可选字段，如果未设置，则默认使用端口号作为名称。
- nodePort：整数类型，指定节点上的端口号，使得节点可以通过该端口访问Service。这是一个可选字段，如果未设置，则使用Kubernetes自动分配的端口号。
- port：整数类型，表示Service暴露的端口号，可以通过该端口访问Service提供的服务。这是一个必需字段。
- protocol：字符串类型，表示使用的网络协议，可以是TCP或UDP。这是一个可选字段，如果未设置，则默认使用TCP。
- targetPort：字符串类型，指定容器中正在监听的端口号。这是一个必需字段。

这些字段用于定义Service端口的相关信息，可以根据实际需求进行设置。

7.2.6 创建 Service：类型是 ClusterIP

创建的Service的类型如果是ClusterIP，那么此类型的Service只能在Kubernetes集群内互相访问。创建Service时默认的类型是ClusterIP。接下来演示如何使用ClusterIP类型的Service代理Pod。

1. 创建 Pod

创建一个Deployment资源，由Deployment资源管理Pod，pod_test.yaml文件的内容如下：

```
apiVersion: apps/v1                         # 使用的API版本，用于创建Deployment控制器
kind: Deployment                            # 定义控制器的类型为Deployment
metadata:                                   # 对Deployment对象的元数据进行定义
  name: my-nginx                            # 定义Deployment的名称为my-nginx
spec:                                       # Deployment控制器的配置
  selector:                                 # 定义标签选择器，用于选择匹配run=my-nginx标签的Pod
    matchLabels:
      run: my-nginx
  replicas: 2                               # 定义所需副本数，这里为2
  template:                                 # Pod的模板配置
    metadata:                               # Pod的元数据，这里的标签和选择器与spec.selector匹配
      labels:
        run: my-nginx
    spec:                                   # 容器和Pod的配置
      containers:                           # 容器的配置，这里定义了一个名为my-nginx的容器
      - name: my-nginx                      # 定义容器的名称为my-nginx
        image: nginx                        # 指定容器使用的镜像为Nginx
        imagePullPolicy: IfNotPresent       # 镜像拉取策略为如果不存在就拉取
        ports:                              # 容器需要暴露的端口
        - containerPort: 80                 # 定义容器监听的端口为80
```

执行以下命令更新资源清单文件：

```
[root@xianchaomaster1 ~]# kubectl apply -f pod_test.yaml
```

2. 查看刚才创建的Pod以及Pod IP地址

```
[root@xianchaomaster1 ~]# kubectl get pods -l run=my-nginx -o wide
```

显示如下：

```
NAME                          STATUS      IP                NODE
my-nginx-5b56ccd65f-26vcz     Running     10.244.187.101    xianchaonode2
my-nginx-5b56ccd65f-95n7p     Running     10.244.209.149    xianchaonode1
```

可以看到，显示了两个Pod的IP地址。

3. 请求 Pod IP 地址的结果

```
[root@xianchaomaster1 ~]# curl 10.244.187.101
```

显示如下：

```
<h1>Welcome to nginx!</h1>
[root@xianchaomaster1 ~]# curl 10.244.209.149
<h1>Welcome to nginx!</h1>
```

需要注意的是，Pod虽然定义了容器端口，但是不会使用调度到节点上的80端口，也不会使用任何特定的NAT规则去路由流量到Pod上。这意味着可以在同一个节点上运行多个Pod，使用相同的容器端口，并且可以从集群中任何其他的Pod或节点上使用IP的方式访问它们。

4. 创建 Service

创建一个Service资源，service_test.yaml文件的内容如下：

```
apiVersion: v1              # 定义Kubernetes API版本
kind: Service               # 定义Kubernetes资源类型，这里是Service
metadata:                   # 定义Service的元数据，包括Service的名字和标签
  name: my-nginx            # Service的名字
  labels:                   # Service的标签，这里和前面的Deployment标签匹配，用来关联
                            # Deployment和Service
    run: my-nginx
spec:                       # 定义Service的规格，包括Service的类型、端口、选择器等
  type: ClusterIP           # Service的类型，这里是ClusterIP 类型，即仅在Kubernetes集群
                            # 内部访问的Service
  ports:                    # Service暴露的端口，包括端口号、协议和目标端口号等
  - port: 80                # Service暴露的端口号
    protocol: TCP           # 端口使用的协议，这里是TCP
    targetPort: 80          # 暴露端口所映射的容器端口号
  selector:                 # 选择拥有指定标签的Pod，这里选择标签为run=my-nginx的Pod
    run: my-nginx           # 选择拥有run=my-nginx标签的Pod
```

5. 更新资源清单文件

执行以下命令更新资源清单文件：

```
[root@xianchaomaster1 service]# kubectl apply -f service_test.yaml
```

6. 查看 Service 资源

执行以下命令查看Service资源：

```
[root@xianchaomaster1 ~]# kubectl get svc -l run=my-nginx
```

显示如下：

```
NAME        PE          CLUSTER-IP       EXTERNAL-IP    PORT(S)    AGE
my-nginx    ClusterIP   10.99.198.177    <none>         80/TCP     143m
```

7. 访问 Service

在Kubernetes控制节点访问Service的"IP:端口"就可以把请求代理到后端Pod，执行以下命令：

```
[root@xianchaomaster1 ~]# curl 10.99.198.177:80
<h1>Welcome to nginx!</h1>
```

可以看到，请求Service IP:port与直接访问Pod IP:port的结果一样，这就说明Service可以把请求代理到它所关联的后端Pod，上面的10.99.198.177:80地址只能在Kubernetes集群内部访问，在外部无法访问，比如我们想要通过浏览器访问，是访问不到的。如果想要在Kubernetes集群之外访问，则需要把Service类型改成nodePort。

当Service的类型是ClusterIP时，Service会为其所选的Pod提供一个虚拟IP（Virtual IP，VIP），该IP只能从集群内部访问。这个虚拟IP是由Kubernetes自动分配的，并且是一个单独的IP地址，不是Pod的IP地址。

Service的ClusterIP类型的完整代理流程如下：

（1）客户端通过ClusterIP访问Service。

（2）Kubernetes Service检查请求的目标端口和协议，并通过选择器（Selector）查找匹配的Pod。

（3）如果找到匹配的Pod，则Kubernetes将请求流量路由到该Pod的ClusterIP地址。

（4）Pod响应请求，并将响应流量返回给Service的ClusterIP地址。

（5）Service再将响应流量路由回客户端。

7.2.7　创建 Service：类型是 NodePort

创建Service的类型如果是NodePort，那么这种类型的Service能在Kubernetes集群内互相访问，也能在Kubernetes集群外访问，下面演示如何创建类型是NodePort的Service。

1. 创建一个 Pod 资源

```
[root@xianchaomaster1 ~]# cat pod_nodeport.yaml
```

资源清单文件内容如下：

```
apiVersion: apps/v1
kind: Deployment
metadata:
  name: my-nginx-nodeport
spec:
  selector:
```

```
  matchLabels:
    run: my-nginx-nodeport
replicas: 2
template:
  metadata:
    labels:
      run: my-nginx-nodeport
  spec:
    containers:
    - name: my-nginx-nodeport-container
      image: nginx
      imagePullPolicy: IfNotPresent
      ports:
      - containerPort: 80
```

2. 更新资源清单文件

```
[root@xianchaomaster1 ~]# kubectl apply -f pod_nodeport.yaml
```

3. 查看 Pod 是否创建成功

```
[root@xianchaomaster1 ~]# kubectl get pods -l run=my-nginx-nodeport
```

显示如下：

```
NAME                                    READY   STATUS    RESTARTS   AGE
my-nginx-nodeport-6f8c64fc6c-86wnc      1/1     Running   0          67s
my-nginx-nodeport-6f8c64fc6c-8wrpq      1/1     Running   0          67s
```

可以看到Pod状态是running，说明Pod已经创建成功。

4. 创建Service，代理Pod

```
[root@xianchaomaster1 ~]# cat service_nodeport.yaml
```

资源清单文件如下：

```
apiVersion: v1
kind: Service
metadata:
  name: my-nginx-nodeport
  labels:
    run: my-nginx-nodeport
spec:
  type: NodePort
  ports:
  - port: 80
    protocol: TCP
    targetPort: 80
    nodePort: 30380
```

```
    selector:
      run: my-nginx-nodeport
```

Service基于标签选择器找到Service关联的具有run: my-nginx-nodeport 标签的Pod。

5. 更新资源清单文件

```
[root@xianchaomaster1 ~]# kubectl apply -f service_nodeport.yaml
```

6. 查看创建的 Service

```
[root@xianchaomaster1 ~]# kubectl get svc -l run=my-nginx-nodeport
```

显示如下：

```
NAME                 TYPE       CLUSTER-IP      EXTERNAL-IP    PORT(S)
my-nginx-nodeport    NodePort   10.100.156.7    <none>         80:30380/TCP
```

可以看到，创建的Service的类型是NodePort，在物理机映射的端口是30380。

7. 访问 Service

可以直接访问Service的IP请求Service：

```
[root@xianchaomaster1 ~]# curl 10.100.156.7
<h1>Welcome to nginx!</h1>
```

10.100.156.7是Kubernetes集群内部的Service IP地址，只能在Kubernetes集群内部访问，在集群外无法访问。

8. 在 Kubernetes 集群外访问 Service

```
root@xianchaomaster1 ~]# curl 192.168.40.180:30380
<h1>Welcome to nginx!</h1>
```

9. 在浏览器访问 Service

```
192.168.40.180:30380
```

访问结果如图7-2所示。

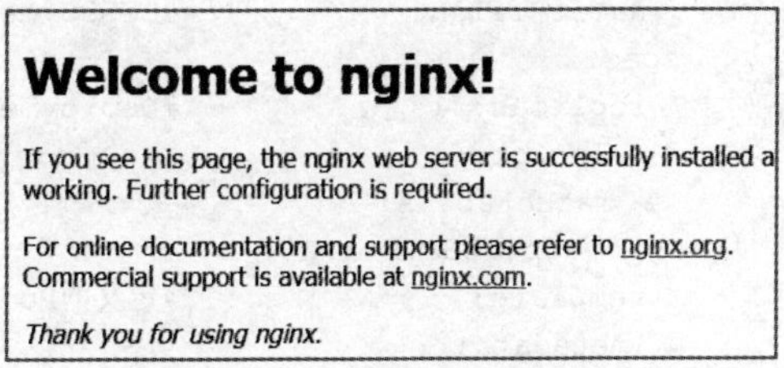

创建的Service如果类型是NodePort，那么在Kubernetes集群内部或者外部都可以访问Service，然后通过Service可以把请求代理到所关联的Pod。

Welcome to nginx!

If you see this page, the nginx web server is successfully installed a working. Further configuration is required.

For online documentation and support please refer to nginx.org. Commercial support is available at nginx.com.

Thank you for using nginx.

图 7-2　访问服务器上的 Service

当Service的类型为NodePort时，它将代理Pod的完整流程如下：

（1）Kubernetes为Service分配一个固定的端口（NodePort），默认为30000～32767的一个未使用的端口。

（2）Kubernetes在每个节点上打开该端口，并将其转发到Service的Cluster IP和端口。

（3）客户端可以通过访问Kubernetes任何节点的该端口来访问Service，该请求将通过kube-proxy转发到后端Pod的Cluster IP和端口。

例如，假设有一个NodePort类型的Service，其端口设置为32111，将流量代理到一组具有标签app=my-app的Pod。当客户端访问任何节点的32111端口时，kube-proxy将流量转发到Service的Cluster IP和端口，然后将其路由到一组Pod的Cluster IP和端口，这些Pod具有标签app=my-app。Pod将响应客户端的请求并将响应返回给客户端。

7.2.8　创建 Service：类型是 ExternalName

前面讲了ClusterIP和NodePort两种类型的Service，但是如果想要通过Service实现跨名称空间代理，这两种类型的Service是无法做到的，这时可以基于ExternalName实现Service。ExternalName就可以实现跨名称空间访问。

假设有这样一个需求：default名称空间下的client服务想要访问nginx-ns名称空间下的nginx-svc服务，那么如何实现呢？下面介绍具体的实现步骤。

1. 在默认命名空间创建一个 Pod 资源

执行以下命令：

```
[root@xianchaomaster1 exter]# cat client.yaml
```

资源清单文件内容如下：

```
apiVersion: apps/v1
kind: Deployment          #定义Deployment资源
metadata:
  name: client            #Deployment的名字
spec:
  replicas: 1             #Deployment管理的Pod副本数是1
  selector:
    matchLabels:
      app: busybox
  template:               #定义的Pod模板
   metadata:
    labels:
      app: busybox        #Pod具有的标签
   spec:
    containers:
    - name: busybox
      image: busybox      #容器使用的镜像
      command: ["/bin/sh","-c","sleep 36000"]  #Pod容器中运行的命令
```

2. 更新资源清单文件

执行以下命令更新资源清单文件：

```
[root@xianchaomaster1 exter]# kubectl apply -f client.yaml
```

3. 创建 Service

执行以下命令：

```
[root@xianchaomaster1 exter]# cat client_svc.yaml
```

资源清单文件的内容如下：

```
apiVersion: v1
kind: Service
metadata:
  name: client-svc          #定义的Service的名字
spec:
  type: ExternalName        #Service的类型
  externalName: nginx-svc.nginx-ns.svc.cluster.local    #软链到nginx-ns名称空间的
nginx-svc这个Service
  ports:
  - name: http
    port: 80
    targetPort: 80
```

资源清单中指定了到nginx-svc的软链，让使用者感觉就好像调用自己命名空间的服务一样。

4. 查看 Pod 是否正常运行

执行以下命令：

```
[root@xianchaomaster1 exter]# kubectl get pods
```

显示如下：

```
NAME                        READY     STATUS      RESTARTS
client-76b6556d97-xk7mg     1/1       Running     0
```

可以看到，Pod状态已经是Running了。

5. 更新资源清单文件

执行以下命令更新资源清单文件：

```
[root@xianchaomaster1 exter]# kubectl apply -f client_svc.yaml
```

6. 创建命名空间 nginx-ns

执行以下命令：

```
[root@xianchaomaster1 exter]# kubectl create ns nginx-ns
```

7. 在 nginx-ns 命名空间创建 Pod

执行以下命令：

```
[root@xianchaomaster1 exter]# cat server_nginx.yaml
```

资源清单文件的内容如下：

```
apiVersion: apps/v1
kind: Deployment                      #定义Deployment资源
metadata:
  name: nginx                         #Deployment名字
  namespace: nginx-ns                 #Deployment所在命名空间
spec:
  replicas: 1                         #Deployment管理的Pod副本
  selector:
   matchLabels:
     app: nginx
  template:
   metadata:
    labels:
     app: nginx                       #定义Pod标签
   spec:
    containers:
    - name: nginx
      image: nginx                    #定义镜像
      imagePullPolicy: IfNotPresent   #镜像拉取策略
```

8. 更新资源清单文件

```
[root@xianchaomaster1 exter]# kubectl apply -f server_nginx.yaml
```

9. 查看 Pod 是否创建成功

```
[root@xianchaomaster1 exter]# kubectl get pods -n nginx-ns
```

显示如下：

```
NAME                     READY    STATUS     RESTARTS    AGE
nginx-7cf7d6dbc8-lzm6j   1/1      Running    0           10m
```

可以看到，Pod的状态是Running，说明Pod已经正常运行了。同时，Ready就绪也表明该Pod已准备好执行任务。

10. 在 Pod 前端创建 Service

```
[root@xianchaomaster1 exter]# cat nginx_svc.yaml
```

资源清单文件的内容如下：

```
apiVersion: v1
kind: Service
metadata:
  name: nginx-svc            #定义Service的名字
  namespace: nginx-ns        #Service所在的命名空间
spec:
  selector:
    app: nginx
  ports:
  - name: http
    protocol: TCP
    port: 80                 #定义Service端口
    targetPort: 80           #Service关联的Pod中封装的容器的端口
```

接着执行以下命令更新资源清单文件：

```
[root@xianchaomaster1 exter]# kubectl apply -f nginx_svc.yaml
```

11. 登录 Client Pod

执行以下命令：

```
[root@xianchaomaster1 exter]# kubectl exec -it  client-76b6556d97-xk7mg -- /bin/sh
```

kubectl exec -it　client-76b6556d97-xk7mg -- /bin/sh表示在client-76b6556d97-xk7mg这个Pod中启动一个shell，并执行下述两个命令来请求Kubernetes集群中的服务：

- wget -q -O - client-svc.default.svc.cluster.local: 表示使用wget这个工具请求client-svc.default.svc.cluster.local域名。
- wget -q -O - nginx-svc.nginx-ns.svc.cluster.local: 表示请求nginx-ns名称空间的svc。

请求自己的命名空间和请求nginx-ns命名空间的结果一样，说明已经实现软链接了。

7.3　本章小结

本章介绍了Kubernetes中的Service，它是一种抽象，可以将一组Pod作为一个逻辑服务进行暴露，并提供统一的DNS或IP地址，以便其他服务或外部用户可以通过这个DNS或IP地址与该服务进行交互。我们了解了Service的3种类型：ClusterIP、NodePort和ExternalName，以及它们在不同场景下的应用。通过实例演示，我们深入理解了Service是如何代理Pod的，以及Service的工作原理。这些知识可以帮助读者更好地设计和管理Kubernetes中的服务。

## 第 8 章

Kubernetes持久化存储

Kubernetes是一个开源平台，用于自动化部署、扩展和管理容器化应用程序。由于容器化应用程序中的容器可以在不同的主机之间随时启动和停止，因此需要一种持久化存储方式来保存数据，以确保数据不会在容器停止或删除后丢失。因此，Kubernetes需要提供一种数据持久化的机制。本章将介绍如何对Kubernetes中的Pod进行数据持久化。

本章内容：

- Kubernetes支持的持久化存储类型
- Kubernetes持久化存储：emptyDir
- Kubernetes持久化存储：hostPath
- Kubernetes持久化存储：nfs

8.1 Kubernetes 支持的持久化存储类型

Kubernetes支持多种持久化存储类型，分别说明如下。

（1）NFS：通过NFS（Network File System，网络文件系统）共享文件系统进行数据存储。

（2）iSCSI：通过iSCSI（Internet Small Computer System Interface，Internet小型计算机系统接口）连接远程磁盘进行数据存储。

（3）Ceph：通过分布式存储系统Ceph进行数据存储。

（4）GlusterFS：通过分布式文件系统GlusterFS进行数据存储。

（5）AWS EBS：在AWS（Amazon Web Services，亚马逊Web服务）云平台上使用EBS（Elastic Block Store，弹性块存储）进行数据存储。

（6）Azure Disk：在Microsoft Azure云平台上使用Azure Disk进行数据存储。

（7）GCE Persistent Disk：在GCP（Google Cloud Platform，谷歌云平台）上使用GCE Persistent Disk进行数据存储。

（8）HostPath：在节点上使用本地磁盘进行数据存储。

（9）ConfigMap/Secret：通过ConfigMap和Secret存储应用程序的配置文件和机密信息。

可以使用kubectl命令的explain选项查看Kubernetes所支持的各种存储类型及其详细信息。例如，可以使用以下命令查看Pod的volumes字段支持的存储类型：

```
kubectl explain pods.spec.volumes
```

显示如下：

```
KIND:     Pod
VERSION:  v1

RESOURCE: volumes <[]Object>

FIELDS:
    awsElasticBlockStore   <Object>使用AWS Elastic Block Store存储卷
    azureDisk              <Object>使用Azure Disk存储卷
    azureFile              <Object>使用Azure File存储卷
    cephfs                 <Object>使用CephFS存储卷
    cinder                 <Object>使用OpenStack Cinder存储卷
    configMap              <Object>使用ConfigMap存储卷
    csi                    <Object>使用CSI存储卷
    downwardAPI            <Object>使用DownwardAPI存储卷
    emptyDir               <Object>使用空目录存储卷
    ephemeral              <Object>短暂的、临时的存储
    fc                     <Object>使用Fibre Channel存储卷
    flexVolume             <Object>使用FlexVolume存储卷
    flocker                <Object>使用Flocker存储卷
    gcePersistentDisk      <Object>使用Google Compute Engine Persistent Disk存储卷
    gitRepo                <Object>使用Git存储卷
    glusterfs              <Object>使用GlusterFS存储卷
    hostPath               <Object>使用主机路径作为存储卷
    iscsi                  <Object>使用iSCSI存储卷
    name                   <string> -required-卷的名字，必须字段
    nfs                    <Object>使用NFS存储卷
    persistentVolumeClaim  <Object>使用PV
    photonPersistentDisk   <Object>使用Photon Controller Persistent Disk存储卷
    portworxVolume         <Object>使用Portworx存储卷
    projected              <Object>使用Projected存储卷
    quobyte                <Object>使用Quobyte存储卷
    rbd                    <Object>使用Ceph RBD存储卷
    scaleIO                <Object>使用EMC ScaleIO存储卷
```

```
secret                 <Object>使用Secret存储卷
storageos              <Object>使用StorageOS存储卷
vsphereVolume          <Object>使用VMware vSphere存储卷
```

8.1.1　Kubernetes 持久化存储：emptyDir 案例

emptyDir是Kubernetes中一种临时性的存储卷类型，它会在Pod被删除时清除，也可以在容器之间共享数据。下面是一个使用emptyDir存储卷的具体案例。

```
apiVersion: v1
kind: Pod
metadata:
  name: my-pod
spec:
  containers:
  - name: my-container-1
    image: nginx
    volumeMounts:
    - name: shared-data
      mountPath: /usr/share/nginx/html
    command: [ "/bin/sh", "-c", "echo Hello from container 1 > /usr/share/nginx/
html/index.html && sleep 3600" ]
  - name: my-container-2
    image: busybox
    volumeMounts:
    - name: shared-data
      mountPath: /data
    command: [ "/bin/sh", "-c", "while true; do wget -q -O- http://my-container-1 &&
sleep 1; done" ]
  volumes:
  - name: shared-data
    emptyDir: {}
```

在这个例子中，my-pod Pod包含两个容器my-container-1和my-container-2，它们共享了一个名为 shared-data 的 emptyDir 存储卷。容器 my-container-1 向该存储卷中写入了一个文件/usr/share/nginx/html/index.html，容器my-container-2则通过循环请求容器 my-container-1的IP地址，并下载该文件到/data目录下。

此外，emptyDir存储卷被用作容器之间共享数据的临时存储，当Pod被删除时，该存储卷也会被清除。如果需要更持久地存储，可以使用其他类型的持久化存储卷，如hostPath、nfs或persistentVolumeClaim。

8.1.2　Kubernetes 持久化存储：hostPath 案例

hostPath是Kubernetes中一种持久化存储卷类型，它可以将宿主机的文件或目录挂载到Pod中，从而使Pod中的容器可以访问宿主机上的文件系统。

下面是一个使用hostPath存储卷的具体案例。

```
apiVersion: v1
kind: Pod
metadata:
  name: hostpath-pod
spec:
  containers:
  - name: nginx-container
    image: nginx
    volumeMounts:
    - name: hostpath-volume
      mountPath: /usr/share/nginx/html
  volumes:
  - name: hostpath-volume
    hostPath:
      path: /var/www/html
      type: DirectoryOrCreate
```

在这个例子中，我们创建了一个Pod，它包含一个名为nginx-container的容器和一个hostPath类型的卷。在容器内部，我们将卷挂载到/usr/share/nginx/html路径，这样容器就可以访问宿主机上的/var/www/html目录了。

当Pod启动时，Kubernetes将在宿主机上创建一个目录/var/www/html，并将其作为卷挂载到容器中。容器中的任何应用程序都可以访问这个目录，就像它是容器本地的一样。这对于在容器内部使用宿主机上的文件非常有用，比如使用配置文件或日志文件。但是请注意，使用hostPath存在一些安全风险，因为它可以允许容器访问宿主机上的文件系统。另外，使用hostPath进行存储，要保证数据不丢失，还需要让Pod每次都调度到同一个节点上。

8.1.3　Kubernetes 持久化存储：NFS 案例

尽管hostPath和emptyDir是Kubernetes中的两种本地存储解决方案，但它们仅适用于单个节点上的容器。如果用户需要在多个Pod或多个节点之间共享持久化存储，那么使用NFS存储是一种更可行的解决方案。

NFS存储允许多个Pod从网络共享存储中读写数据，因此它更适合用于需要持久化存储的应用程序。NFS还支持高可用性配置，可以使用多个NFS服务器来提供容错和负载平衡。此外，NFS还支持更高级的存储管理功能，例如快照和备份，以及可配置的访问控制策略。

因此，在需要跨多个Pod或节点共享数据的情况下，使用NFS存储是更好的选择。

以下是一个NFS存储卷的应用案例。

1. 搭建 NFS 服务

执行以下命令，以Kubernetes的控制节点作为NFS服务端：

```
[root@xianchaomaster1 ~]# yum install nfs-utils -y
```

该命令的主要作用是使用yum包管理器自动安装nfs-utils软件包，以支持NFS协议的功能。其中的-y选项表示自动回答任何确认提示，意味着该命令将在不需要人工干预的情况下自动安装所需的软件包。

2. 在宿主机创建 NFS 需要的共享目录

执行以下命令：

```
[root@xianchaomaster1 ~]# mkdir /data/volumes -pv
```

该命令的主要作用是在Linux操作系统中创建一个名为/data/volumes的目录。

- -p选项表示创建目录的过程中，如果父目录不存在，则可以自动创建父目录。这意味着如果/data目录不存在，就会先创建/data目录，然后在其中创建volumes目录。
- -v选项是一个可选参数，可以向用户展示更多的信息，例如显示mkdir命令创建了哪些目录等。

3. 配置 NFS 共享服务器上的/data/volumes 目录

执行以下命令启动NFS服务。

```
[root@xianchaomaster1 ~]# systemctl start nfs
```

接着使用vim编辑器打开/etc/exports配置文件进行编辑，以配置NFS服务访问的目录data/volumes的访问权限。

```
[root@xianchaomaster1 ~]# vim /etc/exports
```

配置结果如下：

```
/data/volumes *(rw,no_root_squash)
```

参数说明如下：

- /data/volumes：要共享的目录。
- *：允许哪些客户端挂载NFS共享的/data/volumes，*表示允许任何能访问NFS服务的网段客户端挂载NFS共享的/data/volumes目录。
- no_root_squash：用户具有根目录的完全管理访问权限。

4. 使 NFS 配置生效

执行以下命令使NFS配置生效：

```
[root@xianchaomaster1 ~]# exportfs -arv
```

该命令导出nfs配置文件/etc/exports中所定义的所有NFS共享，其中包括任何在最后一次加载后发生更改的NFS共享，同时在终端显示导出的详细信息。此处的-arv是传递给exportfs的选项参数。

- -a: 表示导出所有定义在/etc/exports中的文件系统以供共享。
- -r: 用于将一个特定的文件系统从/etc/exports中删除。
- -v: 表示导出详细信息。每次mount或卸载操作都将在终端显示详细信息。

5. 创建 Pod，挂载 NFS 共享出来的目录

执行以下命令对NFS共享目录/data/volumes进行挂载：

```
[root@xianchaomaster1 ~]# cat nfs.yaml
apiVersion: v1
kind: Pod
metadata:
  name: nginx-pod
spec:
  containers:
  - name: nginx-container
    image: nginx
    volumeMounts:
    - name: nfs-volumes
      mountPath: /usr/share/nginx/html
  volumes:
  - name: nfs-volumes
    nfs:
      server: 192.168.40.180
      path: /data/volumes
```

参数说明如下：

- path: /data/volumes: NFS的共享目录。
- server: 192.168.40.180: xianchaomaster1机器的IP，这个是安装NFS服务的地址。

NFS支持多个客户端挂载，可以创建多个Pod并挂载同一个NFS服务器共享出来的目录。但是，如果NFS宕机了，数据也会丢失。因此，需要使用分布式存储来解决这个问题，常见的分布式存储有GlusterFS和CephFS。

8.2　Kubernetes 持久化存储：PV 和 PVC

PV表示Kubernetes中的一个存储资源，而PVC则是对PV的一个请求，它指定了需要的存储容量和存储的访问方式。

8.2.1　PV 和 PVC 概述

1. PV和PVC的概念与配置方式

PV（Persistent Volume，持久卷）和PVC（Persistent Volume Claim，持久卷声明）是Kubernetes中用来管理持久化存储的核心概念，它们的存在可以帮助我们更好地管理容器中的数据，以保证数据的可靠性和持久性。

PV是一种Kubernetes资源，用于表示网络存储中的一块预先配置的存储，可以是物理存储设备（如硬盘、分区、云存储），也可以是集群中已经创建好的存储资源。PV定义了存储的容量、访问模式（例如读写多个或只读）以及存储后端（例如AWS EBS、GCE PD等）。PV是由Kubernetes管理员创建的，并由应用程序使用。

PVC是一个Kubernetes资源，用于请求特定类型的存储资源。PVC描述了应用程序需要的存储容量和访问模式。当创建PVC时，Kubernetes会自动查找可用的PV，并将其绑定到PVC上。当PVC不再需要时，Kubernetes会自动解除绑定。

PV和PVC之间的关系可以被看作是PV提供了一块存储，而PVC请求使用这块存储，类似于房主和房东的关系。这种分离的设计使得应用程序可以专注于需要的存储容量和访问模式，而不必担心存储后端的具体细节。

PV和PVC常见的应用场景如下：

（1）数据库存储：通过PV和PVC可以将数据库的数据存储到持久化存储中，以保证数据的可靠性和持久性。

（2）文件存储：通过PV和PVC可以将容器中的文件保存到持久化存储中，实现数据的共享和协作。

（3）日志存储：通过PV和PVC可以将容器中的日志保存到持久化存储中，方便后续的查询和分析。

相比于HostPath、EmptyDir和NFS存储，PV和PVC具有以下优势：

（1）数据持久化：EmptyDir存储只是容器内的临时存储，容器重启或者被删除后数据就丢失了；而PV和PVC提供的是持久化存储，即使容器被删除或者重启，数据仍然可以保存下来。

（2）存储的管理：使用HostPath存储时，需要手动创建和管理存储卷，而使用PV和PVC可以统一管理存储资源，以方便调度和管理。

（3）存储的共享：使用HostPath和EmptyDir存储时，只能在同一个节点的容器之间共享，而PV和PVC 可以在不同的节点和不同的容器之间共享存储资源。

（4）存储的灵活性：PV可以使用多种类型的存储，如NFS、iSCSI、云存储等，可以根据实际需求选择合适的存储方式，而EmptyDir和HostPath只支持本地存储。

（5）安全性：使用HostPath存储时，容器可以访问主机上的所有文件和目录，存在一定的安全风险，而使用PV和PVC可以限制容器对存储资源的访问权限，提高安全性。

综上所述，PV和PVC比HostPath、EmptyDir和NFS存储具有更高的数据可靠性、更好的存储管理和共享、更灵活的存储类型选择以及更高的安全性。

2. PV 的配置方式

1）静态配置

静态配置是手动创建PV并定义其属性，例如容量、访问模式、存储后端等。在这种情况下，Kubernetes管理员负责管理和配置PV，然后应用程序可以使用这些PV。静态配置通常用于一些固定的存储后端，如NFS或iSCSI。

下面是一个静态配置PV的例子：

```
apiVersion: v1
kind: PersistentVolume
metadata:
  name: my-pv
spec:
  capacity:
    storage: 5Gi
  accessModes:
    - ReadWriteOnce
  persistentVolumeReclaimPolicy: Retain
  storageClassName: manual
  nfs:
    server: nfs.example.com #nfs服务端的Ip地址
    path: /data
```

在上面的例子中，我们创建了一个名为my-pv的PV，并定义了其属性，如容量、访问模式、持久卷回收策略、存储后端等。

2）动态配置

动态配置允许Kubernetes集群根据PVC的需求自动创建PV。在这种情况下，管理员只需为存储后端配置StorageClass，然后应用程序可以通过PVC请求存储。Kubernetes将自动创建与PVC匹配的PV，并将其绑定到PVC上。这种方法使得存储管理更加灵活和可扩展，允许管理员在集群中动态地添加、删除和管理存储资源。

下面是一个动态配置PV的例子：

```
apiVersion: v1
```

```
kind: PersistentVolumeClaim
metadata:
  name: my-pvc
spec:
  accessModes:
    - ReadWriteOnce
  resources:
    requests:
      storage: 5Gi
  storageClassName: standard
```

在上面的例子中，我们创建了一个名为my-pvc的PVC，请求5GB的存储容量，然后指定了一个名为standard的StorageClass。当PVC被创建时，Kubernetes将使用StorageClass来自动创建一个匹配的PV，并将其绑定到PVC上。

总之，PV可以通过静态或动态方式进行配置。静态配置需要管理员手动创建PV，而动态配置允许Kubernetes集群根据PVC的需求自动创建PV。选择哪种方式取决于用户的需求和存储资源的管理方式。

3. PVC 和 PV 的绑定方式

PVC和PV之间的绑定是通过PVC的spec字段中的selector和PV的spec字段中的labelSelector来实现的。当PVC的selector与PV的labelSelector匹配时，PVC会自动绑定到该PV上。

用户可以使用kubectl命令来查看PV和PVC的定义。以下是一个简单的例子：

```
apiVersion: v1
kind: PersistentVolume
metadata:
  name: my-pv
  labels:
    type: nfs
spec:
  capacity:
    storage: 5Gi
  accessModes:
    - ReadWriteOnce
  nfs:
    server: 192.168.1.100
    path: /data
---
apiVersion: v1
kind: PersistentVolumeClaim
metadata:
  name: my-pvc
spec:
  accessModes:
    - ReadWriteOnce
```

```
    resources:
      requests:
        storage: 2Gi
    selector:
      matchLabels:
        type: nfs
```

在上面的例子中，我们创建了一个名为my-pv的PV，指定了容量、访问模式、存储后端等属性，并为其添加了一个名为type的标签。然后创建了一个名为my-pvc的PVC，指定了访问模式、存储容量等属性，并使用selector来选择带有type: nfs标签的PV。

用户可以使用以下命令来查看定义：

```
kubectl get pv
kubectl get pvc
```

这些命令将显示PV和PVC的所有属性，例如名称、状态、容量、访问模式、存储后端等。

在上面的例子中，我们使用kubectl get pv命令将显示以下输出：

```
NAME    CAPACITY  ACCESS MODES  RECLAIM POLICY  STATUS     CLAIM  STORAGECLASS
REASON  AGE
my-pv   5Gi       RWO           Retain          Available         manual         5s
```

在这个输出中，可以看到my-pv PV的名称、容量、访问模式、持久卷回收策略、状态等属性。

还可以使用kubectl get pvc命令来查看PVC的定义，输出如下：

```
NAME    STATUS  VOLUME  CAPACITY  ACCESS MODES  STORAGECLASS  AGE
my-pvc  Bound   my-pv   5Gi       RWO           manual        5s
```

在这个输出中，可以看到my-pvc PVC的名称、状态、绑定的PV的名称、存储容量、访问模式、存储类等属性。

总之，PV和PVC之间的绑定是通过PVC的selector和PV的labelSelector来实现的。使用kubectl get pv和kubectl get pvc命令可以查看PV和PVC的定义，它们将显示PV和PVC的所有属性，例如名称、状态、容量、访问模式、存储后端等。

8.2.2　创建 Pod，使用 PVC 作为持久化存储卷

1. 创建 NFS 共享目录

NFS可以用来持久化保存数据，如果要使用PVC作为持久化存储卷，则需要创建NFS共享目录。

1）创建 NFS 共享目录

执行以下命令创建NFS共享目录：

```
[root@xianchaomaster1 ~]# mkdir /data/volume_test/v1 -p
```

2）修改 NFS 配置文件

执行以下命令修改NFS配置文件：

```
[root@xianchaomaster1 ~]# cat /etc/exports
```

修改内容如下：

```
/data/volume_test/v1 *(rw,no_root_squash)
```

2. 重新加载配置，使配置成效

执行以下命令使配置生效：

```
[root@xianchaomaster1 ~]# exportfs -arv
```

3. 创建 PV

执行以下命令创建PV：

```
[root@xianchaomaster1 ~]# cat pv.yaml
```

资源清单文件的内容如下：

```
apiVersion: v1
kind: PersistentVolume          # 定义资源类型是PV
metadata:
  name: v1                      # PV的名字
spec:
  capacity:
    storage: 1Gi                # PV的存储空间容量
  accessModes: ["ReadWriteOnce"] # 访问模式
  nfs:
    path: /data/volume_test/v1  # 把NFS的存储空间创建成PV
    server: 192.168.40.180      # NFS服务器的地址
```

4. 更新资源清单文件

```
[root@xianchaomaster1 ~]# kubectl apply -f pv.yaml
```

5. 查看 PV 资源

```
[root@xianchaomaster1 ~]# kubectl get pv
```

显示如下：

```
NAME     CAPACITY    ACCESS MODES    RECLAIM POLICY    STATUS
v1       1Gi         RWO             Retain            Available
```

说明：STATUS是Available，表示PV是可用的。

6. 创建 PVC，和符合条件的 PV 绑定

执行以下命令：

```
[root@xianchaomaster1 ~]
cat pvc.yaml
```

更改配置文件如下：

```
apiVersion: v1
kind: PersistentVolumeClaim        #定义kind资源类型是PVC
metadata:
  name: my-pvc                     #PVC的名字
spec:
  accessModes: ["ReadWriteMany"]   #找到具有哪种模式的PV
  resources:
    requests:
      storage: 1Gi                 #请求的PV资源的大小为1GB
```

7. 更新资源清单文件

```
[root@xianchaomaster1 ~]# kubectl apply -f pvc.yaml
```

8. 查看 PV 和 PVC

执行以下命令查看PV资源的数据：

```
[root@xianchaomaster1 ~]# kubectl get pv
```

显示如下：

```
NAME  CAPACITY  ACCESS MODES    RECLAIM POLICY  STATUS  CLAIM
v1    1Gi       RWO             Retain          BOUND   my-pvc
```

说明：STATUS是BOUND，表示名为v1的PV已经被名为my-pvc的PVC绑定了。

执行以下命令查看PVC的信息：

```
[root@xianchaomaster1 ~]# kubectl get pvc
```

显示如下：

```
NAME     STATUS    VOLUME    CAPACITY    ACCESS MODES
my-pvc   Bound     v1        2Gi         RWX
```

说明：PVC的名字是my-pvc，绑定到v1这个PV上，并且PVC可用的存储大小是1GB。

9. 创建 Pod，挂载 PVC

执行以下命令挂载PVC：

```
[root@xianchaomaster1 ~]# cat pod_pvc.yaml
  volumeMounts:
  - name: nginx-html   #把PVC挂载到容器里
    mountPath: /usr/share/nginx/html
 volumes:
 - name: nginx-html
   persistentVolumeClaim:
     claimName: my-pvc  #定义PVC，把PVC做成存储卷
```

8.3　Kubernetes 存储类：StorageClass

前面介绍的PV和PVC模式都需要先创建PV，然后定义PVC和PV进行一对一的绑定（Bound），但是如果PVC请求成千上万，那么就需要创建成千上万的PV，这对于运维人员来说是一项艰巨的任务。Kubernetes提供了一种自动创建PV的机制，叫作StorageClass，它的作用是创建PV的模板。Kubernetes集群管理员通过创建StorageClass可以动态生成一个存储卷PV供Kubernetes PVC使用。每个StorageClass都包含provisioner、parameters和reclaimPolicy字段。具体来说，StorageClass会定义以下两部分：

- PV的属性，比如存储的大小、类型等。
- 创建这种PV需要使用的存储插件，比如Ceph、NFS等。

有了这两部分信息，Kubernetes就能够根据用户提交的PVC找到对应的StorageClass，然后Kubernetes会调用StorageClass声明的存储插件创建需要的PV。

下面介绍如何创建存储类StorageClass及其使用。

1. 查看定义的StorageClass需要的字段

```
[root@xianchaomaster1 ~]# kubectl explain storageclass
  provisioner    <string> -required-            #供应商
  reclaimPolicy <string>                        #回收策略
allowVolumeExpansion                            #是否允许卷扩展
```

说明如下：

- provisioner: 供应商，StorageClass需要有一个供应者，用来确定我们使用什么样的存储来创建PV，常见的Provisioner如图8-1所示。

provisioner既可以由内部供应商提供，也可以由外部供应商提供，如果是外部供应商，可以参考https://github.com/kubernetes-incubator/external-storage/提供的方法创建。

以NFS为例，要想使用NFS，我们需要一个nfs-client的自动挂载程序，称之为provisioner，这个程序会使用已经配置好的NFS服务器自动创建持久卷，也就是自动帮我们创建PV。

Volume Plugin	Internal Provisioner		Config Example
AWSElasticBlockStore	✓		AWS EBS
AzureFile	✓		Azure File
AzureDisk	✓		Azure Disk
CephFS	-		
Cinder	✓		OpenStack Cinder
FC	-		
Flexvolume	-		
Flocker	-		
GCEPersistentDisk	✓		GCE PD
Glusterfs	✓		Glusterfs
iSCSI	-		
Quobyte	✓		Quobyte
NFS	-		
RBD	✓		Ceph RBD
VsphereVolume	✓		vSphere
PortworxVolume	✓		Portworx Volume
ScaleIO	✓		ScaleIO
StorageOS	✓		StorageOS
Local	-		Local

图 8-1　供应商

- allowVolumeExpansion：允许卷扩展，PersistentVolume可以配置成可扩展。将此功能设置为true时，允许用户通过编辑相应的PVC对象来调整卷大小。当基础存储类的allowVolumeExpansion字段设置为true 时，如图8-2所示的卷支持卷扩展。

卷类型	Kubernetes 版本要求
gcePersistentDisk	1.11
awsElasticBlockStore	1.11
Cinder	1.11
glusterfs	1.11
rbd	1.11
Azure File	1.11
Azure Disk	1.11
Portworx	1.11
FlexVolume	1.13
CSI	1.14 (alpha), 1.16 (beta)

图 8-2　卷扩展

2. 开始创建StorageClass，动态供给PV

（1）创建存储类，执行以下命令：

```
[root@xianchaomaster1]# cat nfs-storageclass.yaml
```

创建的存储类如下：

```
kind: StorageClass
apiVersion: storage.k8s.io/v1
metadata:
  name: nfs #存储类的名字
provisioner: example.com/nfs #定义使用nfs供应商
```

（2）更新资源清单文件，执行以下命令：

```
[root@xianchaomaster1]# kubectl apply -f nfs-storageclass.yaml
```

（3）查看StorageClass是否创建成功，执行以下命令：

```
[root@xianchaomaster1 nfs]# kubectl get storageclass
```

显示如下：

```
NAME      PROVISIONER         RECLAIMPOLICY    VOLUMEBINDINGMODE
nfs       example.com/nfs     Delete           Immediate
```

说明StorageClass创建成功了，默认回收策略是Delete。

注意 PROVISIONER处写的example.com/nfs应该跟安装nfs Provisioner时的env下的PROVISIONER_NAME的value值保持一致，如下所示：

```
env:
    - name: PROVISIONER_NAME
      value: example.com/nfs
```

3. 创建PVC，通过StorageClass动态生成PV

（1）创建PVC，执行以下命令：

```
[root@xianchaomaster1]# cat claim.yaml
kind: PersistentVolumeClaim
apiVersion: v1
metadata:
  name: test-claim1
spec:
  accessModes:  ["ReadWriteMany"]
  resources:
    requests:
      storage: 1Gi
  storageClassName:  nfs #指定存储类
```

（2）更新资源清单文件，执行以下命令：

```
[root@xianchaomaster1]# kubectl apply -f claim.yaml
```

（3）查看是否动态生成了PV，PVC是否创建成功，并和PV绑定，执行以下命令：

```
[root@xianchaomaster1 nfs]# kubectl get pvc
```

显示结果如图8-3所示。

```
[root@xuegod63 nfs]# kubectl get pvc
NAME          STATUS   VOLUME                                     CAPACITY   ACCESS MODES   STORAGECLASS   AGE
my-pvc        Bound    v2                                         2Gi        RWX                           143m
test-claim1   Bound    pvc-da737fb7-3ffb-43c4-a86a-2bdfa7f201e2   1Gi        RWX            nfs            7m39s
```

图 8-3　PVC 绑定图

可以看到test-claim1的PVC已经成功创建了，绑定的PV是pvc-da737fb7-3ffb-43c4-a86a-2bdfa7f201e2，这个PV是由StorageClass调用nfs Provisioner自动生成的。

8.4　本章小结

在Kubernetes中，存储是非常重要的一部分。不同的应用程序可能需要不同类型的存储，例如持久化存储和临时存储等。为了满足这些需求，Kubernetes提供了各种不同的存储选项和存储类。

本章介绍了Kubernetes中一些常见的存储类，包括emptyDir、hostPath、nfs和PVC。

（1）emptyDir：一种简单的存储类，它会在Pod中创建一个临时目录，并在Pod生命周期内持续存在。这种存储类适用于需要在同一个Pod中的不同容器之间共享数据的场景。

（2）hostPath：一种存储类，它允许Pod访问主机节点上的文件系统。这种存储类适用于需要与主机节点共享数据的场景。

（3）nfs：一种分布式文件系统，可以在Kubernetes中作为一种存储类使用。使用nfs存储类可以将NFS服务器挂载到Pod中，实现文件共享的功能。

（4）PVC：Kubernetes中的一个资源对象，用于定义和请求持久卷的属性。使用PVC可以将Pod与持久卷绑定，从而实现持久化存储。

除此之外，本章还介绍了如何通过部署NFS供应商来实现存储类的动态供给，从而达到动态生成PV的目的。这种方式可以让Kubernetes自动创建PV并将其绑定到PVC上，从而简化存储管理的流程。

## 第 9 章

Kubernetes控制器：StatefulSet

Deployment和StatefulSet是Kubernetes中两种不同的控制器类型，它们各自的使用场景不同。Deployment适用于无状态应用，它可以创建多个Pod副本，并通过负载均衡器将流量分发给它们。Deployment还可以通过滚动更新机制实现无宕机更新。StatefulSet适用于有状态应用，比如数据库等需要稳定的网络标识符和持久化存储的应用，相较于其他控制器，StatefulSet具有以下好处。

- 稳定的网络标识符：StatefulSet中的Pod具有稳定的网络标识符，这使得在进行扩容、缩容、更新等操作时，可以保持应用的稳定性，避免因网络标识符的变化导致的数据丢失和服务中断等问题。
- 持久化存储：StatefulSet可以为每个Pod分配独立的持久化存储，这样即使Pod被删除或者重启，数据仍然可以被保留下来。这对于运行数据库等需要持久化存储的有状态应用非常重要。
- 有序部署和扩展：StatefulSet可以有序地部署和扩展应用，确保应用的每个实例都按照固定的顺序启动和关闭，避免了并发操作带来的问题，比如数据同步、分区重新平衡等。
- 有状态服务的发现：StatefulSet提供了有状态服务的发现能力，使得应用可以直接使用DNS名称或者Kubernetes Service来访问其他有状态服务。这也进一步提高了应用的可靠性和可维护性。

本章内容：

- StatefulSet控制器的概念和原理
- StatefulSet资源清单文件的编写技巧
- StatefulSet使用案例——部署Web站点
- StatefulSet管理Pod：扩容、缩容和更新

9.1　StatefulSet 控制器的概念和原理

StatefulSet是Kubernetes中一种用于管理有状态服务的控制器。它的特点是所管理的Pod具有固定的网络标识符和稳定的存储。

9.1.1　为什么使用 Headless Service

Headless Service是Kubernetes中一种特殊的Service，它的作用是为StatefulSet中的每个Pod分配一个稳定的DNS名称，从而使得Pod可以被其他Pod通过DNS解析的方式访问，实现有状态服务的发现。与普通的Service不同的是，Headless Service不会为Pod提供负载均衡和服务代理的功能。

在Kubernetes中，Headless Service是指没有分配Cluster IP的Service，它可以通过解析Service的DNS来返回所有Pod的DNS和IP地址。普通的Service只能返回Service的Cluster IP。

为什么要使用Headless Service呢？这是因为在使用Deployment时，创建的Pod名称是没有顺序的，而在使用StatefulSet管理Pod时，要求Pod名称必须是有序的，即每一个Pod不能被随意替换，且Pod重建后Pod名称还是一样的。这是因为Pod IP是会变化的，所以需要使用Pod名称来唯一标识Pod。而Headless Service可以给每个Pod一个唯一的名称。

具体来说，Headless Service会为Service分配一个域名，格式为：<Service Name>.$<Namespace Name>.svc.cluster.local，其中svc.cluster.local是Kubernetes集群的默认域名。

StatefulSet会为关联的Pod保持一个不变的Pod Name，格式为：$(StatefulSet Name)-$(Pod序号)。同时，StatefulSet 会为关联的Pod分配一个DNS名称，格式为：$<Pod Name>.$<Service Name>.$<Namespace Name>.svc.cluster.local。

总之，Headless Service能够为StatefulSet中的Pod提供唯一的名称，让它能够在重建后仍然能够被正确识别。

9.1.2　为什么使用 volumeClaimTemplate

volumeClaimTemplates是StatefulSet中用来定义 Pod 持久化存储的模板，它可以指定每个Pod的独立存储卷大小、名称、存储类等信息，并自动创建对应的PVC。这样每个Pod就可以拥有自己独立的持久化存储目录，避免了多Pod使用同一存储卷带来的数据混乱和数据丢失等问题。

在Kubernetes中，Volume是用来存储Pod的数据的一种机制。当我们需要在一个有状态的应用中使用持久化存储时，比如MySQL主从，在使用Deployment创建的存储卷是一个共享的存储卷，多个Pod使用同一个存储卷，它们的数据是同步的。然而，在StatefulSet定义中，每一个Pod都需要使用一个专用的存储卷，这就需要使用VolumeClaimTemplate。

VolumeClaimTemplate是一个Kubernetes资源对象，它定义了一组规则和属性，用于创建和配置PVC。当我们在StatefulSet中创建Pod时，VolumeClaimTemplate会自动生成一个PVC，并请求绑定一个PV。这样，每个Pod都有自己专用的存储卷，它们之间互相独立，不会互相干扰。

下面我们来看一个具体的案例，以MySQL主从复制为例。假设有一个MySQL主库和两个MySQL从库，每个库都需要有自己的数据存储卷。我们可以使用以下的StatefulSet定义来创建这些Pod：

```yaml
apiVersion: apps/v1
kind: StatefulSet
metadata:
  name: mysql
spec:
  serviceName: mysql
  replicas: 3
  selector:
    matchLabels:
      app: mysql
  template:
    metadata:
      labels:
        app: mysql
    spec:
      containers:
      - name: mysql
        image: mysql:latest
        ports:
        - containerPort: 3306
        volumeMounts:
        - name: mysql-data
          mountPath: /var/lib/mysql
  volumeClaimTemplates:
  - metadata:
      name: mysql-data
    spec:
      accessModes: [ "ReadWriteOnce" ]
      resources:
        requests:
          storage: 1Gi
```

在上面的定义中，我们定义了一个名为mysql的StatefulSet，它由3个Pod组成，每个Pod都会使用一个名为mysql-data的持久化存储卷。我们使用VolumeClaimTemplate来定义mysql-data的属性和规则，它请求绑定一个PV，存储大小为1GB，并且只能被单个Pod挂载。

在每个Pod的定义中，我们使用VolumeMounts来将mysql-data挂载到/var/lib/mysql目录下，这样每个Pod都有自己专用的存储空间，不会和其他Pod互相干扰。

　　总之，VolumeClaimTemplate是一个非常有用的Kubernetes资源对象，它可以帮助我们在有状态的应用中使用持久化存储，并保证每个Pod都有自己独立的存储空间。

9.2　StatefulSet 资源清单文件的编写技巧

　　StatefulSet是一种用于部署有状态应用的Kubernetes资源，需要编写清单文件来定义StatefulSet资源。在编写清单文件时，可以通过kubectl explain命令来查看StatefulSet所需要的字段和对应的定义。以下是编写StatefulSet资源清单文件的技巧。

9.2.1　定义 API 版本和资源类型

　　在StatefulSet清单文件中，需要先定义API版本和资源类型，以告诉Kubernetes该清单文件属于哪种资源类型，以及使用哪个API版本。例如：

```
apiVersion: apps/v1
kind: StatefulSet
```

9.2.2　定义 StatefulSet 的 spec 字段

　　在定义StatefulSet的spec字段时，需要声明欲部署的Pod副本数、Pod标签选择器、生成Pod的模板以及存储卷申请模板等信息。例如：

```
spec:
  replicas: 3
  selector:
    matchLabels:
      app: mysql
  serviceName: mysql
  template:
    metadata:
      labels:
        app: mysql
    spec:
      containers:
      - name: mysql
        image: mysql:5.7
        ports:
        - containerPort: 3306
        volumeMounts:
        - name: data
          mountPath: /var/lib/mysql
  volumeClaimTemplates:
  - metadata:
      name: data
```

```
spec:
  accessModes: [ "ReadWriteOnce" ]
  resources:
    requests:
      storage: 10Gi
```

其中，selector中的matchLabels应该与template中的metadata中的labels相匹配，用来选择欲部署的Pod。

9.2.3　定义 Pod 模板

在StatefulSet清单文件中，Pod模板定义了需要生成的Pod对象的各种属性，包括元数据和容器属性等。例如：

```
template:
  metadata:
    labels:
      app: mysql
  spec:
    containers:
    - name: mysql
      image: mysql:5.7
      ports:
      - containerPort: 3306
      volumeMounts:
      - name: data
        mountPath: /var/lib/mysql
```

在Pod模板中，需要定义容器的名称、镜像名称、端口号、挂载的存储卷等信息。这里需要注意的是，在selector中定义的标签选择器必须能够匹配到Pod模板的metadata中定义的Pod标签，否则Kubernetes将不允许创建StatefulSet。

综上所述，编写StatefulSet清单文件需要定义API版本、资源类型、Pod副本数、标签选择器、Pod模板等信息。在编写清单文件时，建议使用kubectl explain命令来查看各个字段的定义，以确保清单文件的正确性。

9.3　StatefulSet 使用案例：部署 Web 站点

本节将通过部署一个Web站点的案例来介绍StatefulSet控制器的实际应用。具体实现步骤如下。

9.3.1　创建存储类

首先，创建一个存储类，用于提供后端存储服务。

```
cat class-web.yaml
apiVersion: storage.k8s.io/v1
kind: StorageClass
metadata:
  name: nfs-web
provisioner: example.com/nfs
```

这段YAML代码定义了一个存储类，名字为nfs-web，供应商为example.com/nfs。我们可以使用kubectl apply命令来应用这个资源清单文件：

```
kubectl apply -f class-web.yaml
```

9.3.2　创建 StatefulSet 资源

接下来，创建一个StatefulSet资源，用于管理Pod副本。对应YAML文件的statefulset.yaml文件内容如下：

```
apiVersion: v1
kind: Service
metadata:
  name: nginx
  labels:
    app: nginx
spec:
  ports:
  - port: 80
    name: web
  clusterIP: None
  selector:
    app: nginx
---
apiVersion: apps/v1
kind: StatefulSet
metadata:
  name: web
spec:
  selector:
    matchLabels:
      app: nginx
  serviceName: "nginx"
  replicas: 2
  template:
    metadata:
      labels:
        app: nginx
    spec:
      containers:
      - name: nginx
        image: nginx
```

```
        ports:
        - containerPort: 80
          name: web
        volumeMounts:
        - name: www
          mountPath: /usr/share/nginx/html
  volumeClaimTemplates:
  - metadata:
      name: www
    spec:
      accessModes: ["ReadWriteOnce"]
      storageClassName: "nfs-web"
      resources:
        requests:
          storage: 1Gi
```

这段YAML代码定义了一个名为web的StatefulSet资源，它将管理两个Pod副本，使用Nginx镜像提供Web服务。StatefulSet必须要有Service字段，因此我们在这里定义了一个名为nginx的Service。

其中，selector字段指定了该StatefulSet资源要管理哪些Pod，serviceName字段指定了关联的Service名字，replicas字段指定了要创建多少个Pod副本。template字段定义了Pod的模板，其中的containers字段定义了容器的信息，包括容器名字、使用的镜像、暴露的端口和挂载的卷。volumeClaimTemplates字段定义了卷申请模板，用于声明Pod需要的存储大小和存储类。

我们可以使用kubectl apply命令来应用这个资源清单文件：

```
kubectl apply -f statefulset.yaml
```

9.3.3　查看 StatefulSet 是否创建成功

使用以下命令可以检查StatefulSet是否创建成功：

```
kubectl get statefulset
```

输出结果类似于如下所示：

```
NAME   READY   AGE
web    2/2     42s
```

9.3.4　查看 StatefulSet 管理的 Pod

可以使用以下命令查看StatefulSet管理的Pod：

```
kubectl get pods
```

输出结果类似于如下所示：

```
NAME    READY   STATUS    RESTARTS   AGE
web-0   1/1     Running   0          49s
```

```
web-1   1/1   Running   0       49s
```

可以看到，StatefulSet创建了两个Pod，它们的名字分别为web-0和web-1。

9.4　StatefulSet 管理 Pod：扩容、缩容和更新案例

StatefulSet是Kubernetes中的一种控制器，它用于管理有状态应用程序的Pod。相比于Deployment，StatefulSet更适用于有状态应用程序，如数据库、缓存等。

以下是一些实际案例分享。

9.4.1　案例 1：扩容

假设我们有一个运行在Kubernetes上的MySQL数据库集群，其中有3个Pod。由于应用程序的流量增加，我们需要增加一个MySQL实例来满足需求。可以通过以下命令来扩容：

```
kubectl scale statefulset mysql --replicas=4
```

这将使StatefulSet管理的Pod数量增加到4个。Kubernetes将会自动创建一个新的Pod来满足副本数的要求。

9.4.2　案例 2：缩容

现在假设我们的应用程序流量减少，需要缩小MySQL集群。可以使用以下命令：

```
kubectl scale statefulset mysql --replicas=2
```

这将删除两个Pod并减少StatefulSet的副本数。需要注意的是，缩容操作将会停止Pod并删除它们，因此需要确保我们已经备份了所有的数据。

9.4.3　案例 3：更新

在Kubernetes中更新有状态应用程序需要一些特别的注意事项，因为有状态应用程序的Pod有一个稳定的网络标识符（如Pod名称）。为了避免中断，我们需要逐个更新Pod。以下是一个更新MySQL集群的示例。

编辑StatefulSet的YAML文件并更新镜像版本。然后，使用以下命令逐个更新Pod：

```
kubectl patch statefulset mysql -p
'{"spec":{"template":{"metadata":{"annotations":{"date":"'"$(date +%s)"'"}}}}}'
```

这将触发StatefulSet控制器在一个Pod被终止后自动创建一个新的Pod，更新镜像版本。

总之，StatefulSet在管理有状态应用程序时非常有用。通过使用Kubernetes提供的自动化功能，我们可以轻松地扩展、缩小和更新有状态应用程序。

9.5　本章小结

本章介绍了Kubernetes中的StatefulSet控制器，与Deployment控制器进行了比较，以便理解无状态服务在Kubernetes中的部署方式。本章还解释了StatefulSet的概念、原理，如何进行Pod的扩容、缩容和更新，并讲解了编写StatefulSet资源清单的技巧。通过一个部署Web网站的示例，展示了如何使用StatefulSet控制器来实现实战项目。此外，本章还介绍了Kubernetes中的Headless Service和域名解析的相关知识。通过本章内容，读者可以深入了解StatefulSet控制器，并能够成功地使用它来部署自己的应用程序。

第 10 章

Kubernetes控制器：
DaemonSet

10

DaemonSet是Kubernetes中一种用于在集群中的每个节点上运行一个Pod
副本的控制器对象。它确保在集群中的每个节点上都运行一个Pod副本，即使
节点的数量在变化，也能够保证每个节点上的Pod数量一致。

虽然Deployment和StatefulSet控制器可以实现在Kubernetes集群中部署和
管理应用程序的目的，但是它们并不能保证每个节点都有一个Pod副本运行，
这在某些场景下可能会成为问题，比如在每个节点上运行某个守护进程或者监
控代理等，这时就需要使用DaemonSet 控制器来保证每个节点都有一个Pod副
本运行。

此外，DaemonSet控制器也可以实现Deployment和StatefulSet 控制器无法
实现的功能，例如在特定节点上运行Pod、定期在节点上重新启动Pod、使用节
点的特定资源等。

因此，学习DaemonSet控制器对于掌握Kubernetes集群的全面管理和提高
部署应用程序的能力是非常有帮助的。同时，掌握多种控制器的使用方法可以
根据具体情况选择最合适的控制器，以实现最佳的性能和可靠性。

本章内容：

- DaemonSet如何管理Pod
- DaemonSet资源清单文件的编写技巧
- DaemonSet使用案例：部署日志收集组件fluentd
- DaemonSet管理Pod：滚动更新

10.1　DaemonSet 如何管理 Pod

DaemonSet是Kubernetes中的一种控制器对象，它能够确保在Kubernetes集群的每个节点上都运行一个相同的Pod副本。与Deployment不同，Deployment部署的副本Pod可能会在集群中的各个节点上运行，而DaemonSet控制器只会在每个节点上运行一个Pod副本。因此，DaemonSet控制器通常用于在每个节点上运行一些基础设施组件和需要在每个节点上运行的应用程序。

DaemonSet控制器的工作原理是通过监听Kubernetes的DaemonSet对象、Pod对象和Node对象来触发syncLoop循环，让Kubernetes集群朝着DaemonSet对象描述的状态进行演进。当向Kubernetes集群中增加节点时，DaemonSet控制器会自动在新节点上创建一个新的Pod副本；当节点从集群中移除时，这些Pod也会自动删除。

下面是一些DaemonSet的典型应用场景。

- 存储：在集群的每个节点上运行存储组件，比如GlusterFS或Ceph，从而实现数据的持久化和高可用性。
- 日志收集：在每个节点上运行日志收集组件，比如Fluentd、Logstash、Filebeat等，从而实现集中式的日志收集和分析。
- 监控：在每个节点上运行监控组件，比如Prometheus、Node Exporter、Collectd等，从而实现对集群健康状态的实时监控和告警。

与Deployment相比，DaemonSet的最大区别在于每个节点上最多只能运行一个Pod副本。因此，如果需要在每个节点上运行一个副本，就应该使用DaemonSet 控制器；如果需要在集群中的各个节点上运行多个副本，就应该使用Deployment控制器。

举例来说，假设我们需要在Kubernetes集群中运行一个MySQL数据库，每个节点上只能运行一个MySQL实例。这种情况下，可以使用DaemonSet控制器来确保每个节点上都运行一个MySQL实例。另外，如果需要在集群中运行一个Web应用程序，需要多个副本并且可以分布在各个节点上，这种情况下就应该使用Deployment控制器。

10.2　DaemonSet 资源创建方法

10.2.1　DaemonSet 资源清单的定义方法

DaemonSet是一种在Kubernetes集群中运行特定Pod的控制器，它可以确保在集群的每个节点上运行一份相同的Pod副本，因此它通常用于在每个节点上运行一些系统级别的服务，如监控、日志收集等。本节我们来介绍如何通过YAML文件定义一个DaemonSet资源。

定义DaemonSet资源需要的字段包括apiVersion、kind、metadata、spec和status。其中，apiVersion和kind字段指定了当前资源使用的API版本和资源类型，分别应该设置为apps/v1和DaemonSet。metadata字段用于定义DaemonSet的名称和标签，代码如下：

```
apiVersion: apps/v1
kind: DaemonSet
metadata:
  name: my-daemonset
  labels:
    app: my-app
```

spec字段则用于定义DaemonSet的具体配置，包括选择器、Pod模板和升级策略等。其中，selector字段用于匹配需要运行的Pod，通常可以根据节点的标签进行匹配，代码如下：

```
spec:
  selector:
    matchLabels:
      app: my-app
```

template字段则用于定义需要运行的Pod模板，其中包括容器镜像、端口、环境变量等信息。需要注意的是，在DaemonSet中，每个节点上运行的Pod副本都是一样的，因此需要确保Pod模板的所有参数都相同，代码如下：

```
spec:
  template:
    metadata:
      labels:
        app: my-app
    spec:
      containers:
      - name: my-container
        image: my-image
        ports:
        - containerPort: 80
        env:
        - name: ENV_VAR
          value: "value"
```

除了Pod模板之外，还需要配置升级策略，以确保DaemonSet能够动态更新Pod副本。在默认情况下，DaemonSet会自动更新所有节点上的Pod副本，因此通常不需要特别配置。如果需要手动更新Pod副本，则可以设置updateStrategy字段为OnDelete，代码如下：

```
spec:
  updateStrategy:
    type: OnDelete
```

最后，需要注意的是，DaemonSet资源是有状态的资源，因此不能直接修改status字段，而是需要通过观察DaemonSet的Pod状态来了解当前的状态信息。可以通过kubectl describe ds命令或Kubernetes Dashboard来查看DaemonSet的状态信息。

综上所述，定义一个简单的DaemonSet资源的YAML文件如下：

```
apiVersion: apps/v1
kind: DaemonSet
metadata:
  name: my-daemonset
  labels:
    app: my-app
spec:
  selector:
    matchLabels:
      app: my-app
  template:
    metadata:
      labels:
        app: my-app
    spec:
      containers:
      - name: my-container
        image: my-image
        ports:
        - containerPort: 80
        env:
        - name: ENV_VAR
          value: "value"
  updateStrategy:
    type: RollingUpdate
    rollingUpdate:
      maxUnavailable: 0
      maxSurge: 1
```

在这个示例中，我们定义了一个名为my-daemonset的DaemonSet资源，它会在每个节点上运行一个名为my-container的容器，使用my-image镜像并将80端口暴露出去。我们还指定了一个名为ENV_VAR的环境变量，并设置了升级策略为RollingUpdate，允许更新时最少1个pod，最多2个pod。这样，当需要更新DaemonSet时，Kubernetes会先创建一个新的Pod副本，再逐渐停止旧的Pod副本，以确保DaemonSet的持续可用性。

10.2.2　DaemonSet 使用案例：部署日志收集组件 Fluentd

本节将介绍如何通过YAML文件定义一个DaemonSet，以在Kubernetes集群中部署日志收集组件fluentd的DaemonSet为例。

1. 编写一个 DaemonSet 资源清单

首先，编写一个DaemonSet资源清单，该清单包含所需的元数据和配置信息。以下是一个清单示例：

```
apiVersion: apps/v1
kind: DaemonSet
metadata:
  name: fluentd-elasticsearch
  namespace: kube-system
  labels:
    k8s-app: fluentd-logging
spec:
  selector:
    matchLabels:
      name: fluentd-elasticsearch
  template:
    metadata:
      labels:
        name: fluentd-elasticsearch
    spec:
      tolerations:
      - key: node-role.kubernetes.io/master
        effect: NoSchedule
      containers:
      - name: fluentd-elasticsearch
        image: xianchao/fluentd:v2.5.1
        resources:
          limits:
            memory: 200Mi
          requests:
            cpu: 100m
            memory: 200Mi
        volumeMounts:
        - name: varlog
          mountPath: /var/log
          readOnly: true
        - name: varlibdockercontainers
          mountPath: /var/lib/docker/containers
          readOnly: true
      terminationGracePeriodSeconds: 30
      volumes:
      - name: varlog
        hostPath:
          path: /var/log
      - name: varlibdockercontainers
        hostPath:
          path: /var/lib/docker/containers
```

10

2. 解析 DaemonSet 资源清单

让我们来看看上述示例的各个部分。

- apiVersion: 表示使用的API版本，这里是apps/v1。
- kind: 表示资源类型，这里是DaemonSet。
- metadata: 包含资源的元数据，包括资源的名称、命名空间和标签等。
- spec: 上述资源的详细配置信息，包括选择器、Pod模板和容器配置等。

在该示例中，我们定义了一个名为fluentd-elasticsearch的DaemonSet，它将在kube-system命名空间下运行。该DaemonSet具有一个名为k8s-app: fluentd-logging的标签，以便其他资源可以通过标签选择器选择它。

在spec部分，我们定义了一个选择器，它通过matchLabels指定了需要选择的Pod模板的标签。我们还定义了一个Pod模板，它包含一个名为fluentd-elasticsearch的容器。

该容器使用了一个名为xianchao/fluentd:v2.5.1的镜像，配置了资源配额，限制了内存使用和CPU使用等。该容器还挂载了两个卷，一个是名为varlog的卷，将本地目录/var/log挂载到容器中；另一个是名为varlibdockercontainers的卷，将本地目录/var/lib/docker/containers挂载到容器中。这两个卷都是只读的。

3. 部署 DaemonSet

使用Kubectl命令行工具创建DaemonSet资源清单：

```
kubectl apply -f fluentd-elasticsearch.yaml
```

此时，Kubernetes会创建一个名为fluentd-elasticsearch的DaemonSet资源。它将确保在集群的每个节点上都运行一个名为fluentd-elasticsearch的Pod，以收集和发送日志到Elasticsearch中。

4. 查看 DaemonSet 的状态

通过Kubectl命令行工具查看DaemonSet的状态：

```
kubectl get daemonset fluentd-elasticsearch -n kube-system
```

该命令将返回一个类似于以下内容的输出：

```
NAME                    DESIRED  CURRENT  READY  UP-TO-DATE  AVAILABLE  NODE SELECTOR  AGE
fluentd-elasticsearch   3        3        3      3           3          <none>         1d
```

其中，DESIRED表示该DaemonSet需要的Pod副本数，CURRENT表示当前运行的Pod副本数，READY表示就绪的Pod副本数，UP-TO-DATE表示正在运行的Pod副本是否与期望的一致，AVAILABLE表示可以提供服务的Pod副本数，NODE SELECTOR表示此DaemonSet的节点选择器，AGE表示该DaemonSet的创建时间。

通过上述命令可以查看DaemonSet是否成功创建以及运行状态是否正常。

5. 查看 Pod 的状态

通过Kubectl命令行工具查看Pod的状态：

```
kubectl get pods -n kube-system -l name=fluentd-elasticsearch
```

该命令将返回一个类似于以下内容的输出：

```
NAME                             READY   STATUS    RESTARTS   AGE
fluentd-elasticsearch-0k0m7      1/1     Running   0          1d
fluentd-elasticsearch-52kwx      1/1     Running   0          1d
fluentd-elasticsearch-nvz2r      1/1     Running   0          1d
```

其中，READY表示该Pod是否已准备好提供服务，STATUS表示该Pod的当前状态，RESTARTS表示该Pod重新启动的次数，AGE表示该Pod的创建时间。

通过上述命令可以查看fluentd-elasticsearch Pod的状态是否正常。如果出现错误或Pod不可用，则需要检查日志或执行其他命令来解决问题。

通过以上步骤，就可以成功地在Kubernetes集群中部署一个DaemonSet来收集和发送日志到Elasticsearch中。

10.2.3　DaemonSet 管理 Pod：滚动更新

在Kubernetes中，DaemonSet是一种控制器，用于在整个集群中运行一组Pod副本。它确保在每个节点上都运行一个Pod副本，从而实现集群级别的服务部署和管理。而滚动更新是一种常见的更新策略，可以逐步将旧的Pod副本替换为新的Pod副本，从而实现服务的无缝升级。

要使用DaemonSet实现Pod的滚动更新，首先需要了解DaemonSet的滚动更新策略。可以使用以下命令查看DaemonSet的滚动更新策略：

```
kubectl explain ds.spec.updateStrategy
```

执行以上命令后将会得到DaemonSet的更新策略信息，如下所示：

```
FIELDS:
    type <string>
      Possible enum values:
        - `"OnDelete"` #策略设置为OnDelete时，旧的Pod副本只会在被手动删除时才会被替换为新的Pod
副本。换句话说，只有当手动删除Pod时，新的Pod副本才会被创建。这种策略可能会导致更新不及时，因为不会自动
触发Pod的替换，但它可以避免在滚动更新期间出现服务中断
        - `"RollingUpdate"` #这是DaemonSet的滚动更新策略之一，当DaemonSet中的Pod需要更新时，
它会按照滚动更新的方式逐步替换旧的Pod副本为新的Pod副本。具体来说，它会逐个节点地将旧的Pod副本替换为新
的Pod副本，确保在更新的过程中，每个节点上只有一个Pod副本处于不可用状态，而其他Pod副本保持正常运行。这
样可以确保在更新过程中服务不会中断
```

我们看到，其中包含两种策略，分别是rollingUpdate和onDelete。

rollingUpdate是DaemonSet的滚动更新策略之一，也是最常用的滚动更新策略，支持多种更新逻辑，查看rollingUpdate支持哪些更新逻辑可以按照下面的命令查看：

```
kubectl explain ds.spec.updateStrategy.rollingUpdate
```

显示内容如下：

```
FIELDS:
   maxSurge <string>
   maxUnavailable   <string>
```

MaxUnavailable是rollingUpdate更新策略中的一个参数，表示支持的最大不可用Pod副本数量。具体而言，它指定了在滚动更新期间允许的最大不可用Pod副本数量。在滚动更新过程中，会根据设定的更新策略决定pod更新方式。

以下是使用DaemonSet进行滚动更新的示例。假设有一个名为my-daemonset的DaemonSet，它有3个Pod副本正在运行。现在需要将这些Pod副本更新为最新的版本。可以通过以下命令实现：

```
kubectl set image ds/my-daemonset my-container=new-image:latest --v 6
```

该命令将会对my-daemonset中名为my-container的容器进行镜像更新，将其更新为new-image:latest，并使用6个并发协程进行滚动更新。

如果想使用OnDelete更新策略，可以通过以下命令实现：

```
kubectl patch ds/my-daemonset -p '{"spec":{"updateStrategy":{"type":"OnDelete"}}}'
```

该命令将my-daemonset的更新策略修改为OnDelete，这意味着只有在旧的Pod副本被删除时才会创建新的Pod副本。这样可以避免滚动更新期间的服务中断，但可能会导致一些节点上的Pod副本更新不及时。

综上所述，使用DaemonSet进行滚动更新需要了解DaemonSet的滚动更新策略，以及rollingUpdate和OnDelete两种更新策略的区别和适用场景。同时，在进行滚动更新时，要确保服务不会中断，并尽可能保证所有节点上的Pod副本都及时更新到新版本。

10.3　本章小结

本章主要介绍了Kubernetes中的DaemonSet控制器，它可以用来在整个集群中运行一组Pod副本，以确保在每个节点上运行一个Pod副本，从而实现集群级别的服务部署和管理。读者应掌握以下要点：

（1）DaemonSet控制器的概念和原理：DaemonSet是一种控制器，可以在整个集群中运行一组Pod副本，以确保在每个节点上运行一个Pod副本，从而实现集群级别的服务部署和管理。DaemonSet通过在每个节点上创建一个Pod副本来实现这个目标，而这个Pod副本会一直运行，直到DaemonSet被删除。

（2）如何管理DaemonSet中的Pod：可以使用kubectl命令管理DaemonSet中的Pod，包括创建、删除、更新等操作。同时，可以通过指定节点选择器或使用Node Affinity来指定DaemonSet在哪些节点上运行。

（3）DaemonSet典型的应用场景：DaemonSet控制器适用于需要在每个节点上运行一个副本的场景，例如运行日志收集组件、运行监控代理、运行网络插件等。

（4）DaemonSet资源编写技巧：在编写DaemonSet资源时，需要注意容器的资源限制和调度策略，以确保不会占用过多的资源。同时，还需要考虑容器的生命周期管理，例如如何进行健康检查、如何处理容器退出等。

（5）部署日志收集组件：通过使用DaemonSet控制器来部署日志收集组件，可以方便地在每个节点上运行一个副本，从而收集节点上的日志信息，并将其发送到中央日志存储系统中。

（6）滚动更新Pod：使用DaemonSet控制器可以实现Pod的滚动更新，从而实现服务的无缝升级。可以通过修改DaemonSet的更新策略，例如rollingUpdate或OnDelete，来控制更新的方式和速度。

综上所述，DaemonSet是一个非常实用的控制器，可以用来实现集群级别的服务部署和管理。在实际使用中，需要根据具体的需求和场景来选择合适的参数和策略，以达到最佳的效果。

第 11 章

配置管理中心ConfigMap和Secret

11

ConfigMap和Secret是Kubernetes中的两种资源对象，它们的主要作用是帮助管理应用程序中的配置数据和敏感数据，实现应用程序的可移植性和可扩展性。

具体来说，ConfigMap是一种用于保存非机密性的配置数据的资源对象。可以使用"键–值对"（Key-Value Pair）或文件的形式保存数据。在部署应用程序、配置Pod或设置容器环境变量时，可以使用ConfigMap来注入配置数据。例如，可以使用ConfigMap来注入数据库连接信息、API密钥等常见的配置数据。

Secret是一种用于保存敏感数据的资源对象，例如密码、私钥等，数据会被加密存储。Secret适用于需要在应用程序中使用敏感数据的场景。可以使用Secret注入敏感数据到容器中，以保证数据的安全性。例如，可以使用Secret注入TLS证书、数据库密码等敏感数据。

通过使用ConfigMap和Secret，可以使应用程序的配置数据和敏感数据更易于管理，实现应用程序的可移植性和可扩展性。在实际应用中，可以根据具体的需求和场景来选择合适的参数和策略，以达到最佳的效果。

本章内容：

* ConfigMap概述
* ConfigMap的创建方法
* 使用ConfigMap
* Secret概述
* 使用Secret

11.1　ConfigMap 概述

ConfigMap是Kubernetes中的资源对象，用于保存非机密性的配置信息，可以用"键-值对"的形式保存，也可通过文件的形式保存。ConfigMap可以作为Volume挂载到Pod中，实现统一的配置管理，使得配置信息和Docker镜像解耦，以便实现镜像的可移植性和可复用性。在容器启动时，配置文件可以按照原有的方式读取容器特定目录上的配置文件，对应用没有任何侵入。

ConfigMap的应用场景有很多。首先，在使用Kubernetes部署应用时，将应用配置写进代码中会导致更新配置时需要重新打包镜像，而使用ConfigMap可以避免这种情况，使得镜像的更新更加方便和快捷。ConfigMap的注入方式有两种，一种是将ConfigMap作为存储卷，另一种是将ConfigMap通过env中的ConfigMapKeyRef注入容器中。其次，在微服务架构中，存在多个服务共用配置的情况，使用ConfigMap可以友好地进行配置共享。

举一个例子，假设我们有一个前后端分离的Web应用，后端采用Spring Boot框架开发，而前端采用Vue.js框架开发。假设我们需要在不同环境中修改应用的数据库连接地址，而且后端和前端的连接地址是不同的，此时使用ConfigMap就非常方便。我们可以将后端和前端的连接地址分别存储在两个不同的ConfigMap中，然后将ConfigMap作为Volume挂载到Pod中，或者通过env中的configMapKeyRef注入容器中，这样就可以方便地修改数据库连接地址，而无须重新打包应用的镜像。

当然，ConfigMap也有一些局限性，它在设计上不适用于保存大量数据。ConfigMap中保存的数据不可超过1 MB。如果需要保存超出此限制的数据，可以考虑挂载其他的存储卷。

总之，ConfigMap是Kubernetes中非常重要的资源对象之一，能够实现统一的配置管理，减少手动修改配置的工作量，提高部署的可靠性和稳定性。

11.2　ConfigMap 的创建方法

ConfigMap是Kubernetes中的一种资源对象，用于保存应用程序的配置数据，如环境变量、配置文件等。它是一个"键-值对"集合，可以通过多种方式创建，包括通过命令行直接创建、通过文件创建、指定目录创建以及编写ConfigMap资源清单YAML文件。

1. 通过命令行直接创建

通过指定ConfigMap参数来创建，可以使用--from-literal选项指定参数的值。例如，以下命令将创建一个名为tomcat-config的ConfigMap，它具有两个key：tomcat_port和server_name。

```
kubectl create configmap tomcat-config --from-literal=tomcat_port=8080
--from-literal=server_name=myapp.tomcat.com
```

2. 通过文件创建

可以使用--from-file选项从文件中创建ConfigMap。例如，以下命令将创建一个名为www-nginx的ConfigMap，它有一个名为www的key，其值为指定文件中的内容。

```
kubectl create configmap www-nginx --from-file=www=./nginx.conf
```

3. 指定目录创建

可以通过指定目录来创建ConfigMap。例如，以下命令将创建一个名为mysql-config的ConfigMap，它包含指定目录中的所有文件，每个文件都是一个"键—值对"。

```
kubectl create configmap mysql-config --from-file=/root/test-a/
```

4. 编写ConfigMap资源清单YAML文件

可以编写ConfigMap资源清单YAML文件来创建ConfigMap。例如，以下是一个名为mysql-config的ConfigMap资源清单YAML文件示例：

```
apiVersion: v1
kind: ConfigMap
metadata:
  name: mysql-config
  labels:
    app: mysql
data:
  master.cnf: |
    [mysqld]
    log-bin
    log_bin_trust_function_creators=1
    lower_case_table_names=1
  slave.cnf: |
    [mysqld]
    super-read-only
    log_bin_trust_function_creators=1
```

上述清单文件定义了一个名为mysql-config的ConfigMap，它有两个key，分别是master.cnf和slave.cnf。每个key的值是对应配置文件中的内容。例如，master.cnf文件里的内容如下：

```
[mysqld]
log-bin
log_bin_trust_function_creators=1
lower_case_table_names=1
```

slave.cnf文件里的内容是：

```
[mysqld]
super-read-only
```

```
log_bin_trust_function_creators=1
```

例如，使用以下命令可以将上述清单文件应用到Kubernetes集群中：

```
kubectl apply -f mysql-configmap.yaml
```

这将创建一个名为mysql-config的ConfigMap对象。

总之，ConfigMap可以通过多种方式创建，并且可以方便地为Kubernetes中的应用程序提供配置数据。

11.3 案例：使用 ConfigMap 维护 Pod 中容器的配置信息

11.3.1 通过环境变量引入：configMapKeyRef

在Kubernetes中，用户可以使用环境变量引用ConfigMap中的数据。当容器启动时，Kubernetes会将ConfigMap数据作为环境变量注入容器的进程中。为了使用ConfigMap中的数据，用户需要在Pod的规范（spec）中定义一个env字段，并指定ConfigMap中的"键－值对"。

Kubernetes提供了一个名为configMapKeyRef的字段，用于从ConfigMap中获取环境变量的值。configMapKeyRef包括两个必填字段：name和key。其中，name表示ConfigMap的名称，key表示ConfigMap中的键（key）。Kubernetes会使用这些字段获取ConfigMap中指定键的值，并将其注入容器的进程中。

本小节介绍如何在Kubernetes中使用ConfigMap将MySQL配置注入Pod中。具体实现步骤如下。

1. 创建一个存储MySQL配置的ConfigMap

首先创建一个ConfigMap，用于存储MySQL的配置信息。可以通过以下命令创建：

```
kubectl create configmap mysql --from-literal=log=1 --from-literal=lower=1
```

其中，mysql为ConfigMap的名称，log和lower为ConfigMap中的两个"键－值对"，分别对应MySQL的两个配置项。可以根据实际需要添加或修改"键－值对"。

2. 更新资源清单文件

执行以下命令，将ConfigMap的定义应用到Kubernetes中：

```
kubectl apply -f mysql-configmap.yaml
```

其中，mysql-configmap.yaml为存储ConfigMap定义的YAML文件名。

3. 创建Pod，引用ConfigMap中的内容

创建一个Pod，并将ConfigMap中的配置注入Pod的环境变量中。可以通过以下YAML文件创建Pod：

```
apiVersion: v1
kind: Pod
metadata:
  name: mysql-pod
spec:
  containers:
  - name: mysql
    image: busybox
    command: [ "/bin/sh", "-c", "sleep 3600" ]
    env:
    - name: log_bin
      valueFrom:
        configMapKeyRef:
          name: mysql
          key: log
    - name: lower
      valueFrom:
        configMapKeyRef:
          name: mysql
          key: lower
  restartPolicy: Never
```

其中，env用于定义环境变量，valueFrom指定了环境变量的值来源为ConfigMap。

4. 更新资源清单文件

执行以下命令，将Pod的定义应用到Kubernetes中：

```
kubectl apply -f mysql-pod.yaml
```

mysql-pod.yaml为存储Pod定义的YAML文件名。

5. 测试ConfigMap是否挂载到Pod中

通过以下命令进入Pod：

```
kubectl exec -it mysql-pod -- /bin/sh
```

- kubectl exec: Kubernetes 命令行工具Kubectl的一个子命令，用于在一个运行中的Pod中执行命令。
- -it: 启动一个交互式的终端会话，用户可以在终端交互地输入命令。
- mysql-pod: 要执行命令的Pod的名称。
- --: 表示Kubectl命令行工具的参数结束，后面的/bin/sh是在容器中要执行的命令。

执行该命令后，可以在Pod的容器中执行命令。通过以下命令可以查看环境变量：

```
Printenv
```

如果输出结果中包含log_bin和lower两个环境变量，并且它们的值都为1，则表明ConfigMap已经成功地挂载到了Pod中。

案例分析：

在Kubernetes中，使用ConfigMap注入配置是一种常见的做法。在本案例中，我们使用了ConfigMap将MySQL的配置注入Pod的环境变量中，从而使得Pod可以通过环境变量来获取MySQL的配置。这种做法具有如下优点：

- 可以动态地修改MySQL的配置，而无须修改Pod的定义。
- 可以在多个Pod中重复使用相同的MySQL配置

11.3.2　通过环境变量引入：使用 envfrom

在Kubernetes中，可以使用envFrom字段从ConfigMap或Secret中自动导入环境变量到容器中，而不必一个一个地指定，这使得容器的环境变量管理更加方便。

envFrom可以指定ConfigMap或Secret的名称，并将其包含的所有"键－值对"都作为容器的环境变量注入。对于ConfigMap和Secret，它们可以来自同一个命名空间，也可以来自不同的命名空间。

使用envFrom需要将valueFrom字段设置为configMapRef或secretRef，并设置相应的名称。

以下是一个使用envFrom的示例：

```
apiVersion: v1
kind: Pod
metadata:
 name: envfrom-pod
spec:
 containers:
 - name: my-container
   image: my-image
   envFrom:
   - configMapRef:
       name: my-configmap
   - secretRef:
       name: my-secret
```

在上述示例中，envFrom字段包含两个元素，分别从ConfigMap和Secret中导入环境变量。configMapRef和secretRef字段指定了要使用的ConfigMap和Secret的名称。这样，在容器启动时，这些环境变量会自动注入容器中。

需要注意的是，使用envFrom时，ConfigMap和Secret的"键－值对"的名称必须符合环境变量的命名规范。如果键名不符合命名规范，则需要使用env字段手动指定键名。

11.3.3　把 ConfigMap 做成 Volume，挂载到 Pod

在Kubernetes中，可以将ConfigMap作为Volume挂载到Pod中，这意味着Pod可以像使用普通目录一样使用ConfigMap中的数据。

具体地说，可以使用以下步骤将ConfigMap作为Volume挂载到Pod中：

（1）创建一个ConfigMap，其中包含要挂载的文件或目录。

（2）创建一个Pod，并在其spec部分定义一个Volume。

（3）将ConfigMap作为Volume的一部分添加到Pod的spec部分。

（4）在容器的spec部分定义一个volumeMount，将ConfigMap volume挂载到容器的文件系统中。

下面是一个示例，演示了如何将ConfigMap作为Volume挂载到Pod中：

（1）创建一个ConfigMap，其中包含要挂载的文件或目录：

```yaml
apiVersion: v1
kind: ConfigMap
metadata:
  name: my-configmap
data:
 my-file.txt: |
   This is some text in my file.
```

（2）创建一个Pod，并在其spec部分定义一个Volume：

```yaml
apiVersion: v1
kind: Pod
metadata:
 name: my-pod
spec:
  containers:
  - name: my-container
    image: nginx
    volumeMounts:
    - name: config-volume
      mountPath: /etc/my-config
  volumes:
  - name: config-volume
    configMap:
      name: my-configmap
```

在上述清单文件中，我们创建了一个名为my-pod的Pod，并定义了一个名为config-volume的Volume。此外，我们在容器的spec部分定义了一个volumeMount，将config-volume挂载到容器的文件系统中。

（3）将ConfigMap作为Volume的一部分添加到Pod的spec部分：

在上述清单文件中，使用了以下代码将ConfigMap作为Volume的一部分添加到Pod的spec部分：

```
volumes:
- name: config-volume
  configMap:
    name: my-configmap
```

这会将名为my-configmap的ConfigMap作为名为config-volume的Volume添加到Pod的spec部分。

（4）在容器的spec部分定义一个volumeMount，将ConfigMap Volume挂载到容器的文件系统中。

在上述清单文件中，使用了以下代码将ConfigMap Volume挂载到容器的文件系统中：

```
volumeMounts:
- name: config-volume
  mountPath: /etc/my-config
```

这将名为config-volume的Volume挂载到容器的文件系统的/etc/my-config目录中。

当Pod启动时，Kubernetes会将ConfigMap Volume中的数据映射到容器的文件系统中，从而使容器能够访问ConfigMap中的数据。在这个例子中，容器可以访问my-file.txt文件，并在/etc/my-config目录中找到该文件。

11.4　Secret 基本介绍及使用案例

Secret是一种用于存储和管理敏感数据的Kubernetes对象。它可以用来存储诸如密码、API密钥和证书等敏感信息，以供Pod中的容器使用。与ConfigMap类似，Secret也可以被挂载到容器中作为环境变量或者文件的形式进行访问。

Secret是以Base64编码的形式存储在Etcd中的，因此需要注意Secret并不是一种安全的加密机制，只是一种基本的访问控制方式。Secret中存储的数据仍然可以被恶意用户解码，因此应当避免在Secret中存储过于敏感的数据。

使用Secret可以有效地隔离敏感信息，并且避免这些信息在代码或配置文件中直接暴露出来，从而提高系统的安全性。

Secret可以通过多种方式创建，例如：

- 手动创建并使用kubectl命令将其应用于Kubernetes集群。
- 在Kubernetes配置文件中定义，并使用kubectl apply命令将其部署到Kubernetes集群中。
- 使用Kubernetes提供的工具从文件、命令行参数或环境变量中创建Secret。

示例1：使用Kubectl创建Secret的示例。

（1）创建一个包含敏感信息的文件，例如证书、密码等：

```
echo -n 'password' > ./password.txt
```

（2）使用Kubectl创建Secret：

```
kubectl create secret generic my-secret --from-file=./password.txt
```

上面的命令将创建一个名为my-secret的Secret，其中包含从文件password.txt中读取的敏感信息。

示例2：使用YAML文件定义Secret的示例。

本例将用于认证的用户名和密码存储在一个Secret中，并将它们作为环境变量注入一个Pod中。

（1）创建一个存储Secret配置的YAML文件：

```
apiVersion: v1
kind: Secret
metadata:
  name: my-secret
type: Opaque
data:
  username: dXNlcm5hbWU=
  password: cGFzc3dvcmQ=
```

其中，type字段指定了Secret的类型，Opaque表示一般的"密钥－值对"存储方式。data字段中存储了需要加密的敏感信息，这里将用户名和密码以Base64编码的形式存储在Secret中。

（2）创建一个使用Secret的Pod：

```
apiVersion: v1
kind: Pod
metadata:
  name: my-pod
spec:
  containers:
    - name: my-container
      image: nginx
      env:
        - name: USERNAME
          valueFrom:
            secretKeyRef:
              name: my-secret
              key: username
        - name: PASSWORD
          valueFrom:
            secretKeyRef:
```

```
name: my-secret
key: password
```

该Pod中包含一个名为my-container的容器，容器使用的镜像为Nginx。在容器中使用了两个环境变量，分别为USERNAME和PASSWORD，它们的值都来自my-secret中的username和password字段。

（3）应用配置文件：

```
kubectl apply -f secret.yaml
```

运行上述命令将会创建一个名为my-secret的Secret对象和一个名为my-pod的Pod对象，Pod对象中的容器将使用my-secret中的敏感信息作为环境变量来进行访问。

11.5　本章小结

本章主要介绍了Kubernetes中的ConfigMap和Secret资源对象，它们可以用于保存应用程序中的配置数据和敏感数据，实现统一的配置管理。具体来说：

- ConfigMap是一种资源对象，用于保存非机密性的配置数据，可以使用"键-值对"或文件的形式保存。在部署应用程序、配置Pod或设置容器环境变量时，可以使用ConfigMap来注入配置数据。
- Secret是一种资源对象，用于保存敏感数据，例如密码、私钥等，数据会被加密存储。Secret适用于需要在应用程序中使用敏感数据的场景。可以使用Secret注入敏感数据到容器中，以保证数据的安全性。
- Kubernetes引入ConfigMap和Secret资源对象的目的是统一管理每个物理节点上的配置服务。通过使用ConfigMap和Secret，可以使应用程序的配置数据和敏感数据更易于管理，以实现应用程序的可移植性和可扩展性。

本章还介绍了如何创建和使用ConfigMap和Secret。可以使用kubectl命令或YAML文件来创建ConfigMap和Secret，并在Pod的YAML文件中指定它们来注入数据到容器中。同时，本章还介绍了ConfigMap和Secret的扩展使用方法，例如在多个环境中管理配置数据、通过ConfigMap实现容器间的数据共享、通过Secret实现服务间的身份验证等。

总之，ConfigMap和Secret是Kubernetes中非常实用的资源对象，它们可以帮助我们更好地管理应用程序的配置数据和敏感数据，以提高应用程序的可移植性和可扩展性。在实际应用中，需要根据具体的需求和场景来选择合适的参数和策略，以达到最佳的效果。

## 第 12 章

Ingress和Ingress Controller

12

Ingress Controller是Kubernetes中用于管理和路由进入集群的HTTP和HTTPS流量的组件，与 Kubernetes中的Service不同，它们可以帮助用户更好地管理和控制外部流量，并将其正确地路由到对应的服务和Pod上。因此，学习Ingress和Ingress Controller可以帮助用户更好地理解Kubernetes中的流量管理和路由机制，提高用户的应用程序的性能、可靠性和安全性。

本章内容：

※ Ingress和Ingress Controller介绍
※ 测试Ingress HTTP代理Tomcat

12.1 Ingress 和 Ingress Controller 基本介绍和安装

在Kubernetes集群中，Ingress可以被看作是一个流量入口，类似于一扇门，它定义了从外部流量如何进入集群，并将流量路由到正确的服务和Pod上。而Ingress Controller则类似于门卫的角色，它负责实际执行Ingress规则的流量路由。Ingress Controller会监控Ingress对象的变化，并根据新的规则进行配置。例如，如果用户修改了Ingress规则以将流量路由到不同的服务，Ingress Controller将更新配置并重新路由流量。

因此，Ingress和Ingress Controller一起工作，可帮助我们更好地管理和控制Kubernetes集群中的流量，从而提高应用程序的性能、可靠性和安全性。

12.1.1 使用 Ingress Controller 代理 Kubernetes 内部 Pod 的流程

Ingress Controller可以通过以下步骤代理Kubernetes内部的Pod。

（1）部署Ingress Controller：Ingress Controller是一个可以部署在Kubernetes集群中的Pod，它

是一个七层负载均衡器，常用的Ingress Controller有Nginx、Traefik、Envoy等。用户可以使用Kubernetes应用商店（Helm）或YAML文件进行部署。

（2）创建业务Pod应用：可以通过控制器（如Deployment、StatefulSet等）创建业务Pod应用。例如，用户可以创建一个名为my-app的Deployment，它将在Kubernetes集群中自动创建和管理多个Pod。

（3）创建Service：Service用于将多个Pod组织成一个逻辑单元，并提供一个统一的入口，从而允许对Pod进行负载均衡和服务发现。用户可以创建一个Service并将其绑定到业务Pod上。

（4）创建Ingress HTTP：创建Ingress HTTP规则，可以通过指定Host和Path，将外部流量路由到Kubernetes集群中的Service上。例如，用户可以创建一个Ingress规则，将域名mydomain.com的请求路由到名为my-service的Service上。

（5）创建Ingress HTTPS：创建Ingress HTTPS规则，可以通过指定TLS证书和密钥，将外部流量安全地路由到Kubernetes集群中的Service上。例如，用户可以创建一个Ingress规则，将域名mydomain.com的HTTPS请求路由到名为my-service的Service上。

Ingress Controller代理Kubernetes内部Pod的流程如图12-1所示。

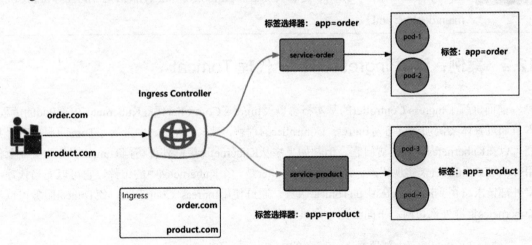

图 12-1　Ingress Controller 代理流程图

通过图12-1可以看到，当我们访问域名order.com的时候，请求首先会到达Ingress Controller，它是一个七层代理服务，以Nginx为代表的具体实现方式之一。Ingress Controller根据Ingress规则，找到与请求匹配的Service（例如上文提到的service-order），并将请求代理到该Service所关联的一组Pod中的某个Pod上。这个Pod中运行着我们的业务应用，它会处理请求并返回响应。

总之，Ingress Controller的作用是将外部的请求代理到Kubernetes内部的Service，进而将请求分发给后端的Pod，从而提供具体的服务。

需要注意的是，在实际操作中，要保证Ingress Controller、Service和Pod都正确地部署和配置，只有这些组件协同工作，才能让Ingress Controller成功代理请求，并将请求正确地分发到后端的Pod上，以提供相应的服务。

12.1.2　安装 Ingress Controller

安装Ingress Controller的参考地址：https://github.com/luckylucky421/ingress-nginx。

具体操作如下：

```
[root@xianchaomaster1 ingress]# kubectl apply -f deploy.yaml
[root@xianchaomaster1 ingress]# kubectl get pods -n ingress-nginx
```

显示如下，说明部署成功了：

```
NAME                                         READY   STATUS      RESTARTS   AGE
ingress-nginx-admission-create-q5nkp         0/1     Completed   0          17m
ingress-nginx-admission-patch-tl6ml          0/1     Completed   1          17m
ingress-nginx-controller-9c746979d-pz7mr     1/1     Running     0          17m
```

 deploy.yaml 可 以 从 GitHub 获 取 ： https://github.com/luckylucky421/ingress-nginx/blob/main/deploy.yaml

12.2　案例：测试 Ingress HTTP 代理 Tomcat

前面讲解了Ingress Controller的基本概念以及Ingress Controller代理Kubernetes内部Pod的流程，本节通过具体案例加深读者对Ingress Controller的理解。当Kubernetes中部署了Tomcat服务时，我们可以在Kubernetes集群中访问它。但是如果想从Kubernetes集群外部访问Tomcat服务，就需要使用Ingress Controller来实现代理。Ingress Controller是一个Kubernetes中的组件，它可以充当代理，将外部请求路由到Kubernetes中的Tomcat服务。通过使用Ingress Controller，使Tomcat服务可以从Kubernetes集群外部访问。下面给出一个具体案例。

（1）在Kubernetes中部署Tomcat服务的Deployment和Service：

```
vim tomcat.yaml
```

编辑tomcat.yaml文件，写入如下内容：

```
apiVersion: v1
kind: Service
metadata:
  name: tomcat
  namespace: default
```

```
spec:
  selector:
    app: tomcat
    release: canary
  ports:
  - name: http
    targetPort: 8080
    port: 8080
  - name: ajp
    targetPort: 8009
    port: 8009
---
apiVersion: apps/v1
kind: Deployment
metadata:
  name: tomcat-deploy
  namespace: default
spec:
  replicas: 2
  selector:
    matchLabels:
      app: tomcat
      release: canary
  template:
    metadata:
      labels:
        app: tomcat
        release: canary
    spec:
      containers:
      - name: tomcat
        image: tomcat:8.5.34-jre8-alpine
        imagePullPolicy: IfNotPresent
        ports:
        - name: http
          containerPort: 8080
        - name: ajp
          containerPort: 8009
```

上述YAML文件描述了一个Tomcat应用在Kubernetes中的部署和服务定义。具体解释如下。

首先介绍Service部分：

- apiVersion指定了使用的Kubernetes API版本为v1。
- kind指定了该YAML文件的类型为Service。
- metadata部分指定了Service的名称为tomcat，所在的namespace为default。
- spec部分定义了该Service的selector和ports：

- selector指定了该Service应该代理哪些Pod，这里选择app标签为tomcat、release标签为canary的Pod。
- ports定义了该Service的两个端口：8080和8009。

接下来介绍Deployment部分：

- apiVersion指定了使用的Kubernetes API版本为apps/v1。
- kind指定了该YAML文件的类型为Deployment。
- metadata部分指定了Deployment的名称为tomcat-deploy，所在的namespace为default。
- spec部分定义了该Deployment的replicas、selector和template：

  - replicas指定了该Deployment所包含的Pod数量为2。
  - selector指定了该Deployment所管理的Pod必须选择app标签为tomcat、release标签为canary。

- template定义了每个Pod的配置：

  - metadata部分定义了该Pod的标签，同样是app标签为tomcat、release标签为canary。
  - spec部分定义了该Pod的容器配置，这里只有一个名为tomcat的容器，使用了tomcat:8.5.34-jre8-alpine镜像，并暴露了两个端口：8080和8009。

基于tomcat.yaml文件创建Deployment和Service资源：

```
kubectl apply -f ingress.yaml
```

（2）创建Ingress规则的清单文件vim ingress.yaml，写入如下内容：

```
apiVersion: networking.k8s.io/v1
kind: Ingress
metadata:
  name: tomcat-ingress
spec:
  ingressClassName: nginx
  rules:
  - host: tomcat.lucky.com
    http:
      paths:
      - path: /
        pathType: Prefix
        backend:
          service:
            name: tomcat
            port:
              name: http
```

上述YAML配置文件定义了一个Ingress对象，它将域名 tomcat.lucky.com 映射到Kubernetes集群内部的tomcat Service。具体来说：

- metadata中定义了Ingress对象的名称tomcat-ingress以及ingressClassName，用于指定使用哪个Ingress Controller作为存储类。
- spec中定义了Ingress对象的路由规则，其中rules数组表示针对哪些域名应用该规则，本例中仅针对tomcat.lucky.com。

在该规则下，http字段定义了针对HTTP协议的路由规则。paths数组表示针对哪些路径应用该规则，本例中仅针对"/"。backend字段表示将请求转发到哪个Service上，本例中转发到名称为tomcat的Service上，并使用该Service中名称为http的端口。

这样，当用户在浏览器中输入tomcat.lucky.com访问时，请求会通过Ingress Controller转发到Kubernetes集群内部的tomcat Service上，并被路由到该Service中的http端口上，从而访问到Service代理的Tomcat应用。

（3）创建Ingress资源：

```
kubectl apply -f ingress.yaml
```

（4）检查Ingress和后端Service的状态：

```
kubectl get ingress tomcat-ingress
kubectl describe ingress tomcat-ingress
kubectl get svc tomcat
```

在输出中可以看到Ingress和后端Service的详细信息。

（5）在外部访问Tomcat服务。

修改计算机本地的host文件，增加如下一行：

```
192.168.40.181 tomcat.lucky.com
```

192.168.40.181是ingress-controller这个Pod所在的节点的IP地址。

用浏览器访问http://tomcat.lucky.com:31878，出现如图12-2所示的页面。

通过上面的案例可以看到我们在Kubernetes中部署的Tomcat服务，通过域名可以访问Kubernetes内部的Tomcat，具体实现是基于Ingress Controller完成的。

12

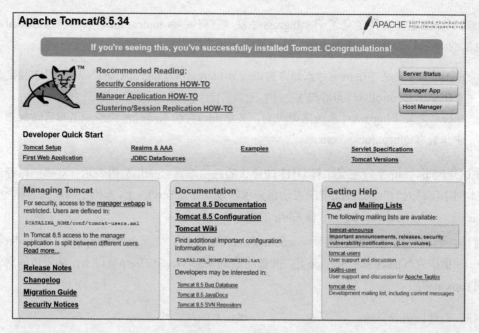

图 12-2　页面浏览图

12.3　本章小结

本章首先介绍了Kubernetes中的Ingress和Ingress Controller的概念，它们是Kubernetes中实现代理外部请求到Kubernetes内部服务的核心组件。然后，介绍了Ingress Controller是如何代理流量到后端Pod的，并介绍了常见的Ingress Controller实现方式，例如使用Nginx、Traefik等。同时，还讲解了如何安装和部署Ingress Controller。

本章最后通过一个案例演示了如何使用Ingress来代理Tomcat的HTTP流量，从而能够让外部用户通过域名来访问Kubernetes集群中的Tomcat服务。此外，还介绍了一些Ingress的相关配置选项，如rewrite-target和pathType等。

总之，本章内容旨在帮助读者深入理解Kubernetes中Ingress和Ingress Controller的作用和使用方法，以便更好地构建和管理Kubernetes集群中的服务。

## 第 13 章

搭建Prometheus+Grafana 监控平台

在现代企业中，监控系统是非常重要的一部分，它可以帮助企业确保系统运行稳定、可靠，以及快速解决可能出现的问题。

在Kubernetes容器管理系统中，Prometheus是非常流行的监控解决方案，它可以收集并存储容器中的各种指标数据，并提供灵活的查询和可视化功能。而Grafana是一个强大的数据可视化平台，可以与 Prometheus集成，帮助用户快速创建各种监控仪表盘。

除了Prometheus和Grafana外，还有一个重要的组件是Alertmanager，它可以管理和发送警报通知，帮助系统管理员快速定位和解决存在的各种问题。

本章内容：

- ❋ Prometheus介绍
- ❋ 安装和配置Prometheus
- ❋ 可视化UI界面Grafana的安装和配置
- ❋ Alertmanager工具发送报警到多个地方

13.1 Prometheus 基本介绍

Prometheus是一个开源的系统监控和报警系统，可以用来收集和存储各种应用程序的监控数据，并提供灵活的查询和可视化功能。作为云原生计算基金会（Cloud Native Computing Foundation，CNCF）下的一个项目，Prometheus被广泛用于Kubernetes容器管理系统进行监控。

Prometheus支持多种Exporter来采集监控数据，Exporter是一种用于采集监控数据的插件，可以通过Prometheus的标准数据格式来上报监控数据。此外，Prometheus还支持使用Pushgateway来上报数据。

在大规模集群中，Prometheus具备足够的性能来支持上万台机器的监控数据收集和存储。

除了这些特点之外，了解Prometheus的生态系统组件、采集数据流程、高可用架构部署以及PromQL查询语言也是很重要的。生态系统组件包括Grafana、Alertmanager等，采集数据流程包括配置和使用Exporter，高可用架构部署可以使用Prometheus的Federation机制进行实现，而PromQL查询语言则是用于查询和分析Prometheus数据的一种特殊查询语言。本节主要针对Prometheus的特点、生态系统组件、采集数据流程、高可用架构部署、PromQL查询语言等知识点进行讲解，带领读者学习Prometheus的基本知识和原理，并介绍Prometheus结合Grafana模块构造监控平台的具体方法。

13.1.1　Prometheus 的特点

Prometheus是一个开源的监控系统，具有很多优点和特点。其最突出的特点包括：

（1）灵活的查询语言（PromQL），可以对采集的metrics指标进行加法、乘法、连接等操作。

（2）多维度数据模型的灵活查询，每个数据都由metrics度量指标名称和它的标签labels "键一值对" 集合唯一确定，支持过滤和聚合。

（3）支持服务器节点的本地存储，通过自带的时序数据库，可以完成每秒千万级的数据存储。

（4）通过基于HTTP的pull（拉取）方式采集时序数据。

（5）可以通过中间网关Pushgateway的方式把时间序列数据推送到Prometheus Server端。

（6）可以通过服务发现或者静态配置来发现目标服务对象（Target）。

（7）有多种可视化图像界面，如Grafana等。

（8）高效的存储，平均一个采样数据占3.5B左右，共3.2×10^6万个时间序列，每30秒采样一次，如此持续运行60天，占用的磁盘空间大约为228GB。

（9）支持异地备份、联邦集群、部署多套Prometheus，Pushgateway上报数据，具有高可用性。

（10）使用Go语言编写，拥抱云原生。

（11）可扩展，可以在每个数据中心或由每个团队运行独立的Prometheus Server，也可以使用联邦集群让多个Prometheus实例产生一个逻辑集群。

（12）精确告警，基于灵活的PromQL语句可以进行告警设置、预测等，提供了分组、抑制、静默等功能防止告警风暴。

（13）支持静态文件配置和动态发现等自动发现机制，目前已经支持Kubernetes、Etcd、Consul等多种服务发现机制。

13.1.2　Prometheus 生态系统常用组件介绍

Prometheus生态系统是一个强大的监控和警报解决方案，它的核心是Prometheus，一个开源的时间序列数据库，专门用于收集和存储监控数据。除了Prometheus本身外，还有很多其他的开源组件可以扩展和增强Prometheus的功能，让它成为一个完整的监控和警报系统。

图13-1是Prometheus的架构图。

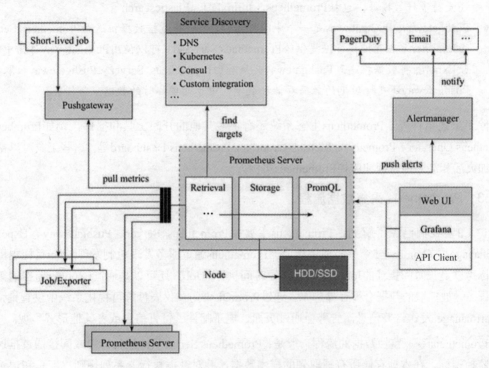

图 13-1　Prometheus 的架构图

从图13-1的Prometheus架构图可以看到，Prometheus生态系统主要包含以下组件。

- Prometheus Server：Prometheus Server是核心组件，用于收集、存储和查询监控数据。它可以通过静态配置或服务发现机制来管理监控目标，并使用自定义的PromQL查询语言来对数据进行分析和可视化展示。Prometheus Server还支持联邦集群，可以从其他的Prometheus Server实例中获取数据。

- Exporters：Exporter是一种插件，用于从不同的服务中收集监控数据，并将其提供给Prometheus Server。Prometheus支持多种Exporter，例如Node Exporter、Blackbox Exporter、JMX Exporter等。Exporter将监控数据采集的端点通过HTTP服务的形式暴露给Prometheus Server，Prometheus Server通过访问该Exporter提供的Endpoint端点，即可获取到需要采集的监控数据。

- Alertmanager：Alertmanager是一个独立的组件，用于处理Prometheus Server发送的警报，并根据规则对其进行分类、去重和路由。Alertmanager还支持多种通知方式，例如电子邮件、短信、Slack、PagerDuty、Webhook等。它可以帮助用户快速响应故障和异常情况，并采取必要的措施来解决问题。
- Grafana：Grafana是一个开源的监控仪表盘，用于可视化展示Prometheus采集到的数据。它提供了友好的UI界面，可以帮助用户更加直观地了解监控数据的趋势和变化。Grafana还支持多种数据源，包括Prometheus、InfluxDB、Elasticsearch等。
- Pushgateway：Pushgateway是一个中间件组件，用于将监控数据推送到Prometheus Server。当Exporter无法直接将数据提供给Prometheus Server时，可以使用Pushgateway作为中转站，让Exporter将数据推送到Pushgateway，然后由Prometheus Server从Pushgateway拉取数据。Pushgateway还支持短期的数据存储和展示，用于处理临时的数据采集任务。

除了上述组件外，Prometheus生态系统还有很多其他的开源工具和插件，例如Prombench、Prometheus Operator、Prometheus Metrics-Exporter、Prometheus Dashboard等，这些工具可以帮助用户更加灵活和高效地管理和监控Prometheus实例。

13.1.3　Prometheus 采集数据流程

13.1.2节我们已经了解到，Prometheus主要由Prometheus Server、Pushgateway、Exporter、Alertmanager、Grafana这5个核心模块构成。Prometheus通过服务发现机制发现target目标主机，这些目标可以是长时间执行的Job，也可以是短时间执行的Job，还可以是通过Exporter监控的第三方应用程序。被抓取的数据会被存储起来，通过PromQL语句在仪表盘等可视化系统中供查询，或者向Alertmanager发送告警信息，告警会通过页面、电子邮件、钉钉信息或者其他形式呈现。

Prometheus获取监控数据的流程一般是：Prometheus Server从监控目标中或间接通过推送网关获取监控指标，在本地存储所有抓取到的样本数据，并对数据执行一系列规则，汇总和记录现有数据的新时间序列或生成告警。最终，通过Grafana或其他工具实现监控数据的可视化。

Prometheus采集数据的具体流程包括以下几个步骤。

（1）配置监控目标：Prometheus通过服务发现机制发现Target目标主机，这些目标可以是长时间执行的Job，也可以是短时间执行的Job，还可以是通过Exporter监控的第三方应用程序。被抓取的数据会被存储起来，通过PromQL语句在仪表盘等可视化系统中供查询，或者向Alertmanager发送告警信息，告警会通过页面、电子邮件、钉钉信息或者其他形式呈现。监控目标可以通过静态配置或者服务发现的方式配置。

（2）采集监控数据：Prometheus Server定期从活跃的（up）目标主机（Target）上采集监控指标数据，默认以pull方式采集指标，也可以通过Pushgateway把采集的数据上报到Prometheus Server中，还可以通过一些组件自带的Exporter采集相应组件的数据。

（3）存储监控数据：Prometheus Server 把采集到的监控指标数据保存到本地磁盘或者数据库。Prometheus 采集的监控指标数据按时间序列存储，并且具有高度灵活性和可扩展性。

（4）规则处理：Prometheus Server 对存储的监控数据执行一系列规则，来汇总和记录现有数据的新时间序列或生成告警。这些规则可以定义为 PromQL 查询，也可以定义为特定的告警规则。Prometheus 支持灵活的规则配置，可以针对不同的监控指标设置不同的规则，从而满足各种复杂的监控需求。

（5）告警处理：通过配置告警规则，把触发的告警发送到 Alertmanager。Alertmanager 是一个独立的组件，用于集中处理所有来自 Prometheus 的告警信息，并根据配置的规则将其发送到指定的接收方，例如邮件、短信、Slack 或 PagerDuty 等。

（6）数据可视化：Prometheus 自带的 Web UI 界面提供 PromQL 查询语言，可查询监控数据。同时，Grafana 可接入 Prometheus 数据源，把监控数据以图形化形式展示出来。Grafana 提供了丰富的可视化组件和模板，可以轻松创建仪表盘和报表，并将其与 Prometheus 数据源集成，从而实现灵活的数据可视化和分析。

以上是 Prometheus 采集数据的基本流程，通过合理配置和管理，可以实现对系统全方位地监控和告警。除了基本流程外，还可以对 Prometheus 进行一些扩展和优化，来更好地满足业务需求和提升系统性能，例如：

（1）添加中间件组件的 Exporter，例如 MySQL、Redis、Kafka 等，以便更全面地监控系统各个组件的运行状态和性能指标。

（2）通过 Prometheus 的远程写入功能，将监控数据存储到外部存储系统中，例如 InfluxDB、Elasticsearch 等，从而实现数据持久化和更高的查询效率。

（3）配置告警规则，设置不同级别的告警，以及对不同级别的告警进行不同的处理，例如发送短信、邮件或者钉钉消息。

（4）对 Prometheus Server 进行集群化部署，以提高系统的可用性和性能，并通过 Prometheus 的 Federation 功能实现跨数据中心的数据聚合和查询。

（5）配置黑白名单，过滤掉不需要监控的指标或者目标，以减少系统资源消耗和不必要的告警。

总之，Prometheus 是一个灵活、高效、可扩展的监控系统，通过合理配置和管理，可以满足不同业务场景的监控需求，并为系统运维带来便利。

13.1.4　Prometheus 查询语言 PromQL

PromQL（Prometheus Query Language）是用于在 Prometheus 中查询和分析指标数据的查询语言。PromQL 提供了一些内置函数和操作符，可以进行数据聚合、筛选、计算和转换等操作，同时支持自定义函数和查询模板。

Prometheus支持以下几种指标类型。

（1）Counter（计数器）：用于统计单调递增的计数器，例如请求数、任务完成次数等。Counter类型指标的值只能增加，不能减少或重置，每次抓取的结果都是从上次抓取的结果中增加的差值。可以使用rate()函数计算速率或使用sum()函数对多个实例进行求和，以获得总体计数。

示例如下：

```
http_requests_total{status="200", method="GET"}[5m]
```

这个查询会返回过去5分钟内HTTP GET请求返回状态码为200的请求数。

（2）Gauge（仪表盘）：用于表示变化的量，例如系统负载、温度、内存使用率等。Gauge类型指标的值可以随时间变化，可以增加、减少或保持不变。可以使用avg()函数计算平均值或使用max()、min()函数计算最大值或最小值。

示例如下：

```
node_load1
```

这个查询会返回1分钟内每个实例的系统负载（1分钟平均值）。

（3）Histogram（直方图）：用于表示数据分布，例如请求响应时间、请求大小等。Histogram类型指标将输入值分成多个桶（Bucket）并计算每个桶中的值的数量。可以使用sum()函数计算每个桶中的值的总和，使用irate()函数计算速率，使用histogram_quantile()函数计算分位数。

示例如下：

```
http_request_duration_seconds_bucket{le="0.1", method="GET"}
```

这个查询会返回GET请求响应时间小于0.1秒的请求数。

（4）Summary（摘要）：与Histogram类似，用于表示数据分布，但不是使用桶进行分组，而是使用指定的分位数。Summary类型指标会计算输入值的总数、总和以及指定的分位数。可以使用sum()函数计算总和，使用irate()函数计算速率，使用quantile()函数计算分位数。

示例如下：

```
http_request_duration_seconds_sum{method="POST"}
```

这个查询会返回POST请求的总响应时间。

总体来说，Counter适用于记录单调递增的计数器，Gauge适用于表示变化的量，Histogram适用于表示数据分布并使用桶进行分组，Summary适用于表示数据分布并使用指定的分位数。但在实际使用中，应根据具体情况选择适合的指标类型。

注意，Prometheus还支持其他指标类型，如Untyped（未分类）和StateSet（状态集合），但通常不推荐使用这两种类型。Untyped指标类型是Prometheus默认使用的类型，适用于无法确定指标类型的情况。StateSet指标类型适用于表示具有预定义状态的指标，例如HTTP响应状态码。

综上所述，PromQL是一种用于在Prometheus中查询和分析指标数据的查询语言。Prometheus支持多种指标类型，包括计数器、仪表盘、直方图和摘要等。我们需要根据实际需求选择合适的指标类型，并使用PromQL查询语言进行数据筛选、聚合、计算和转换等操作，以便更好地理解和分析指标数据。

13.2　安装和配置 Prometheus

本节将介绍如何在Kubernetes集群中安装和配置Prometheus。

我们的实验环境如下：

- Kubernetes控制节点：IP地址为192.168.40.180，主机名为xianchaomaster1，配置为4vCPU和4GB内存。
- Kubernetes工作节点：IP地址为192.168.40.181，主机名为xianchaonode1，配置为4vCPU和4GB内存。

我们使用的操作系统是CentOS 7.9，注意，如果CentOS系列系统止更新了，不能用了，那么可以使用Rocky Linux系统替代CentOS系统。

13.2.1　安装和配置 Prometheus

1. 安装Prometheus

安装Prometheus的步骤如下。

1）创建命名空间

在Kubernetes中，命名空间是用于隔离和管理不同的资源对象的一种资源类型。可以使用以下命令创建一个名为monitor-sa的名称空间：

```
[root@xianchaomaster1 ~]# kubectl create ns monitor-sa
```

- ns是create子命令的参数，用于指定要创建的资源类型为命名空间。
- monitor-sa是要创建的命名空间的名称。命名空间是Kubernetes中的一种资源类型，用于隔离和管理不同的资源对象，可以在同一集群中创建多个命名空间以满足不同的应用场景需求。

2）创建服务账户

Prometheus需要一个服务账户才能与Kubernetes API服务器通信，因此需要创建一个服务账户。可以使用以下命令创建一个名为monitor的服务账户：

```
[root@xianchaomaster1 ~]# kubectl create serviceaccount monitor -n monitor-sa
```

3）授予服务账户RBAC权限

为了让服务账户能够访问Kubernetes API服务器，需要为它授予RBAC权限。可以使用以下命令将服务账户与cluster-admin集群角色绑定：

```
[root@xianchaomaster1 ~]# kubectl create clusterrolebinding
monitor-clusterrolebinding -n monitor-sa --clusterrole=cluster-admin
--serviceaccount=monitor-sa:monitor
```

这个命令用于创建一个ClusterRoleBinding对象，用于将cluster-admin的权限授予monitor-sa命名空间中的monitor服务账户。

- create：创建一个资源对象。
- clusterrolebinding：要创建的资源对象类型为ClusterRoleBinding。
- monitor-clusterrolebinding：创建的ClusterRoleBinding对象的名称为monitor-clusterrolebinding。
- -n monitor-sa：指定要绑定的命名空间为monitor-sa。
- --clusterrole=cluster-admin：指定要绑定的ClusterRole为cluster-admin，即授予完全管理集群的权限。
- --serviceaccount=monitor-sa:monitor：指定要绑定的服务账户为monitor-sa 命名空间中的monitor服务账户。这样，monitor服务账户就拥有了cluster-admin权限。

4）创建Prometheus数据存储目录

安装的Prometheus需要进行数据持久化，所以需要创建一个存储数据的目录，因为Prometheus是在Kubernetes集群部署的，而我们的Kubernetes集群有两个节点：一个控制节点xianchaomaster1和一个工作节点xianchaonode1，控制节点默认是存在污点的，不会调度Pod，所以Prometheus会调度到Kubernetes工作节点，因此需要在Kubernetes集群的工作节点xianchaonode1上创建数据存储目录。

```
[root@xianchaonode1 ~]# mkdir /data              #创建目录
[root@xianchaonode1 ~]# chmod 777 /data/         #对目录授权满权限
```

5）创建ConfigMap存储卷

ConfigMap是配置管理中心，可以统一管理配置，需要创建一个ConfigMap存储卷来存放Prometheus配置信息。

ConfigMap对应的资源清单文件是prometheus-cfg.yaml，需要把这个文件上传到Kubernetes控制节点xianchaomaster1上，通过执行命令kubectl apply -f prometheus-cfg.yaml进行更新，这样就可以创建ConfigMap资源。prometheus-cfg.yaml文件可以从官方网站获取：https://github.com/luckylucky421/kuberneteslatest/blob/master/prometheus-cfg.yaml。

在Kubernetes控制节点xianchaomaster1执行如下命令创建ConfigMap：

```
[root@xianchaomaster1]# kubectl apply -f prometheus-cfg.yaml
```

prometheus-cfg.yaml文件的内容如下：

```
---
kind: ConfigMap
apiVersion: v1
metadata:
  labels:
    app: prometheus
  name: prometheus-config
  namespace: monitor-sa
data:
  prometheus.yml: |
    global:
      scrape_interval: 15s
      scrape_timeout: 10s
      evaluation_interval: 1m
    scrape_configs:
    - job_name: 'kubernetes-node'
      kubernetes_sd_configs:
      - role: node
      relabel_configs:
      - source_labels: [__address__]
        regex: '(.*):10250'
        replacement: '${1}:9100'
        target_label: __address__
        action: replace
      - action: labelmap
        regex: __meta_kubernetes_node_label_(.+)
    - job_name: 'kubernetes-node-cadvisor'
      kubernetes_sd_configs:
      - role: node
      scheme: https
      tls_config:
        ca_file: /var/run/secrets/kubernetes.io/serviceaccount/ca.crt
      bearer_token_file: /var/run/secrets/kubernetes.io/serviceaccount/token
      relabel_configs:
      - action: labelmap
        regex: __meta_kubernetes_node_label_(.+)
      - target_label: __address__
        replacement: kubernetes.default.svc:443
      - source_labels: [__meta_kubernetes_node_name]
        regex: (.+)
        target_label: __metrics_path__
        replacement: /api/v1/nodes/${1}/proxy/metrics/cadvisor
    - job_name: 'kubernetes-apiserver'
      kubernetes_sd_configs:
      - role: endpoints
      scheme: https
```

13

```
      tls_config:
        ca_file: /var/run/secrets/kubernetes.io/serviceaccount/ca.crt
      bearer_token_file: /var/run/secrets/kubernetes.io/serviceaccount/token
      relabel_configs:
      - source_labels: [__meta_kubernetes_namespace, __meta_kubernetes_service_name,
__meta_kubernetes_endpoint_port_name]
        action: keep
        regex: default;kubernetes;https
    - job_name: 'kubernetes-service-endpoints'
      kubernetes_sd_configs:
      - role: endpoints
      relabel_configs:
      - source_labels: [__meta_kubernetes_service_annotation_prometheus_io_scrape]
        action: keep
        regex: true
      - source_labels: [__meta_kubernetes_service_annotation_prometheus_io_scheme]
        action: replace
        target_label: __scheme__
        regex: (https?)
      - source_labels: [__meta_kubernetes_service_annotation_prometheus_io_path]
        action: replace
        target_label: __metrics_path__
        regex: (.+)
      - source_labels: [__address__,
__meta_kubernetes_service_annotation_prometheus_io_port]
        action: replace
        target_label: __address__
        regex: ([^:]+)(?::\d+)?;(\d+)
        replacement: $1:$2
      - action: labelmap
        regex: __meta_kubernetes_service_label_(.+)
      - source_labels: [__meta_kubernetes_namespace]
        action: replace
        target_label: kubernetes_namespace
      - source_labels: [__meta_kubernetes_service_name]
        action: replace
        target_label: kubernetes_name
```

这是一个Kubernetes集群监控工具Prometheus的配置文件，其中包含不同job的抓取目标和各种配置信息。下面对这个YAML文件进行详细解读。

1）YAML文件头

```
kind: ConfigMap
apiVersion: v1
metadata:
  labels:
    app: prometheus
  name: prometheus-config
  namespace: monitor-sa
```

　　这一部分定义了这个ConfigMap对象的基本信息，包括类型（kind）、API版本（apiVersion）以及元数据（metadata），其中labels字段用来标记这个ConfigMap对象属于Prometheus应用，名称为prometheus-config，命名空间为monitor-sa。

　　2）prometheus.yml

```
data:
 prometheus.yml: |
   global:
     scrape_interval: 15s
     scrape_timeout: 10s
     evaluation_interval: 1m
```

　　这一部分定义了Prometheus的全局配置信息，说明如下。

- scrape_interval: 15s：每隔15秒抓取一次数据。
- scrape_timeout: 10s：抓取数据的超时时间为10秒。
- evaluation_interval: 1m：每隔1分钟评估一次规则。

　　3）Kubernetes Node Exporter

```
- job_name: 'kubernetes-node'
  kubernetes_sd_configs:      # 定义了Kubernetes服务发现的配置，用于自动发现和
                              # 监控Kubernetes集群中的节点
  - role: node                # 指定了要发现的角色为节点
  relabel_configs:            # 定义了重标签配置，这是对目标标签进行修改和转换的操作
  - source_labels: [__address__]   # 指定要使用的源标签，这里是__address__，
                                   # 表示目标的地址标签
    regex: '(.*):10250'       # 匹配所有以 ":10250" 结尾的地址
    replacement: '${1}:9100'  # 将":10250" 替换成":9100"，即将抓取数据的地址
                              # 改为Node Exporter的默认端口号
    target_label: __address__ # 将修改后的地址赋值给address标签
    action: replace
  - action: labelmap          # 将所有以_meta_kubernetes_node_label 开头的标签映射为
                              # Prometheus的标准标签格式
    regex: __meta_kubernetes_node_label_(.+)  # 用于匹配具有特定标签的Kubernetes节点
                                              # 元数据
```

　　这一部分定义了一个Job，Job的名字是kubernetes-node，使用Kubernetes的Service Discovery机制，从Kubernetes集群的所有节点（role: node）中抓取数据，并对抓取的数据进行重标记和标签映射。

　　4）Kubernetes Node Exporter + cAdvisor

```
- job_name: 'kubernetes-node-cadvisor'
  kubernetes_sd_configs:
  - role: node
  scheme: https
  tls_config:
```

13

```
    ca_file: /var/run/secrets/kubernetes.io/serviceaccount/ca.crt
  bearer_token_file: /var/run/secrets/kubernetes.io/serviceaccount/token
  relabel_configs:
  - action: labelmap
    regex: __meta_kubernetes_node_label_(.+)
  - target_label: __address__
    replacement: kubernetes.default.svc:443
  - source_labels: [__meta_kubernetes_node_name]
    regex: (.+)
    target_label: __metrics_path__
    replacement: /api/v1/nodes/${1}/proxy/metrics/cadvisor
```

这一部分定义了一个名为kubernetes-node-cadvisor的Job，该Job的目的是收集Kubernetes节点的监控指标，其中包含以下参数：

- job_name: 该Job的名称，即kubernetes-node-cadvisor。
- kubernetes_sd_configs: 定义了Kubernetes SD配置，即通过Kubernetes API自动发现监控目标。
- role: 监控目标的角色，即node，表示监控Kubernetes集群中所有的节点。
- scheme: 使用的协议，即HTTPS。
- tls_config: 安全传输相关配置，定义了使用证书的相关信息。
- ca_file: CA证书的路径，用于验证监控目标的TLS证书。
- bearer_token_file: 定义了Bearer Token的路径，用于与Kubernetes API 交互进行认证。
- relabel_configs: 定义了一系列的标签重写规则。
- action: labelmap: 根据正则表达式_meta_kubernetes_node_label(.+)，将采集到的指标的label映射到Prometheus中，从而在查询时可以根据这些label进行过滤。
- target_label:__address__: 重写label address。
- replacement: kubernetes.default.svc:443: 将address中的地址替换为kubernetes.default.svc:443，即采集监控数据的Kubernetes API Server地址和端口。
- source_labels: [__meta_kubernetes_node_name]: 使用节点名称匹配正则表达式(.+)。
- target_label: __metrics_path__: 重写label metrics_path，将其替换为/api/v1/nodes/${1}/proxy/metrics/cadvisor，即cAdvisor监控指标的API路径，其中${1}为节点名称的变量。

5）job_name: 'kubernetes-apiserver'和job_name: 'kubernetes-service-endpoints'

```
  - job_name: 'kubernetes-apiserver'
  kubernetes_sd_configs:
  - role: endpoints
  scheme: https
  tls_config:
    ca_file: /var/run/secrets/kubernetes.io/serviceaccount/ca.crt
  bearer_token_file: /var/run/secrets/kubernetes.io/serviceaccount/token
  relabel_configs:
  - source_labels: [__meta_kubernetes_namespace, __meta_kubernetes_service_name,
__meta_kubernetes_endpoint_port_name]
```

```
        action: keep
        regex: default;kubernetes;https
    - job_name: 'kubernetes-service-endpoints'
      kubernetes_sd_configs:
      - role: endpoints
      relabel_configs:
      - source_labels: [__meta_kubernetes_service_annotation_prometheus_io_scrape]
        action: keep
        regex: true
      - source_labels: [__meta_kubernetes_service_annotation_prometheus_io_scheme]
        action: replace
        target_label: __scheme__
        regex: (https?)
      - source_labels: [__meta_kubernetes_service_annotation_prometheus_io_path]
        action: replace
        target_label: __metrics_path__
        regex: (.+)
      - source_labels: [__address__,
__meta_kubernetes_service_annotation_prometheus_io_port]
        action: replace
        target_label: __address__
        regex: ([^:]+)(?::\d+)?;(\d+)
        replacement: $1:$2
      - action: labelmap
        regex: __meta_kubernetes_service_label_(.+)
      - source_labels: [__meta_kubernetes_namespace]
        action: replace
        target_label: kubernetes_namespace
      - source_labels: [__meta_kubernetes_service_name]
        action: replace
        target_label: kubernetes_name
```

这一部分定义了两个Job，分别是kubernetes-apiserver和kubernetes-service-endpoints。

kubernetes-apiserver 的 作 用 是 收 集 Kubernetes API Server 的 监 控 指 标 。 其 中 ，
kubernetes_sd_configs的配置参数role设置为endpoints，表示要从Kubernetes中获取endpoints的信息，
即Kubernetes API Server的访问地址。scheme设置为https，表示采用HTTPS 方式访问Kubernetes API
Server。tls_config中包含CA证书和Bearer Token，用于进行安全认证。relabel_configs中的配置用于
对采集到的监控指标进行重命名和过滤，其中source_labels指定了要过滤的标签，regex指定了匹配
的规则，target_label指定了要重命名的标签，action指定了要执行的动作。

kubernetes-service-endpoints 的 作 用 是 收 集 Kubernetes Service 的 监 控 指 标 。 其 中 ，
kubernetes_sd_configs的配置参数role也设置为endpoints，表示要从Kubernetes中获取endpoints的信
息，即Kubernetes Service的访问地址。relabel_configs中的配置用于对采集到的监控指标进行重命
名和过滤，包括：

- source_labels为__meta_kubernetes_service_annotation_prometheus_io_scrape，用于判断是否需要采集该Service的监控指标。
- source_labels为__meta_kubernetes_service_annotation_prometheus_io_scheme，用于指定采集协议，默认为HTTP。
- source_labels为__meta_kubernetes_service_annotation_prometheus_io_path，用于指定采集路径，默认为/metrics。
- source_labels为__address__和__meta_kubernetes_service_annotation_prometheus_io_port，用于指定采集地址和端口号。
- action为labelmap，用于将Service的标签映射到监控指标的标签上。
- source_labels为__meta_kubernetes_namespace，用于将Service的Namespace信息作为监控指标的标签。
- source_labels为__meta_kubernetes_service_name，用于将Service的名称信息作为监控指标的标签。

2. 通过Deployment部署Prometheus

Deployment在前面的章节已经做了具体讲解，是Kubernetes中的控制器，可以管理Pod，用来管理无状态应用。下面介绍通过Deployment部署Prometheus监控组件，具体步骤如下。

在Kubernetes控制节点执行如下命令：

```
[root@xianchaomaster1]# kubectl apply -f prometheus-deploy.yaml
```

prometheus-deploy.yaml文件可以从官方网站获取：https://github.com/luckylucky421/kuberneteslatest/blob/master/prometheus-deploy.yaml。

查看Prometheus是否部署成功：

```
[root@xianchaomaster1]# kubectl get pods -n monitor-sa
```

显示如下：

```
NAME                                   READY   STATUS    RESTARTS   AGE
prometheus-server-85dbc6c7f7-nsg94     1/1     Running   0          6m7
```

可以看到prometheus-server-85dbc6c7f7-nsg94这个Pod的状态是Running，说明Prometheus部署成功。

 在上面的prometheus-deploy.yaml文件中有一个nodeName字段，这个字段用来指定创建的Prometheus的Pod调度到哪个节点上，这里让nodeName=xianchaonode1，也就是让Pod调度到xianchaonode1节点上，因为在xianchaonode1节点上创建了数据目录/data，所以读者要记住：你在Kubernetes集群的哪个节点上创建/data，就让Pod调度到哪个节点上，nodeName根据自己的主机环境修改即可。

prometheus-deploy.yaml文件的内容如下：

```
apiVersion: apps/v1              # 使用的Kubernetes API版本为apps/v1
kind: Deployment                 # 资源类型为Deployment
metadata:                        # Deployment的元数据，包括名称、命名空间和标签
  name: prometheus-server        # Deployment的名称为prometheus-server
  namespace: monitor-sa          # Deployment所在的命名空间为monitor-sa
  labels:                        # Deployment的标签，用于对Deployment进行分类和查询
    app: Prometheus              # 标签app的值为Prometheus
spec:                            # Deployment的规格，包括副本数、选择器、Pod模板等
  replicas: 1                    # 副本数为1
  selector:                      # 选择器用于将Deployment管理的Pod与其他Pod区分开来
    matchLabels:                 # 匹配标签app为Prometheus、component为Server的Pod
      app: prometheus
      component: server
  template:                      # 定义Deployment管理的Pod的模板
    metadata:                    # Pod的元数据，包括标签
      labels:                    # 标签app为Prometheus，Component为Server
        app: prometheus
        component: server
    spec:                        # Pod的规格，包括节点选择器、容器、卷等
      nodeName: xianchaonode1    # 将Pod调度到nodeName为xianchaonode1的节点上
      serviceAccountName: monitor # 指定用于Pod的服务账户名为monitor
      containers:                # Pod中的容器，即Prometheus服务
      - name: prometheus         # 容器的名称为Prometheus
        image: prom/prometheus:v2.2.1  # 使用的镜像为prom/prometheus:v2.2.1
        imagePullPolicy: IfNotPresent  # 镜像拉取策略为IfNotPresent，即只在本地没有
                                 # 该镜像时才从远程拉取
        command:                 # 容器的启动命令，运行Prometheus服务
        - prometheus             # 指定运行Prometheus
        - --config.file=/etc/prometheus/prometheus.yml # 指定Prometheus的配置文件路径
        - --storage.tsdb.path=/prometheus # 指定数据存储路径
        - --storage.tsdb.retention=720h   # 指定数据保留时间为720小时
        - --web.enable-lifecycle # 启用远程生命周期管理
        ports:                   # 容器需要暴露的端口
        - containerPort: 9090    # Prometheus服务监听的端口为9090
          protocol: TCP          # TCP：使用TCP协议
        volumeMounts:            # 将容器内的目录挂载到宿主机或者其他卷上
        - mountPath: /etc/prometheus/prometheus.yml    # 指定配置文件的挂载路径
          name: prometheus-config # 指定卷的名称为prometheus-config
          subPath: prometheus.yml # 将卷prometheus-config中的文件
                                 # prometheus.yml挂载到容器内的
                                 # /etc/prometheus/prometheus.yml路径
        - mountPath: /prometheus/ # 指定数据存储的挂载路径
          name: prometheus-storage-volume # 指定卷的名称为prometheus-storage-volume
      volumes:                   # 定义容器中需要使用的卷
      - name: prometheus-config  # 定义名称为prometheus-config的卷
        configMap:               # 指定卷类型为ConfigMap类型
          name: prometheus-config # 指定 ConfigMap的名称为prometheus-config
          items:                 # 指定 ConfigMap中需要挂载的数据项
```

13

```
            - key: prometheus.yml          # 指定需要挂载的ConfigMap 数据项的键名
                                           # 为prometheus.yml
              path: prometheus.yml         # 将ConfigMap中的prometheus.yml文件挂载到
                                           # 容器内的/etc/prometheus/prometheus.yml
                                           # 路径上
              mode: 0644                   # 指定文件的权限为0644
        - name: prometheus-storage-volume  # 定义名称为prometheus-storage-volume的卷
          hostPath:                        # 指定卷类型为HostPath 类型，即将宿主机上的路径挂载到容器内
            path: /data                    # 指定需要挂载的宿主机路径为/data
            type: Directory                # 指定需要挂载的宿主机路径为目录类型
```

3. 为Prometheus Pod创建一个Service实现四层代理

Prometheus在Kubernetes中创建成功之后，无法在Kubernetes集群外部访问，可以创建Service代理Pod，通过kubectl apply来更新Service资源，执行如下命令：

```
[root@xianchaomaster1]# kubectl apply -f prometheus-svc.yaml
```

prometheus-svc.yaml文件的内容如下：

```
apiVersion: v1            # 指定Service对象的API版本，这里是v1
kind: Service             # 指定要创建的资源类型，这里是Service
metadata:                 # Service对象的元数据，包括名称、命名空间和标签等
  name: prometheus        # 指定Service对象的名称，这里是prometheus
  namespace: monitor-sa   # 指定Service所在的命名空间，这里是monitor-sa
  labels:
    app: prometheus       # Service对象的标签，用于对Service进行分类和查询，
                          # 这里标签的key是"app"，value是"prometheus"
spec:                     # 指定Service的类型是NodePort，这样会在物理机映射端口，
                          # 用于在Kubernetes集群外访问这个端口
  type: NodePort          # 指定Service的类型，这里是NodePort。NodePort类型会在每个节点上
                          # 监听一个端口，然后将该端口转发到服务端口上。这样，就可以从集群外部
                          # 通过节点的IP地址和该端口来访问服务
  ports:                  # 指定Service需要暴露的端口
    - port: 9090          # 暴露给外部的端口号，这里是9090
      targetPort: 9090    # Service将流量转发到哪个端口上，这里也是9090，
                          # 与Deployment中定义的端口号一致
      protocol: TCP       # 端口使用的协议类型，这里是TCP
  selector:               # 标签选择器，选择要关联具有指定标签的Pod，这里的选择器是
                          # "app: prometheus"和"component: server"，与Deployment中
                          # 定义的标签选择器一致。这样Service就会将流量转发到这些Pod上
    app: prometheus
    component: server
```

查看Service在物理机映射的端口：

```
[root@xianchaomaster1]# kubectl get svc -n monitor-sa
```

显示如下：

```
NAME         TYPE       CLUSTER-IP    EXTERNAL-IP   PORT(S)          AGE
prometheus   NodePort   10.96.45.93   <none>        9090:32732/TCP   50s
```

可以看到，Service在宿主机上映射的端口是32732，这样我们访问Kubernetes集群的控制节点的ip:32732，就可以访问Prometheus的Web UI界面了。

访问Prometheus Web UI界面，在火狐浏览器中输入地址：http://192.168.40.180:32732/graph，可看到如图13-2所示的Prometheus主页面。

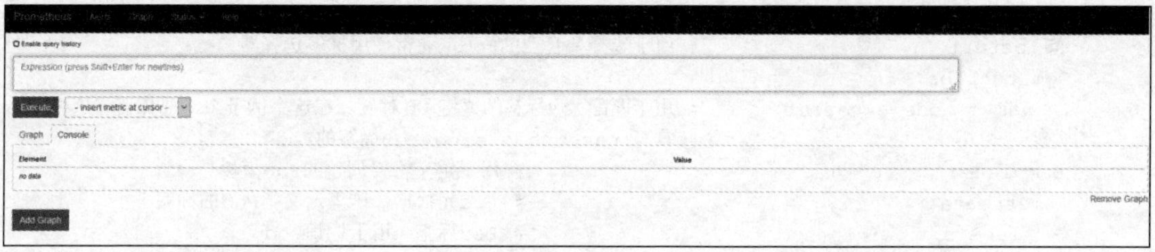

图 13-2　Prometheus 主页面

通过上面一系列步骤，Prometheus已经安装成功了，并且能够正常访问。接下来演示通过Prometheus监控主机数据。

13.2.2　监控利器 Node-Exporter

Node Exporter是Prometheus生态系统中的一部分，可以采集操作系统级别的监控指标数据，例如CPU、内存、磁盘、网络等。在Kubernetes集群中，安装Node Exporter可以帮助我们监控每个节点的资源使用情况，从而更好地了解整个集群的健康状况。

Node Exporter的原理是通过在每个节点上运行一个守护进程，监听系统性能相关的数据，并将其以Prometheus格式暴露给Prometheus Server。在Kubernetes中，我们可以通过DaemonSet来确保每个节点上都运行一个Node Exporter实例，从而实现集群范围的资源监控。

在安装Node Exporter之后，我们可以通过Prometheus的查询语言来查询和可视化监控数据，例如可以使用Prometheus的Grafana插件创建仪表盘来显示集群中每个节点的CPU、内存和磁盘的使用情况。这些监控数据可以帮助我们更好地理解集群的负载情况，从而更好地规划资源和优化性能。

1. 安装Node-Exporter

通过kubectl apply命令来更新node-exporter.yaml文件：

```
[root@xianchaomaster1]# kubectl apply -f node-export.yaml
```

node-export.yaml文件可以从官方网站获取：https://github.com/luckylucky421/kuberneteslatest/blob/ master/node-export.yaml。

node-exporter.yaml的文件的内容如下：

```
apiVersion: apps/v1              # 使用的Kubernetes API版本
kind: DaemonSet                  # DaemonSet的名称
metadata:                        # 定义资源类型
  name: node-exporter            # 一些元数据，如名称、命名空间和标签
  namespace: monitor-sa          # 定义DaemonSet所在的命名空间
  labels:                        # 用于标识和查询DaemonSet
    name: node-exporter
spec:
  selector:                      # 用于选择要管理的Pod，通常使用标签选择器
    matchLabels:
      name: node-exporter        # 用于匹配Pod标签的"键-值对"。在这个例子中，选择器将选择
                                 # 具有 name=node-exporter标签的Pod
  template:                      # 用于定义将要创建的Pod模板
    metadata:                    # Pod元数据，这里定义了Pod的标签
      labels:                    # Pod标签，用于标识Pod
        name: node-exporter
    spec:                        # Pod规范，包括容器、存储卷、网络等
      hostPID: true              # 容器将使用主机的PID命名空间
      hostIPC: true              # 容器将使用主机的IPC命名空间
      hostNetwork: true          # 容器将使用主机的网络命名空间
      containers:                # 定义一个容器
      - name: node-exporter      # 容器名称
        image: prom/node-exporter:v0.16.0   # 容器所使用的镜像名称
        imagePullPolicy: IfNotPresent       # 指定容器如何拉取镜像，IfNotPresent表示
                                 # 如果本地已经存在该镜像，则直接使用本地镜像，
                                 # 否则拉取远程镜像
        ports:                   # 容器需要暴露的端口
        - containerPort: 9100
        resources:               # 容器资源限制
          requests:              # 容器请求的资源，这里只请求了0.15个CPU
            cpu: 0.15
        securityContext:         # 容器安全上下文配置
          privileged: true       # 设置为true表示容器将在主机上运行，拥有访问主机文件系统和
                                 # 主机硬件设备的权限
        args:                    # 传递给容器的参数列表
        - --path.procfs          # 指定proc文件系统的挂载路径
        - /host/proc             # proc文件系统挂载的路径
        - --path.sysfs           # 指定sys文件系统的挂载路径
        - /host/sys              # sys文件系统挂载的路径
        - --collector.filesystem.ignored-mount-points      # 指定不应收集的文件系统挂载点
        - '"^/(sys|proc|dev|host|etc)($|/)"'    # 不应收集的文件系统挂载点的正则表达式
        volumeMounts:            # 定义容器使用的存储卷
        - name: dev              # 存储卷的名称
          mountPath: /host/dev   # 存储卷在容器内的挂载路径
        - name: proc
          mountPath: /host/proc
        - name: sys
          mountPath: /host/sys
```

```
        - name: rootfs
          mountPath: /rootfs
      tolerations:                         # Pod容忍度，可以容忍一些不满足要求的节点
      - key: "node-role.kubernetes.io/master"    # Pod容忍度的键，通常是节点的标签或污点
        operator: "Exists"                 # 容忍度的操作符，例如Exists表示只要键存在即可
        effect: "NoSchedule"               # 容忍度的效果，例如NoSchedule表示节点不会被调度
      volumes:                             # 定义Pod所使用的存储卷
        - name: proc                       # 存储卷的名称
          hostPath:                        # 宿主机的路径挂载到容器中
            path: /proc
        - name: dev
          hostPath:
            path: /dev
        - name: sys
          hostPath:
            path: /sys
        - name: rootfs
          hostPath:
            path: /
```

这是一个Kubernetes的DaemonSet部署配置文件，用于在集群中的每个节点上运行Prometheus Node Exporter，以便收集主机的度量数据。

执行以下命令查看Node Exporter是否部署成功：

```
[root@xianchaomaster1]# kubectl get pods -n monitor-sa
```

显示如下：

```
NAME                  READY   STATUS    RESTARTS   AGE
node-exporter-9qpkd   1/1     Running   0          89s
node-exporter-zqmnk   1/1     Running   0          89s
```

可以看到，Pod的状态都是Running，说明部署成功。

2. 应用案例

Node Exporter是一个用于收集和暴露Linux系统上各种指标（如CPU、内存、磁盘、网络等）的应用程序。Node Exporter的默认监听端口为9100。我们可以通过案例来了解Node Exporter收集的数据及其含义。

案例1：查看当前主机获取到的所有监控数据，可以使用以下命令：

```
curl http://主机ip:9100/metrics
```

该命令会返回当前主机收集到的所有监控数据。

案例2：查看主机CPU的使用情况，可以使用以下命令：

```
curl http://主机ip:9100/metrics | grep node_cpu_seconds
```

该命令会返回CPU使用情况的监控数据，包括每个CPU核心在不同模式下的CPU使用时间。这些数据是以计数器（Counter）类型展示的，表示采集递增的指标。

显示如下：

```
# HELP node_cpu_seconds_total Seconds the cpus spent in each mode
# TYPE node_cpu_seconds_total counter
node_cpu_seconds_total{cpu="0",mode="idle"} 72963.37
node_cpu_seconds_total{cpu="0",mode="iowait"} 9.35
node_cpu_seconds_total{cpu="0",mode="irq"} 0
node_cpu_seconds_total{cpu="0",mode="nice"} 0
node_cpu_seconds_total{cpu="0",mode="softirq"} 151.4
node_cpu_seconds_total{cpu="0",mode="steal"} 0
node_cpu_seconds_total{cpu="0",mode="system"} 656.12
node_cpu_seconds_total{cpu="0",mode="user"} 267.1
```

上述结果的说明如下：

- HELP node_cpu_seconds_total: 说明该指标表示CPU在各种模式下使用的时间(单位为秒)。
- TYPE node_cpu_seconds_total counter: 说明该指标的类型是计数器,表示采集递增的指标。
- node_cpu_seconds_total{cpu="0",mode="idle"} 72963.37: 表示CPU0在空闲模式下使用的时间为72963.37秒。
- node_cpu_seconds_total{cpu="0",mode="iowait"} 9.35: 表示CPU0在等待I/O操作完成的模式下使用的时间为9.35秒。
- node_cpu_seconds_total{cpu="0",mode="irq"} 0: 表示CPU0在处理硬件中断的模式下使用的时间为0 秒。
- node_cpu_seconds_total{cpu="0",mode="nice"} 0: 表示CPU0在执行nice命令中指定的进程时使用的时间为0秒。
- node_cpu_seconds_total{cpu="0",mode="softirq"} 151.4: 表示CPU0在处理软件中断的模式下使用的时间为151.4秒。
- node_cpu_seconds_total{cpu="0",mode="steal"} 0: 表示CPU0在被虚拟机偷取CPU时间的模式下使用的时间为0 秒。
- node_cpu_seconds_total{cpu="0",mode="system"} 656.12: 表示CPU0在内核模式下使用的时间为656.12秒。
- node_cpu_seconds_total{cpu="0",mode="user"} 267.1: 表示CPU0在用户模式下使用的时间为267.1秒。

通过这些监控数据，我们可以了解CPU在不同模式下的使用情况，进而优化系统性能和稳定性。

案例3：查看主机负载，可以使用以下命令：

```
curl http://主机ip:9100/metrics | grep node_load
```

该命令会返回反映系统最近一分钟内负载情况的监控数据。这些数据是以标准尺寸（gauge）类型展示的，表示统计的指标可增加，也可减少。显示的结果如下：

```
# HELP node_load1 1m load average
# TYPE node_load1 gauge
node_load1 0.1
```

上述结果的说明如下：

显示结果展示了使用Node Exporter工具采集到的一项系统指标node_load1，该指标反映了当前主机在最近一分钟以内的负载情况，其数据类型为gauge，表示其值可以增加，也可以减少。在该指标下，只有一条记录，其值为0.1。该值越高，表示当前主机负载越重，可能需要进行相应的调优操作来降低负载。

Node Exporter是一个非常有用的监控工具，可以帮助我们了解Linux系统的各种指标数据，从而优化系统性能和稳定性。

13.3　可视化 UI 界面 Grafana 的安装和配置

为了更全面地展示Prometheus采集到的监控数据，我们可以使用开源仪表板工具Grafana，它支持多种数据源，例如Prometheus，提供丰富的可视化仪表板。本节将介绍Grafana的安装和配置。

13.3.1　Grafana 介绍

Grafana是一个开源的数据可视化工具，可以通过创建丰富多彩的图表和仪表板来展示各种数据源的数据，包括但不限于Prometheus、InfluxDB、Elasticsearch、MySQL等。

Grafana提供了灵活的查询编辑器，可以通过简单的查询语言轻松地查询和过滤数据。此外，Grafana还支持多种面板类型，包括统计图、仪表盘、地图等，可以自定义布局和样式，满足不同的数据展示需求。

Grafana还具备多租户支持，可以为不同的用户或团队提供个性化的仪表板和权限控制。同时，Grafana也提供了丰富的插件和扩展，支持自定义数据源和面板类型，方便用户根据实际需求进行定制和扩展。

总之，Grafana是一个功能强大、易于使用、高度可定制的数据可视化工具，被广泛应用于各种场景，如监控、日志分析、业务分析等。

13.3.2　安装 Grafana

安装Grafana的方法非常简单，只需要更新YAML文件即可。在Kubernetes控制节点中，通过执行以下命令来更新YAML文件，即可安装Grafana：

```
kubectl apply -f grafana-pod.yaml
```

执行如下命令查看Grafana是否创建成功：

```
[root@xianchaomaster1]# kubectl get pods -n kube-system -l task=monitoring
```

该命令获取kube-system命名空间中，标签为task=monitoring的所有Pod的列表。

- get：获取资源对象列表的命令。
- pods：资源对象的类型，表示获取Pod对象列表。
- -n kube-system：指定命名空间为kube-system，表示只获取kube-system命名空间中的Pod对象列表。
- -l task=monitoring：使用标签选择器，只获取标签为task=monitoring的Pod对象列表。

显示如下：

```
NAME                                    READY   STATUS    RESTARTS   AGE
monitoring-grafana-675798bf47-cw9hr     1/1     Running   0          39s
```

STATUS显示为Running，说明部署成功。

grafana.yaml文件的内容如下，包括Deployment。其中，Deployment定义了Grafana容器的规范，包括副本数、容器镜像、挂载的数据卷、端口等。

```
apiVersion: apps/v1              # 指定Kubernetes API的版本
kind: Deployment                 # 指定Kubernetes 对象的类型，此处为Deployment
metadata:                        # Deployment的元数据，包括名称和命名空间等信息
  name: monitoring-grafana
  namespace: kube-system
spec:                            # Deployment的规格，指定副本数和Pod模板等信息
  replicas: 1                    # 指定Pod的副本数为1
  selector:                      # 用于标识控制器需要管理的Pod，这里选择task: monitoring和
                                 # k8s-app: grafana标签的Pod
    matchLabels:
      task: monitoring
      k8s-app: grafana
  template:                      # 指定要创建的Pod的模板
    metadata:                    # Pod元数据，包括标签等信息
      labels:
        task: monitoring
        k8s-app: grafana
    spec:                        # Pod规格，包括容器、卷、环境变量等信息
      containers:                # 容器数组，指定要创建的容器
      - name: grafana            # 容器名称，此处为grafana
        image: k8s.gcr.io/heapster-grafana-amd64:v5.0.4   # 容器使用的镜像，此处为
                                          #k8s.gcr.io/heapster-grafana-amd64:v5.0.4
        imagePullPolicy: IfNotPresent  # 指定容器镜像拉取策略，此处为IfNotPresent，
                                       # 表示如果镜像不存在，则拉取
```

```
        ports:                        # 容器需要暴露的端口
        - containerPort: 3000         # 容器暴露的端口号，此处为3000
          protocol: TCP               # 端口协议，此处为TCP
        volumeMounts:                 # 容器需要挂载的卷
        - mountPath: /etc/ssl/certs   # 卷在容器内的挂载路径
          name: ca-certificates       # 卷的名称，需要与volumes中的名称对应
          readOnly: true              # 是否为只读
        - mountPath: /var
          name: grafana-storage
        env:                          # 容器的环境变量数组
        - name: INFLUXDB_HOST         # 环境变量名称
          value: monitoring-influxdb  # 环境变量的值
        - name: GF_SERVER_HTTP_PORT
          value: "3000"
          # The following env variables are required to make Grafana accessible via
          # the kubernetes api-server proxy. On production clusters, we recommend
          # removing these env variables, setup auth for grafana, and expose the grafana
          # service using a LoadBalancer or a public IP.
        - name: GF_AUTH_BASIC_ENABLED
          value: "false"
        - name: GF_AUTH_ANONYMOUS_ENABLED
          value: "true"
        - name: GF_AUTH_ANONYMOUS_ORG_ROLE
          value: Admin
        - name: GF_SERVER_ROOT_URL
          # If you're only using the API Server proxy, set this value instead:
          # value: /api/v1/namespaces/kube-system/services/monitoring-grafana/proxy
          value: /
      volumes:                        # 卷数组，指定要创建的卷
      - name: ca-certificates         # 卷的名称，需要与volumeMounts中的名称对应
        hostPath:                     # 主机路径类型的卷
          path: /etc/ssl/certs        # 主机路径，此处为/etc/ssl/certs
      - name: grafana-storage
        emptyDir: {}                  # 空目录类型的卷
```

创建一个Kubernetes Service，用于代理Grafana Deployment创建的Pod：

```
vim grafana-svc.yaml
```

在grafana-svc.yaml文件中写入如下内容：

```
apiVersion: v1
kind: Service
metadata:     # metadata包含该Service的元数据，如标签、名称、命名空间等
  labels:     # labels用于标识Service的标签，可以被其他资源（如Deployment、Pod）
              # 使用来匹配该Service
    # 用作集群插件(https://github.com/kubernetes/kubernetes/tree/master/cluster/
addons)
    # 如果不将其用作插件，则应将此行注释掉
    kubernetes.io/cluster-service: 'true'
```

```
        kubernetes.io/name: monitoring-grafana
  name: monitoring-grafana      # name该Service的名称
  namespace: kube-system        # namespace指定该Service所在的命名空间
spec:                     # spec包含该Service的配置信息，如端口、代理的Deployment、类型等
                          # 在生产环境中，建议通过外部负载均衡器或公共IP访问Grafana
                          # 类型：LoadBalancer
                          # 还可以使用NodePort将服务公开在随机生成的端口上
                          # 类型：NodePort
  ports:                  # ports是Service所代理的Deployment的端口号和名称的映射
  - port: 80
    targetPort: 3000
  selector:               # selector用来选择要代理的Pod的标签，这里选择的标签是k8s-app:
                          # grafana，与上面 Deployment中的selector 字段匹配
    k8s-app: grafana
  type: NodePort          # type字段指定了Service的类型，这里是NodePort，表示该Service将公开
                          #  一个Kubernetes节点上的端口，可以通过该节点的IP和端口访问服务
```

通过执行以下命令来更新YAML文件，创建Service。

这个Service的作用是将来自节点的流量路由到匹配标签选择器的Pod，它会将流量路由到名为grafana的Pod中的端口3000上。

13.3.3　Grafana 界面接入 Prometheus 数据源

如果想要在Grafana中展示Prometheus的数据，那么需要在Grafana的UI界面中接入Prometheus数据源。下面是接入Prometheus数据源的操作步骤。

（1）使用以下命令查看Kubernetes集群中所有的Service资源对象：

```
kubectl get svc -n kube-system
```

（2）在上一步命令的输出结果中，使用grep命令过滤出包含关键字grafana的Service对象。例如：

```
kubectl get svc -n kube-system | grep grafana
```

上述命令是获取kube-system命名空间中所有的Service，并使用grep命令过滤出包含关键字grafana的service。

- svc：资源对象的类型，表示获取Service对象列表。
- -n kube-system：指定命名空间为kube-system，表示只获取kube-system命名空间中的Service对象列表。
- |：管道符号，将前一个命令的输出作为后一个命令的输入。
- grep grafana：使用grep命令过滤出包含关键字grafana的Service对象列表。

执行kubectl get svc -n kube-system命令显示如下：

```
 monitoring-grafana     NodePort    10.106.3.47    <none>        80:30858/TCP
```

这是一个Kubernetes中的Service对象的输出结果，它的名称是monitoring-grafana。对输出结果中的其他字段解读如下：

- NodePort：这个Service对象的端口类型是NodePort，表示Kubernetes集群中每个节点上都会开放该端口，用于从外部访问该服务。
- 10.106.3.47：这个Service对象的IP地址。
- <none>：这个Service对象没有指定LoadBalancer类型，表示该服务没有外部负载均衡器。
- 80:30858/TCP：这个Service对象有一个TCP端口映射，将Kubernetes集群内部的端口80映射到外部的端口30858。这样，当从集群外部访问30858 端口时，请求将被转发到monitoring-grafana Service的80端口上。

因此，当用户访问192.168.40.180:30858时，请求将被转发到Kubernetes集群内部的monitoring-grafana Service的80端口上，从而可以访问Grafana的Web界面。配置Grafana，通过Grafana展示Prometheus采集的数据，步骤如下。

（1）在浏览器访问Grafana服务。打开浏览器（百度、火狐等均可），输入192.168.40.180:30858，可以看到如图13-3所示的内容。

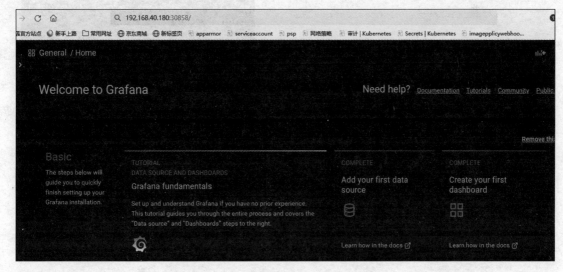

图 13-3　在浏览器访问 Grafana 服务

192.168.40.180是安装Grafana服务的机器IP，30858是Grafana服务的端口号。

（2）配置Grafana。把Prometheus采集到的数据用Grafana可视化展示，具体配置如图13-4所示。

选择Add your first data source选项，出现如图13-5所示的界面。

图 13-4   配置 Grafana 的 Web 界面

分别输入以下相关信息:

```
Name: Prometheus
Type: Prometheus
```

HTTP处的URL填写如下:

```
http://prometheus.monitor-sa.svc:9090
```

配置好的整体页面如图13-6所示。

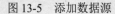

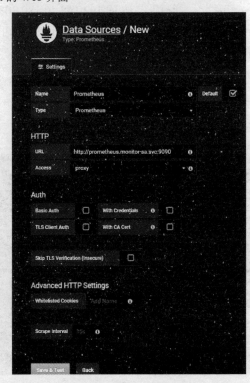

图 13-5   添加数据源   图 13-6   配置完成后的界面

单击界面左下角的Save & Test按钮,出现如图13-7所示的Data source is working,说明Prometheus数据源成功被Grafana接入了。

导入的监控模板可在如下链接搜索相关的JSON模板:

```
https://grafana.com/dashboards?dataSource=prometheus&search=kubernetes
```

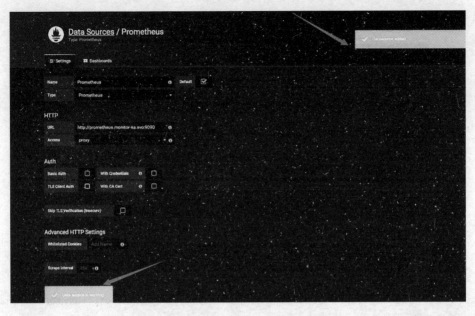

图 13-7　Grafana 接入 Prometheus 数据源

可直接导入node_exporter.json监控模板，这个监控模板可以把节点
指标显示出来。

node_exporter.json可以从配书资源下的Prometheus监控文件夹获取，
可直接导入docker_rev1.json，这个JSON文件会显示容器资源指标，
docker_rev1.json可以从配书资源下的Prometheus监控文件夹获取。导入监
控模板的步骤如下：

测试没问题之后，返回Grafana主页面，如图13-8所示。

单击"+"号右侧的Import，出现如图13-9所示的界面。

图 13-8　Grafana 主页面

图 13-9　Grafana 的 import 页面

单击Upload JSON File按钮，出现如图13-10所示的界面。

图 13-10　单击 Grafana 页面的 Upload JSON file 按钮

选择一个本地的JSON文件，我们选择的是前面让读者下载的node_exporter.json文件，选择之后出现如图13-11所示的界面。

图 13-11　选择本地的 JSON 文件

注意，箭头标注的地方，在Name栏后面的名字是node_exporter.json定义的，在Prometheus栏后面需要选择Prometheus，然后单击Import按钮，会出现如图13-12所示的界面。

导入docker_rev1.json监控模板，步骤和上面导入node_exporter.json的步骤一样，导入之后显示如图13-13所示的界面。

（3）问题排查。如果Grafana导入Prometheus之后，发现仪表盘没有数据，可以按以下方法排查。

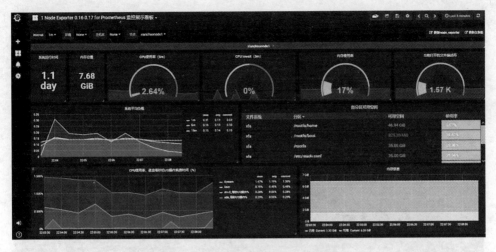

图 13-12　Grafana 展示节点资源指标

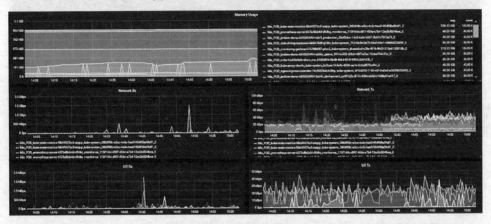

图 13-13　Grafana 展示容器资源指标

打开Grafana界面，找到仪表盘对应无数据的图标，如图13-14所示。

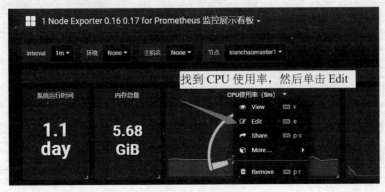

图 13-14　Grafana 界面

单击Edit按钮之后出现如图13-15所示的界面。

图 13-15　切换至 Metrics 选项卡

切换至Metrics选项卡，可以看到node_cpu_seconds_total就是Grafana上采集的CPU时间。为了确认采集的指标是否正确，需要到Prometheus UI界面去看，如图13-16所示。

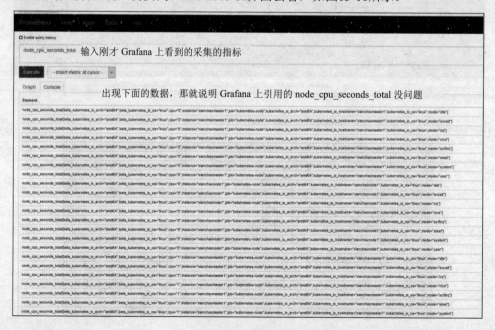

图 13-16　Prometheus UI 界面

如果在Prometheus UI界面输入node_cpu_seconds_total没有数据，那就看Prometheus采集的数据是不是node_cpu_seconds_totals。删除前面输入的node_cpu_seconds_total，在-insert metrics at cursor-处找到跟node_cpu相关的指标，对照即可，如图13-17所示。

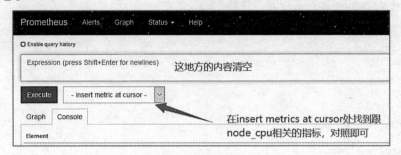

图 13-17　Prometheus 主页面

13.4　配置 Alertmanager 发送告警

Alertmanager是一个独立组件，提供了监控警报管理的功能。当Prometheus监测到异常事件时，会将告警信息发送给Alertmanager，再由Alertmanager将通知发送到邮件、微信、钉钉等渠道。为了构建一个良好的警报机制，我们需要在Prometheus服务器上定义警报规则，当这些规则被触发时，事件会被传播到Alertmanager。本节将介绍如何安装和配置Alertmanager，以及如何使用Alertmanager来进行路由通知和管理维护。此外，还将演示如何在Prometheus服务器上定义警报规则并触发警报。

13.4.1　案例：配置 Alertmanager 发送告警到 QQ 邮箱

如果监控系统检测到异常问题，需要快速通知技术人员处理异常，因此需要基于告警组件实现问题通知。Alertmanager告警系统可以及时发送告警，并可以将告警信息发送到多个接受方。QQ是很多企业常用的通信工具，因此可以配置Alertmanager发送告警到QQ邮箱。

Alertmanager发送告警到QQ邮箱的具体配置步骤如下。

1. 创建Alertmanager配置文件

在Kubernetes的控制节点创建alertmanager-cm.yaml文件，通过kubectl apply命令更新文件：

```
[root@xianchaomaster1 ~]#kubectl apply -f alertmanager-cm.yaml
```

该命令将alertmanager-cm.yaml文件中定义的ConfigMap对象应用到当前的Kubernetes集群中。其中：

- kubectl：命令行工具，用于与Kubernetes集群通信。

- apply: 应用资源对象的命令。
- -f alertmanager-cm.yaml: 指定要应用的文件路径，其中包含待应用的ConfigMap对象的定义。

alertmanager-cm.yaml配置文件的内容如下：

```
kind: ConfigMap
apiVersion: v1
metadata:
  name: alertmanager
  namespace: monitor-sa
data:
  alertmanager.yml: |-
    global:
      resolve_timeout: 1m
      smtp_smarthost: 'smtp.163.com:25'       #163邮箱的SMTP服务器地址+端口
      smtp_from: '1501157xxxx@163.com'        #用于指定从哪个邮箱发送告警
      smtp_auth_username: '1501157xxxx'        #发送邮箱的认证用户
      smtp_auth_password: ' xxxx'              #发送邮箱的授权码而不是登录密码
      smtp_require_tls: false
    route:                                     #用于配置告警分发策略
      group_by: [alertname]                    #采用哪个标签来作为分组依据
      group_wait: 10s   #告警等待时间。也就是告警产生后等待10秒，如果有同组告警，则一起发出
      group_interval: 10s                      #上下两组发送告警的间隔时间
      repeat_interval: 10m                     #重复发送告警的时间，减少相同邮件的发送频率，默认是1小时，
                                               #此处设置为10分钟
      receiver: default-receiver               #定义谁来接收告警
    receivers:
    - name: 'default-receiver'
      email_configs:
      - to: '198057xxxx@qq.com'  #to后面指定发送到哪个邮箱，此处，发送到笔者的QQ邮箱，
                                 #读者需要写自己的邮箱地址，不应该跟smtp_from的邮箱名字重复
        send_resolved: true
```

Alertmanager告警处理流程如下：

（1）Prometheus Server监控目标主机上暴露的HTTP接口（这里假设接口A），通过Prometheus配置的scrape_interval定义的时间间隔，定期采集目标主机上监控数据。

（2）当接口A不可用的时候，Server端会持续尝试从接口中获取数据，直到scrape_timeout时间后停止尝试。这时把接口的状态变为DOWN。

（3）Prometheus同时根据配置的evaluation_interval的时间间隔，定期（默认为1分钟）对Alert Rule进行评估；当到达评估周期的时候，发现接口A为DOWN，即UP=0为真，激活Alert，进入PENDING状态，并记录当前active的时间。

（4）当下一个Alert Rule的评估周期到来的时候，发现UP=0继续为真，然后判断警报Active的时间是否已经超出Rule中的for持续时间，如果未超出，则进入下一个评估周期；如果时间超出，

则Alert的状态变为FIRING，同时调用Alertmanager接口，发送相关告警数据。

（5）AlertManager收到告警数据后，会将警报信息进行分组，然后根据Alertmanager配置的group_wait时间进行等待。等group_wait时间过后，再发送告警信息。

（6）属于同一个Alert Group的警报，在等待的过程中可能进入新的Alert，如果之前的告警已经成功发出，那么间隔group_interval的时间后，再重新发送告警信息。比如配置的是邮件告警，那么同属一个group的告警信息会汇总在一个邮件中进行发送。

（7）如果Alert Group中的警报一直没发生变化并且已经成功发送，等待repeat_interval时间间隔之后，再重复发送相同的告警邮件；如果之前的警报没有成功发送，则相当于触发第（6）步，则需要等待group_interval的时间间隔后重复发送。至于警报信息具体发给谁，满足什么样的条件下指定警报接收人，设置不同的告警发送频率，这里由Alertmanager的路由规则进行配置。

2．创建Prometheus和告警规则配置文件

在 Kubernetes 的控制节点生成一个 prometheus-alertmanager-cfg.yaml 文件， prometheus-alertmanager-cfg.yaml文件参考官方网站：https://github.com/luckylucky421/kuberneteslatest/blob/master/prometheus-alertmanager-cfg.yaml，上传该文件到Kubernetes的xianchaomaster1节点，然后通过kubectl apply命令更新资源文件。

执行以下命令：

```
[root@xianchaomaster1]# kubectl apply -f prometheus-alertmanager-cfg.yaml
```

这是一个Kubectl命令，用于在Kubernetes集群中应用一个名为prometheus-alertmanager-cfg.yaml的YAML配置文件。通过执行这个命令，Kubernetes将使用该配置文件来创建、更新或删除Alertmanager配置。其中，prometheus-alertmanager-cfg.yaml文件包含Alertmanager配置的详细信息，例如通知渠道（如电子邮件、Slack、PagerDuty等）、路由树、抑制规则等。执行该命令后，Kubernetes将会在集群中创建或更新Alertmanager实例的配置，以确保警报通知按照配置文件中定义的方式进行传递和管理。

13

注意　读者做实验时需要修改prometheus-alertmanager-cfg.yaml文件，修改内容如下：

```
- job_name: 'kubernetes-schedule'
  scrape_interval: 5s
  static_configs:
  - targets: ['192.168.40.180:10251']  #scheduler组件所在节点的IP
- job_name: 'kubernetes-controller-manager'
  scrape_interval: 5s
  static_configs:
  - targets: ['192.168.40.180:10252']  #controller-manager组件所在节点的IP
- job_name: 'kubernetes-kube-proxy'
```

```
    scrape_interval: 5s
    static_configs:
    - targets: ['192.168.40.180:10249','192.168.40.181:10249']  #scheduler组件所在节
点的IP
    - job_name: 'kubernetes-etcd'
    scheme: https
    tls_config:
      ca_file: /var/run/secrets/kubernetes.io/k8s-certs/etcd/ca.crt
      cert_file: /var/run/secrets/kubernetes.io/k8s-certs/etcd/server.crt
      key_file: /var/run/secrets/kubernetes.io/k8s-certs/etcd/server.key
    scrape_interval: 5s
    static_configs:
    - targets: ['192.168.40.180:2379']   #etcd组件所在节点的IP
```

3. 安装Prometheus和Alertmanager

安装Prometheus和Alertmanager的具体步骤是，首先在Kubernetes的控制节点生成一个
prometheus-alertmanager-deploy.yaml文件，prometheus-alertmanager-deploy.yaml文件可以从官方网站获
取：https://github.com/luckylucky421/kuberneteslatest/blob/master/prometheus-alertmanager-deploy.yaml，
然后在Kubernetes控制节点更新资源清单文件。

执行以下命令：

```
[root@xianchaomaster1]# kubectl apply -f prometheus-alertmanager-deploy.yaml
```

kubectl apply命令可以根据提供的YAML或JSON配置文件创建新的资源对象，或者更新现有
的资源对象的状态。prometheus-alertmanager-deploy.yaml文件的内容如下：

```
---
apiVersion: apps/v1
kind: Deployment
metadata:
  name: prometheus-server
  namespace: monitor-sa
  labels:
    app: prometheus
spec:
  replicas: 1
  selector:
    matchLabels:
      app: prometheus
      component: server
    #matchExpressions:
    #- {key: app, operator: In, values: [prometheus]}
    #- {key: component, operator: In, values: [server]}
  template:
    metadata:
```

```
    labels:
      app: prometheus
      component: server
    annotations:
      prometheus.io/scrape: 'false'
spec:
  nodeName: xianchaonode1
  serviceAccountName: monitor
  containers:
  - name: prometheus
    image: prom/prometheus:v2.2.1
    imagePullPolicy: IfNotPresent
    command:
    - "/bin/prometheus"
    args:
    - "--config.file=/etc/prometheus/prometheus.yml"
    - "--storage.tsdb.path=/prometheus"
    - "--storage.tsdb.retention=24h"
    - "--web.enable-lifecycle"
    ports:
    - containerPort: 9090
      protocol: TCP
    volumeMounts:
    - mountPath: /etc/prometheus
      name: prometheus-config
    - mountPath: /prometheus/
      name: prometheus-storage-volume
    - name: k8s-certs
      mountPath: /var/run/secrets/kubernetes.io/k8s-certs/etcd/
  - name: alertmanager
    image: prom/alertmanager:v0.14.0
    imagePullPolicy: IfNotPresent
    args:
    - "--config.file=/etc/alertmanager/alertmanager.yml"
    - "--log.level=debug"
    ports:
    - containerPort: 9093
      protocol: TCP
      name: alertmanager
    volumeMounts:
    - name: alertmanager-config
      mountPath: /etc/alertmanager
    - name: alertmanager-storage
      mountPath: /alertmanager
    - name: localtime
      mountPath: /etc/localtime
  volumes:
    - name: prometheus-config
      configMap:
        name: prometheus-config
```

13

```
          - name: prometheus-storage-volume
            hostPath:
             path: /data
             type: Directory
         - name: k8s-certs
           secret:
             secretName: etcd-certs
         - name: alertmanager-config
           configMap:
              name: alertmanager
         - name: alertmanager-storage
           hostPath:
            path: /data/alertmanager
            type: DirectoryOrCreate
         - name: localtime
           hostPath:
             path: /usr/share/zoneinfo/Asia/Shanghai
```

 配置文件指定了nodeName: xianchaonode1，这个位置要写用户自己环境的Kubernetes的节点名字。

这个YAML文件是一个Kubernetes Deployment的描述文件，定义了如何在Kubernetes上部署Prometheus和Alertmanager两个容器。具体说明如下：

首先，该Deployment的名称为prometheus-server，位于monitor-sa命名空间中，使用app=prometheus的label标识。

Deployment中定义了一个Pod模板，Pod中有两个容器：Prometheus和Alertmanager。

- Prometheus容器使用prom/prometheus:v2.2.1镜像，配置了参数，包括配置文件路径、存储路径、数据保留时间等。Prometheus容器会监听9090端口，容器内部会挂载一些卷，例如配置文件和数据存储卷，这些卷的来源可以是ConfigMap、Secret或者本地的文件系统。
- Alertmanager容器使用prom/alertmanager:v0.14.0镜像，配置了参数，包括配置文件路径和日志级别等。Alertmanager容器会监听9093端口，容器内部会挂载一些卷，例如配置文件和数据存储卷。

Deployment中还定义了一些卷，包括prometheus-config、prometheus-storage-volume、k8s-certs、alertmanager-config、alertmanager-storage和localtime。这些卷有的是从ConfigMap和Secret中挂载的，有的是挂载了本地文件系统。

其中prometheus-storage-volume是一个HostPath卷，类型为Directory，表示容器中的数据将被存储在主机的/data目录中。

最后，Deployment中指定了nodeName和serviceAccountName，表示部署该Deployment的节点名称和使用的ServiceAccount名称。

4．在Alertmanager前端创建Service，方便在浏览器访问

（1）在Kubernetes控制节点上，我们需要生成一个名为alertmanager-svc.yaml的文件，并通过kubectl apply命令将其更新到Kubernetes集群中。具体命令如下：

```
kubectl apply -f alertmanager-svc.yaml
```

其中，alertmanager-svc.yaml是包含要创建的Service资源的文件。该文件的内容如下：

```
---
apiVersion: v1
kind: Service
metadata:
 labels:
   name: prometheus
   kubernetes.io/cluster-service: 'true'
 name: alertmanager
 namespace: monitor-sa
spec:
 ports:
 - name: alertmanager
   nodePort: 30066
   port: 9093
   protocol: TCP
   targetPort: 9093
 selector:
   app: prometheus
 sessionAffinity: None
 type: NodePort
```

（2）为了查看Service在物理机映射的端口，需要执行以下命令：

```
kubectl get svc -n monitor-sa
```

该命令将会返回monitor-sa命名空间中所有的Service对象列表，包括它们的名称、集群IP、外部IP、端口信息等。例如：

```
NAME            CLUSTER-IP                       PORT(S)         AGE
alertmanager    10.101.253.221                   9093:30066/TCP  20s
prometheus      10.103.243.87                    9090:32732/TCP  96m
```

从上述输出中可以看到，Alertmanager的Service在物理机映射的端口是30066，而Prometheus的Service在物理机映射的端口是32732。

（3）为了访问Alertmanager，我们需要在浏览器中输入物理机 IP 地址以及物理机映射的Alertmanager Service端口号，例如http://192.168.40.180:30066/#/alerts，然后按回车键即可访问Alertmanager主页面。

访问Alertmanager，其主页面如图13-18所示。

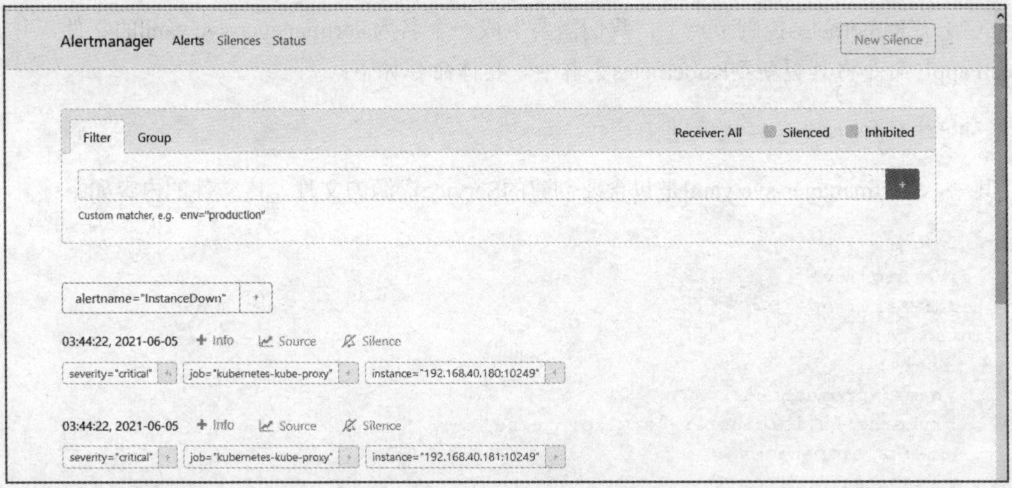

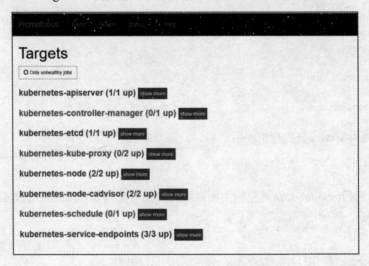

图 13-18   Alertmanager 主页面

依次单击Status→Targets，可看到如图13-19所示的Prometheus主页面。

图 13-19   Prometheus 主页面

5. 问题解决

在使用Prometheus监控Kubernetes集群时，有时会遇到连接不上kubernetes-controller-manager和kubernetes-schedule端口的问题，这时可以通过修改它们绑定的端口来解决。具体操作是通过修改kube-scheduler.yaml和kube-controller-manager.yaml文件中的参数来将它们绑定到物理节点上，然后重启Kubelet使配置生效。

1）修改Kubernetes的Scheduler组件的端口映射地址

```
vim /etc/kubernetes/manifests/kube-scheduler.yaml
```

- 把--bind-address=127.0.0.1变成--bind-address=192.168.40.180。
- 把httpGet:字段下的hosts由127.0.0.1变成192.168.40.180。
- 把--port=0删除。

注意 192.168.40.180是Kubernetes的控制节点xianchaomaster1的IP地址。

2）修改Kubernetes的controller-manager组件的端口映射地址

```
vim /etc/kubernetes/manifests/kube-controller-manager.yaml
```

- 把--bind-address=127.0.0.1变成--bind-address=192.168.40.180。
- 把httpGet: 字段下的hosts由127.0.0.1变成192.168.40.180。
- 把--port=0删除。

修改之后在Kubernetes各个节点重启Kubelet使配置生效：

```
systemctl restart kubelet
```

3）修改Kubernetes的kube-proxy组件的端口映射地址

由于kube-proxy默认端口10249是监听在127.0.0.1上的，因此需要改成监听到物理节点上。按如下方法修改，建议在安装Kubernetes的时候就进行修改，这样风险小一些，执行如下命令：

```
[root@xianchaomaster1]#kubectl edit configmap kube-proxy -n kube-system
```

该命令的含义是，使用Kubectl工具编辑kube-system命名空间中名为kube-proxy的ConfigMap对象。其中：

- kubectl：命令行工具，用于与Kubernetes集群通信。
- edit：编辑资源对象的命令。
- configmap kube-proxy：指定要编辑名为kube-proxy的ConfigMap资源。
- -n kube-system：指定命名空间为kube-system，表示要编辑kube-system命名空间中的ConfigMap对象。

把metricsBindAddress这段修改成metricsBindAddress: 0.0.0.0:10249，然后重新启动kube-proxy这个Pod，执行如下命令重启Pod：

```
[root@xianchaomaster1]# kubectl get pods -n kube-system | grep kube-proxy |awk '{print
$1}' | xargs kubectl delete pods -n kube-system
```

13

该命令获取kube-system命名空间中所有名称中包含kube-proxy的Pod对象列表，然后通过管道符"|"将结果传递给grep命令，再通过管道符将结果传递给awk命令，从中提取Pod对象的名称（第一列），最后通过管道符传递给xargs命令，使用Kubectl工具删除这些Pod对象。具体步骤如下。

（1）kubectl get pods -n kube-system：获取kube-system命名空间中所有Pod对象的列表。

（2）grep kube-proxy：过滤出名称中包含kube-proxy的Pod对象。

（3）awk '{print $1}'：从过滤结果中提取第一列，即Pod对象的名称。

（4）xargs kubectl delete pods -n kube-system：将Pod对象的名称作为参数传递给kubectl delete pods命令，使用Kubectl工具删除这些Pod对象。

完成以上操作后，就可以在Prometheus UI界面中查看集群的状态和目标情况，并设置告警规则。如果触发了告警规则，那么Prometheus会将告警发给Alertmanager，然后Alertmanager会通过配置的方式将告警通知到指定的邮箱中。

访问Prometheus UI界面，单击Status→Targets，可看到如图13-20所示的Targets界面。

单击Alerts，可看到如图13-21所示的Alerts界面。

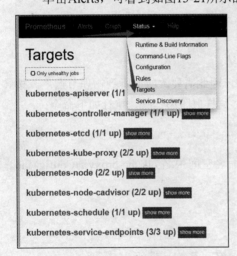

图 13-20　Targets 界面

图 13-21　Alerts 界面

把物理节点的CPU使用率展开，可看到如图13-22所示的界面。

FIRING表示Prometheus已经将告警发给Alertmanager，在Alertmanager中可以看到有一个Alert。

这样在QQ邮箱：198057xxxx@qq.com中就可以收到告警了，如图13-23所示。

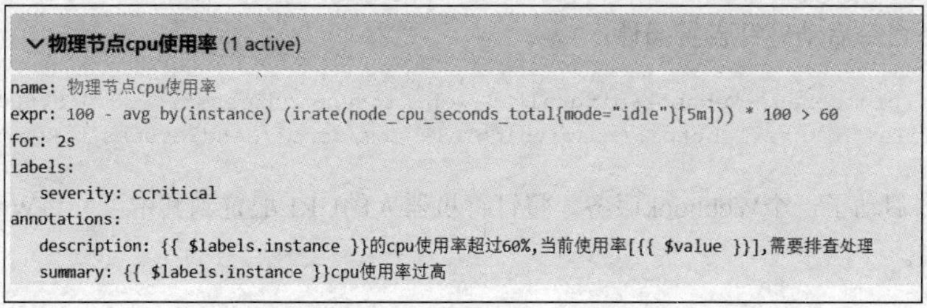

```
▽ 物理节点cpu使用率 (1 active)

name: 物理节点cpu使用率
expr: 100 - avg by(instance) (irate(node_cpu_seconds_total{mode="idle"}[5m])) * 100 > 60
for: 2s
labels:
    severity: ccritical
annotations:
    description: {{ $labels.instance }}的cpu使用率超过60%,当前使用率[{{ $value }}],需要排查处理
    summary: {{ $labels.instance }}cpu使用率过高
```

图 13-22　物理节点 CPU 使用率

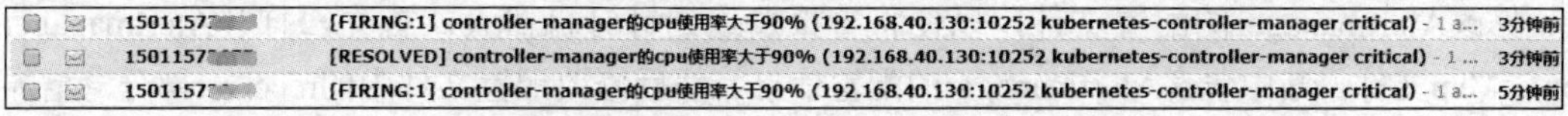

图 13-23　邮箱告警图

13.4.2　案例：配置 Alertmanager 发送告警到钉钉群组

配置Alertmanager发送告警到钉钉群组可以让技术人员更及时地接收到故障信息,快速响应处理。因为钉钉是一个实时性较高的通信工具,对于紧急事件可以更快地引起人们的关注和响应,从而可以更快地解决问题,保障系统的稳定性。

Alertmanager是一个处理和路由Prometheus警报的工具,可用于在出现故障时向管理员发送通知。在配合使用钉钉的情况下,Alertmanager可以将警报发送到特定的钉钉群组,从而实现快速响应故障的目的。下面是配置Alertmanager发送告警到钉钉群组的详细步骤。

1. 创建钉钉机器人

在电脑版钉钉中,打开要接收警报的群组,然后创建自定义机器人。具体步骤可以参考钉钉开放平台的官方文档。为了完成创建,需要设置机器人的名称、接收群组、安全设置中的自定义关键词等参数。创建成功后,可以在机器人设置界面中找到该机器人的Webhook URL。

2. 安装钉钉的Webhook插件

在Kubernetes的控制节点上安装钉钉Webhook插件。首先,下载并解压相关的软件包,然后进入解压目录,执行命令启动钉钉告警插件。在本例中,使用的命令如下:

```
tar zxvf prometheus-webhook-dingtalk-0.3.0.linux-amd64.tar.gz
```

请从配书资源下的"配置Alertmanager发送告警到钉钉"文件夹获取prometheus-webhook-dingtalk-0.3.0.linux-amd64.tar.gz文件。

进入解压目录:

```
cd prometheus-webhook-dingtalk-0.3.0.linux-amd64
```

执行以下命令启动钉钉告警插件：

```
nohup ./prometheus-webhook-dingtalk --web.listen-address="0.0.0.0:8060"
--ding.profile="cluster1=https://oapi.dingtalk.com/robot/send?access_token=xxxxxxxx" &
```

这个命令启动了一个Webhook服务，将钉钉机器人的URL配置到其中，并将Webhook服务绑定到8060端口。

3. 修改Alertmanager的配置文件

修改Alertmanager的配置文件，以便将警报发送到钉钉机器人。首先，打开Alertmanager的ConfigMap文件，其中包含Alertmanager的配置信息。然后修改配置文件中的receiver部分，增加一个新的receiver，指定该receiver要将警报发送到钉钉机器人的Webhook URL。在本例中使用的命令如下：

```
- name: cluster1
    webhook_configs:
    - url: 'http://192.168.40.180:8060/dingtalk/cluster1/send'
      send_resolved: true
```

这个命令将Alertmanager的接收器配置为将警报发送到钉钉机器人的Webhook URL，send_resolved参数表示是否在警报恢复时发送一个通知。

完成上述步骤后，Alertmanager就可以将警报发送到钉钉群组中，管理员可以在钉钉中及时收到通知并快速响应。

13.5 本章小结

本章介绍了Prometheus的基本特点、组件、工作流程和部署方式，以及4种常见的指标类型：Counter、Gauge、Histogram和Summary。另外，还演示了如何通过安装node-exporter对物理节点进行监控，并使用可视化UI界面Grafana来展示Prometheus采集的数据。这些知识点可以帮助读者对Prometheus有一个系统的认识和了解。

除此之外，本章还详细讲解了如何使用Alertmanager工具将告警信息发送到多个地方，特别是如何将告警信息发送到钉钉群组。这一部分内容非常实用，可以直接应用于实际企业管理工作中，以帮助技术人员更及时地接收到故障信息，快速响应处理。

总之，本章的内容非常实用，不仅可以帮助读者掌握Prometheus的基本知识，还能够帮助读者将所学的知识应用于实际的工作中，提高工作效率和质量。

第 14 章

基于Jenkins+Kubernetes构建企业级DevOps容器云平台

14

　　Jenkins是一个持续集成和交付工具，Kubernetes是一个容器编排平台，结合起来可以构建企业级的DevOps容器云平台。DevOps是一种方法论，旨在促进开发和运维之间的协作，使软件开发和交付更加高效和可靠。容器技术可以将应用程序打包为可移植的镜像，使其易于部署和管理。Kubernetes是一种流行的容器编排平台，可以自动管理容器的部署、伸缩和升级等任务。结合Jenkins，可以实现自动化构建、测试、部署和运维，从而提高开发效率和软件质量。同时，使用Kubernetes可以轻松地实现容器的部署和管理，确保应用程序的高可用性和可扩展性。因此，基于Jenkins和Kubernetes构建企业级的DevOps容器云平台可以帮助企业更好地应对快速变化的市场需求，提高软件交付速度和质量，降低运维成本。

本章内容：

❋　Kubernetes助力DevOps在企业落地实践

❋　安装和配置Jenkins

❋　Jenkins Pipeline语法介绍

14.1　Kubernetes 助力 DevOps 企业落地实践

14.1.1　DevOps 的基本概念

　　DevOps中的Dev是Development（开发），Ops是Operation（运维），用一句话来说 DevOps 就是打通开发运维的壁垒，实现开发运维一体化。DevOps整个流程包括敏捷开发、持续集成

（Continuous Integration，CI）、持续交付（Continuous Delivery，CD）和持续部署（Continuous Deployment，CD）。

1. 敏捷开发

所谓敏捷开发，是一种从1990年代开始逐渐引起广泛关注的新型软件开发方法，是一种应对快速变化的需求的软件开发能力。

这种开发方法可以提高开发效率，及时跟进用户需求，缩短开发周期。

敏捷开发包括编写代码和构建代码两个阶段，可以使用Git或者SVN来管理代码，用Maven对代码进行构建。

2. 持续集成

持续集成强调开发人员提交了新代码之后，立刻自动进行构建和单元测试。根据测试结果，可以确定新代码和原有代码能否正确地集成在一起。持续集成过程中很重视自动化测试验证结果，对可能出现的一些问题进行预警，以保障最终合并的代码没有问题。

Jenkins是当前最常使用的持续集成工具。Jenkins是用Java语言编写的，是目前使用最多和最受欢迎的持续集成工具，使用Jenkins可以自动监测到Git或者SVN存储库代码的更新，基于最新的代码进行构建，把构建好的源码或者镜像发布到生产环境中。Jenkins还有一个非常好的功能，可以在多台机器上进行分布式地构建和负载测试。

持续集成的好处主要有以下几点：

（1）较早发现错误：每次集成都通过自动化地构建（包括编译，发布，自动化测试）来验证，哪个环节出现问题都可以较早地发现。

（2）快速发现错误：每完成一部分代码的更新，就会把代码集成到主干中，这样就可以快速发现错误，比较容易定位错误。

（3）提升团队绩效：持续集成中的代码更新速度快，能及时发现小问题并进行修改，使团队能创造出更好的产品。

（4）防止分支过多地偏离主干：持续集成会使分支代码经常向主干更新，当单元测试失败或者出现Bug时，如果开发者需要在没有调试的情况下恢复仓库的代码到没有Bug的状态，只有很少的代码会丢失。

持续集成的目的是提高代码质量，让产品快速地更新迭代。它的核心措施是，代码集成到主干之前，必须通过自动化测试。只要有一个测试用例失败，就不能集成。

Martin Fowler（马丁·福勒，一个英国软件工程师，畅销书作者）说过，"持续集成并不能消除Bug，而是让它们非常容易发现和改正"。

3. 持续交付

持续交付在持续集成的基础上，将集成后的代码部署到更贴近真实运行环境的类生产环境（Production-Like Environments）中。交付给质量团队或者用户以供评审，如果评审通过，代码就进入生产阶段。

如果所有的代码完成之后一起交付，就会导致很多问题爆发出来，解决起来很麻烦，所以持续集成也就是每更新一次代码，都向下交付一次，这样可以及时发现问题，及时解决，防止问题大量堆积。

4. 持续部署

持续部署是指当交付的代码通过评审之后，自动部署到生产环境中。持续部署是持续交付的最高阶段。

Puppet、SaltStack和Ansible是这个阶段使用的流行工具。容器化工具Docker和Kubernetes在部署阶段也发挥着重要作用，有助于在开发、测试和生产环境中实现一致性。除此之外，Kubernetes还可以实现自动扩容、缩容等功能。

DevOps的好处在于，它可以帮助开发团队和运维团队之间实现更好的协作和沟通，提高软件交付质量和效率，降低故障和维护成本，增加团队的创造力和创新能力。因此，DevOps在现代软件开发中被广泛应用，并成为软件开发领域的一种趋势。

14.1.2　Kubernetes 在 DevOps 中的核心作用

Kubernetes在DevOps中扮演着核心角色。Docker和Kubernetes的出现让DevOps变得更加普及和容易实现。在传统运维中，服务的安装和部署需要针对不同环境进行不同版本的设置，造成了部署过程的烦琐和不可控。有了Docker之后，我们只需要构建一次镜像，然后在任何有Docker的主机上就能部署应用，实现了一次构建到处运行的目标。

但在众多微服务中，由于服务间的依赖关系十分复杂，导致我们每天需要处理各种服务的崩溃和问题。因此，需要使用容器编排工具来解决这个问题。Kubernetes的出现主宰了容器编排的市场，进一步优化了运维方式，使开发与运维之间的联系更加紧密，也让DevOps这一角色更加清晰。

Kubernetes具有多项优点，包括自动化实现持续集成、持续交付和持续部署，支持多集群管理，可以根据客户需求对不同环境部署不同的Kubernetes集群，并保证各个环境之间的独立性和互不干扰。由于Kubernetes是基于Docker的容器编排工具，因此可以保证多环境一致性。此外，每次集成或交付后，Kubernetes可以实时反馈结果并提供智能化报表，方便企业进行监控和分析。

14.1.3　在 Kubernetes 集群安装和配置 Jenkins

DevOps是运维开发体系，那么，如何搭建一个DevOps平台呢？主流的方式是基于Jenkins构建DevOps。本小节将介绍如何基于Kubernetes部署Jenkins服务来搭建一个DevOps平台。具体步骤如下。

1. 创建名称空间

执行以下命令来创建名为jenkins-k8s的命名空间：

```
[root@xianchaomaster1 ~]# kubectl create namespace jenkins-k8s
```

该命令将在当前Kubernetes集群中创建一个名为jenkins-k8s的命名空间。其中，create namespace是创建命名空间的命令，jenkins-k8s是要创建的命名空间的名称。

2. 创建持久化卷

使用命令kubectl apply -f pv.yaml，根据pv.yaml文件中的配置信息创建一个持久化卷（Persistent Volume，PV）。其中，pv.yaml文件中的内容如下：

```
apiVersion: v1
kind: PersistentVolume
metadata:
  name: jenkins-k8s-pv          # 持久化卷的名字
spec:
  capacity:
    storage: 10GB               # 指定持久化卷的容量为10GB
  accessModes:
  - ReadWriteMany               # 定义持久化卷的访问模式是多路读写
  nfs:
    server: 192.168.40.180      # 指定NFS服务端地址
    path: /data/v2              # NFS共享的目录，用来做持久化卷
```

3. 创建持久化卷声明

使用命令 kubectl apply -f pvc.yaml，根据pvc.yaml文件中的配置信息创建一个持久化卷声明（Persistent Volume Claim，PVC）。其中，pvc.yaml文件中的内容如下：

```
kind: PersistentVolumeClaim
apiVersion: v1
metadata:
  name: jenkins-k8s-pvc
  namespace: jenkins-k8s
spec:
  resources:
    requests:
      storage: 10Gi            # 申请10GB的持久化卷声明
  accessModes:
```

```
        - ReadWriteMany              #指定要申请具有多路读写的持久化卷声明
```

4. 创建一个SA账号

```
[root@xianchaomaster1]    # kubectl create sa jenkins-k8s-sa -n jenkins-k8s
```

该命令在jenkins-k8s命名空间中创建一个名为jenkins-k8s-sa的服务账号（Service Account，SA）。其中：

- kubectl create sa：创建一个服务账号。
- jenkins-k8s-sa：指定要创建的服务账号的名称为jenkins-k8s-sa。
- -n jenkins-k8s：指定要在jenkins-k8s命名空间中创建该服务账号。服务账号是一种用于提供身份验证和授权的Kubernetes资源对象，可以被Pod或其他资源对象所使用。

5. 对SA账号做RBAC授权

```
[root@xianchaomaster1]# kubectl create clusterrolebinding
jenkins-k8s-sa-cluster  --clusterrole=cluster-admin
--serviceaccount=jenkins-k8s:jenkins-k8s-sa
```

该命令在jenkins-k8s命名空间中创建一个名为jenkins-k8s-sa-cluster的集群角色绑定（Cluster Role Binding）。其中：

- create clusterrolebinding：创建一个集群角色绑定。
- jenkins-k8s-sa-cluster：指定要创建的集群角色绑定的名称为jenkins-k8s-sa-cluster。
- --clusterrole=cluster-admin：指定要绑定的集群角色为cluster-admin，即授予jenkins-k8s-sa账号在整个集群中拥有最高权限的角色。
- --serviceaccount=jenkins-k8s:jenkins-k8s-sa：指定要绑定的服务账号为jenkins-k8s-sa，这里使用了命名空间名称作为前缀，以确保绑定的服务账号是在jenkins-k8s命名空间中创建的。该集群角色绑定将授予jenkins-k8s-sa账号在jenkins-k8s命名空间中的所有资源对象的访问权限，并在整个集群中拥有最高权限的角色。

6. 通过Deployment部署Jenkins

执行以下命令：

```
[root@xianchaomaster1]# kubectl apply -f jenkins-deployment.yaml
```

该命令根据jenkins-deployment.yaml文件中的配置信息创建一个Deployment资源对象。其中：

- -f jenkins-deployment.yaml：指定要使用的配置文件为jenkins-deployment.yaml，其中包含创建Deployment资源对象的相关配置信息。Deployment资源对象可以用于创建Pod，并对Pod进行管理，以保证实现Pod的副本数、版本控制、滚动更新等功能。

jenkins-deployment.yaml文件的内容如下：

```
kind: Deployment
apiVersion: apps/v1
metadata:
  name: jenkins
  namespace: jenkins-k8s
spec:
  replicas: 1
  selector:
    matchLabels:
      app: jenkins
  template:
    metadata:
      labels:
        app: jenkins
    spec:
      serviceAccount: jenkins-k8s-sa
      containers:
      - name: jenkins
        image:  jenkins/jenkins:latest
        imagePullPolicy: IfNotPresent
        ports:
        - containerPort: 8080
          name: web
          protocol: TCP
        - containerPort: 50000
          name: agent
          protocol: TCP
        resources:
          limits:
            cpu: 1000m
            memory: 1Gi
          requests:
            cpu: 500m
            memory: 512MB
        livenessProbe:
          httpGet:
            path: /login
            port: 8080
          initialDelaySeconds: 60
          timeoutSeconds: 5
          failureThreshold: 12
        readinessProbe:
          httpGet:
            path: /login
            port: 8080
          initialDelaySeconds: 60
          timeoutSeconds: 5
          failureThreshold: 12
```

```
      volumeMounts:
      - name: jenkins-volume
        subPath: jenkins-home
        mountPath: /var/jenkins_home
    volumes:
    - name: jenkins-volume
      persistentVolumeClaim:
        claimName: jenkins-k8s-pvc
```

执行以下命令查看Jenkins是否创建成功：

```
[root@xianchaomaster1]# kubectl get pods -n jenkins-k8s
```

该命令获取jenkins-k8s命名空间中所有的Pod资源对象列表。其中：

- -n jenkins-k8s：指定获取jenkins-k8s命名空间中的Pod资源对象列表。该命令将返回该命名空间中所有Pod资源对象的名称、运行状态、所属节点、IP地址、创建时间等信息。

显示如下：

```
NAME                        READY   STATUS           RESTARTS   AGE
jenkins-74b4c59549-g5j9t    0/1     CrashLoopBackOff  3         67s
```

可以看到jenkins-74b4c59549-g5j9t是CrashLoopBackOff状态。

CrashLoopBackOff是Pod的一种状态，表示Pod启动后由于某种原因一直处于崩溃循环状态，即Pod启动后不断尝试运行，但是又不断崩溃重启，进入循环状态。通常这种状态是由于容器内部的应用程序出现了错误，导致容器不断重启。例如，如果应用程序依赖的外部服务不可用，或者容器内部的程序配置错误，那么都可能导致容器在启动后不断崩溃重启。

在Kubernetes中，如果一个Pod进入CrashLoopBackOff状态，那么Kubernetes会将该Pod的状态设置为Error，同时不再重启该Pod。此时可以通过kubectl logs命令查看Pod的日志信息，以确定出现问题的原因。常见的解决方法包括检查容器内部的应用程序日志、检查容器配置、检查应用程序依赖的服务是否可用等。

查看日志，命令如下：

```
[root@xianchaomaster1]# kubectl logs jenkins-74b4c59549-g5j9t  -n jenkins-k8s
```

该命令获取jenkins-k8s命名空间中名为jenkins-74b4c59549-g5j9t的Pod的日志信息。其中：

- logs：获取Pod的日志信息。
- jenkins-74b4c59549-g5j9t：指定要获取日志信息的Pod的名称为jenkins-74b4c59549-g5j9t。该Pod名称一般由Deployment、StatefulSet等控制器动态生成，其中74b4c59549-g5j9t是Pod的唯一标识符。

- -n jenkins-k8s：指定要获取日志信息的Pod所在的命名空间为jenkins-k8s。该命令将返回该 Pod产生的所有日志信息，可以用于排查Pod启动失败、应用程序出错等问题。

日志信息显示如下：

```
touch: cannot touch '/var/jenkins_home/copy_reference_file.log': Permission denied
Can not write to /var/jenkins_home/copy_reference_file.log. Wrong volume permissions?
```

报错显示没有权限操作/var/jenkins_home/copy_reference_file.log文件，解决办法是对目录进行 授权，操作如下：

```
[root@xianchaomaster1]# kubectl delete -f jenkins-deployment.yaml
```

该命令根据jenkins-deployment.yaml文件中的配置信息删除一个Deployment资源对象及其所 管理的所有Pod。其中：

- delete：删除资源对象。
- -f jenkins-deployment.yaml：指定要使用的配置文件为jenkins-deployment.yaml，其中包含 要删除的Deployment资源对象的相关配置信息。该命令将根据配置文件中指定的标识符 （如名称、标签等）查找并删除对应的资源对象及其所管理的所有Pod。如果该Deployment 资源对象的副本数为1，则删除该Deployment资源对象后，对应的Pod也会被同时删除。

```
[root@xianchaomaster1]# chown -R 1000.1000 /data/v2
```

该命令修改/data/v2目录及其子目录下所有文件的所有者为UID为1000、GID为1000的用户和 用户组。其中：

- chown：修改文件或目录的所有者和所有组的命令。
- -R：递归修改指定目录及其子目录下的所有文件的所有者和所有组。
- 1000.1000：指定新的所有者和所有组为UID为1000、GID为1000的用户和用户组。该命令 将修改/data/v2目录及其子目录下所有文件的所有者和所有组为该用户和用户组。该命令 通常用于在Linux系统中修改文件或目录的权限。

```
[root@xianchaomaster1]# kubectl apply -f jenkins-deployment.yaml
```

该命令通过jenkins-deployment.yaml文件中的配置信息创建或更新一个Deployment资源对象。 其中：

- -f jenkins-deployment.yaml：指定要使用的配置文件为jenkins-deployment.yaml，其中包含 要创建或更新的Deployment资源对象的相关配置信息。该命令将根据配置文件中指定的标 识符（如名称、标签等）查找对应的资源对象，如果存在，则更新资源对象的配置信息， 如果不存在，则创建新的资源对象。该命令通常用于在Kubernetes中创建、更新或删除资 源对象的配置信息。

再次执行以下命令，查看Pod是否创建成功：

```
[root@xianchaomaster1]# kubectl get pods -n jenkins-k8s
```

显示如下：

```
NAME                      READY   STATUS    RESTARTS   AGE
jenkins-74b4c59549-6xpnk  1/1     Running   0          66
```

可以看到，STATYS为Running，说明部署成功。

7. 在Jenkins前端加上Service，提供外部网络访问

```
[root@xianchaomaster1]# kubectl apply -f jenkins-service.yaml
```

该命令通过jenkins-service.yaml文件中的配置信息创建或更新一个Service资源对象。其中：

- -f jenkins-service.yaml：指定要使用的配置文件为jenkins-service.yaml，其中包含要创建或更新的Service资源对象的相关配置信息。

该命令将根据配置文件中指定的标识符（如名称、标签等）查找对应的资源对象，如果存在，则更新资源对象的配置信息，如果不存在，则创建新的资源对象。Service资源对象用于定义一组Pod的访问方式，通常用于暴露应用程序的网络服务接口。

jenkins-service.yaml文件的内容如下：

```
apiVersion: v1
kind: Service
metadata:
  name: jenkins-service
  namespace: jenkins-k8s
  labels:
    app: jenkins
spec:
  selector:
    app: jenkins
  type: NodePort
  ports:
  - name: web
    port: 8080
    targetPort: web
    nodePort: 30002
  - name: agent
    port: 50000
    targetPort: agent
```

14

8. 配置Jenkins

Jenkins安装完成后，需要进一步配置，在浏览器访问Jenkins的Web界面配置Jenkins，在浏览器中访问Jenkins，地址为http://192.168.40.180:30002/login?from=%2F。

 提示　192.168.40.180是Kubernetes控制节点的IP。

登录Jenkins，如图14-1所示。

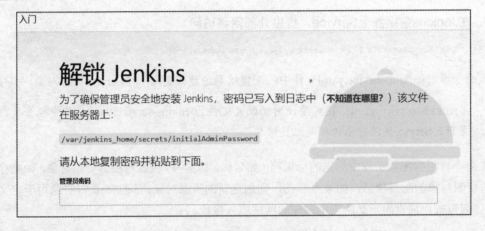

图 14-1　Jenkins 登录页面

1）获取管理员密码

登录Jenkins需要输入初始密码，获取初始密码的步骤如下：

（1）在NFS服务端，也就是master1节点执行以下命令获取密码：

```
[root@xianchaomaster1 ~]# cat /data/v2/jenkins-home/secrets/initialAdminPassword
```

该命令的含义为，打开名为initialAdminPassword的文件并将其内容输出到终端。

文件路径为/data/v2/jenkins-home/secrets/initialAdminPassword，是Jenkins自动化构建工具中用于管理员密码初始化的文件。

获取的密码如图14-2所示。

```
b1b2b1b204a549ad89ff3784ff151821
```

图 14-2　获取的密码

（2）把上面获取到的密码复制到管理员密码下的方框中，如图14-3所示。

（3）单击"继续"按钮，出现如图14-4所示的安装插件界面。

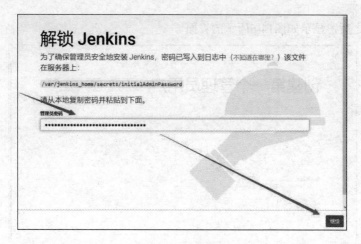

图 14-3　输入密码

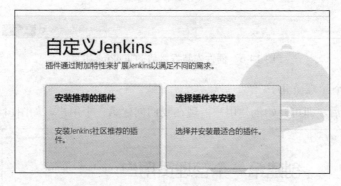

图 14-4　安装插件界面

2）安装插件

Jenkins要想实现相关的功能，如Pipeline、对接Kubernetes，需要安装相关的插件，第一次安装Jenkins，安装推荐的插件即可，如图14-5所示。

14

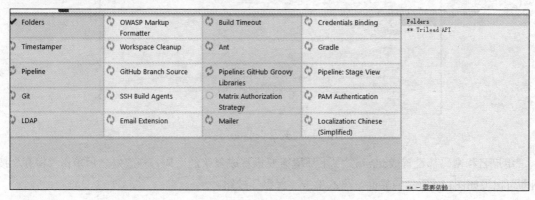

图 14-5　安装相关的插件

插件安装好之后，显示如图14-6所示的界面。

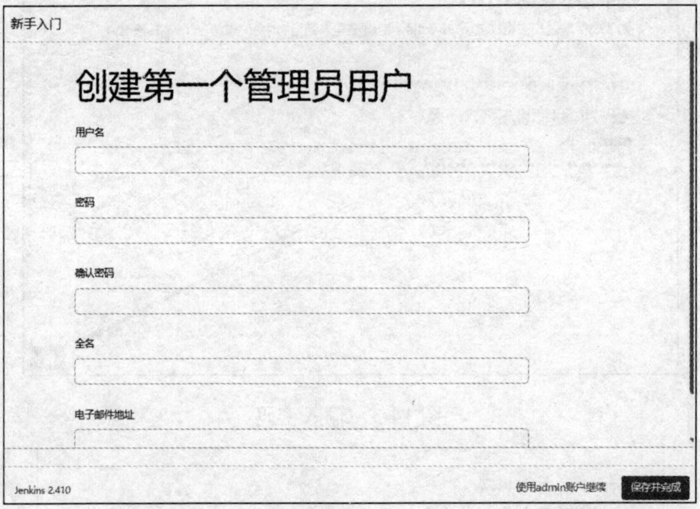

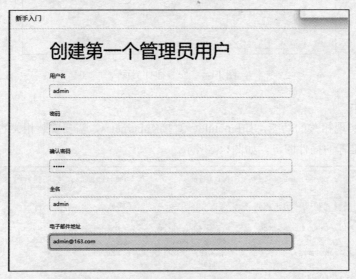

图 14-6　插件安装好之后的 Jenkins 主页

3）创建第一个管理员用户

插件安装好之后，即可开始创建用户，现在我们创建第一个用户，如图14-7所示。

图 14-7　登录 Jenkins 主页

用户名和密码都设置成admin，线上环境需要设置成复杂的密码，修改好之后单击"保存"按钮即可出现如图14-8所示的界面，再次单击"保存"按钮。

出现如图14-9所示的界面。

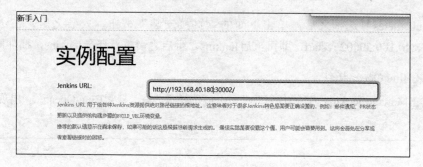

图 14-8　Jenkins UI 界面

图 14-9　Jenkins 已就绪

单击"开始使用Jenkins"按钮。

9. 在Jenkins中安装插件

1）在Jenkins中安装Kubernetes插件

依次单击Manage Jenkins→"插件管理"→"可选插件"，搜索Kubernetes，出现如图14-10所示的界面。

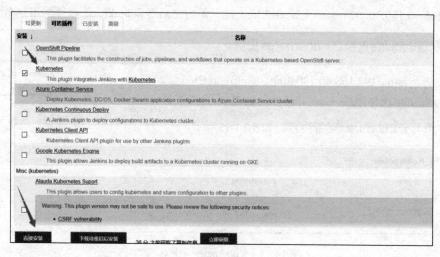

图 14-10　安装 Kubernetes 插件

选中Kubernetes复选框之后，单击下面的"直接安装"按钮，安装之后，在浏览器输入 http://192.168.40.180:30002/restart，即可重启Jenkins，重启之后重新登录Jenkins，插件即可生效。

2）安装Blue Ocean插件

依次单击Manage Jenkins→"插件管理"→"可选插件"→"搜索Blue Ocean"，出现如图14-11 所示的界面。

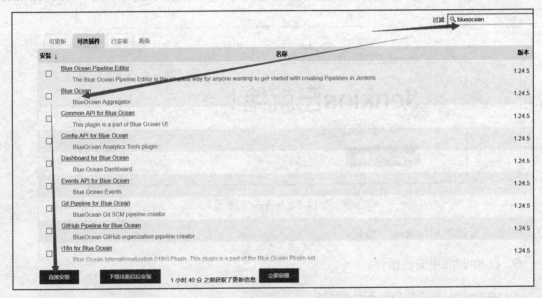

图 14-11　安装 Kubernetes 插件

选中Blue Ocean复选框之后，单击下面的"直接安装"按钮，安装之后，在浏览器输入 http://192.168.40.180:30002/restart重新启动Jenkins，重启之后登录Jenkins，插件即可生效。

10. 配置Jenkins连接到Kubernetes集群

（1）访问http://192.168.40.180:30002/configureClouds/，新增一个 云，在下拉菜单中选择Kubernetes并添加，如图14-12所示。

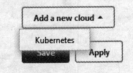

图 14-12　选择 Kubernetes

（2）填写云Kubernetes配置内容，如图14-13所示。

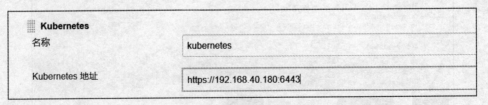

图 14-13　Kubernetes 配置内容

（3）测试Jenkins和Kubernetes是否可以通信。

在Jenkins UI界面，单击"连接测试"按钮，如图14-14所示。

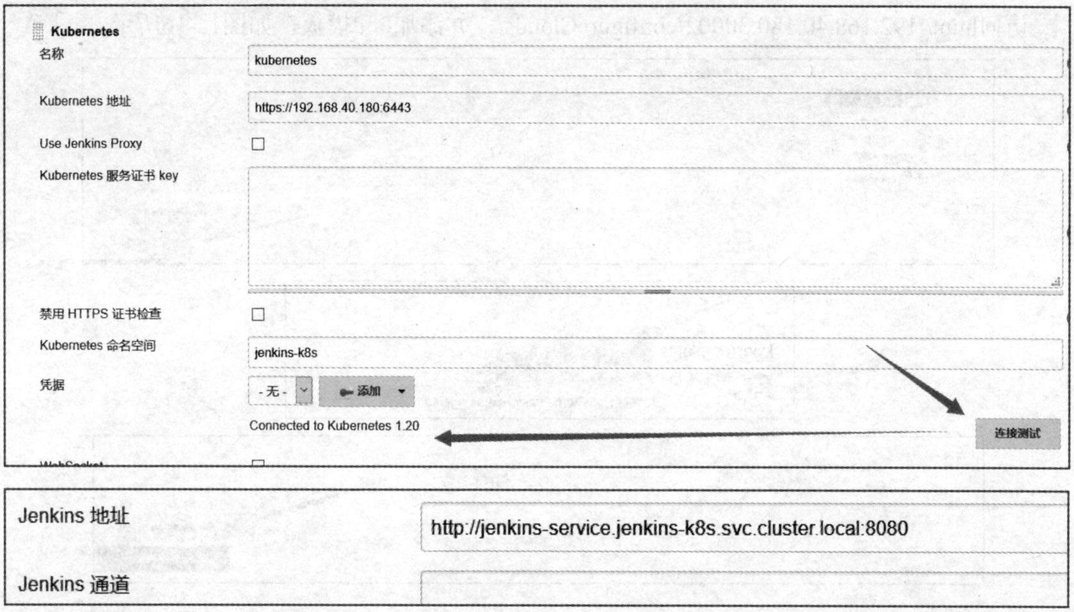

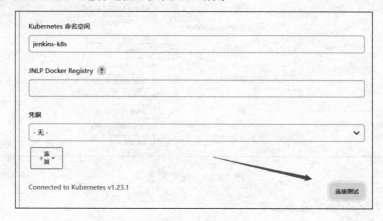

图 14-14　进行连接测试

注意　配置Kubernetes集群的时候，Jenkins地址需要写上面域名的形式，配置之后需要单击
"应用"→"保存"按钮。

如果显示出信息Connection test successful或者Connected to Kubernetes 1.20，说明测试成功，
表明Jenkins可以和Kubernetes进行通信，如图14-15所示。

图 14-15　测试成功

14

11. 配置Pod Templates模板

1）配置Pod Templates模板

访问http://192.168.40.180:30002/configureClouds/，并添加Pod模板，如图14-16所示。

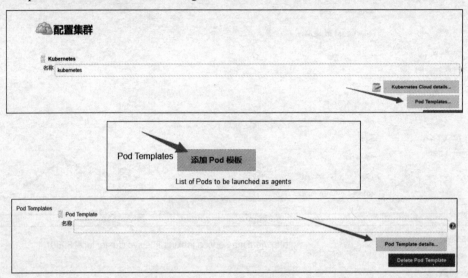

图 14-16　添加 Pod 模板

配置模板，如图14-17所示。

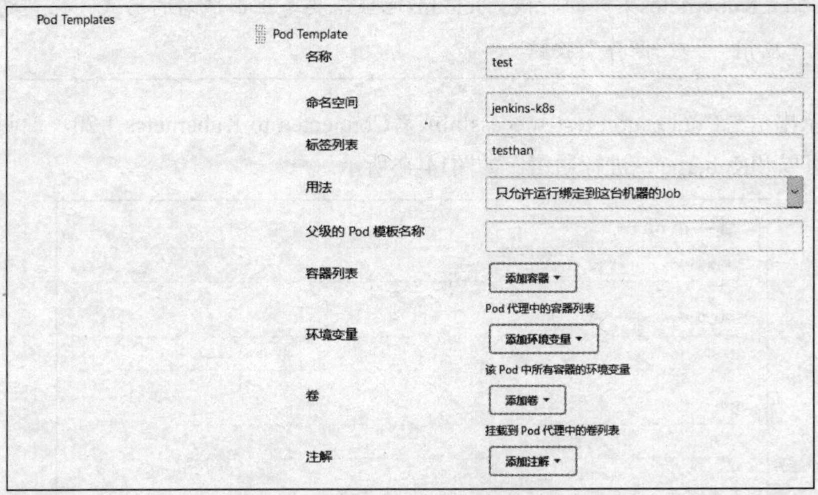

图 14-17　配置模板

2）在Pod Templates下添加容器

单击"添加容器"按钮，在Container Template下按如图14-18所示进行配置。

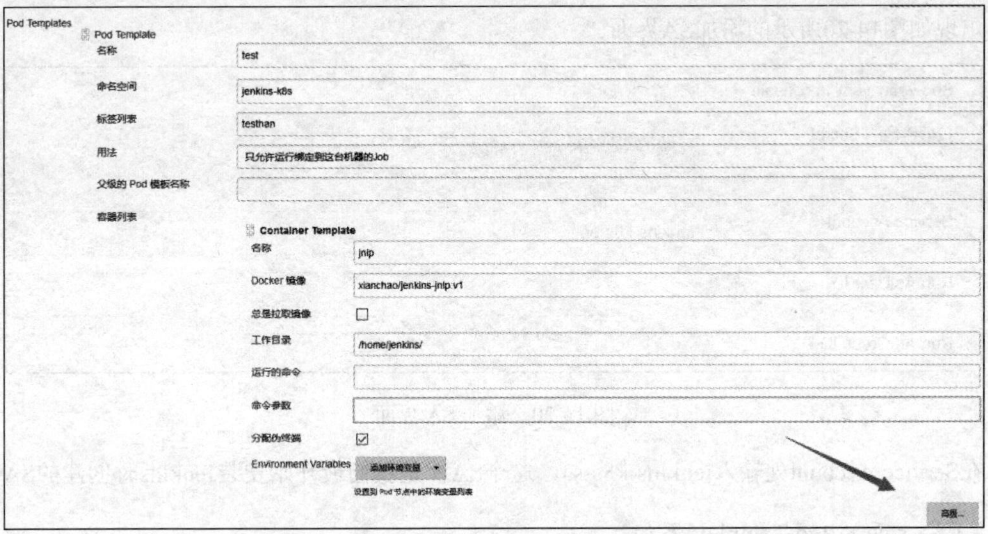

图 14-18　添加容器的配置

　　图14-17中的Docker镜像是使用jenkins-jnlp.tar.gz解压出来的镜像xianchao/jenkins-jnlp:v1，把这个镜像压缩包上传到Kubernetes的各工作节点，笔者的工作节点只有一个xianchaonode1，这里直接把jenkins-jnlp.tar.gz上传到xianchaonode1。

　　手动解压镜像包的命令如下：

```
[root@xianchaonode1 ~]# ctr -n=k8s.io images import jenkins-jnlp.tar.gz
```

　　该命令加载名为jenkins-jnlp.tar.gz的Docker镜像文件，使得该镜像可以在当前系统上运行和部署。jenkins-jnlp.tar.gz文件可以从配书资源下的jenkins文件夹下获取。

　　解压出来的镜像就是xianchao/jenkins-jnlp:v1。

　　在每一个Pod Template右下角都有一个"高级..."按钮，单击"高级..."按钮，如图14-19所示。

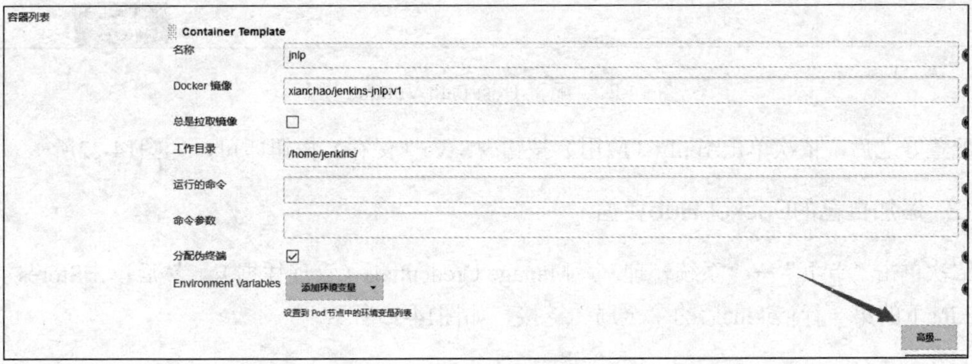

图 14-19　单击"高级..."按钮

出现如图14-20所示的添加SA界面。

Show raw yaml in console	☑
拉取镜像的 Secret	添加拉取镜像的 Secret ▼
	image pull secrets
Service Account	jenkins-k8s-sa
Run As User ID	
Run As Group ID	

图 14-20　添加 SA 界面

在Service Account处输入jenkins-k8s-sa，这个SA就是我们最开始安装Jenkins时创建的SA。

3）给上面的Pod Template添加卷

单击"添加卷"按钮，选择Host Path Volume，如图14-21所示。

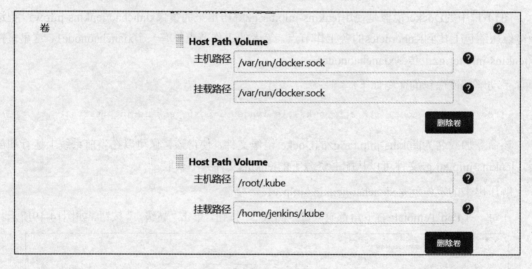

图 14-21　配置 Host Path Volume 界面

配置好之后，依次单击Apply（应用）按钮→Save（保存）按钮即可，如图14-22所示。

12. 添加自己的Docker Hub凭据

依次单击"首页"→"系统管理"→Manage Credentials（管理凭据），然后单击Stores scoped to Jenkins下的第一行Jenkins后的"全局"链接，如图14-23所示。

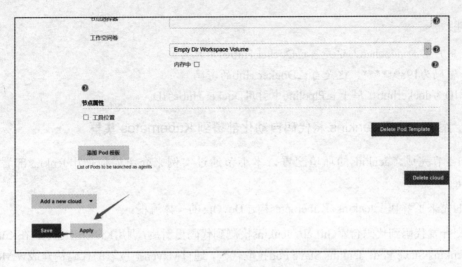

图 14-22　应用和保存配置好的 Host Path Volume

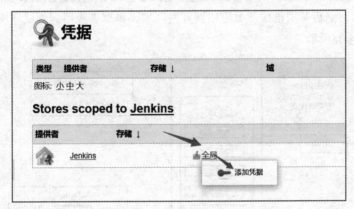

图 14-23　"凭据"界面

单击"添加凭据"按钮，出现如图14-24所示的界面，单击"确定"按钮。

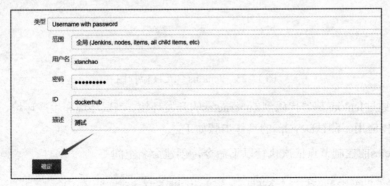

图 14-24　"添加凭据"界面

说明：

- 用户名为xianchao，这是自己Docker Hub的用户名。
- 密码为1989*****，这是自己Docker Hub的密码。
- ID为dockerhub，用于在Pipeline中引用Docker Hub的ID。

14.1.4　案例：使用 Jenkins 将代码自动化部署到 Kubernetes 集群

14.1.3节完成了Jenkins的环境配置，本小节通过实例来介绍如何使用Jenkins部署代码到Kubernetes环境中。

我们先来了解基于Jenkins+Kubernetes构建DevOps的具体流程。

提交开发代码到代码仓库GitLab，Jenkins检测到代码更新后，调用Kubernetes API在Kubernetes中创建Jenkins Slave Pod：Jenkins Slave Pod拉取代码，通过Maven把拉取的代码构建成WAR包或者JAR包，上传代码到SonarQube，进行静态代码扫描，基于WAR包构建Docker Image，把镜像上传到Harbor镜像仓库，然后基于镜像部署应用到开发环境，再部署应用到测试环境，再部署代码到生产环境，如图14-25所示。

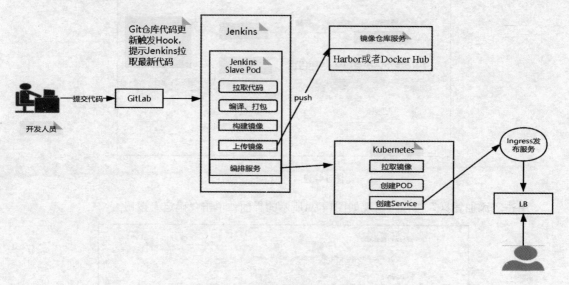

图 14-25　Jenkins CI/CD 流程图

下面介绍通过Jenkins部署代码到Kubernetes的开发环境、测试环境和生产环境，有助于读者掌握Jenkins的具体应用。测试DevOps的具体步骤如下。

在Kubernetes的控制节点依次执行以下命令，创建命名空间：

```
[root@xianchaomaster1 ~]# kubectl create ns devlopment
```

该命令创建一个名为devlopment的命名空间，用于隔离和管理该命名空间内的资源。此命名空间用来运行开发环境的代码。

```
[root@xianchaomaster1 ~]# kubectl create ns production
```

该命令创建一个名为production的命名空间，用于隔离和管理该命名空间内的资源。此命名空间用来运行生产环境的代码。

```
[root@xianchaomaster1 ~]# kubectl create ns qatest
```

该命令创建一个名为qatest的命名空间，用于隔离和管理该命名空间内的资源。此命名空间用来运行测试环境的代码。

回到Jenkins首页，开始创建一个新任务，如图14-26所示。

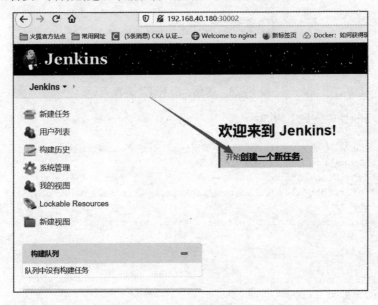

图 14-26　在 Jenkins 中创建一个任务

输入一个任务名称：jenkins-variable-test-deploy，如图14-27所示。

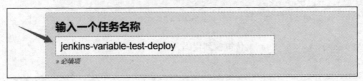

图 14-27　输入任务名称

选择"流水线"选项，然后单击"确定"按钮，如图14-28所示。

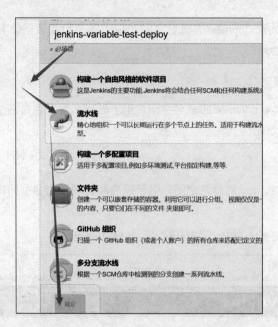

图 14-28   选择"流水线"选项

在Pipeline script处输入如下内容：

```
node('testhan') {              # 脚本语法，调用testhan这个pod模板，生成pod
    stage('Clone') {           # 克隆代码
        echo "1.Clone Stage"
        git url: "https://github.com/luckylucky421/jenkins-sample.git"
        script {
            build_tag = sh(returnStdout: true, script: 'git rev-parse --short
HEAD').trim()
        }
    }
    stage('Test') {            # 测试
      echo "2.Test Stage"

    }
    stage('Build') {           # 构建镜像
        echo "3.Build Docker Image Stage"
        sh "Docker build -t xianchao/jenkins-demo:${build_tag} ."
    }
    stage('Push') {            # 上传镜像到代码仓库
        echo "4.Push Docker Image Stage"
        withCredentials([usernamePassword(credentialsId: 'Dockerhub',
passwordVariable: 'DockerHubPassword', usernameVariable: 'DockerHubUser')]) {
            sh "Docker login -u ${DockerHubUser} -p ${DockerHubPassword}"
            sh "Docker push xianchao/jenkins-demo:${build_tag}"
        }
    }
```

```
    stage('Deploy to dev') {    # 发布应用到开发环境
        echo "5. Deploy DEV"
        sh "sed -i 's/<BUILD_TAG>/${build_tag}/' k8s-dev.yaml"
        sh "sed -i 's/<BRANCH_NAME>/${env.BRANCH_NAME}/' k8s-dev.yaml"
//      sh "bash running-devlopment.sh"
        sh "kubectl apply -f k8s-dev.yaml  --validate=false"
    }
    stage('Promote to qa') {    # 发布应用到测试环境
        def userInput = input(
            id: 'userInput',

            message: 'Promote to qa?',
            parameters: [
                [
                    $class: 'ChoiceParameterDefinition',
                    choices: "YES\nNO",
                    name: 'Env'
                ]
            ]
        )
        echo "This is a deploy step to ${userInput}"
        if (userInput == "YES") {
            sh "sed -i 's/<BUILD_TAG>/${build_tag}/' k8s-qa.yaml"
            sh "sed -i 's/<BRANCH_NAME>/${env.BRANCH_NAME}/' k8s-qa.yaml"
//          sh "bash running-qa.sh"
            sh "kubectl apply -f k8s-qa.yaml --validate=false"
            sh "sleep 6"
            sh "kubectl get pods -n qatest"
        } else {
            //exit
        }
    }
    stage('Promote to pro') {    # 发布应用到生产环境
        def userInput = input(

            id: 'userInput',
            message: 'Promote to pro?',
            parameters: [
                [
                    $class: 'ChoiceParameterDefinition',
                    choices: "YES\nNO",
                    name: 'Env'
                ]
            ]
        )
        echo "This is a deploy step to ${userInput}"
        if (userInput == "YES") {
            sh "sed -i 's/<BUILD_TAG>/${build_tag}/' k8s-prod.yaml"
            sh "sed -i 's/<BRANCH_NAME>/${env.BRANCH_NAME}/' k8s-prod.yaml"
//          sh "bash running-production.sh"
```

```
            sh "cat k8s-prod.yaml"
            sh "kubectl apply -f k8s-prod.yaml --record --validate=false"
        }
    }
}
```

上述代码是一个Jenkins Pipeline脚本，它定义了一个多阶段的CI/CD流程，用于构建、测试、打包、上传镜像和把应用发布到不同的环境，实现了CI/CD自动化。以下是各个阶段的简要解释。

- Clone Stage: 从GitHub代码仓库中克隆代码，并获取代码的版本号，即Git commit hash值。
- Test Stage: 对代码进行测试，这里没有具体的测试脚本，需要根据具体的应用进行定制。
- Build Docker Image Stage: 使用Docker构建镜像，并为镜像打上版本标签，标签名称为代码的Git commit hash值。
- Push Docker Image Stage: 将Docker镜像上传到Docker仓库，这里使用了Dockerhub作为镜像仓库，并在Jenkins中配置了Dockerhub的用户名和密码。
- Deploy to dev: 把应用发布到开发环境，这里使用Kubernetes作为容器编排工具，使用k8s-dev.yaml文件定义了开发环境的应用部署模板，通过sed命令替换模板中的占位符，再使用kubectl命令将应用部署到开发环境。
- Promote to qa: 将应用部署到测试环境，这里使用了Jenkins的交互式输入参数，询问用户是否将应用部署到测试环境，根据用户的选择来确定是否进行部署，如果用户选择了YES，那么使用k8s-qa.yaml文件定义的测试环境部署模板替换其中的占位符，并使用kubectl命令将应用部署到测试环境。
- Promote to pro: 将应用部署到生产环境，这里也使用了交互式输入参数，询问用户是否将应用部署到生产环境，如果用户选择了YES，那么使用k8s-prod.yaml文件定义的生产环境部署模板替换其中的占位符，并使用kubectl命令将应用部署到生产环境。

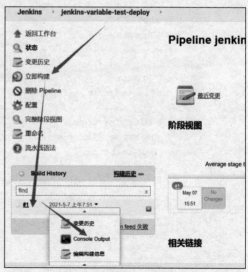

图14-29　执行构建过程

然后，依次单击"应用"→"保存"→"立即构建"，在#1的Console Output下可看到构建过程，如图14-29所示。

具体在控制台的输出（Console Output）如图14-30所示。

在Console Output中找到Input requested选项，单击该选项，再在打开的对话框中单击"继续"按钮，如图14-31和图14-32所示。

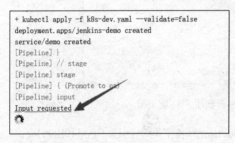

图 14-30　Jenkins 控制台的输出（部分）

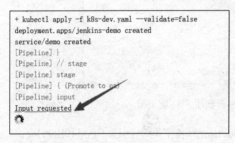

图 14-31　单击 Input requested 选项

图 14-32　单击"继续"按钮

可以看到，已经把应用部署到了 Dev 环境，如图 14-33 所示。

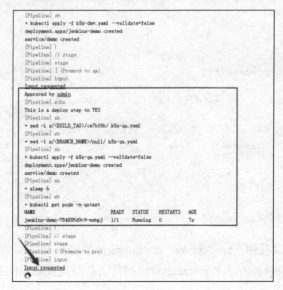

图 14-33　部署成功

14

继续单击Input requested选项，然后单击"继续"按钮，如图14-34所示。

图 14-34　单击"继续"按钮

这样就把应用部署到Production（正式的生产环境）了，如图14-35所示。

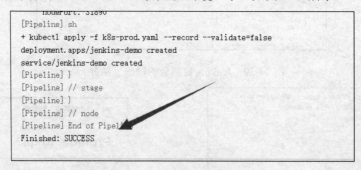

图 14-35　应用已成功部署到生产环境

我们可以来验证一下，是否在devlopment和Production命名空间下创建了Pod和Service。

分别执行如下命令：

```
[root@xianchaomaster1 ~]# kubectl get pods -n production
```

显示如下：

```
NAME                           READY   STATUS    RESTARTS   AGE
jenkins-demo-784885d9c9-w6zlt  1/1     Running   0          60s

[root@xianchaomaster1 ~]# kubectl get pods -n development

NAME                           READY   STATUS    RESTARTS   AGE
jenkins-demo-784885d9c9-9wkcx  1/1     Running   0          5m38s

[root@xianchaomaster1 ~]# kubectl get pods -n qatest

NAME                           READY   STATUS    RESTARTS   AGE
jenkins-demo-784885d9c9-wshpj  1/1     Running   0          3m56s
```

通过上面的结果可以看到，production、development和qatest命名空间中的Pod资源以及Pod的名称、运行状态，表明Jenkins结合Kubernetes可以把代码自动化发布到Kubernetes集群的开发、测试和生产环境中。

14.2 Jenkins Pipeline 语法介绍

14.2.1 Jenkins Pipeline 介绍

Jenkins Pipeline（流水线）是一套运行于Jenkins上的工作流框架，可以将原本独立运行于单个或者多个节点的任务连接起来，实现单个任务难以完成的复杂流程编排与可视化。它把持续提交流水线（Continuous Delivery Pipeline）的任务集成到Jenkins中。

持续提交流水线会经历一个复杂的过程：从版本控制、向用户和客户提交软件、软件的每次变更（提交代码到仓库）到软件发布（Release）。这个过程包括以一种可靠并可重复的方式构建软件，以及通过多个测试和部署阶段来开发构建好的软件（称为Build）。

Pipeline是Jenkins 2.x最核心的特性，帮助Jenkins实现从CI到CD与DevOps的转变。

综上所述，Jenkins Pipeline是一组插件，让Jenkins可以实现持续交付管道的落地和实施。持续交付管道是将软件从版本控制阶段到交付给用户或客户的完整过程的自动化表现。软件的每一次更改（提交到源代码管理系统）都要经过一个复杂的过程才能被发布。

14.2.2 为什么用 Jenkins Pipeline

本质上，Jenkins是一个自动化引擎，它支持许多自动模式。Pipeline向Jenkins中添加了一组强大的工具，支持简单的CI（持续集成）到全面的CD（持续部署）。通过对一系列的相关任务进行建模，用户可以利用Pipeline的很多特性，这些特性包括：

- Pipeline任务以代码的形式实现，使团队能够编辑、审查和迭代其持续交付流程。
- Pipeline是可持续的，即使Jenkins重启或中断，也不会影响Pipeline Job的执行。
- Pipeline是可暂停的，可以选择停止并等待人工输入或批准，然后继续Pipeline的执行。
- Pipeline是多功能的，支持复杂的持续交付要求，包括循环和并行执行工作的能力。
- Pipeline是可扩展的，Pipeline插件支持自定义DSL（Domain Specific Language，领域特定语言）扩展以及与其他插件集成的多个选项。与DSL相对的是GPL（General Purpose Language，通用编程语言），也就是我们非常熟悉的Objective-C、Java、Python以及C语言等。

14.2.3 Jenkins Pipeline 声明式语法

通过编写Pipeline脚本可以实现任务的自动化，Pipeline脚本是由Groovy语言实现的，但无须专门学习Groovy，只需了解其语法构成即可轻松编写自动化脚本。

Pipeline脚本支持以下两种语法。

- -Declarative：声明式。
- -Scripted pipeline：脚本式。

本小节首先介绍Pipeline的声明式语法，脚本式语法留在下一小节介绍。

1. Pipeline声明式语法

Pipeline声明式语法包括以下核心要素。

- pipeline：声明其内容为一个声明式的Pipeline脚本。
- agent：执行节点（Job运行的Slave或者Master节点）。
- stages：阶段集合，包裹所有的阶段（例如打包、部署等阶段）。
- stage：阶段，被stages包裹，一个stages可以有多个stage。
- steps：步骤，为每个阶段的最小执行单元，被stage包裹。
- post：执行构建后的操作，根据构建结果来执行对应的操作。

接下来，根据上面Pipeline声明式语法包括的要素创建一个声明式的Pipeline脚本，示例如下：

```
pipeline{
    agent any      //表示任意可用的agent都可以执行
    stages{        //stages代表整个流水线的所有执行阶段。通常stages只有1个，里面包含多个stage
        stage("This is first stage"){    //stage代表流水线中的某个阶段，可能出现n个。
                                         //一般分为拉取代码、编译构建、部署等阶段
            steps("This is first step"){ //steps代表一个阶段内需要执行的逻辑。steps里面
                                         //是shell脚本、Git拉取代码、SSH远程发布等任意内容
                echo "I am xianchao"
            }
        }
    }
}
```

字段说明：

1）Pipeline

作用域：表示这个字段所在的位置，Pipeline只能定义在最外层，属于一个全局的字段，表明该脚本为声明式Pipeline。

是否为必须字段：是。

2）agent

作用域：agent字段可在全局定义，也可在stage阶段定义。

是否为必须字段：是。

agent支持多种参数，包括any、none、label、node、Docker、Dockerfile，使用不同的参数表示的具体含义不尽相同，以下是agent不同参数表示的具体含义。

- agent any：Pipeline流水线运行在任意的可用节点上。
- agent none：不指定运行节点，由各自stage来决定。

- agent { label 'master' }：表示运行在指定标签的机器上，具体标签名称由agent配置决定。
- agent { Docker 'python' }：表示使用指定的容器运行流水线。
- agent { Dockerfile }：表示基于Dockerfile构建镜像。

以下我们来看几个示例。

示例1：

```
agent {
    Docker {
        image 'maven:3-alpine'
        label 'my-defined-label'
        args '-v /tmp:/tmp'
    }
}
```

执行Pipeline或stage时会动态地在具有label 'my-defined-label'标签的节点提供Docker节点来执行Pipelines。Docker还可以接收一个args，直接传递给Docker run调用。

示例2：

```
agent {
    Dockerfile {
        filename 'Dockerfile.build'
        dir 'build'
    }
}
```

说明：

- filename 'Dockerfile.build'：表示基于Dockerfile构建镜像的时候，Dockerfile的文件名是Dockerfile.build。
- dir 'build'：表示Dockerfile.build这个文件所在的目录是build。

上面Dockerfile的内容等同于如下命令：

```
docker build -f Dockerfile.build ./build/
```

2. Pipeline声明式语法常用的字段/指令

声明式语法对于用户来说语法更严格，有固定的组织结构，更容易生成代码段，使其成为用户更理想的选择。

声明式语法常见的字段/指令如下：

1）environment

environment（环境）指令指定一系列"键－值对"，这些"键－值对"将被定义为所有step

或stage指定的step的环境变量，具体取决于environment指令在Pipeline中的位置。该指令支持一种特殊的方法credentials()，可以通过其在Jenkins环境中的标识符来访问预定义的凭据。对于类型为Secret Text的凭据，该credentials()方法将确保指定的环境变量包含Secret Text内容；对于"标准用户名和密码"类型的凭证，指定的环境变量将被设置为username:password，并且将自动定义两个附加的环境变量：MYVARNAME_USR和MYVARNAME_PSW。

示例1：

```
pipeline {
    agent any
    environment {
        CC = 'clang'
    }
    stages {
        stage('Example') {
            steps {
                sh 'printenv'
            }
        }
    }
}
```

2）options

options指令允许在Pipeline内配置Pipeline专用选项。Pipeline本身提供了许多选项，具体如下：

- buildDiscarder：Pipeline保持构建的最大个数，用于保存Pipeline最近几次运行的数据，例如options { buildDiscarder(logRotator(numToKeepStr: '1')) }。
- disableConcurrentBuilds：不允许并行执行Pipeline，可用于防止同时访问共享资源等，例如options { disableConcurrentBuilds() }。
- skipDefaultCheckout：跳过默认设置的代码check out，例如options { skipDefaultCheckout() }。
- skipStagesAfterUnstable：一旦构建状态进入了Unstable状态，就跳过此stage，例如options { skipStagesAfterUnstable() }。
- timeout：设置Pipeline运行的超时时间，超过超时时间，job会自动被终止，例如options { timeout(time: 1, unit: 'HOURS') }。
- retry：失败后，重试整个Pipeline的次数，例如options { retry(3) }。
- timestamps：预定义由Pipeline生成的所有控制台输出时间，例如options { timestamps() }。

示例2：

```
pipeline {
    agent any
    options {
        timeout(time: 1, unit: 'HOURS')
```

```
    }
    stages {
        stage('Example') {
            steps {
                echo 'Hello World'
            }
        }
    }
}
```

3）parameters

Parameters（参数）指令提供用户在触发Pipeline时的参数列表。这些参数值通过params对象用于Pipeline stage中。

使用parameters的好处是它可以将参数转换为代码，实现Pipeline as code的功能，在Pipeline中设置的参数会在Job构建的时候自动生成，从而实现参数化构建。

parameters可以使用的数据类型如下：

（1）String

一个字符串类型的参数，用法如下：

```
parameters { string(name: 'DEPLOY_ENV', defaultValue: 'staging', description: '') }
```

（2）booleanParam

一个布尔类型的参数，用法如下：

```
parameters { booleanParam(name: 'DEBUG_BUILD', defaultValue: true, description: '') }
```

除了String和booleanParam之外，还支持choice、credentials、file、text、password、run参数类型。

示例如下：

```
pipeline{
    agent any
    parameters {
        string(name: 'xianchao', defaultValue: 'my name is xianchao', description: 'My name is xiancaho')
        booleanParam(name: 'luckylucky421302', defaultValue: true, description: 'This is my wechat')
    }
    stages{
        stage("stage1"){
            steps{
                echo "$xianchao"
                echo "$luckylucky421302"
            }
        }
    }
}
```

（3）triggers

triggers（触发器）指令定义了Pipeline自动化触发的方式。

之前，我们都是在推送代码后，切换到Jenkins界面手动触发构建的。显然，这不够"自动化"。自动化是指Pipeline按照一定的规则自动执行，这些规则被称为Pipeline触发条件。

Pipeline的触发条件主要有两种，一种是时间触发，另一种是事件触发。时间触发是指定义一个时间，时间到了就触发Pipeline执行。事件触发就是发生了每个事件就触发Pipeline执行。这个事件可以是用户能想到的任何事件，比如手动在界面上触发、其他Job主动触发、HTTP API Webhook触发等。

注意，trigger指令只能被定义在Pipeline块中，Jenkins内置支持cron、pollSCM、upstream三种触发方式，还可以通过插件来实现更多方式。

（1）定时执行：cron

定时执行是指一到时间点就执行。它的使用场景通常是执行一些周期性的Job，例如每天晚上执行构建操作。例如：

```
triggers { cron('0 0 * * *') }
```

表示每天凌晨触发Pipeline执行。

一条cron包含5个字段，使用空格或Tab分隔，格式为：MINUTE HOUR DOM MONTH DOW。每个字段的含义如图14-36所示。

字段	含义
MINUTE	一小时内的分钟，取值范围为0~59。
HOUR	一天内的小时，取值范围为0~23。
DOM	一个月的某一天，取值范围为1~31。
MONTH	月份，取值范围为1~12。
DOW	星期几，取值范围为0~7。0和7代表星期天。

图 14-36　cron 各字段的含义

（2）轮询代码仓库：pollSCM

轮询代码仓库是指定期到代码仓库询问代码是否有变化，如果有变化就执行。例如：

```
triggers { pollSCM('H/1 * * * *') }
```

表示每分钟判断一次代码是否有变化。

（3）由上游任务触发：upstream

当B任务的执行依赖A任务的执行结果时，A就被称为B的上游任务。在Jenkins 2.22及以上版本中，trigger指令开始支持upstream类型的触发条件。upstream的作用是让B Pipeline能够自行决定依赖哪些上游任务。

示例1：

```
// job1和job2都是任务名
triggers {
    upstream(upstreamProjects: "jobA,jobB", threshold: hudson.model.Result.SUCCESS)
}
```

4）tools

tools指令可定义在pipeline或stage部分，用于自动下载并安装我们指定的工具，并将其加入PATH变量中。

示例2：

```
pipeline {
    agent any
    tools {
        maven 'apache-maven-3.0.1'
    }
    stages {
        stage('Example') {
            steps {
                sh 'mvn --version'
            }
        }
    }
}
```

5）input

stage的input指令允许用户使用input step提示输入。在应用了options后，进入stage的agent或评估when条件前，stage将暂停。如果input被批准，那么stage将会继续。作为input提交的一部分的任何参数都将在环境中用于其他stage。

input包括以下配置项：

- Message：必需，其将在用户提交input时呈现给用户。
- Id：input的可选标识符，默认为stage名称。
- Ok：input表单上的OK按钮的可选文本。
- Submitter：可选的以逗号分隔的用户列表或允许提交input的外部组名。默认允许任何用户。
- submitterParameter：环境变量的可选名称。如果存在，就用Submitter名称设置。

- Parameters: 提示提交者提供一个可选的参数列表。

示例3：

```
pipeline {
    agent any
    stages {
        stage('Example') {
            input {
                message "Should we continue?"
                ok "Yes, we should."
                submitter "xianchao,lucky"
                parameters {
                    string(name: 'PERSON', defaultValue: 'xianchao', description: 'Who
should I say hello to?')
                }
            }
            steps {
                echo "Hello, ${PERSON}, nice to meet you."
            }
        }
    }
}
```

6）when

when指令在Pipeline中能够很好地完成条件判断，用来判断当前stage是否需要执行。当when关键字中包含多个条件判断的时候，需要所有条件判断为true的情况下才会执行。另外，when还可以搭配可以嵌套的not、allOf、anyOf实现更加复杂的条件判断。

When的条件如下：

- Branch: 当正在构建的分支与给出的分支模式匹配时执行，例如when { branch 'master' }。请注意，这仅适用于多分支Pipeline。
- Environment: 当指定的环境变量设置为给定值时执行，例如when { environment name: 'DEPLOY_TO', value: 'production' }。
- Expression: 当指定的Groovy表达式为true时执行，例如when { expression { return params.DEBUG_BUILD } }。
- Not: 当嵌套条件为false时执行，必须包含一个条件，例如when { not { branch 'master' } }。
- allOf: 当所有嵌套条件都为true时执行，必须至少包含一个条件，例如when { allOf { branch 'master'; environment name: 'DEPLOY_TO', value: 'production' } }。
- anyOf: 当至少一个嵌套条件为true时执行，必须至少包含一个条件，例如when { anyOf { branch 'master'; branch 'staging' } }。

示例：

```
pipeline {
    agent any
    stages {
        stage('Example Build') {
            steps {
                echo 'Hello World'
            }
        }
        stage('Example Deploy') {
            when {
                allOf {
                    branch 'production'
                    environment name: 'DEPLOY_TO', value: 'production'
                }
            }
            steps {
                echo 'Deploying'
            }
        }
    }
}
```

7）Parallel

Jenkins 1.3版本在声明式Pipeline中增强了并行执行任务的功能，新增了对并行嵌套stage的支持，对于耗时长、相互不存在依赖的stage可以使用此方式提升运行效率。可以使用parallel stage的形式，单个parallel中的多个step也可以使用并行的方式运行。

示例：

```
pipeline {
    agent any
    stages {
        stage('Non-Parallel Stage') {
            steps {
                echo 'This stage will be executed first.'
            }
        }
        stage('Parallel Stage') {
            when {
                branch 'master'
            }
            parallel {
                stage('Branch A') {
                    agent {
                        label "for-branch-a"
                    }
```

```
                    steps {
                        echo "On Branch A"
                    }
                }
                stage('Branch B') {
                    agent {
                        label "for-branch-b"
                    }
                    steps {
                        echo "On Branch B"
                    }
                }
            }
        }
    }
}
```

14.2.4   Jenkins Pipeline 脚本式语法

Pipeline脚本式语法的格式如下：

```
node {
    stage('Build') {
        //
    }
    stage('Test') {
        //
    }
    stage('Deploy') {
        //
    }
}
```

代码说明如下：

- node：节点，一个node就是一个Jenkins节点，可以是Master或Agent，是执行Step的具体运行环境。

- stage：阶段，一个Pipeline可以划分为若干个stage，每个stage代表一组操作，比如Build、Test、Deploy，stage是一个逻辑分组的概念。

下面是一个完整的Pipeline脚本式语法案例展示。

```
node('testhan') {
    stage('Clone') {
        echo "1.Clone Stage"
        git url: https://github.com/luckylucky421/jenkins-sample.git
//git url表示从指定的GitHub地址克隆代码
        script {
```

```
                build_tag = sh(returnStdout: true, script: 'git rev-parse --short
HEAD').trim()
    //build_tag用于生成一个随机数，代码有变化，获取到的随机数的值也会发生变化
        }
    }
    stage('Test') {
      echo "2.Test Stage"

    }
    stage('Build') {
        echo "3.Build Docker Image Stage"
        sh "Docker build -t xianchao/jenkins-demo:${build_tag} ."
    //基于从GitHub上拉取的代码中的Dockerfile文件构建镜像
    }
    stage('Push') {
        echo "4.Push Docker Image Stage"
        withCredentials([[usernamePassword(credentialsId: 'Dockerhub',
passwordVariable: 'DockerHubPassword', usernameVariable: 'DockerHubUser')]]) {
            sh "Docker login -u ${DockerHubUser} -p ${DockerHubPassword}"
            sh "Docker push xianchao/jenkins-demo:${build_tag}"
    //把构建的镜像上传到Docker Hub镜像仓库
        }
    }
    stage('Deploy to dev') {
        echo "5. Deploy DEV"
        sh "sed -i 's/<BUILD_TAG>/${build_tag}/' k8s-dev.yaml"
        sh "sed -i 's/<BRANCH_NAME>/${env.BRANCH_NAME}/' k8s-dev.yaml"
        sh "kubectl apply -f k8s-dev.yaml  --validate=false"
    //基于k8s-dev.yaml文件部署Kubernetes资源到开发环境
    }
    stage('Promote to qa') {
        def userInput = input(
            id: 'userInput',

            message: 'Promote to qa?',
            parameters: [
                [
                    $class: 'ChoiceParameterDefinition',
                    choices: "YES\nNO",
                    name: 'Env'
    //参数化构建，可支持的选项包括YES和NO，YES发布项目到QA测试环境，No表示不发布项目到测试环境
                ]
            ]
        )
        echo "This is a deploy step to ${userInput}"
        if (userInput == "YES") {
            sh "sed -i 's/<BUILD_TAG>/${build_tag}/' k8s-qa.yaml"
            sh "sed -i 's/<BRANCH_NAME>/${env.BRANCH_NAME}/' k8s-qa.yaml"
            sh "kubectl apply -f k8s-qa.yaml --validate=false"
    //基于k8s-qa.yaml文件部署Kubernetes资源到测试环境
```

14

```
            }
        }
    stage('Promote to pro') {
        def userInput = input(
            id: 'userInput',
            message: 'Promote to pro?',
            parameters: [
                [
                    $class: 'ChoiceParameterDefinition',
                    choices: "YES\nNO",
                    name: 'Env'
                ]
            ]
        )
//参数化构建，可支持的选项包括YES和NO，YES表示发布项目到Pro开发环境，No表示不发布项目到开发环境
        echo "This is a deploy step to ${userInput}"
        if (userInput == "YES") {
            sh "sed -i 's/<BUILD_TAG>/${build_tag}/' k8s-prod.yaml"
            sh "sed -i 's/<BRANCH_NAME>/${env.BRANCH_NAME}/' k8s-prod.yaml"
            sh "cat k8s-prod.yaml"
            sh "kubectl apply -f k8s-prod.yaml --record --validate=false"
//基于k8s-prod.yaml文件部署Kubernetes资源到生产环境
        }
    }
}
```

　　声明式语法和脚本式语法都是Pipeline代码的持久实现，都能够使用Pipeline内置的插件或者插件提供的stage，两者都可以利用共享库扩展。两者的不同之处在于语法和灵活性：Declarative Pipeline对用户来说语法更严格，有固定的组织结构，更容易生成代码段，使其成为用户更理想的选择；Scripted Pipeline更加灵活，因为Groovy本身只能对结构和语法进行限制，对于更复杂的Pipeline来说，用户可以根据自己的业务进行灵活的实现和扩展。

14.3　本章小结

　　本章主要介绍了DevOps的概念和Kubernetes在DevOps中的作用。同时，还介绍了如何安装和配置Jenkins，以及如何使用Jenkins和Kubernetes实现CI/CD。具体来说，本章讨论了Jenkins如何通过Pipeline来自动化构建、测试和部署应用程序，同时介绍了Pipeline的声明式语法和脚本式语法。此外，本章还讨论了如何使用Jenkins和Kubernetes构建一个容器云平台，并实现多集群管理和多环境一致性。这些内容对于企业落地实践DevOps具有重要意义。

第 15 章

新一代服务网格Istio结合 Kubernetes实现流量治理

Istio是一个成熟的开源服务网格实现，它是由Google、IBM和Lyft联合开发的，旨在解决微服务应用程序中的网络问题。本章介绍Istio的核心特性和架构设计，以及它实现的服务网格功能。

本章内容：

※ Istio服务网格及其组件的介绍
※ 在Kubernetes平台安装Istio
※ 通过Istio部署在线书店，实现灰度发布和流量治理
※ 分布式追踪系统Jaeger与Kiali的介绍

15.1 认识 Istio 服务网格

15.1.1 Istio 服务网格概述

Istio是一个开源的服务网格平台，旨在简化微服务架构下的应用程序的部署、管理、监控和安全性。服务网格是一个专注处理服务间通信的基础设施，它通过在应用程序的不同服务之间注入一个专门的代理（称为Sidecar），为应用程序提供了一组通用功能，例如流量管理、服务发现、负载均衡、故障恢复、监控和安全控制。Istio提供了一种简单而强大的方式，可以为所有的应用程序服务提供这些功能，而无须对应用程序代码进行更改。

Istio的架构是基于一个控制平面和一个数据平面的模型，其中控制平面负责管理和配置代理，数据平面负责处理应用程序流量。Istio的控制平面使用一个名为Pilot的组件来管理服务发现和流量

管理，使用一个名为Citadel的组件来提供服务间通信的安全性，使用一个名为Galley的组件来处理配置数据。

Istio的数据平面由一组Envoy代理组成，这些代理被注入应用程序的每个服务中，并用于控制应用程序之间的通信。Envoy代理具有流量路由、负载均衡、故障恢复和安全性等功能，可以通过Istio控制平面进行集中配置和管理。

Istio提供了以下主要功能：

- 流量管理：Istio允许对应用程序流量进行细粒度控制，例如可以对请求进行路由、重试、故障恢复等处理，从而提高应用程序的可靠性和性能。
- 服务发现：Istio使用服务注册和发现功能来管理服务之间的依赖关系，从而简化了应用程序中的服务通信和配置。
- 安全性：Istio提供了对服务间通信的加密和身份验证功能，从而确保应用程序的安全性。
- 监控和可观察性：Istio提供了一组工具来监控和可视化应用程序的流量、性能和错误，从而帮助开发人员更好地了解应用程序的运行情况。
- 透明性：Istio的代理可以自动捕获应用程序的流量，并将其导入监控系统中，从而提高了应用程序的透明性。

总之，Istio是一个强大而灵活的服务网格平台，可以简化微服务架构下的应用程序部署、管理、监控和安全性，使开发人员可以更专注于应用程序的业务逻辑。

15.1.2　Istio 的核心特性

Istio是一种服务网格技术，可以提供可观察性、流量管理、安全性和遥测等功能，以更好地管理微服务架构中的服务间通信。其核心特性包括流量管理和控制，以及安全性。

1．流量管理

流量管理和控制功能包括断路器、超时、重试等。断路器可以防止由于某个服务的故障或响应缓慢而导致的系统雪崩。当请求数量达到一定的阈值时，断路器会自动开启服务保护功能，通过服务降级的方式返回一个友好的提示给客户端。超时功能可以避免由于调用方等待下游的响应过长，堆积大量的请求阻塞自身服务而造成雪崩的情况。重试机制可以在调用服务失败时，Envoy代理尝试连接服务的最多次数。

1）断路器

互动1：举个生活中的例子解释断路器

当电路发生故障或异常时，伴随着电流不断升高，升高的电流有可能损坏电路中的某些重要元件，也有可能烧毁电路，甚至造成火灾。若电路中正确地安置了保险丝，那么保险丝会在电流异常升高到一定的程度和热度的时候，自身熔断切断电流，从而起到保护电路安全运行的作用。

　　断路器也称为服务熔断，在多个服务调用的时候，服务A依赖服务B，服务B依赖服务C（见图15-1），如果服务C响应时间过长或者不可用，则会让服务B占用太多系统资源，而服务A依赖服务B，同时也会占用大量的系统资源，造成系统雪崩的情况出现。Istio断路器通过网格中的边车（Sidecar）对流量进行拦截判断处理，避免了在代码中侵入控制逻辑，可以非常方便地实现服务熔断的功能。

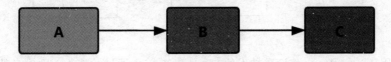

图 15-1　服务 A、服务 B 和服务 C 的依赖关系

　　在微服务架构中，在高并发情况下，如果请求数量达到一定极限（可以自己设置阈值），超出了设置的阈值，那么断路器会自动开启服务保护功能，然后通过服务降级的方式返回一个友好的提示给客户端。假设10个请求中有10%失败，熔断器就会打开，此时再调用此服务，将会直接返回失败，不再调用远程服务。直到10秒之后，重新检测该触发条件，判断是否把熔断器关闭，或者继续打开。

互动2：服务降级（提高用户体验效果）

　　例如，在电商平台上，针对618、双11活动会有一些秒杀场景，请求量非常大，可能会返回报错标志"当前请求人数过多，请稍后重试"等，如果使用服务降级，当无法提供服务的时候，消费者可以调用降级的操作，返回服务不可用等信息，或者返回提前准备好的静态页面上写好的内容。

2）超时

　　在生产环境中，经常会碰到由于调用方等待下游的响应过长，堆积大量的请求阻塞了自身服务，造成雪崩的情况，通过超时处理可以避免由于无限期等待造成的故障，进而增强服务的可用性。

　　通过例子来理解，如图15-2所示。

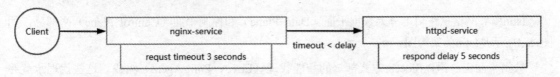

图 15-2　超时示例

- Nginx服务设置了超时时间为3秒，如果超出这个时间就不再等待，返回超时错误。
- Httpd服务设置了响应时间延迟5秒，任何请求都需要等待5秒后才能返回。
- Client通过访问Nginx服务来反向代理Httpd服务，由于Httpd服务需要5秒后才能返回，但Nginx服务只等待3秒，因此客户端会提示超时错误。

3）重试

Istio重试机制就是在调用服务失败时，Envoy代理尝试连接服务的最多次数。默认情况下，Envoy代理在失败后并不会尝试重新连接服务。

举个例子，如图15-3所示。

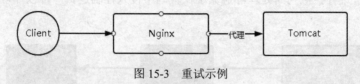

图 15-3　重试示例

客户端调用Nginx，Nginx将请求转发给Tomcat。Tomcat通过故障注入中止对外服务，Nginx设置如果访问Tomcat失败，则重试3次。

2. 安全

安全（Security）功能包括加密、身份认证、服务到服务的权限控制等。Istio可以为服务间通信提供端到端的加密，保护敏感数据不被窃取或篡改。身份认证可以确保只有授权的用户才能访问服务，避免恶意攻击。服务到服务的权限控制可以限制服务之间的通信，防止未授权的服务访问敏感数据。

3. 可观察

可观察（Observability）是指能够进行追踪（对代理请求进行实时定位）、监控（监控服务的运行状况）、数据收集（汇总数据，进行分析处理）。通过控制后台，可以全面了解上行下行流量、服务链路情况、服务运行情况、系统性能情况，在国内微服务架构体系中，在这方面做得比较缺乏，但大部分公司已经开始自己研发相关的功能。

15.1.3　Istio 的架构与功能

1. Istio的架构

Istio服务网格从逻辑上分为数据平面（Data Plane）和控制平面（Control Plane）两部分，如图15-4所示是Istio的架构图。

数据平面由一组以Sidecar方式部署的智能代理（Envoy+Polit-Agent）组成。这些代理承载并控制微服务之间的所有网络通信，管理入口和出口流量，类似于一线员工。Sidecar一般和业务容器绑定在一起（在Kubernetes中以自动注入的方式注入业务Pod中），来劫持业务应用容器的流量，并接受控制面组件的控制，同时会向控制面输出日志、跟踪及监控数据。

Envoy和Pilot-Agent这两个进程封装在同一个镜像中，基于这个镜像运行的容器就是Sidecar Proxy（也可以说是代理或者便车）。

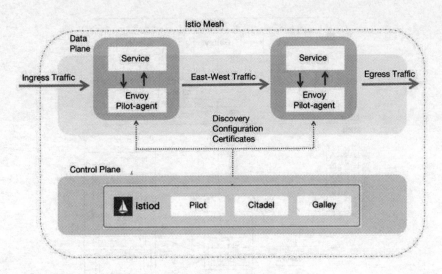

图 15-4　Istio 的架构图

2. 控制平面负责管理和配置代理来路由流量

Istio 1.5+中使用了一个全新的部署模式，重建了控制平面，将原有的多个组件整合为一个单体结构Istiod，这个组件是控制平面的核心，用来管理Istio的所有功能，主要包括Pilot、Mixer、Citadel等服务组件。

Istiod是Istio 1.5之后的版本中最大的变化，以一个单体组件替代了原有的架构，降低了复杂度和维护难度，但原有的多个组件并不是被完全移除，而是在重构后以模块的形式整合在一起组成了Istiod。

3. Istio的组件及功能

Istio提供了很多组件，组件之间协作完成各项功能。如图15-5所示是Istio的组件关系图。

从图15-5中可以看到，Istio的组件主要有Pilot、Galley、Citadel、Envoy、Gateway、Sidecar-injector等，关于这些组件，我们将在15.2节详细介绍，这里主要介绍Istio的功能。

（1）自动注入：在创建应用程序时自动注入Sidecar代理Envoy程序。在Kubernetes中创建Pod时，Kube-apiserver调用控制面组件的Sidecar-Injector服务，自动修改应用程序的描述信息并注入Sidecar。在真正创建Pod时，在创建业务容器的Pod中同时创建Sidecar容器。

（2）流量拦截：在Pod初始化时设置iptables规则，基于配置的iptables规则拦截业务容器的Inbound流量和Outbound流量到Sidecar上。而应用程序感知不到Sidecar的存在，还以原本的方式进行互相访问。在图15-5中，流出frontend服务的流量会被frontend服务侧的Envoy拦截，而当流量到达forecast容器时，Inbound流量被forecast服务侧的Envoy拦截。

15

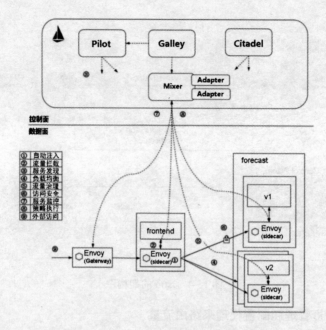

图 15-5　Istio 的组件及其关系

（3）服务发现：服务发起方的Envoy调用控制面组件Pilot的服务发现接口获取目标服务的实例列表。在图15-5中，frontend服务侧的Envoy通过Pilot的服务发现接口得到forecast服务各个实例的地址。

（4）负载均衡：服务发起方的Envoy根据配置的负载均衡策略选择服务实例，并连接对应的实例地址。在图15-5中，数据面的各个Envoy从Pilot中获取forecast服务的负载均衡配置，并执行负载均衡动作。

（5）流量治理：Envoy从Pilot中获取配置的流量规则，在拦截到Inbound流量和Outbound流量时执行治理逻辑。在图15-5中，frontend服务侧的Envoy从Pilot中获取流量治理规则，并根据该流量治理规则将不同特征的流量分发到forecast服务的v1或v2版本。

（6）访问安全：在服务间访问时，通过双方的Envoy进行双向认证和通道加密，并基于服务的身份进行授权管理。在图15-5中，Pilot下发安全相关配置，在frontend服务和forecast服务的Envoy上自动加载证书和密钥来实现双向认证，其中的证书和密钥由另一个管理面组件Citadel维护。

（7）服务监测：在服务间通信时，通信双方的Envoy都会连接管理面组件Mixer上报访问数据，并通过Mixer将数据转发给对应的监控后端。在图15-5中，frontend服务对forecast服务的访问监控指标、日志和调用链都可以通过这种方式收集到对应的监控后端。

（8）策略执行：在进行服务访问时，通过Mixer连接后端服务来控制服务间的访问，判断对访问是放行还是拒绝。在图15-5中，Mixer后端可以对接一个限流服务，对从frontend服务到forecast服务的访问进行速率控制等操作。

（9）外部访问：在网格的入口处有一个Envoy扮演入口网关的角色。在图15-5中，外部服务通过Gateway访问入口服务frontend，对frontend服务的负载均衡和一些流量治理策略都在这个Gateway上执行。

15.2　Istio 组件详解

Istio的组件主要有Pilot、Galley、Citadel、Envoy、Gateway、Sidecar-Injector等，本节结合15.1节的图15-5来介绍Istio各个组件的功能和用途。

15.2.1　Pilot

Pilot是Istio的主要控制组件，作用是下发指令控制客户端。在整个系统中，Pilot完成以下任务：

（1）从Kubernetes或者其他平台的注册中心获取服务信息，完成服务发现过程。

（2）读取Istio的各项控制配置，在进行转换之后，将其发给数据面进行实施，如图15-6所示。

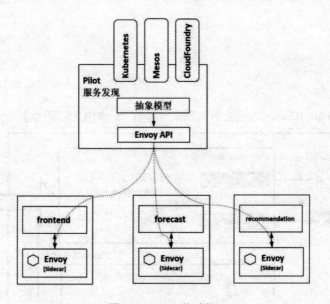

图 15-6　Pilot 的功能

Pilot将配置内容下发给数据面的Envoy，Envoy根据Pilot指令，将路由、服务、监听、集群等定义的信息转换为本地配置，完成控制行为的落地。具体过程如下：

（1）Pilot为Envoy提供服务发现。

（2）提供流量管理功能（例如A/B测试、金丝雀发布等）和弹性功能（例如超时、重试、熔断器等）。

（3）生成Envoy配置。

（4）启动Envoy。

（5）监控并管理Envoy的运行状况，例如Envoy出现错误时，pilot-agent负责重启Envoy，或当Envoy的配置发生变更时自动重新加载Envoy。

15.2.2　Envoy

Envoy是用C++开发的高性能代理，用于协调服务网格中所有服务的入站和出站流量。

Envoy有许多强大的功能，例如：

- 动态服务发现。
- 负载均衡。
- TLS终端。
- HTTP/2与gRPC代理。
- 断路器。
- 健康检查。
- 流量拆分。
- 灰度发布。
- 故障注入。

为了便于理解Istio中Envoy与服务的关系，可以看一下如图15-7所示的Envoy的拓扑图。

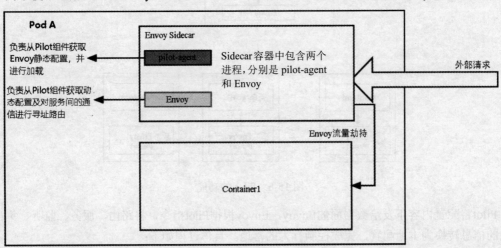

图 15-7　Envoy 的拓扑图

Envoy和Container1同属于一个Pod，共享网络和命名空间，Envoy代理进出Pod A的流量，并将流量按照外部请求的规则作用于Container1容器中。

Envoy并不直接与Kubernetes交互，它是通过pilot-agent管理的。

pilot-agent进程根据Kubernetes API Server中的配置信息生成Envoy的配置文件，并负责启动Envoy进程。

Envoy由pilot-agent进程启动，启动后，Envoy读取pilot-agent为它生成的配置文件，然后根据该文件的配置获取Pilot的地址，通过数据面从Pilot拉取动态配置信息，包括路由（Route）、监听器（Listener）、服务集群（Cluster）和服务端点（Endpoint）。

15.2.3　Citadel

Citadel组件负责处理系统上不同服务之间的TLS通信。Citadel充当证书颁发机构（Certificate Authority，CA），并生成证书以允许在数据平面中进行安全的mTLS通信。

Citadel是Istio的核心安全组件，提供了自动生成、分发、轮换与撤销密钥和证书功能。Citadel一直监听Kube- apiserver，以Secret的形式为每个服务生成证书密钥，并在Pod创建时挂载到Pod上，代理容器使用这些文件进行服务身份认证，进而代理两端服务实现双向TLS认证、通道加密、访问授权等安全功能。如图15-8所示，frontend服务对forecast服务的访问用到了HTTP方式，通过配置即可对服务增加认证功能，双方的Envoy会建立双向认证的TLS通道，从而在服务间启用双向认证的HTTPS。

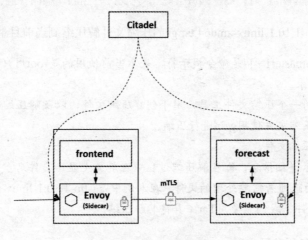

图 15-8　Citadel 的功能

15.2.4　Galley

Galley是Istio的配置验证、提取、处理和分发的组件。Galley是提供配置管理的服务，实现原理是通过Kubernetes提供的Validating Webhook对配置进行验证。

Galley使Istio可以与Kubernetes之外的其他环境一起工作，因为它可以将不同的配置数据转换为Istio可以理解的通用格式。

15.2.5　其他组件

除了以Istio为前缀的Istio自有组件外，在集群中一般还会安装Jaeger-agent、Jaeger-collector、Jaeger-query、Kiali、Prometheus、Grafana、Tracing、Zipkin等组件，这些组件提供了Istio的调用链、监控等功能，可以选择安装来实现完整的服务监控管理功能。

15.3　在 Kubernetes 平台安装 Istio

为了能够更好地演示和学习Istio，我们需要搭建一个Istio的实验环境，以便后面进行实验。

15.3.1　准备安装 Istio 的压缩包

官方网站下载地址：https://github.com/istio/istio/。

官方网站访问相对较慢，笔者提供了压缩包，请从随书资源下的准备安装Istio时的压缩包文件夹获取，建议读者用笔者的压缩包，这样做实验不会出现问题。

（1）把压缩包上传到Kubernetes的控制节点xianchaomaster1，执行以下命令解压：

```
[root@xianchaomaster1 ~]# tar zxvf istio-1.10.1-linux-amd64.tar.gz
```

该命令将名为istio-1.10.1-linux-amd64.tar.gz的压缩文件解压缩到当前目录下。

- root@xianchaomaster1 ~]#是命令提示符，表示当前使用的是root用户，并且当前所在的目录为用户主目录。
- tar是Linux中的一个压缩文件工具，用于创建压缩文件，以及解压缩已有的压缩文件。
- z参数表示该压缩文件使用gzip进行压缩。
- x参数表示解压缩文件。
- v参数表示显示详细信息，即在解压缩过程中在屏幕上显示文件名。
- f参数表示后面跟随着需要处理的文件。在本例中是istio-1.10.1-linux-amd64.tar.gz，它是一个压缩过的文件，我们需要用Tar工具将其解压缩。

（2）切换到Istio包所在目录下：

```
tar zxvf istio-1.10.1-linux-amd64.tar.gz
```

解压的软件包的包名是istio-1.10.1，使用CD命令切换到该包所在的目录下：

```
cd istio-1.10.1
```

可以看到，安装目录中包含了如下内容：

- samples/目录下有示例应用程序。
- bin/目录下包含Istioctl的客户端文件。Istioctl工具用于手动注入Envoy Sidecar代理。

（3）将Istioctl客户端路径增加到path环境变量中。

macOS或Linux系统的增加方式如下：

```
export PATH=$PWD/bin:$PATH
```

（4）把Istioctl这个可执行文件复制到/usr/bin/目录，分别执行以下操作：

```
cd /root/istio-1.10.1/bin/
cp -ar istioctl /usr/bin/
```

15.3.2　安装 Istio

1. 下载安装Istio时依赖的官方镜像

安装Istio需要的镜像默认从官方网站拉取，但是拉取官方网站的镜像会有问题（请注意此外拉取的是Istio的安装镜像、与15.3.1节的压缩包不是一回事），可以从随书资源下载镜像压缩文件，然后上传到自己Kubernetes集群的各个节点，然后通过docker load -i解压镜像。

以下Docker命令将指定的压缩文件（.tar.gz格式）中的Docker镜像加载到当前机器的Docker环境中。下面用到的所有tar.gz结尾的文件请从随书资源下的"准备安装Istio时的压缩包"文件夹获取。

```
ctr -n=k8s.io images import examples-bookinfo-details.tar.gz
```

将名为examples-bookinfo-details.tar.gz的压缩文件中的Docker镜像加载到当前Docker环境中。

```
ctr -n=k8s.io images import examples-bookinfo-reviews-v1.tar.gz
```

将名为examples-bookinfo-reviews-v1.tar.gz的压缩文件中的Docker镜像加载到当前Docker环境中。

```
ctr -n=k8s.io images import examples-bookinfo-productpage.tar.gz
```

将名为examples-bookinfo-productpage.tar.gz的压缩文件中的Docker镜像加载到当前Docker环境中。

```
ctr -n=k8s.io images import examples-bookinfo-reviews-v2.tar.gz
```

将名为examples-bookinfo-reviews-v2.tar.gz的压缩文件中的Docker镜像加载到当前Docker环境中。

```
ctr -n=k8s.io images import examples-bookinfo-ratings.tar.gz
```

将名为examples-bookinfo-ratings.tar.gz的压缩文件中的Docker镜像加载到当前Docker环境中。

```
ctr -n=k8s.io images import examples-bookinfo-reviews-v3.tar.gz
```

将名为examples-bookinfo-reviews-v3.tar.gz的压缩文件中的Docker镜像加载到当前Docker环境中。

```
ctr -n=k8s.io images import istio-1-10-1.tar.gz
```

将名为istio-1-10-1.tar.gz的压缩文件中的Docker镜像加载到当前Docker环境中。

```
ctr -n=k8s.io images import engress-proxyv2-1-10-1.tar.gz
```

将名为engress-proxyv2-1-10-1.tar.gz的压缩文件中的Docker镜像加载到当前Docker环境中。

```
ctr -n=k8s.io images import httpbin.tar.gz
```

将名为httpbin.tar.gz的压缩文件中的Docker镜像加载到当前Docker环境中。

2. 安装

Istio镜像压缩完成后，即可开始安装。

在Kubernetes的控制节点xianchaomaster1上进行以下操作：

```
istioctl install --set profile=demo -y
```

该命令是使用Istioctl安装Istio服务网格，并设置profile为demo，使用-y选项自动确认安装。

执行结果如下：

```
    Detected that your cluster does not support third party JWT authentication. Falling
back to less secure first party JWT. See https://istio.io/docs/ops/best-practices/
security/#configure-third-party-service-account-tokens for details.

    - Applying manifest for component Base...
    ✔ Finished applying manifest for component Base.
    - Applying manifest for component Pilot...
    ✔ Finished applying manifest for component Pilot.
     Waiting for resources to become ready...
     Waiting for resources to become ready...
    - Applying manifest for component EgressGateways...
    - Applying manifest for component IngressGateways...
    - Applying manifest for component AddonComponents...
    ✔ Finished applying manifest for component EgressGateways.
    ✔ Finished applying manifest for component IngressGateways.
    ✔ Finished applying manifest for component AddonComponents.
    ✔ Installation complete
```

如果最后显示的信息是Installation complete，那么说明Istio已经安装完成。

3. 验证Istio是否部署成功

安装完成之后，如果要验证Istio是否部署成功，那么可执行以下命令：

```
kubectl get pods -n istio-system
```

该命令使用Kubectl工具获取Istio服务网格命名空间（istio-system）下的所有Pod的状态信息。
执行结果如下：

```
istio-egressgateway-d84f95b69-5gtdc      1/1    Running    0    15h
istio-ingressgateway-75f6d79f48-fhxjj    1/1    Running    0    15h
istiod-c9f6864c4-nrm82                   1/1    Running    0    15h
```

说明部署成功。

4．卸载Istio集群

如果要制裁Istio集群，可以执行以下命令，这里暂时不执行，记住这个命令即可：

```
istioctl manifest generate --set profile=demo | kubectl delete -f -
```

这个命令使用Istioctl工具根据demo profile生成Istio的Kubernetes部署清单（Manifest），然后使用管道符"|"将生成的清单发送到Kubectl，最终在Kubernetes集群中删除这些清单所描述的资源。

15.4　案例：Istio 结合 Kubernetes 部署在线书店 Bookinfo

15.4.1　在线书店（Bookinfo）项目介绍

在线书店（Bookinfo）是一个由4个独立微服务构成的应用程序。它模拟了一个在线书店的分类页面，显示一本书的信息，包括书籍的描述、详细信息（如ISBN和页数）以及有关该书的一些评论。

这4个微服务分别说明如下：

（1）Product Page微服务：调用Details和Reviews微服务生成页面。

（2）Details微服务：包含书籍的信息。

（3）Reviews微服务：包含与书籍相关的评论，并调用Ratings微服务。

（4）Ratings微服务：包含由书籍评价组成的评级信息。

Reviews微服务有3个版本：

（1）v1版本不调用Ratings服务。

（2）v2版本调用Ratings服务，并使用1～5个黑色星形图标来显示评分信息。

（3）v3版本调用Ratings服务，并使用1～5个红色星形图标来显示评分信息。

这个应用程序的端到端架构如图15-9所示。该应用程序中的微服务由不同的编程语言编写，而且依赖于Istio，这是一个有代表性的服务网格的例子，它由多个服务、多种语言构成，并且Reviews服务具有多个版本。

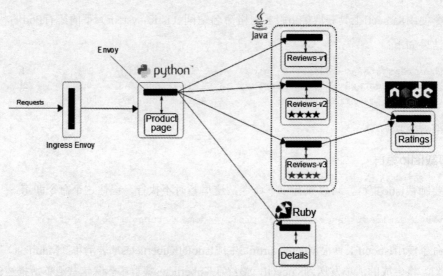

图15-9   在线书店端到端架构

15.4.2   在线书店的部署

要在Istio中运行这一应用，无须对应用自身做出任何改变，只要简单地在Istio环境中对服务进行配置和运行即可，具体来说，就是把Envoy Sidecar注入每个服务中。最终的部署结果如图15-9所示。

所有的微服务都和Envoy Sidecar集成在一起，被集成服务的所有出入流量都被Envoy Sidecar所劫持，这样就为外部控制准备了所需的Hook，这里的Hook具体指的是由Istio服务网格提供的对于微服务出入流量的拦截、修改、重定向等一系列操作。然后就可以利用Istio控制平面为应用提供服务路由、遥测数据收集以及策略实施等功能。

15.4.3   启动应用服务

在线书店项目部署完成之后，就可以启动该应用了。下面介绍具体的启动该应用的步骤。

（1）进入Istio安装目录。

（2）Istio默认自动注入Sidecar，需要为default命名空间打上标签istio-injection=enabled。

```
kubectl label namespace default istio-injection=enabled
```

这个命令的作用是为default命名空间打上一个标签，启用了通过Istio自动注入Sidecar的功能，使部署在这个命名空间的所有Pod都可以自动获取Istio的服务网格的能力。这是一种快速方便地集成Istio的方法。在这里标签的键名是istio-injection，标签值是enabled。

　　该命令中，default代表要打标签的命名空间的名称，istio-injection是标签的键名，enabled是标签的值。这个标签的作用是告诉Istio服务网格在这个命名空间中启用自动注入Sidecar（Envoy代理），也就是把Envoy Sidecar自动注入Pod中。默认情况下，当创建一个Kubernetes Pod的时候，它没有被Istio Sidecar注入，但是当命名空间被打上istio-injection标签后，所有创建的Pods都会自动被注入下一个Sidecar，这个Sidecar负责收集Pod的出入流量。

　　（3）使用Kubectl部署应用。

```
cd istio-1.10.1
kubectl apply -f samples/bookinfo/platform/kube/bookinfo.yaml
```

　　这个命令是使用Kubernetes命令行工具Kubectl在Kubernetes集群上创建或更新对象，它的操作对象是samples/bookinfo/platform/kube/bookinfo.yaml文件中定义的Kubernetes资源。

　　其中，-f标志告诉Kubectl执行该命令时读取一个指定的YAML或JSON文件作为输入。在这个命令中，指定的文件是bookinfo.yaml，它描述了bookinfo应用程序所需的Kubernetes资源清单。该YAML文件中描述了bookinfo应用程序所需要的一些Kubernetes资源，包括Deployment、Service、VirtualService等。这些资源定义了一组与bookinfo应用有关的Kubernetes对象，并指定了它们应如何配置和部署到Kubernetes集群中。因此，该命令执行的操作是将书籍信息应用程序的Kubernetes资源通过Kubectl应用到Kubernetes集群中，以建立所需的Kubernetes对象并启动应用程序。

　　上面的命令会启动全部的4个服务，其中包括Reviews服务的3个版本（v1、v2以及v3）。

　　（4）确认所有的服务和Pod都已经正确地定义和启动。

　　执行以下命令查看Services是否正确启动：

```
kubectl get services
```

　　执行结果如下：

```
NAME             TYPE         CLUSTER-IP       EXTERNAL-IP     PORT(S)
details          ClusterIP    10.109.124.202   <none>          9080/TCP
productpage      ClusterIP    10.102.89.129    <none>          9080/TCP
ratings          ClusterIP    10.101.97.75     <none>          9080/TCP
reviews          ClusterIP    10.100.105.33    <none>          9080/TCP
```

　　执行以下命令查看Pods是否正确运行：

```
kubectl get pods
```

　　执行结果如下：

```
NAME                              READY    STATUS     RESTARTS    AGE
details-v1-78d78fbddf-qssjb       2/2      Running    0           73m
productpage-v1-85b9bf9cd7-r699f   2/2      Running    0           73m
ratings-v1-6c9dbf6b45-77kv7       2/2      Running    0           73m
```

```
reviews-v1-564b97f875-2jtxq        2/2    Running    0    73m
reviews-v2-568c7c9d8f-f5css        2/2    Running    0    73m
reviews-v3-67b4988599-fxfzx        2/2    Running    0    73m
tomcat-deploy-59664bcb6f-5z4nn     1/1    Running    0    22h
tomcat-deploy-59664bcb6f-cgjbn     1/1    Running    0    22h
tomcat-deploy-59664bcb6f-n4tqq     1/1    Running    0    22h
```

（5）确认Bookinfo应用是否正在运行，在某个Pod中用curl命令对应用发送请求，例如ratings。

```
kubectl exec -it $(kubectl get pod -l app=ratings -o
jsonpath='{.items[0].metadata.name}') -c ratings -- curl productpage:9080/productpage |
grep -o "<title>.*</title>"
```

这个命令是使用Kubernetes命令行工具Kubectl在一个名为ratings的容器中执行一个命令。

首先，它会运行kubectl get pod -l app=ratings -o jsonpath='{.items[0].metadata.name}'命令获取名为ratings的Pod的名称。

- kubectl get pod -l app=ratings选项中的-l表示根据Pod的标签进行筛选，app=ratings是筛选条件，该命令输出具有app=ratings标签的所有Pod。
- -o jsonpath='{.items[0].metadata.name}'标志使用Json Path聚合器从筛选器筛选出的Pod列表中提取第一个Pod的名称。
- $()将kubectl get pod -l app=ratings -o jsonpath='{.items[0].metadata.name}'作为子命令运行，并将输出作为另一个命令kubectl exec -it的参数。

然后，kubectl exec命令将向获取的Pod发送请求，并在其容器中执行一个命令，以获取所请求的标题。

- -c ratings标志指定在Pod中运行容器名称为ratings的容器。
- curl productpage:9080/productpage命令执行GET请求来访问productpage服务，productpag:9080是服务地址，/productpage是服务路径。
- grep -o "<title>.*</title>"命令在字符串中查找匹配<title>标记和</title>标记之间的所有字符，并将结果输出到控制台。

综上，该命令的目的是从Ratings Pod中运行curl命令，调用Product page服务并从返回文本中提取标题标记。

显示结果如图15-10所示。

```
<title>Simple Bookstore App</title>
```

图15-10　显示结果1

说明Bookinfo应用已经正常启动并运行。

（6）确定Ingress的IP和端口。

现在Bookinfo服务已经启动并运行，用户需要使应用程序可以从Kubernetes集群外部访问这个应用，例如我们从浏览器访问它，可以用Istio Gateway来实现这个目标。

① 为应用程序定义Gateway网关：

```
kubectl apply -f samples/bookinfo/networking/bookinfo-gateway.yaml
```

② 确认网关创建完成：

```
kubectl get gateway
```

显示如下：

```
NAME                 AGE
bookinfo-gateway     2m18s
```

③ 确定Ingress IP和端口。

执行如下指令，明确自身Kubernetes集群环境支持外部负载均衡：

```
kubectl get svc istio-ingressgateway -n istio-system
```

显示结果如图15-11所示。

图 15-11　显示结果 2

如果EXTERNAL-IP值已设置，说明环境正在使用外部负载均衡，可以用其为Ingress Gateway提供服务。如果EXTERNAL-IP值为<none>（或持续显示<pending>），那么说明环境没有提供外部负载均衡，无法使用Ingress Gateway。在这种情况下，用户可以使用服务的nodePort访问网关。

若自身环境未使用外部负载均衡器，则需要通过nodePort访问。可以通过以下命令获取Istio Gateway的地址：

```
export INGRESS_PORT=$(kubectl -n istio-system get service istio-ingressgateway -o
jsonpath='{.spec.ports[?(@.name=="http2")].nodePort}')

export SECURE_INGRESS_PORT=$(kubectl -n istio-system get service istio-ingressgateway
-o jsonpath='{.spec.ports[?(@.name=="https")].nodePort}')
```

④ 设置GATEWAY_URL：

```
INGRESS_HOST=192.168.40.180
```

192.168.40.180是安装Istio的机器，即Kubernetes控制节点xianchaomaster1的IP地址。

```
export GATEWAY_URL=$INGRESS_HOST:$INGRESS_PORT
```

echo $GATEWAY_URL显示如下：

```
192.168.40.180:30871
```

⑤ 确认可以从集群外部访问应用。

可以用curl命令来确认是否能够从集群外部访问Bookinfo应用程序：

```
curl -s http://${GATEWAY_URL}/productpage | grep -o "<title>.*</title>"
```

显示结果如图15-12所示。

```
[root@k8s-master istio-1.5.1]# curl -s http://${GATEWAY_URL}/productpage | grep -o "<title>.
*</title>"
<title>Simple Bookstore App</title>
```

图 15-12　显示结果 3

还可以用浏览器打开网址http://$GATEWAY_URL/productpage，也就是通过192.168.40.180:30871/productpage来浏览应用的Web页面。如果刷新几次应用的页面，就会看到product page页面中随机展示Reviews服务的不同版本的效果（红色、黑色的星形或者没有显示）。如图15-13所示是在线书店的前端页面。

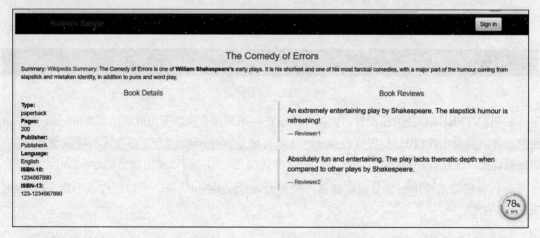

图 15-13　在线书店的前端页面

15.4.4　卸载 Bookinfo 服务

前面我们创建了Bookinfo书店应用，如果想要将其从集群的节点中卸载，操作起来也很方便。本书介绍应用的删除和清理过程。

1. 删除路由规则，并销毁应用的Pod

```
sh samples/bookinfo/platform/kube/cleanup.sh
```

这个命令是在Kubernetes集群平台上运行shell脚本，该脚本的位置是samples/bookinfo/platform/kube/cleanup.sh。这个脚本的目的是清除samples/bookinfo目录下正在运行的Kubernetes对象（包括Deployment、Service、Pod、ConfigMap、Ingress等）。因此，运行sh samples/bookinfo/platform/kube/cleanup.sh脚本命令将清理在samples/bookinfo目录下运行的所有Kubernetes对象。

具体来说，脚本中可能包含用于删除或清理Kubernetes资源的kubectl命令，例如kubectl delete deployment、kubectl delete service、kubectl delete pods、kubectl delete configmap、kubectl delete ingresses等。这些命令将根据samples/bookinfo目录下的Kubernetes配置文件中定义的对象清除Kubernetes集群中的相应实例。

通过运行此脚本，开发人员可以更轻松地清理他们在Kubernetes集群上运行的Bookinfo应用程序。

2. 确认应用已经关停

分别执行以下kubectl命令来检查Kubernetes的状态和清理Bookinfo应用程序的部署。

```
kubectl get virtualservices
```

这个命令会列出所有的虚拟服务（Virtual Service）对象。如果输出为空，那么说明集群中没有虚拟服务。

```
kubectl get destinationrules
```

这个命令会列出所有的目标规则（Destination Rule）对象。如果输出为空，那么说明集群中没有目标规则。

```
kubectl get gateway
```

这个命令会列出所有的网关（Gateway）对象。如果输出为空，那么说明集群中没有网关。

```
kubectl get pods
```

这个命令会列出所有的Pod对象。如果输出为空或者其中不包含任何Bookinfo应用程序的Pod对象，那么说明Bookinfo应用程序已被清理，Pod对象已被删除。

当用户运行以上这组命令时，希望的是能够检查Bookinfo应用程序已经被成功清理，集群中不再存在与该应用程序相关的虚拟服务、目标规则、网关或Pod对象。如果某个命令的输出结果不为空，则需要进一步检查集群状态，确保已成功清理特定的Kubernetes对象。

15

15.5　通过 Istio 实现灰度发布

15.5.1　什么是灰度发布

灰度发布也叫金丝雀发布，是指通过控制流量的比例来实现新旧版本的逐步更替。例如，对于服务A有version1、version2两个版本，当前两个版本同时部署，但是version1流量占比为90%，version2流量占比为10%，看运行效果，如果效果好，那么逐步调整流量占比，分别为80%和20%、70%和30%，以此类推，直到0和100%，最终version1版本下线。

灰度发布的特点如下：

- 新旧版本共存。
- 可以实时根据反馈动态调整占比。
- 理论上不存在服务完全宕机的情况。
- 适用于服务的平滑升级与动态更新。

15.5.2　使用 Istio 进行金丝雀发布

把canary-v2.tar.gz和canary-v1.tar.gz上传到Kubernetes工作节点，这两个文件可从配书资源下的"准备安装Istio时的压缩包"文件夹下解压获得。分别执行以下命令：

```
[root@xianchaonode1 ~]# ctr -n=k8s.io images import canary-v2.tar.gz
```

这个命令用于加载Docker镜像，其参数含义如下。

- ctr -n=k8s.io images import：从一个打包文件中加载一个Docker镜像。
- canary-v2.tar.gz：canary-v2.tar.gz表示要加载的Docker镜像打包文件的路径以及文件名称。

以上命令会从canary-v2.tar.gz文件中加载其打包的Docker镜像。

```
[root@xianchaonode1 ~]# ctr -n=k8s.io images import canary-v1.tar.gz
```

该命令会从canary-v1.tar.gz文件中加载其打包的Docker镜像。

1. 创建金丝雀服务

使用cat deployment.yaml命令输出deployment.yaml文件的内容，该文件的内容如下：

```
apiVersion: apps/v1
kind: Deployment
metadata:
  name: appv1
  labels:
```

```
      app: v1
spec:
  replicas: 1
  selector:
    matchLabels:
      app: v1
      apply: canary
  template:
    metadata:
      labels:
        app: v1
        apply: canary
    spec:
      containers:
      - name: nginx
        image: xianchao/canary:v1
        ports:
        - containerPort: 80
---
apiVersion: apps/v1
kind: Deployment
metadata:
  name: appv2
  labels:
    app: v2
spec:
  replicas: 1
  selector:
    matchLabels:
      app: v2
      apply: canary
  template:
    metadata:
      labels:
        app: v2
        apply: canary
    spec:
      containers:
      - name: nginx
        image: xianchao/canary:v2
        ports:
        - containerPort: 80
```

执行以下命令更新Deployment.yaml：

```
kubectl apply -f deployment.yaml
```

2. 创建Service

使用cat service.yaml命令输出service.yaml文件的内容，该文件的内容如下：

```
apiVersion: v1
kind: Service
metadata:
  name: canary
  labels:
    apply: canary
spec:
  selector:
    apply: canary
  ports:
    - protocol: TCP
      port: 80
      targetPort: 80
```

执行以下命令更新service.yaml文件：

```
kubectl apply -f service.yaml
```

3. 创建Gateway

使用cat gateway.yaml命令输出gateway.yaml文件，该文件的内容如下：

```
apiVersion: networking.istio.io/v1beta1
kind: Gateway
metadata:
  name: canary-gateway
spec:
  selector:
    istio: ingressgateway
  servers:
  - port:
      number: 80
      name: http
      protocol: HTTP
    hosts:
  - "*"
```

更新gateway.yaml文件：

```
kubectl apply -f gateway.yaml
```

4. 创建Virtual Service

```
vim virtual.yaml

apiVersion: networking.istio.io/v1beta1
kind: VirtualService
metadata:
  name: canary
spec:
```

```
    hosts:
    - "*"
    gateways:
    - canary-gateway
    http:
    - route:
      - destination:
          host: canary.default.svc.cluster.local
          subset: v1
        weight: 90
      - destination:
          host: canary.default.svc.cluster.local
          subset: v2
        weight: 10
---
apiVersion: networking.istio.io/v1beta1
kind: DestinationRule
metadata:
  name: canary
spec:
  host: canary.default.svc.cluster.local
  subsets:
  - name: v1
    labels:
      app: v1
  - name: v2
    labels:
      app: v2
```

执行以下命令更新virtual.yaml文件：

```
kubectl apply -f virtual.yaml
```

5. 获取Ingress_port

```
kubectl -n istio-system get service istio-ingressgateway -o
jsonpath='{.spec.ports[?(@.name=="http2")].nodePort}'
```

- -n istio-system：指定命名空间istio-system，也就是在Istio系统命名空间中执行该命令。
- get service istio-ingressgateway：获取istio-ingressgateway服务的信息。
- -o jsonpath='{.spec.ports[?(@.name=="http2")].nodePort}'：将输出格式化为JSON路径，获取spec字段中ports数组中名为http2的端口配置，再获取其中的nodePort属性。这个属性表示Ingress Gateway所在节点上绑定的端口号。

这个命令的作用是获取Istio系统命名空间下istio-ingressgateway服务（Istio网关）的http2端口的节点端口号（nodePort）。该节点端口在使用Istio时非常重要，因为它是流量从外部流入Istio网关的入口。

15

显示结果是30871。

验证金丝雀发布效果，使用以下Bash脚本文件：

```
for i in seq 1 100; do curl 192.168.40.180:30871;done > 1.txt
```

该脚本主要用于测试一个Web服务器在特定端口的性能表现。各部分的含义如下。

- for i in seq 1 100：定义了一个for循环，重复执行下方的指令100次。
- curl 192.168.40.180:30871：用curl命令向IP地址为192.168.40.180、端口为30871的Web服务器发送GET请求，即向该Web服务器的某个API发出请求。
- >1.txt：把curl命令的输出结果重定向到一个名为1.txt的文本文件中。符号>表示重定向输出到文件中，如果文件不存在，则创建该文件。

整个脚本的作用是通过curl循环发送多个请求到指定地址，每次请求响应都会输出到1.txt文件中。循环结束后，1.txt中会包含每个请求的结果。这个脚本主要用于测试Web服务器在高并发请求下的表现情况，也可用于性能测试和负载测试。

打开1.txt可以看到，结果有90次出现v1，10次出现canary-v2，符合我们预先设计的流量走向。

15.6　Istio 流量治理实例

流量治理是Istio的核心功能，通过使用Istio可以管理服务网格的服务发现、流量路由和负载均衡，简化服务级属性的配置，流量治理主要包括断路器、超时、故障注入、重试等。本节将结合实例介绍Istio在流量治理方面的高级应用，包括如何实现断路器、超时、故障注入和重试等功能。

15.6.1　断路器

断路器是创建弹性微服务应用程序的重要模式。断路器使应用程序可以适应网络故障和延迟等网络不良影响。接下来测试Istio的断路器相关功能。首先需要在Kubernetes集群创建具体的服务，然后对服务配置断路器，配置断路器之后模拟用户访问Kubernetes服务，测试断路器是否可以达到自动拒绝客户请求的效果。

1. 在Kubernetes集群创建提供Web站点的服务httpbin

分别执行以下命令：

```
[root@xianchaomaster1 ~]# cd istio-1.10.1
```

该命令将当前工作目录切换到istio-1.10.1文件夹下。

```
[root@xianchaomaster1 istio-1.10.1]# cat samples/httpbin/httpbin.yaml
```

该命令输出samples/httpbin/httpbin.yaml文件的内容。文件内容如下：

```
apiVersion: v1
kind: ServiceAccount
metadata:
  name: httpbin              # 定义一个名为httpbin的ServiceAccount
---
apiVersion: v1
kind: Service
metadata:
  name: httpbin              # 定义一个名为httpbin的Service
  labels:
    app: httpbin             # 为该Service添加一个名为app的标签，值为httpbin
    service: httpbin         # 为该Service添加一个名为service的标签，值为httpbin
spec:
  ports:
  name: http                 # 定义一个名为http的端口
    port: 8000               # 这个端口的映射值为8000
    targetPort: 80           # 这个端口的目标端口为80
  selector:
    app: httpbin             # 将这个Service关联到具有app=httpbin的Pod上
---
apiVersion: apps/v1
kind: Deployment
metadata:
  name: httpbin              # 定义一个名为httpbin的Deployment
spec:
  replicas: 1                # 设置副本数为1
  selector:
    matchLabels:
      app: httpbin           # 确定要管理的Pod的标签为app=httpbin
      version: v1            # 确定要管理的Pod的标签为version=v1
  template:
    metadata:
      labels:
        app: httpbin         # 为这个Pod模板添加一个名为app的标签，值为httpbin
        version: v1          # 为这个Pod模板添加一个名为version的标签，值为v1
    spec:
      serviceAccountName: httpbin           # 指定使用名为httpbin的ServiceAccount
      containers:
      image: docker.io/kennethreitz/httpbin    # 使用docker镜像kennethreitz/httpbin
        imagePullPolicy: IfNotPresent           # 如果本地不存在该镜像，则从远程拉取
        name: httpbin                           # 容器名字为httpbin
        ports:
        containerPort: 80                       # 容器开放的端口为80
```

上述部署的Pod是基于docker.io/kennethreitz/httpbin这个镜像启动的，基于这个镜像创建的Pod提供的是httpbin服务（Web网站）。

2. 配置断路器

执行以下命令创建一个目标规则，文件名为destination.yaml，这个文件的配置可以使用户访问http服务时应用断路器的设置：

```
[root@xianchaomaster1 istio-1.10.1]# vim destination.yaml
```

destination.yaml配置文件的内容如下：

```
apiVersion: networking.istio.io/v1beta1
kind: DestinationRule
metadata:
  name: httpbin
spec:
  host: httpbin
  trafficPolicy:
    connectionPool:              # 连接池（TCP｜HTTP）配置，例如连接数、并发请求等
      tcp:
        maxConnections: 1        # TCP连接池中的最大连接请求数，当超过这个值时，返回503代码。
                                 # 例如两个请求过来，就会有一个请求返回503
      http:
        http1MaxPendingRequests: 1  # 连接到目标主机的最大挂起请求数，也就是待处理请求数。
                                    # 这里的目标指的是virtualservice路由规则中配置的
                                    # destination
        maxRequestsPerConnection: 1 # 连接池中每个连接最多处理1个请求后就关闭，并根据需要
                                    # 重新创建连接池中的连接
    outlierDetection:            # 异常检测配置，传统意义上的熔断配置，即对规定时间内服务错误数的监测
      consecutiveGatewayErrors: 1  # 连续错误数1，即连续返回502-504状态码的HTTP请求错误数
      interval: 1s                 # 错误异常的扫描间隔为1秒，即在interval（1s）内连续发生
                                   # consecutiveGatewayErrors（1）个错误，则触发服务熔断
      baseEjectionTime: 3m         # 基本驱逐时间为3分钟，实际驱逐时间为baseEjectionTime*
                                   # 驱逐次数
      maxEjectionPercent: 100      # 最大驱逐百分比为100%
```

执行以下命令使destination.yaml文件生效，即可完成断路器的配置：

```
[root@xianchaomaster1 istio-1.10.1]# kubectl apply -f destination.yaml
```

3. 添加客户端访问httpbin服务

创建一个客户端以将流量发送给httpbin服务。该客户端是一个简单的负载测试客户端，我们使用Istio的负载测试工具Fortio作为客户端，Fortio可以控制连接数、并发数和HTTP调用延迟。使用此客户端来"跳闸"在DestinationRule中设置的断路器策略。

通过执行下面的命令部署Fortio客户端，并把fortio.tar.gz上传到xianchaonode1节点：

```
[root@xianchaonode1 ~]# ctr -n=k8s.io images import fortio.tar.gz
```

- ctr -n=k8s.io images import：加载Docker镜像。
- fortio.tar.gz：指定要加载的TAR包的路径及名称，即fortio.tar.gz。

该命令将名为fortio.tar.gz的TAR包中的Docker镜像加载到当前Docker环境中，具体如下。

执行以下命令在Kubernetes集群中启动一个名为Fortio的Deployment（基于samples/httpbin/sample-client/fortio-deploy.yaml中定义的部署规范），并自动创建相关的Pod、 Service等资源，使应用程序可以在集群中运行和使用。

```
[root@xianchaomaster1 istio-1.10.1]# kubectl apply -f
samples/httpbin/sample-client/fortio-deploy.yaml
```

以上命令包含以下两个步骤。

- cd istio-1.10.1：将当前目录切换到istio-1.10.1文件夹下，即切换到Istio的安装目录下。
- kubectl apply -f samples/httpbin/sample-client/fortio-deploy.yaml：使用kubectl命令应用指定的 Kubernetes 配置文件 fortio-deploy.yaml，该文件应该位于 Istio安装文件夹 samples/httpbin/sample-client目录下。该配置文件描述了要在Kubernetes中部署的应用程序以及与之相关的Pod、Service等资源。

接着执行下述命令，使用Fortio客户端工具调用httpbin：

```
[root@xianchaomaster1 istio-1.10.1]# kubectl get pods
```

显示如下：

```
NAME                             READY   STATUS    RESTARTS   AGE
appv1-77b5cbd5cc-bmch2           2/2     Running   0          28m
appv2-f78cb577-n7rhc             2/2     Running   0          28m
details-v1-847c7999fb-htd2z      2/2     Running   0          28m
fortio-deploy-576dbdfbc4-z28m7   2/2     Running   0          3m32s
httpbin-74fb669cc6-hqtzl         2/2     Running   0          15m
productpage-v1-5f7cf79d5d-6d4lx  2/2     Running   0          28m
ratings-v1-7c46bc6f4d-sfqnz      2/2     Running   0          28m
reviews-v1-549967c688-pr8gh      2/2     Running   0          28m
reviews-v2-cf9c5bfcd-tn5z5       2/2     Running   0          28m
reviews-v3-556dbb4456-dxt4r      2/2     Running   0          28m
```

在Fortio应用程序所在的Pod中运行Fortio工具的curl子命令，向httpbin应用程序发送一个GET请求，以测试应用程序的网络性能和响应能力。

```
[root@xianchaomaster1 istio-1.10.1]# kubectl exec  fortio-deploy-576dbdfbc4-z28m7
-c fortio -- /usr/bin/fortio curl  http://httpbin:8000/get
```

- kubectl exec：执行kubectl exec命令，用于在Pod内部执行命令。

15

- fortio-deploy-576dbdfbc4-z28m7：指定要执行的Pod的名称。
- -c fortio：指定要在Pod中执行的容器名称。
- /usr/bin/fortio curl   http://httpbin:8000/get：要在Pod中执行的命令。具体来说，该命令使用 Fortio工具的curl子命令发送一个GET请求到http://httpbin:8000/get。其中，http://httpbin:8000 是运行在Kubernetes中的一个示例应用程序httpbin，它可以帮助我们快速构建HTTP请求并 查看它的响应。

显示如下：

```
HTTP/1.1 200 OK
server: envoy
date: Mon, 03 May 2021 02:28:06 GMT
content-type: application/json
content-length: 622
access-control-allow-origin: *
access-control-allow-credentials: true
x-envoy-upstream-service-time: 2

{
  "args": {},
  "headers": {
    "Content-Length": "0",
    "Host": "httpbin:8000",
    "User-Agent": "fortio.org/fortio-1.11.3",
    "X-B3-Parentspanid": "4631e62a6cd0b167",
    "X-B3-Sampled": "1",
    "X-B3-Spanid": "6d20afff1671aa89",
    "X-B3-Traceid": "6f4ddb61363d04d54631e62a6cd0b167",
    "X-Envoy-Attempt-Count": "1",
    "X-Forwarded-Client-Cert": "By=spiffe://cluster.local/ns/default/sa/httpbin;
Hash=498edf0dcb7f6e74f40735869a9912eca62d61fb21dbc190943c1c19dbf01c18;Subject=\"\";
URI=spiffe://cluster.local/ns/default/sa/default"
  },
  "origin": "127.0.0.1",
  "url": "http://httpbin:8000/get"
}
```

以上文件是HTTP响应消息体，在这个响应体中，第一行（HTTP/1.1 200 OK）表示 HTTP响 应的状态代码，表明请求成功。接下来的一些行列出了响应头（headers），包括服务器（server）、 日期（date）、内容类型（content-type）、内容长度（content-length）、跨域资源共享 （Access-Control-Allow-Origin）、认证（access-control-allow-credentials）和Envoy上游服务时间 （x-envoy-upstream-service-time）。

最后，响应体是一个JSON格式的数据，其中包含请求的参数、请求头、来源、URL等信息。 可以看到，这个请求并没有发送任何参数，而其请求头中包含user-agent、b3等相关信息，表示该 请求是由Fortio工具发出的。

4. 触发断路器

在destination.yaml设置中，指定了maxConnections: 1和http1MaxPendingRequests: 1。这些规则表明，httpbin这个服务只能接收一个并发请求，接下来手动模拟发送两个并发连接（-c 2），并发送20个请求（-n 20）调用httpbin服务。

执行以下命令：

```
[root@xianchaomaster1 istio-1.10.1]# kubectl exec -it fortio-deploy-576dbdfbc4-z28m7
-c fortio -- /usr/bin/fortio load  -c 2 -qps 0 -n 20 -loglevel Warning
http://httpbin:8000/get
```

- -it: 用于将操作与控制台交互式地连接, 以便用户可以在控制台中输入命令并查看输出结果。
- fortio-deploy-576dbdfbc4-z28m7: 这是一个在Kubernetes上运行的Pod的名称，我们将在其中执行命令。
- -c fortio: 指定要在Pod中执行命令的容器的名称。在这种情况下，指定为fortio。
- /usr/bin/fortio load: 指定要在容器内部执行的命令及其参数。这里是运行fortio命令并调用load功能。
- -c 2: 指定负载测试中使用的并发连接数。
- -qps 0: 指定请求每秒的速率。在本例中设置为0，表示不限制每秒请求数。
- -n 20: 指定进行的请求数。
- -loglevel Warning: 设置日志输出级别。在这个级别下，将仅输出警告级别的日志信息。
- http://httpbin:8000/get: 这是要测试的URL的地址。在实际场景中，需要替换为用户要测试的网址地址。

显示如下：

```
02:31:00 I logger.go:127> Log level is now 3 Warning (was 2 Info)
Fortio 1.11.3 running at 0 queries per second, 6->6 procs, for 20 calls:
http://httpbin:8000/get
Starting at max qps with 2 thread(s) [gomax 6] for exactly 20 calls (10 per thread
+ 0)
02:31:00 W http_client.go:693> Parsed non ok code 503 (HTTP/1.1 503)
02:31:00 W http_client.go:693> Parsed non ok code 503 (HTTP/1.1 503)
02:31:00 W http_client.go:693> Parsed non ok code 503 (HTTP/1.1 503)
02:31:00 W http_client.go:693> Parsed non ok code 503 (HTTP/1.1 503)
02:31:00 W http_client.go:693> Parsed non ok code 503 (HTTP/1.1 503)
02:31:00 W http_client.go:693> Parsed non ok code 503 (HTTP/1.1 503)
02:31:00 W http_client.go:693> Parsed non ok code 503 (HTTP/1.1 503)
02:31:00 W http_client.go:693> Parsed non ok code 503 (HTTP/1.1 503)
02:31:00 W http_client.go:693> Parsed non ok code 503 (HTTP/1.1 503)
02:31:00 W http_client.go:693> Parsed non ok code 503 (HTTP/1.1 503)
02:31:00 W http_client.go:693> Parsed non ok code 503 (HTTP/1.1 503)
02:31:00 W http_client.go:693> Parsed non ok code 503 (HTTP/1.1 503)
```

15

```
02:31:00 W http_client.go:693> Parsed non ok code 503 (HTTP/1.1 503)
02:31:00 W http_client.go:693> Parsed non ok code 503 (HTTP/1.1 503)
02:31:00 W http_client.go:693> Parsed non ok code 503 (HTTP/1.1 503)
02:31:00 W http_client.go:693> Parsed non ok code 503 (HTTP/1.1 503)
Ended after 69.506935ms : 20 calls. qps=287.74
Aggregated Function Time : count 20 avg 0.0054352091 +/- 0.01077 min 0.000474314 max
0.04968864 sum 0.108704183
# range, mid point, percentile, count
>= 0.000474314 <= 0.001 , 0.000737157 , 35.00, 7
> 0.001 <= 0.002 , 0.0015 , 50.00, 3
> 0.002 <= 0.003 , 0.0025 , 65.00, 3
> 0.004 <= 0.005 , 0.0045 , 75.00, 2
> 0.005 <= 0.006 , 0.0055 , 85.00, 2
> 0.007 <= 0.008 , 0.0075 , 90.00, 1
> 0.016 <= 0.018 , 0.017 , 95.00, 1
> 0.045 <= 0.0496886 , 0.0473443 , 100.00, 1
# target 50% 0.002
# target 75% 0.005
# target 90% 0.008
# target 99% 0.0487509
# target 99.9% 0.0495949
Sockets used: 16 (for perfect keepalive, would be 2)
Jitter: false
Code 200 : 4 (20.0 %)
Code 503 : 16 (80.0 %)
```

上述提示Code 200 : 4 (20.0 %)表明只有20%成功了，其余的都断开了。

通过上面的实验可以看到，我们在Kubernetes集群部署了httpbin服务，创建了一个Fortio压测服务，用来对httpbin服务做压测，通过destination.yaml配置了断路器的规则（只能接收一个并发请求），当我们使用Fortio模拟压测发送两个并发请求时，只有20%能成功，其他请求会断开连接。

15.6.2　超时

在生产环境中，经常会碰到由于调用方等待下游的响应过长，堆积大量的请求阻塞自身服务，造成雪崩的情况，可以通过超时处理来避免由于无限期等待造成的故障，进而增强服务的可用性，Istio使用虚拟服务来优雅地实现超时处理。

下面的例子模拟客户端调用Nginx，Nginx将请求转发给Tomcat。Nginx服务设置了超时时间为2秒，如果超出这个时间就不再等待，而是返回超时错误。Tomcat服务设置了响应时间延迟10秒，任何请求都需要等待10秒后才能返回。Client通过访问Nginx服务来反向代理Tomcat服务，由于Tomcat服务需要10秒后才能返回，但Nginx服务只等待2秒，因此客户端会提示超时错误。

下面介绍如何设置超时服务的具体步骤。

首先把busybox.tar.gz、nginx.tar.gz、tomcat-app.tar.gz上传到xianchaonode1节点，然后手动解压。

```
[root@xianchaonode1 ~]# ctr -n=k8s.io images import nginx.tar.gz
```

上述命令用于加载nginx.tar.gz文件。

```
[root@xianchaonode1 ~]# ctr -n=k8s.io images import busybox.tar.gz
```

上述命令用于加载busybox.tar.gz文件。

```
[root@xianchaonode1 ~]# ctr -n=k8s.io images import tomcat-app.tar.gz
```

上述命令用于加载tomcat-app.tar.gz文件。

在linux机器/root目录下，创建一个目录timeout，用来存放nginx-deployment.yaml文件：

```
[root@xianchaomaster1 ~]# mkdir /root/timeout

[root@xianchaomaster1 ~]# cd /root/timeout/
```

上述命令用于在Linux机器/root目录下创建一个目录timeout，用来存放nginx-deployment.yaml
文件。

执行以下命令，输出并配置nginx-deployment.yaml文件。

```
[root@xianchaomaster1 timeout]# cat nginx-deployment.yaml
```

nginx-deployment.yaml文件内容如下：

```
# 定义一个名为nginx的Deployment资源，用于部署nginx容器
apiVersion: apps/v1
kind: Deployment
metadata:
  name: nginx                 # 设置Deployment的名称为nginx
  labels:                     # 为Deployment添加标签，便于识别
    server: nginx             # 标签key为server，值为nginx
    app: web                  # 标签key为app，值为web
spec:
  replicas: 1                 # 设置副本数为1
  selector:                   # 设置选择器，用于匹配标签
    matchLabels:              # 使用matchLabels进行匹配
      server: nginx           # 如果标签key为server且值为nginx，则选中该Pod
      app: web                # 如果标签key为app且值为web，则选中该Pod
  template:                   # 定义Pod模板
    metadata:                 # Pod的元数据
      name: nginx             # Pod的名称为nginx
      labels:                 # 为Pod添加标签
        server: nginx         # 标签key为server，值为nginx
        app: web              # 标签key为app，值为web
    spec:                     # Pod的规格
      containers:             # 定义容器列表
      - name: nginx           # 容器名称为nginx
```

15

```
              image: nginx:1.14-alpine          # 使用nginx镜像，版本为1.14-alpine
              imagePullPolicy: IfNotPresent      # 如果本地不存在该镜像，则从远程拉取

# 定义一个名为tomcat的Deployment资源，用于部署tomcat容器
apiVersion: apps/v1
kind: Deployment
metadata:
  name: tomcat                                  # 设置Deployment的名称为tomcat
  labels:                                       # 为Deployment添加标签，便于识别
    server: tomcat                              # 标签key为server，值为tomcat
    app: web                                    # 标签key为app，值为web
spec:
  replicas: 1                                   # 设置副本数为1
  selector:                                     # 设置选择器，用于匹配标签
    matchLabels:                                # 使用matchLabels进行匹配
      server: tomcat                            # 如果标签key为server且值为tomcat，则选中该Pod
      app: web                                  # 如果标签key为app且值为web，则选中该Pod
  template:                                     # 定义Pod模板
    metadata:                                   # Pod的元数据
      name: tomcat                              # Pod的名称为tomcat
      labels:                                   # 为Pod添加标签
        server: tomcat                          # 标签key为server，值为tomcat
        app: web                                # 标签key为app，值为web
    spec:                                       # Pod的规格
      containers:                               # 定义容器列表
      - name: tomcat                            # 容器名称为tomcat
        image: docker.io/kubeguide/tomcat-app:v1    # 使用docker.io/kubeguide/
                                                # tomcat-app镜像，版本为v1
        imagePullPolicy: IfNotPresent           # 如果本地不存在该镜像，则从远程拉取
```

执行以下命令，输出并配置nginx-tomcat-svc.yaml文件。

```
[root@xianchaomaster1 timeout]     # cat nginx-tomcat-svc.yaml
```

nginx-tomcat-svc.yaml文件内容如下：

```
# 定义一个名为nginx-svc的Service，用于暴露名为nginx的Pod的服务端口80
apiVersion: v1
kind: Service
metadata:
  name: nginx-svc
spec:
  selector:
    server: nginx             # 通过标签选择器选择名为nginx的Pod
  ports:
  - name: http                # 定义一个名为http的端口
    port: 80                  # 服务端口为80
    targetPort: 80            # 将请求转发到目标Pod的80端口
    protocol: TCP             # 使用TCP协议
```

```
# 定义一个名为tomcat-svc的Service，用于暴露名为tomcat的Pod的服务端口8080
apiVersion: v1
kind: Service
metadata:
  name: tomcat-svc
spec:
  selector:
    server: tomcat          # 通过标签选择器选择名为tomcat的Pod
  ports:
  - name: http              # 定义一个名为http的端口
    port: 8080              # 服务端口为8080
    targetPort: 8080        # 将请求转发到目标Pod的8080端口
    protocol: TCP           # 使用TCP协议
```

执行以下命令，输出并配置virtual-tomcat.yaml文件。

```
[root@xianchaomaster1 timeout]# cat virtual-tomcat.yaml
```

virtual-tomcat.yaml文件内容如下：

```
# 定义一个名为nginx-vs的VirtualService，将流量转发到名为nginx-svc的服务
apiVersion: networking.istio.io/v1beta1
kind: VirtualService
metadata:
  name: nginx-vs
spec:
  hosts:
  - nginx-svc               # 将流量转发到名为nginx-svc的服务
  http:
  - route:                  # 使用路由规则进行转发
    - destination:          # 目标服务为名为nginx-svc的服务
      timeout: 2s           # 请求超时时间为2秒

# 定义一个名为tomcat-vs的VirtualService，将流量延迟100%后转发到名为tomcat-svc的服务
apiVersion: networking.istio.io/v1beta1
kind: VirtualService
metadata:
  name: tomcat-vs
spec:
  hosts:
  tomcat-svc                # 将流量转发到名为tomcat-svc的服务
  http:
  fault:                    # 使用故障模式进行转发
    delay:                  # 对请求进行延迟处理
      percentage:           # 延迟比例为100%
        value: 100          # 总延迟时间为100%
      fixedDelay: 10s       # 固定延迟时间为10秒
  route:                    # 继续使用路由规则进行转发，目标服务为名为tomcat-svc的服务
  destination:              # 目标服务为名为tomcat-svc的服务
   host:tomcat-svc          # 将流量转发到名为tomcat-svc的服务
```

下面重点讲解virtual-tomcat.yaml资源清单。

第一：故障注入

```
http:
 - fault:
    delay:
      percentage:
      value: 100
    fixedDelay: 10s
```

该设置说明每次调用tomcat-svc的Kubernetes Service，都会延迟10秒才会调用。

第二：调用超时

```
hosts:
 - nginx-svc
 - http:
   route:
  - destination:
      host: nginx-svc
    timeout: 2s
```

该设置说明调用nginx-svc的Kubernetes Service，请求超时时间是2秒。

接下来，部署Tomcat和Nginx服务。

1）对nginx-deployment.yaml资源文件进行Istio注入，以便将Nginx、Tomcat都放入网格中，可以采用人工注入Istio的方式

执行如下命令：

```
[root@xianchaomaster1 timeout]# kubectl apply -f nginx-deployment.yaml
```

执行成功后，可以通过kubectl get pods命令来查看Istio的注入情况：

```
[root@xianchaomaster1 timeout]# kubectl get pods
NAME                            READY   STATUS    ESTARTS   AGE
nginx-tomcat-7dd6f74846-48g9f   2/2     Running   0         6m36s
tomcat-86ddb8f5c9-h6jdl         2/2     Running   0         53s
```

2）开始部署Nginx和Tomcat的Service

执行以下命令开始部署Nginx和Tomcat的Service：

```
[root@xianchaomaster1 timeout]# kubectl apply -f nginx-tomcat-svc.yaml
```

执行以下命令，部署虚拟服务：

```
[root@xianchaomaster1 timeout]# kubectl apply -f virtual-tomcat.yaml
```

执行以下命令，设置超时时间：

```
[root@xianchaomaster1 timeout]# kubectl exec -it nginx-tomcat-7dd6f74846-48g9f -- sh

# apt-get update
```

使用apt-get包管理器更新Linux操作系统上软件包的列表：

```
# apt-get install vim -y
```

使用apt-get包管理器安装Vim编辑器，并且使用-y选项自动应答所有确认提示：

```
/ # vim /etc/nginx/conf.d/default.conf
```

使用Vim编辑器打开Nginx服务器配置文件/etc/nginx/conf.d/default.conf，修改配置，如图15-14所示。

图 15-14　修改配置

```
proxy_pass http://tomcat-svc:8080;
```

修改配置，使用反向代理方式将所有的请求转发到名为tomcat-svc服务的8080端口上，即与Nginx部署在同一集群中的Tomcat服务器容器。

```
proxy_http_version 1.1;
```

使代理层使用HTTP/1.1协议。

编辑完后，再执行如下命令验证配置并让配置生效：

```
/ # nginx -t
```

检测Nginx配置文件的语法是否正确。当检测到异常时，会输出错误提示信息。例如，如果配置文件缺少语法的一部分，此命令将会抛出错误，并标识详细的错误位置以及错误原因。在配置更改之后，运行该命令可以确保Nginx服务器不会因为无效的配置文件而导致启动失败。

```
/ # nginx -s reload
```

上述命令用于重新加载Nginx配置，以便将最新的更改内容应用到服务器中。当Nginx服务器正在运行时，修改Nginx配置文件将不会自动生效，需要使用该命令使新的配置项生效。通常情况下，修改Nginx的配置文件后，都需要使用该命令来重新加载配置，确保服务器实时生效并使修改的配置生效。

至此，整个样例配置和部署都完成了。

3）验证超时

配置完成后，下面我们来验证上述超时配置的实际效果。

登录Client，执行如下命令：

```
[root@xianchaomaster1 timeout]# kubectl run busybox --image busybox:1.28
--restart=Never --rm -it busybox - sh
```

上述命令运行一个名为busybox的Pod，并在容器中打开一个shell。

- kubectl run：使用kubectl命令启动一个新的Pod或者Deployment等资源。
- busybox：定义了该Pod的名称。
- --image busybox:1.28：指定该Pod所使用的容器镜像。
- --restart=Never：指定Pod发生故障后不需要重启。
- --rm：当运行的Pod终止时，自动清除Pod。
- -it：该选项指定了一个交互式的shell终端界面。
- sh：在busybox容器中执行shell命令。

```
/ # time wget -q -O - http://nginx-svc
```

上述命令显示了通过wget命令运行指定的http请求的详细信息。

- / # time：执行wget命令同时计时运行时间。
- wget：下载工具wget命令。
- -q：禁止wget命令输出控制信息，只输出结果。
- -O -：将下载内容写入标准输出，而不是写入文件。
- http://nginx-svc：发送http请求的目标地址。

```
wget: server returned error: HTTP/1.1 408 Request Timeout
```

上述命令输出从目标地址接收到的错误信息，表示目标服务器返回了HTTP请求超时错误。

```
Command exited with non-zero status 1
```

上述命令表示wget命令以非零状态退出（运行失败）。

```
real    0m 2.02s
wget    命令的实际运行时间
user    0m 0.00s
wget    命令使用的用户CPU时间
sys     0m 0.00s
wget    命令使用的系统CPU时间

/ # while true; do wget -q -O - http://nginx-svc; done
```

　　上述命令通过wget命令反复向指定的HTTP地址发送请求，不断获取该地址返回的结果，并将结果打印到标准输出流中。由于该命令没有任何终止条件，因此只能通过手工终止该命令或使用其他外部方法来终止。

- /#: 命令提示符。
- while true;: 开始一个无限循环。
- do: 开始do-while循环体。
- wget: 下载工具。
- -q: 禁止wget命令输出控制信息，只输出结果。
- -O -: 将下载内容写入标准输出，而不是写入文件。
- http://nginx-svc: 发送HTTP请求的目标地址。
- done: 结束Do-while循环体。

```
wget: server returned error: HTTP/1.1 504 Gateway Timeout
wget: server returned error: HTTP/1.1 504 Gateway Timeout
wget: server returned error: HTTP/1.1 504 Gateway Timeout
wget: server returned error: HTTP/1.1 504 Gateway Timeout
wget: server returned error: HTTP/1.1 408 Request Timeout
```

　　每隔2秒，由于Nginx服务的超时时间到了而Tomcat未响应，因此提示返回超时错误。

　　验证故障注入效果，执行如下命令：

```
/ # time wget -q -O - http://tomcat-svc

wget: server returned error: HTTP/1.1 503 Service Unavailable
Command exited with non-zero status 1
real 0m 10.02s
user 0m 0.00s
sys 0m 0.01s
```

　　执行之后10秒才会有结果。

15.6.3　故障注入和重试

　　Istio重试机制是指在调用服务失败后，Envoy代理尝试连接服务的最大次数。默认情况下，Envoy代理在失败后并不会尝试重新连接服务，除非启动了Istio重试机制。

　　下面的例子模拟客户端调用Nginx，Nginx将请求转发给Tomcat。Tomcat通过故障注入来中止对外服务，Nginx设置为如果访问Tomcat失败，则会重试3次。

　　执行以下命令切换到指定目录：

```
[root@xianchaomaster1 attemp]# cd /root/timeout/
```

删除Kubernetes集群中所有定义的资源：

```
[root@xianchaomaster1 timeout]# kubectl delete -f .
```

基于nginx-deployment.yaml配置文件中的定义，创建或更新Kubernetes集群中的资源：

```
[root@xianchaomaster1 timeout]# kubectl apply -f nginx-deployment.yaml
```

基于nginx-tomcat-svc.yaml配置文件中的定义，创建或更新Kubernetes集群中的资源：

```
[root@xianchaomaster1 timeout]# kubectl apply -f nginx-tomcat-svc.yaml
```

指定获取Pods资源的信息：

```
[root@xianchaomaster1 ~]# kubectl get pods
```

显示如下：

```
NAME                        READY    STATUS     RESTARTS    AGE
busybox                     2/2      Running    0           55m
nginx-7f6496574c-zbtqj      2/2      Running    0           10m
tomcat-86ddb8f5c9-dqxcq     2/2      Running    0           35m
```

执行以下命令更改virtual-attempt.yaml配置文件的内容：

```
[root@xianchaomaster1 timeout]# cat virtual-attempt.yaml
```

virtual-attempt.yaml配置文件的内容如下：

```
---
apiVersion: networking.istio.io/v1beta1
kind: VirtualService
metadata:
  name: nginx-vs
spec:
  hosts:
 - nginx-svc
  http:
 - route:
   - destination:
       host: nginx-svc
    retries:
      attempts: 3
      perTryTimeout: 2s
---
apiVersion: networking.istio.io/v1beta1
kind: VirtualService
metadata:
  name: tomcat-vs
spec:
  hosts:
 - tomcat-svc
```

```
      http:
    - fault:
        abort:
          percentage:
            value: 100
          httpStatus: 503
      route:
      - destination:
          host: tomcat-svc
[root@xianchaomaster1 timeout]# kubectl apply -f virtual-attempt.yaml
```

下面解读虚拟服务资源清单文件。

第一：故障注入

该虚拟服务的作用对象就是tomcat-svc。使用此故障注入后，在网格中该Tomcat就是不可用的。

```
abort:
        percentage:
          value: 100
        httpStatus: 503
```

abort是模拟Tomcat服务始终不可用，该设置说明每次调用tomcat-svc的Kubernetes Service，100%会返回错误状态码503。

第二：调用超时

```
hosts:
 - nginx-svc
  http:
  - route:
    - destination:
        host: nginx-svc
      reties:
        attempts: 3
        perTryTimeout: 2s
```

15

该设置说明调用nginx-svc的Kubernetes Service，在初始调用失败后最多重试3次来连接服务子集，每个重试都有2秒的超时。

接着进行以下操作：

```
[root@xianchaomaster1 timeout]# kubectl exec -it nginx-tomcat-7dd6f74846-rdqqf --
/bin/sh
  # apt-get update
  # apt-get install vim -y
```

用vi命令打开default.conf文件

```
/ # vi /etc/nginx/conf.d/default.conf
```

配置文件内容如下：

```
/ # nginx -t
/ # nginx -s reload
```

default.conf配置文件内容如图15-15所示。

然后，执行以下命令，验证重试是否生效：

图 15-15　default.conf 配置文件内容

```
[root@xianchaomaster1 timeout]#  kubectl run busybox --image busybox:1.28
--restart=Never --rm -it busybox -- sh
/ # wget -q -O - http://nginx-svc
```

使用Kubectl工具来获取Kubernetes集群中运行的一个Pod的日志输出：

```
[root@xianchaomaster1 timeout]# kubectl logs -f nginx-tomcat-7dd6f74846-rdqqf  -c
istio-proxy
```

- logs是Kubectl工具的一个子命令，用于获取Pod的日志输出。
- -f标识了输出的日志是跟随式的（follow），也就是会不断更新，而不是只输出一次。
- nginx-tomcat-7dd6f74846-rdqqf是目标Pod的名称。
- -c istio-proxy筛选出Pod中指定容器istio-proxy的日志。

执行结果如图15-16所示。可知，重试设置已经生效。

图 15-16　验证重试的执行结果

　　本小节介绍了Istio流量治理的具体方法与操作流程，流量治理其实就是前面讲解的断路器、超时、故障注入和重试，我们看到通过设置断路器可以控制并发请求数，防止用户请求超过服务最大可接收的请求数造成服务不可用，通过设置超时可以控制节点的应用响应时间，通过故障注入可以在调用服务失败后尝试重试的次数，以防止一次尝试失败就断掉服务的问题，这些技术是Istio在流量治理方面的具体体现，具有非常重要的实用价值。

15.7　分布式追踪系统 Jaeger

1. 什么是分布式追踪

　　分布式追踪（Distributed Tracing）最早由谷歌的Dapper普及开来，它本质上是具有在微服务的整个生命周期中追踪请求的能力。分布式追踪主要用于记录整个请求链的信息。

为什么要使用分布式追踪呢？这是因为当业务微服务化后，一次业务请求可能会涉及多个微服务，分布式跟踪可以对跨多个分布式服务网格的1个请求进行追踪分析，并通过可视化的方式深入地了解请求的延迟、序列化和并发，充分地了解服务流量实况，从而快速地排查和定位问题。在微服务应用中，一个完整的业务往往需要调用多个服务才能完成，服务之间就产生了交互。当出现故障时，如何找到问题的根源非常重要，追踪系统可以清晰地展示出请求的整个调用链以及每一步的耗时，方便查找问题所在。

2. 分布式追踪系统Jaeger组件介绍

Jaeger是一个开源的分布式追踪系统，它可以在复杂的分布式系统中进行监控和故障排查。Jaeger的主要功能包括分布式请求监控、性能调优、故障分析和服务依赖分析等。

Jaeger主要包括以下组件。

1）jaeger-agent

负责发送的进程，对Spans进行处理并发送给Collector，监听Spans的UDP发送。该层作为基础组件部署在主机上，Agent将Client Library和Collector解耦，为Client Library屏蔽了路由和发现Collector的细节。

2）jaeger-collector

收集追踪Spans，并通过管道对追踪数据进行处理。当前的管道支持追踪的验证、索引、转换，最后存储数据。

3）jaeger-query

从存储中检索追踪信息并通过UI展示。

4）data store

追踪信息的存储。

3. 使用Jaeger

查看Jaeger这个Service是否创建成功：

```
kubectl get svc -n istio-system | grep jaeger
```

显示如下：

```
jaeger-agent ClusterIP None <none> 5775/UDP,6831/UDP,6832/UDP          55d
jaeger-collector ClusterIP 10.99.194.57 <none> 14267/TCP,14268/TCP,14250/TCP 55d
jaeger-collector-headless  ClusterIP  None  <none>  14250/TCP             55d
jaeger-query ClusterIP 10.107.192.115  <none>  16686/TCP
```

通过上述结果可以看到jaeger-agent、jaeger-collector、jaeger-collector-headless、jaeger-query这几个服务均创建成功了。

执行以下命令，修改jaeger-query的类型为NodePort：

```
kubectl edit svc jaeger-query -n istio-system
```

找到类型ClusterIP，将其更改为NodePort，然后保存文件。

接下来，执行以下命令查看服务：

```
kubectl get svc -n istio-system | grep jaeger-query
```

显示如下：

```
jaeger-query NodePort 10.107.192.115  <none>  16686:31450/TCP
```

jaeger-query是具体的Service名字，16686是jaeger-query这个服务的端口，31450是jaeger-query这个服务在物理机映射的端口。

在浏览器访问Jaeger服务：192.168.40.180:31450，可以看到如图15-17所示的界面。

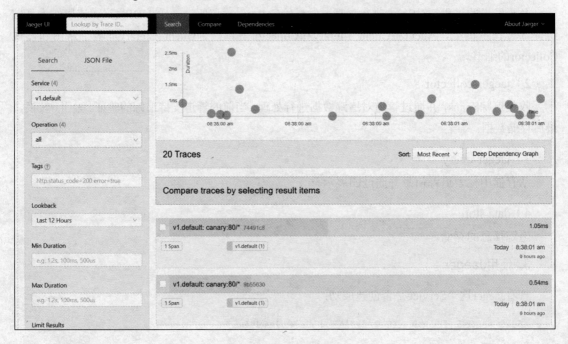

图 15-17　Jaeger UI 界面

4. 查看追踪数据

在Jaeger左侧版面的Service下拉列表中选择v1.default，单击Find Traces按钮，如图15-18所示。

单击右侧的URL进入详细页，可以看到具体的服务调用情况，并且能够了解每个服务的耗时，如图15-19所示。

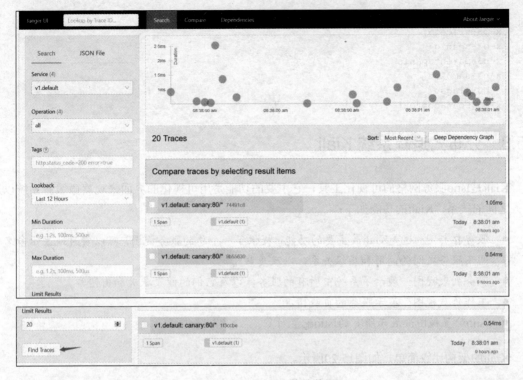

图 15-18　Jaeger 追踪的数据

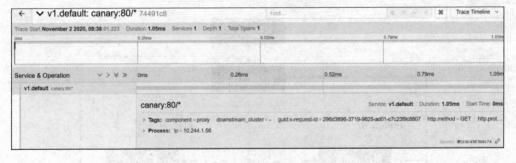

图 15-19　具体的服务调用情况

5. 追踪上下文传递

Istio利用Envoy的分布式追踪功能提供了开箱即用的追踪集成。确切地说，Istio提供了安装各种追踪后端服务的选项，并且通过配置代理来自动发送追踪Span到追踪后端服务。尽管Istio代理能够自动发送Span，但是它需要一些附加线索才能将整个追踪链路关联到一起。因此，当代理发送Span信息的时候，应用需要附加适当的HTTP请求头信息，这样才能够把多个Span正确地关联到同一个追踪上。

要做到这一点，应用程序从传入请求到任何传出的请求中需要包含以下请求头参数：

```
x-request-id
x-b3-traceid
x-b3-spanid
x-b3-parentspanid
x-b3-sampled
x-b3-flags
x-ot-span-context
```

15.8   分布式追踪系统 Kiali

Kiali是Istio服务网格的可视化工具，它主要的功能是用可视化的界面来观察微服务系统以及服务之间的关系。Kiali的功能如下：

- 服务拓扑图：这是Kiali最主要的功能，提供了一个总的服务视图，可以实时地显示命名空间下服务之间的调用和层级关系，以及负载情况。
- 服务列表视图：展示了系统中所有的服务，以及它们的健康状况和出错率。
- 工作负载视图：展示服务的负载情况。
- Istio配置视图：展示所有的Istio配置对象。

Kiali的架构比较简单，如图15-20所示。

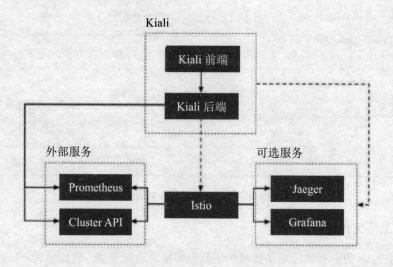

图 15-20   Kiali 的架构图

从图15-20中可以看到，Kiali分为前端和后端两部分。后端以容器的方式运行在应用平台，负责获取和处理数据，并发送给前端；前端是一个典型的Web应用，由React和TypeScript实现，负责展示后端发送过来的数据。对Kiali来说，Istio是必须存在的系统，它类似于Kiali的宿主。虽然它们可以分开部署，但没有了Istio，Kiali是不能工作的。

下面介绍Kiali的使用。

执行以下命令，启动Kiali：

```
kubectl get svc -n istio-system | grep kiali
```

该命令使用Kubectl工具查询istio-system命名空间中的服务列表，并使用管道运算符"|"将查询结果传递给grep命令，以过滤包含kiali的服务。

- get：Kubernetes的子命令，用于获取Kubernetes资源的信息。
- svc：get子命令的资源类型，表示查询服务。
- -n istio-system：标识查询istio-system命名空间中的服务。
- |：管道符号，将前一个命令的输出作为后一个命令的输入。
- grep：一个文本过滤器，用于在输出中查找匹配的文本模式。
- kiali：要匹配的文本模式，匹配的结果将被输出到控制台中。

显示如下：

```
kiali  ClusterIP  10.106.61.5  <none>   20001/TCP
```

上述结果说明：kiali是Service的名字，ClusterIP是Service的类型，20001是Service的端口。

需要将类型（ClusterIP）改为nodePort。具体修改方法如下：

```
kubectl edit svc kiali -n istio-system
```

查看kiali这个service的端口是否修改完成：

```
kubectl get svc -n istio-system | grep kiali
```

显示如下：

```
kiali  NodePort  10.106.61.5  <none>  20001:32514/TCP
```

可以看到，kiali这个Service的类型已经改成了nodePort。

在浏览器访问192.168.40.180:32514，登录Kiali，如图15-21所示。

分别输入用户名和密码：

- Username：admin。
- Password：admin。

输入用户名和密码之后，出现如图15-22所示的界面。

可以看到，已经可以正常使用Kiali这个工具了。

15

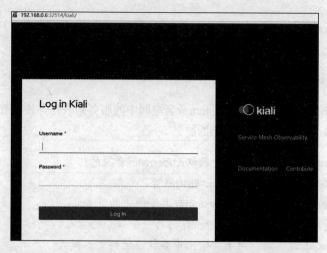

图 15-21　Kiali 的登录界面

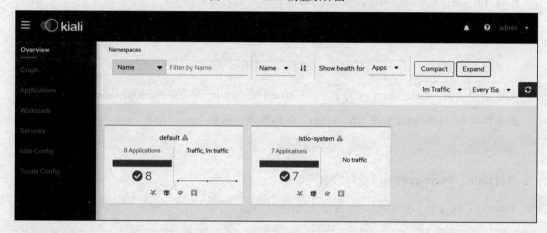

图 15-22　Kiali 的主界面

Kiali是一个非常强大的可视化工具，可以让用户清晰和直观地了解到Istio服务网格中的服务以及服务之间的关系。除了服务拓扑图外，它还提供了健康检查、指标数据显示和配置验证等功能。强烈推荐把Kiali作为必选项添加到服务网格中，来帮助监控和观测网格中服务的工作情况。

15.9　本章小结

本章主要介绍了Istio的核心特性、组件、架构、安装，通过对Istio的核心功能断路器、超时、重试等具体案例的展示，带领读者了解Istio的具体使用。Istio作为新一代服务网格，主要是结合Kubernetes实现流量治理，希望读者能从中感受到这个网格工具的强大。

## 第 16 章

高并发场景下基于Kubernetes 实现自动扩缩容

16

本章主要介绍Kubernetes自动扩缩容方案HPA（Horizontal Pod Autoscaling，Pod水平自动伸缩）和VPA（Vertical Pod Autoscaling，Pod纵向自动伸缩），自动扩缩容主要是指对Kubernetes中的Pod资源进行弹性伸缩，弹性伸缩是根据用户的业务需求和策略自动"调整"其"弹性资源"的管理服务。通过弹性伸缩功能，用户可以设置定时、周期或监控策略，恰到好处地增加或减少"弹性资源"，并完成实例配置，保证业务平稳健康运行。通过本章的介绍，读者能够具备在实际业务场景中实现Pod快速扩缩容，如电商平台在618和双11搞秒杀活动，可以根据实际用户数对Pod自动扩容来满足高并发场景。

本章内容：

❋ 指标服务器（Metrics Server）介绍
❋ Kubernetes自动扩缩容简介
❋ Kubernetes自动扩缩容HPA具体案例分享
❋ Kubernetes自动扩缩容VPA具体案例分享

16.1　Metrics Server 在自动扩缩容中的核心作用

Metrics Server是Kubernetes中用于收集Pod资源指标的组件，为HPA和VPA的自动扩缩容提供数据支持。Metrics Server通过聚合Kubelet和APIServer的资源使用信息，将数据汇总到Kubernetes API中，从而提供对Pod的CPU和内存使用情况的监控数据。

16.1.1　Metrics Server 的部署方式

Metrics Server基于YAML文件部署，YAML文件的名字是metrics.yaml，完整的metrics.yaml文件请从配书资源下的Metrics文件夹获取。下面我们来部署Metrics Server。

执行以下命令：

```
kubectl apply -f metrics.yaml
```

这个命令是用于在 Kubernetes 集群中应用一个名为metrics.yaml的配置文件。具体来说，它会执行以下操作：

使用kubectl命令行工具连接到Kubernetes集群，通过apply方法将metrics.yaml文件中的配置应用到集群中；如果配置文件中有资源对象（如Deployment、Service等），则创建这些资源；如果配置文件中有资源对象的更新，则更新现有资源；如果配置文件中有资源对象的删除，则删除相应的资源。

下面以部署Metrics Server涉及的核心要素来对metrics.yaml文件进行详细说明。

1. ServiceAccount

创建Metrics Server的服务账户。服务账户提供了一种在Kubernetes集群中授权和认证应用程序的方法。

```
apiVersion: v1
kind: ServiceAccount
metadata:
  labels:
    k8s-app: metrics-server          #服务标签
  name: metrics-server               #服务账户名称
  namespace: kube-system             #服务所在的命名空间
```

2. ClusterRole

授权Metrics Server只允许读pods和nodes资源的权限。这是一个集群级别的角色，因此可以被用于不同的命名空间。

```
apiVersion: rbac.authorization.k8s.io/v1
kind: ClusterRole
metadata:
  labels:
    k8s-app: metrics-server                                      # 角色标签
    rbac.authorization.k8s.io/aggregate-to-admin: "true"   # 将此角色聚合到管理员聚合中
    rbac.authorization.k8s.io/aggregate-to-edit: "true"    # 将此角色聚合到编辑聚合中
    rbac.authorization.k8s.io/aggregate-to-view: "true"    # 将此角色聚合到查看聚合中
  name: system:aggregated-metrics-reader                         # 集群角色名称
rules:
```

```
- apiGroups:
  - metrics.k8s.io              # API 组
  resources:
  - pods                        # 资源
  - nodes
  verbs:
  - get                         # 动作
  - list
  - watch
```

3. RoleBinding

用于授权metrics-server服务账号读取extension-apiserver-authentication-reader这个Role对象的权限。

```
apiVersion: rbac.authorization.k8s.io/v1
kind: RoleBinding
metadata:
  labels:
    k8s-app: metrics-server                            # 绑定标签
  name: metrics-server-auth-reader                     # 绑定名称
  namespace: kube-system                               # 绑定所在的命名空间
roleRef:
  apiGroup: rbac.authorization.k8s.io
  kind: Role
  name: extension-apiserver-authentication-reader      # 授予的角色名称
subjects:
- kind: ServiceAccount
  name: metrics-server                                 #服务账户名称
  namespace: kube-system                               #服务账户所在的命名空间
```

4. ClusterRoleBinding

用于将一个ServiceAccount与系统的ClusterRole对象system:auth-delegator绑定在一起，以授予该ServiceAccount调用Kubernetes API中与Metrics Server相关的资源权限。

```
apiVersion: rbac.authorization.k8s.io/v1        # RBAC授权的API版本
kind: ClusterRoleBinding        # 该ClusterRoleBinding对象是用来将ClusterRole授权绑定到
                                # 特定ServiceAccount的一种机制
metadata:                       # 对象的元数据，包括名称、命名空间、标签等信息
  labels:                       # 标签用来识别和分类对象，例如k8s-app: metrics-server表示该对象
                                # 是metrics-server的一部分
    k8s-app: metrics-server
  name: metrics-server:system:auth-delegator    # ClusterRoleBinding的名称
roleRef:                                        # 引用的ClusterRole对象
  apiGroup: rbac.authorization.k8s.io           # 被引用的ClusterRole对象的API组
  kind: ClusterRole                             # 被引用的ClusterRole对象的类型
  name: system:auth-delegator                   # 被引用的ClusterRole对象的名称
subjects:                                       # 被授权访问的对象列表
- kind: ServiceAccount          # 被授权访问的对象类型是ServiceAccount
```

16

```
    name: metrics-server          # 被授权访问的ServiceAccount的名称是metrics-server
    namespace: kube-system        # 被授权访问的ServiceAccount所在的命名空间是kube-system
```

5. ClusterRoleBinding

用于将一个ServiceAccount与系统的ClusterRole对象system:metrics-server绑定在一起，以授予该ServiceAccount调用Kubernetes API中与Metrics Server相关的资源的权限：

```
apiVersion: rbac.authorization.k8s.io/v1   # RBAC API版本号
kind: ClusterRoleBinding                    # 资源类型是ClusterRoleBinding
metadata:                                   # 元数据，包含Kubernetes对象的信息
  labels:                                   # 对象的标签信息
    k8s-app: metrics-server                 # 标签k8s-app的值是metrics-server
  name: system:metrics-server               # 对象的名称为system:metrics-server
roleRef:                                    # 引用一个ClusterRole对象
  apiGroup: rbac.authorization.k8s.io       # 引用的对象的API 组名
  kind: ClusterRole                         # 引用的对象的类型是ClusterRole
 - name: system:metrics-server             # 引用的对象的名称是system:metrics-server
subjects:                       # 指定角色绑定的Subject 列表，即与之关联的ServiceAccount
  kind: ServiceAccount          # Subject的类型是ServiceAccount
  name: metrics-server          # Subject的名称是metrics-server
  namespace: kube-system        # Subject所在的命名空间是kube-system
```

6. Service

定义一个Kubernetes Service，用于暴露Pod。Service的名称为metrics-server，属于kube-system命名空间，使用标签选择器选择k8s-app=metrics-server的Pod。

```
apiVersion: v1
kind: Service
metadata:
  labels:
    k8s-app: metrics-server
  name: metrics-server
  namespace: kube-system
spec:
  ports:                  # 定义了Service对外暴露的端口，这里是443端口，用于HTTPS协议
  - name: https
    port: 443
    protocol: TCP
    targetPort: https
  selector:               # 定义了该Service所选取的后端Pod的标签匹配条件，
                          # 这里是匹配k8s-app= metrics-server的Pod
    k8s-app: metrics-server
```

7. Deployment

这是一个Kubernetes Deployment部署对象的配置文件,用于部署一个名为metrics-server的应用程序到kube-system命名空间中。

```
apiVersion: apps/v1
kind: Deployment

metadata:                          # 元数据包括对象的标签、名称和命名空间
  labels:
    k8s-app: metrics-server        # 标签定义为k8s-app: metrics-server
  name: metrics-server             # 对象名称为metrics-server
  namespace: kube-system           # 命名空间为kube-system

spec:                              # 部署的规格定义
  selector:                        # 选择器用于将该部署与其他Kubernetes对象进行匹配
    matchLabels:
      k8s-app: metrics-server      # 匹配k8s-app: metrics-server标签的Pod将被选中
  strategy:                        # 更新策略用于控制如何滚动更新Pod
    rollingUpdate:
      maxUnavailable: 0            # 表示在任何时候，Pod的最大不可用副本数为0
  template:                        # Pod模板用于创建部署的Pod
    metadata:
      labels:
        k8s-app: metrics-server    # Pod的标签也是k8s-app: metrics-server
    spec:
      containers:                  # 容器定义
      - args:                      # 容器的参数
        - /metrics-server          # 运行的二进制文件
        - --cert-dir=/tmp          # 指定证书目录
        - --secure-port=4443       # 指定安全端口
        - --kubelet-insecure-tls   # 允许使用不安全的TLS 通信
        - --kubelet-preferred-address-types=InternalIP   # 使用节点的内部IP地址
        - --kubelet-use-node-status-port                 # 使用节点状态端口
        - --metric-resolution=15s                        # 指定度量数据的解析率
        image: registry.cn-hangzhou.aliyuncs.com/google_containers/metrics-
server:v0.6.1                      # 容器镜像
        imagePullPolicy: IfNotPresent    # 如果本地没有该镜像，则从远程拉取
        livenessProbe:                   # 存活探针用于检查容器是否处于运行状态
          httpGet:
            path: /livez                 # 存活探针请求的路径
            port: https                  # 存活探针请求的端口
            scheme: HTTPS                # 存活探针使用的协议
          periodSeconds: 10              # 存活探针的检查周期为10 秒
        name: metrics-server             # 容器的名称
        ports:                           # 容器暴露的端口
        - containerPort: 4443            # 容器监听的端口号
          name: https                    # 端口的名称
          protocol: TCP                  # 使用的协议
        readinessProbe:    # 用于定义一个就绪探针，用于检查容器是否已经就绪，以确定是否可以开始
                           # 接收流量。在这个例子中，使用HTTP GET方法请求路径为/readyz，
                           # 端口为https，协议为HTTPS，来检查容器是否就绪。
                           # initialDelaySeconds指定了Pod启动后多少秒开始执行该探针，
                           # 这里是Pod启动之后20秒开始探测，periodSeconds指定了探测周期，
                           # 这里是每10秒间隔做一次探测
```

```
              httpGet:
                path: /readyz
                port: https
                scheme: HTTPS
              initialDelaySeconds: 20
              periodSeconds: 10
            resources:              # 用于定义Pod所需的资源，包括CPU和内存等。本例Pod需要100m的
                                    # CPU和10Mi的内存
              requests:
                cpu: 100m
                memory: 10Mi
            securityContext:        # 用于定义Pod所需的资源，包括CPU和内存等。本例Pod需要100m
                                    # （100毫米，即0.1个核心）的CPU和10Mi（10兆字节）的内存
      allowPrivilegeEscalation: false
                readOnlyRootFilesystem: true
                runAsNonRoot: true
                runAsUser: 1000
            volumeMounts:           # 用于定义Pod中容器的存储卷。本例将一个空目录挂载到容器的
                                    # /tmp目录下，容器可以将一些数据写入该目录
            - mountPath: /tmp
              name: tmp-dir
          nodeSelector:
            kubernetes.io/os: linux       # 指定该Pod所在的节点必须具有哪些标签，
                                          # 才能被调度到该节点上运行
          priorityClassName: system-cluster-critical # 用于设置Pod的调度优先级。这里设置
                                                     # 为system-cluster-critical，表示
                                                     # 该Pod是关键的系统组件，需要高优先级调度
          serviceAccountName: metrics-server        # 用于指定Pod中容器的Service Account名称
          volumes:                 # Pod中可用的存储卷。这里使用了一个空目录作为存储卷
                                   # 容器可以将一些数据写入该目录
            emptyDir: {}
            name: tmp-dir
```

8. APIService

这是一个Kubernetes API Service的配置，用于暴露 Kubernetes集群中Metrics Server的API。

```
apiVersion: apiregistration.k8s.io/v1
kind: APIService
metadata:
  labels:          # 应用于此APIService的标签，这里应用了一个k8s-app: metrics-server的标签
    k8s-app: metrics-server
  name: v1beta1.metrics.k8s.io # APIService的名称，这里命名为v1beta1.metrics.k8s.io
spec:                          # 配置具体内容
  group: metrics.k8s.io        # Metrics Server API所属的API组名
  groupPriorityMinimum: 100    # 组的优先级，这里设置为100
  insecureSkipTLSVerify: true  # 是否跳过TLS验证
  service:                     # 暴露Metrics Server API的Service配置
    name: metrics-server       # Service的名称
    namespace: kube-system     # Service所在的命名空间
```

```
version: v1beta1              # Metrics Server API的版本
versionPriority: 100          # 版本的优先级，这里设置为100
```

16.1.2　Metrics Server 的具体应用

Metrics Server是Kubernetes集群中的一个组件，用于收集和聚合Kubernetes资源的度量数据，如CPU、内存等资源的使用情况。它提供了一组API，允许用户查询和监控资源的使用情况，可以用来进行资源监控、自动扩缩容、容器化性能调优等。Metrics Server部署成功之后，可以进行以下应用。

1. 查询资源使用情况

可以使用以下命令查询节点的CPU和内存使用情况：

```
kubectl top nodes
```

2. 查询Pod的CPU和内存使用情况

可以使用以下命令查询Pod的CPU和内存使用情况：

```
[root@xianchaomaster1~]# kubectl top pods
```

3. 查询特定资源使用情况

可以使用以下命令查询特定节点或Pod的CPU和内存使用情况：

```
kubectl top node <node-name>
kubectl top pod <pod-name>
```

其中，<node-name>和<pod-name>分别是节点名称和Pod名称。

4. 监控资源使用情况

可以使用Metrics Server提供的API，监控节点和Pod的CPU和内存使用情况。

使用kubectl proxy命令启动代理，然后通过API访问监控数据：

```
kubectl proxy --port=8080
```

查询节点CPU和内存的使用情况：

```
curl http://localhost:8080/apis/metrics.k8s.io/v1beta1/nodes
```

查询Pod CPU和内存的使用情况：

```
curl http://localhost:8080/apis/metrics.k8s.io/v1beta1/pods
```

以上就是Metrics Server的基本使用方法。

16

16.2　水平 Pod 自动扩缩容 HPA

16.2.1　HPA 基本介绍

HPA是Kubernetes中用于自动扩缩容的组件之一，可以根据Pod的资源使用情况自动调整Pod的副本数量，从而实现动态扩缩容。HPA的工作原理是通过Metrics Server收集Pod的CPU和内存使用情况，然后根据预设的目标使用率和副本数量计算出需要调整的副本数量，最后通过Deployment控制器对Pod进行扩缩容操作。

HPA是Kubernetes中用于水平自动扩缩容的核心机制之一。它可以根据一组规则来自动调整Pod的副本数，以便保持应用程序的平稳运行。

在Kubernetes中，Pod是最小的可部署的计算单元，可以将它视为运行应用程序的容器。Pod可以由一个或多个容器组成，这些容器在同一个网络命名空间、存储命名空间和卷（Volume）空间中共享相同的资源。

使用HPA，可以根据CPU使用率、内存使用率或自定义指标来自动调整Pod的副本数，从而实现负载平衡和弹性伸缩。如果应用程序需要更多的计算资源来处理负载，HPA将自动增加Pod的数量。反之，如果应用程序负载减少，HPA将自动减少Pod的数量，以节省计算资源并节约成本。

HPA非常适合负载变化较为明显的应用场景，例如Web应用程序、API服务等。

16.2.2　HPA 设置和使用案例

HPA是Kubernetes中的一种资源，它可以自动调整Pod的副本数量以适应负载的变化。下面是基于HPA实现Pod自动扩缩容的完整步骤和案例演示。

1. 基于HPA实现Pod自动扩缩容

基于HPA实现Pod自动扩缩容的步骤如下：

（1）在Kubernetes集群中部署应用程序，并创建Deployment。

（2）创建HorizontalPodAutoscaler对象。可以使用以下命令：

```
kubectl autoscale deployment <deployment-name> --cpu-percent=50 --min=1 --max=10
```

其中，--cpu-percent=50表示当CPU使用率超过50%时，启动扩缩容；--min=1表示最小Pod数量为1；--max=10表示最大Pod数量为10。

（3）查看HorizontalPodAutoscaler对象的状态：

```
kubectl describe hpa <deployment-name>
```

可以查看当前的副本数、目标CPU使用率和当前CPU使用率等信息。

（4）测试自动扩缩容功能。可以使用工具模拟高负载的情况，观察是否会自动扩缩容。例如可以使用以下命令在Pod中运行一个压力测试程序：

```
kubectl run -i --tty load-generator --image=busybox /bin/sh
```

然后在容器中运行以下命令，模拟CPU负载：

```
while true; do wget -q -O- http://<service-name>; done
```

其中，<service-name>是应用程序的Service名称。

（5）监控自动扩缩容的过程。可以使用以下命令监控自动扩缩容的过程：

```
kubectl get hpa -w
```

2. 案例演示

下面是一个基于HPA实现Pod自动扩缩容的案例演示。

（1）部署应用程序。在Kubernetes集群中部署一个简单的Web应用程序，并创建Deployment和Service。例如：

```
apiVersion: apps/v1
kind: Deployment
metadata:
  name: webapp
spec:
  replicas: 1
  selector:
    matchLabels:
      app: webapp
  template:
    metadata:
      labels:
        app: webapp
    spec:
      containers:
      - name: webapp
        image: nginx
        ports:
        - containerPort: 80

---
apiVersion: v1
kind: Service
metadata:
  name: webapp
```

16

```
spec:
  selector:
    app: webapp
  ports:
  - name: http
    port: 80
    targetPort: 80
```

以上是两个Kubernetes资源的YAML定义文件，用于创建一个名为webapp的Deployment和一个名为webapp的Service。这个Deployment包含一个运行Nginx镜像的容器，该容器监听80端口，并且该Deployment将始终运行1个Pod副本。这个Service将流量路由到这个Deployment中运行的Pod副本，使用的端口是80。

（2）创建HorizontalPodAutoscaler对象。

使用以下命令：

```
kubectl autoscale deployment webapp --cpu-percent=50 --min=1 --max=10
```

（3）查看HorizontalPodAutoscaler对象的状态。

使用以下命令：

```
kubectl describe hpa webapp
```

输出结果类似于：

```
Name:                                                     webapp
Namespace:                                                default
Labels:                                                   <none>
Annotations:                                              <none>
CreationTimestamp:                                        Mon, 02 May 2023 01:23:45 +0000
Reference:                                                Deployment/webapp
Metrics:                                                  ( current / target )
  resource cpu on pods  (as a percentage of request): 0% (0m) / 50%
Min replicas:                                             1
Max replicas:                                             10
Deployment pods:                                          1 current / 1 desired
Conditions:
  Type            Status  Reason        Message
  ----            ------  ------        -------
  AbleToScale     True    SucceededRescale  the HPA controller was able to update the
target scale to 1
  ScalingActive   False   FailedGetMetrics  the HPA was unable to compute the replica count:
unable to get metrics for resource cpu: no metrics returned from resource metrics API
  Events:         <none>
```

其中，当前的Pod副本数为1，目标CPU使用率为50%，当前CPU使用率为0%。

（4）测试自动扩缩容功能。

使用以下命令在Pod中运行一个Stress测试程序：

```
kubectl run -i --tty load-generator --image=busybox /bin/sh
```

然后在容器中运行以下命令，模拟CPU负载：

```
while true; do wget -q -O- http://webapp; done
```

（5）监控自动扩缩容的过程。

使用以下命令监控自动扩缩容的过程：

```
kubectl get hpa -w
```

在另一个终端窗口运行以下命令，观察Pod的状态变化：

```
kubectl get pods -w
```

当CPU使用率超过50%时，HPA会自动扩充Pod数量；当CPU使用率下降时，HPA会自动缩减Pod数量。

16.3　垂直 Pod 自动扩缩容 VPA

16.3.1　VPA 基本介绍

VPA是Kubernetes中用于垂直自动扩缩容的组件之一，可以根据Pod的CPU和内存使用情况自动调整Pod的资源限制和请求，从而实现更好的资源利用率和容器运行效率。VPA的工作原理是通过Metrics Server收集Pod的CPU和内存使用情况，然后根据预设的资源请求和限制范围计算出最优的资源请求和限制，并通过Pod的annotations进行设置。

VPA是一个Kubernetes集群中的控制器，它可以自动调整Pod的容器资源（如CPU和内存）以适应应用程序的实际需要。与HPA不同，HPA主要通过调整Pod的副本数来扩展或缩小应用程序的容量。VPA根据实际容器资源使用情况来调整Pod的容器资源的请求和限制，以确保应用程序具有足够的资源，并避免浪费资源。

VPA可以与Kubernetes的HPA结合使用，以实现水平和垂直自动扩展。如果应用程序需要更多的资源来处理流量峰值，则HPA可以自动扩展Pod的副本数，而VPA可以自动调整每个Pod的容器资源以适应更高的容量需求。

VPA可以使用以下几种策略来计算Pod的资源需求：

- TargetAverageValue: 根据一段时间内的平均容器资源使用情况来计算Pod的容器资源请求和限制。

16

- TargetValue：根据一段时间内的最大容器资源使用情况来计算Pod的容器资源请求和限制。
- TargetUtilization：根据容器资源利用率目标来计算Pod的容器资源请求和限制。

> **注意** VPA需要Kubernetes集群运行1.10或更高版本，并需要安装VPA API服务器才能使用。VPA还依赖于PodSecurityPolicy控制器和HorizontalPodAutoscaler控制器，因此需要确保这些控制器已启用和运行。

综上，VPA是一种非常有用的控制器，可以自动调整Pod的容器资源以适应应用程序的实际需要，避免资源浪费和应用程序崩溃。

16.3.2　VPA 设置和使用案例

以下是关于Kubernetes VPA设置和使用的一些建议：

（1）确定使用场景和需求：在使用Kubernetes VPA之前，需要确定使用场景和需求，例如，需要管理的容器的资源使用情况、容器中应用程序的类型和使用模式、Kubernetes集群的规模和容量等。这些信息可以帮助用户确定如何设置Kubernetes VPA，并确保其能够满足用户的需求。

（2）安装和配置Kubernetes VPA：要使用Kubernetes VPA，需要安装和配置VPA控制器和VPA Advisor，可以使用Kubernetes官方文档中提供的指南来安装和配置这些组件。

（3）设置VPA对象：在Kubernetes VPA中，需要设置VPA对象来管理容器资源分配。VPA对象包括VPA规范和VPA目标。VPA规范描述了应用程序需要的资源，而VPA目标则描述了如何分配这些资源。可以使用Kubernetes YAML文件来设置VPA对象。

（4）监视和调整资源分配：在设置完VPA对象后，Kubernetes VPA将开始监视应用程序的资源使用情况，并自动调整容器的CPU和内存资源分配。可以使用Kubernetes Dashboard等工具来监视容器资源使用情况，并根据需要手动调整资源分配。

接下来通过案例带领读者深入学习VPA的使用。

假设有一个名为my-app的应用程序，它由两个容器组成：一个Nginx Web服务器和一个MySQL数据库服务器。我们将使用VPA自动调整Nginx容器的CPU和内存资源请求和限制。

首先，安装VPA插件。可以通过运行以下命令来安装它：

```
kubectl apply -f https://github.com/kubernetes/autoscaler/releases/download/
vertical-pod-autoscaler-1.8.1/vertical-pod-autoscaler.yaml
```

然后，需要为Nginx容器定义一个Vertical Pod Autoscaler对象。可以使用以下YAML配置文件：

```
apiVersion: autoscaling.k8s.io/v1beta2
kind: VerticalPodAutoscaler
metadata:
```

```
        name: nginx-vpa
    spec:
      targetRef:
        apiVersion: "apps/v1"
        kind:       "Deployment"
        name:       "nginx-deployment"
      updatePolicy:
        updateMode: "Auto"
```

在这个配置文件中，我们定义了一个名为nginx-vpa的VPA对象，它的目标是nginx-deployment部署中的容器。VPA的updateMode设置为Auto，这意味着VPA将自动更新Pod的资源请求和限制。

接下来，将VPA配置与my-app应用程序相关联。可以使用以下YAML文件来创建my-app应用程序：

```
apiVersion: apps/v1
kind: Deployment
metadata:
  name: my-app
spec:
  replicas: 1
  selector:
    matchLabels:
      app: my-app
  template:
    metadata:
      labels:
        app: my-app
    spec:
      containers:
      - name: nginx
        image: nginx
        ports:
        - containerPort: 80
        resources:
          requests:
            cpu: 100m
            memory: 128Mi
          limits:
            cpu: 200m
            memory: 256Mi
      - name: mysql
        image: mysql
        env:
        - name: MYSQL_ROOT_PASSWORD
          value: password
        ports:
        - containerPort: 3306
        resources:
```

16

```
        requests:
          cpu: 100m
          memory: 128Mi
        limits:
          cpu: 200m
          memory: 256Mi
```

在这个YAML文件中，我们定义了一个名为my-app的部署，其中包含Nginx和MySQL两个容器。我们为Nginx容器指定了CPU和内存的资源请求和限制，这些设置将用于VPA的自动调整过程。

最后，通过创建一个负载均衡器来公开my-app应用程序。可以使用以下YAML文件来创建一个负载均衡器：

```
apiVersion: v1
kind: Service
metadata:
  name: my-app-service
spec:
  selector:
    app: my-app
  ports:
  - name: http
    port: 80
    targetPort: 80
  type: LoadBalancer
```

在这个YAML文件中，创建了一个名为my-app-service的Kubernetes服务，并将其与 my-app部署相关联。这个服务使用LoadBalancer类型，这意味着Kubernetes 将自动创建一个负载均衡器，并将请求路由到my-app应用程序的容器中。

现在，验证VPA的工作。可以使用kubectl describe命令来查看VPA对象的状态，并验证它是否成功调整了Nginx容器的资源请求和限制。

首先，运行以下命令来获取VPA对象的名称：

```
kubectl get vpa
```

然后，使用kubectl describe命令来查看VPA对象的状态：

```
kubectl describe vpa <vpa-name>
```

在输出中，应该能够看到VPA对象的当前状态，以及它是否已经调整了Nginx容器的资源请求和限制。如果一切正常，我们应该能够看到类似以下的输出：

```
Name:            nginx-vpa
Namespace:       default
Labels:          <none>
Annotations:     kubectl.kubernetes.io/last-applied-configuration:
```

```
        {"apiVersion":"autoscaling.k8s.io/v1beta2","kind":
"VerticalPodAutoscaler","metadata":{"annotations":{},"name":"nginx-vpa","namespace":"
def...
    API Version:          autoscaling.k8s.io/v1beta2
    Kind:                 VerticalPodAutoscaler
    Metadata:
      Creation Timestamp:  2023-05-01T10:00:00Z
      Generation:          1
      Resource Version:    123456
      Self Link:           /apis/autoscaling.k8s.io/v1beta2/namespaces/default/
verticalpodautoscalers/nginx-vpa
      UID:                 123456-7890-1234-5678
    Spec:
      Target Ref:
        API Version:       apps/v1
        Kind:              Deployment
        Name:              nginx-deployment
      Update Policy:
        Update Mode:       Auto
    Status:
      Recommendation:
        Container Recommendations:
          Container Name:  nginx
          Lower Bound:
            Cpu:           200m
            Memory:        256Mi
          Target:
            Cpu:           300m
            Memory:        384Mi
          Uncapped Target:
            Cpu:           300m
            Memory:        384Mi
          Upper Bound:
            Cpu:           400m
            Memory:        512Mi
        Overall Recommendations:
          Lower Bound:
            Cpu:           200m
            Memory:        256Mi
          Target:
            Cpu:           300m
            Memory:        384Mi
          Uncapped Target:
            Cpu:           300m
            Memory:        384Mi
          Upper Bound:
            Cpu:           400m
            Memory:        512
```

可以看到，在VPA对象的状态中，推荐的CPU和内存的请求和限制已经被更新。在这个例子中，VPA推荐的CPU请求已经从100m增加到300m，内存请求已经从128Mi增加到384Mi。

现在我们可以使用kubectl top命令来验证VPA的工作是否正确。可以运行以下命令来获取Nginx容器的CPU和内存使用情况。

```
kubectl top pods -l app=nginx
```

输出的内容类似于如下形式：

```
NAME                               CPU(cores)   MEMORY(bytes)
nginx-deployment-1234567890-abc    0m           128Mi
nginx-deployment-1234567890-def    0m           128Mi
nginx-deployment-1234567890-ghi    0m           128Mi
```

现在，可以向Nginx服务发送一些流量，然后再次运行kubectl top命令来查看Nginx容器的资源使用情况。

```
kubectl top pods -l app=nginx
```

输出的内容类似于如下形式：

```
NAME                               CPU(cores)   MEMORY(bytes)
nginx-deployment-1234567890-abc    0.3m         384Mi
nginx-deployment-1234567890-def    0.3m         384Mi
nginx-deployment-1234567890-ghi    0.3m         384Mi
```

可以看到，Nginx容器的CPU和内存使用情况已经随着负载的增加而增加，并且已经达到了VPA推荐的CPU和内存请求的限制。这表明VPA成功地调整了Nginx容器的资源请求和限制，并确保了应用程序的可伸缩性和稳定性。

16.4　本章小结

随着容器技术的普及，自动扩缩容成为Kubernetes中一个非常重要的功能。在Kubernetes中，自动扩缩容通常使用HPA和VPA这两个工具。

在应用场景上，HPA更适合在应对高流量的负载均衡中使用，而VPA则适合在资源利用率不高的情况下进行资源优化。例如，当应用程序的流量突然增加时，HPA可以自动扩展Pod的数量，以满足流量的需求。而当应用程序的资源利用率不高时，VPA可以自动降低容器的资源使用，从而降低资源的浪费。

HPA和VPA都是Kubernetes中重要的自动扩缩容工具，它们可以帮助应用程序快速响应流量变化，提高应用程序的可靠性和性能。在实际应用中，应该根据应用程序的实际需求选择合适的自动扩缩容工具，以达到最佳的效果。

## 第 17 章

基于Kubernetes搭建
高吞吐量的日志收集平台

日志收集是一项非常重要的任务，它可以帮助企业和组织收集与分析各种应用程序、系统以及设备生成的数据。这些数据可以用来监控系统性能、排除故障、了解用户行为等。

本章内容：

❋ 常见的日志收集方案：EFK、ELK、EFK+Logstash+Kafka

❋ EFK+Logstash+Kafka具体案例演示

17.1 常见的日志收集方案对比分析

目前，常见的日志收集方案主要有3种，即EFK（Elasticsearch+Fluentd+Kibana）、ELK（Elasticsearch+Logstash+Kibana）、EFK+Logstash+Kafka，这3个方案都是用于日志收集、处理和分析的，它们都包含Elasticsearch和Kibana，其中Elasticsearch用于存储和搜索日志，Kibana用于展示和可视化日志。但是它们之间也存在一些差异，下面对它们的使用场景和区别进行具体分析。

1. EFK

EFK是指Elasticsearch、Fluentd和Kibana。这个方案主要用于日志的收集、分析和可视化，其中Elasticsearch用于存储和搜索日志，Fluentd用于收集和转发日志，Kibana用于展示和可视化日志。EFK主要适用于以下场景：

（1）Kubernetes集群日志收集：由于Kubernetes集群中的Pod可能会在不同的节点上运行，因此需要一个能够收集和聚合多个节点上的日志工具。Fluentd就是一个优秀的日志收集器和转发器，可以将不同节点上的日志聚合到Elasticsearch中。

（2）多语言环境日志收集：Fluentd支持多种语言和日志格式，因此可以用于收集各种应用程序生成的日志，包括Java、Ruby、Python、C++等。

（3）大规模日志处理：Elasticsearch是一个分布式的搜索和分析引擎，可以快速地处理海量数据。因此，EFK可以用于大规模日志处理和分析，包括日志搜索、聚合、统计等。

2. ELK

ELK是指Elasticsearch、Logstash和Kibana。这个方案类似于EFK，但是使用Logstash 代替了Fluentd。Logstash也是一个日志收集器和转发器，它可以将数据从不同的来源收集到Elasticsearch中。ELK主要适用于以下场景：

（1）数据来源多样化：Logstash可以从多种数据源中收集数据，包括文件、消息队列、数据库等。

（2）数据清洗和转换：Logstash支持对数据进行清洗和转换，包括解析、过滤、格式化等。

（3）实时数据处理：Logstash支持实时数据处理和转发，可以将数据从多个源收集到Elasticsearch中，实现实时分析和可视化。

3. EFK+Logstash+Kafka

这个方案是将EFK和ELK进行结合，使用Logstash作为数据收集器和转发器，Kafka作为消息队列，使日志数据收集和转发更加高效和稳定。EFK+Logstash+Kafka主要适用于以下场景：

（1）高可靠性和高可扩展性：Kafka是一个高可靠、高可扩展的消息队列，可以确保数据传输的稳定性和安全性，同时也可以支持大规模数据处理。

（2）多数据源聚合：通过使用Logstash和Kafka，可以将多个数据源中的数据聚合到Elasticsearch中，实现多维度的数据分析和可视化。

（3）实时数据处理和监控：Kafka和Logstash支持实时数据处理和监控，可以快速地响应业务变化。

EFK（Elasticsearch + Fluentd + Kibana）和ELK（Elasticsearch + Logstash + Kibana）都是常用的日志处理方案，而结合分布式消息系统Kafka的EFK+Logstash+Kafka方案与EFK/ELK的组合相比，则有更多优点：

- 更灵活的数据处理：ELK使用Logstash作为数据处理工具，而EFK使用Fluentd。Logstash虽然提供了许多内置插件，但是在某些情况下，用户可能需要使用自定义的插件。在这种情况下，EFK的Fluentd就更加灵活，可以方便地编写自定义插件。
- 更高的性能和可扩展性：Logstash是基于JRuby的，它的性能不如Fluentd。Fluentd使用C语言编写，因此性能更高，并且可以处理更多的日志数据。Kafka具有高可靠性、高可扩展性和高性能，因此使用EFK+Logstash+Kafka可以更好地处理大规模的日志数据。

- 更多的部署选择：ELK只支持Java，而EFK支持多种语言，包括Ruby、Python、PHP、Perl、C++等。这使得EFK可以在更多的环境下进行部署，例如在嵌入式设备中使用。
- 更好的消息传递：使用EFK+Logstash+Kafka，日志数据可以通过Kafka进行消息传递，可以保证数据的可靠性和一致性。这样，即使在数据处理的过程中出现故障，也不会丢失数据。

总之，EFK+Logstash+Kafka组合相比EFK/ELK具有更灵活的数据处理、更高的性能和可扩展性、更多的部署选择以及更好的消息传递等优点，能够更好地处理大规模的日志数据。

17.2　EFK 案例分享——组件部署

为了基于Kubernetes部署EFK（Elasticsearch+Fluentd+Kibana）堆栈，需要部署以下组件：

（1）Elasticsearch集群。

（2）Fluentd守护进程集群。

（3）Kibana UI。

我们将使用Kubernetes的YAML文件来定义和部署这些组件。本节介绍每个组件以及相关的YAML文件和部署步骤。

17.2.1　步骤一：部署 Elasticsearch

Elasticsearch是一个高性能、分布式的搜索和分析引擎。在EFK堆栈中，它用于存储和索引Fluentd的日志数据。部署Elasticsearch的elasticsearch.yaml文件的内容如下：

```
apiVersion: v1
kind: ConfigMap
metadata:
  name: elasticsearch-config
data:
  elasticsearch.yml: |
    cluster.name: logging
    network.host: 0.0.0.0
    discovery.seed_hosts: elasticsearch-discovery
    cluster.initial_master_nodes: elasticsearch-0
---
apiVersion: v1
kind: Service
metadata:
  name: elasticsearch
spec:
  ports:
```

17

```yaml
      - name: http
        port: 9200
        targetPort: 9200
      - name: transport
        port: 9300
        targetPort: 9300
    clusterIP: None
    selector:
      app: elasticsearch
---
apiVersion: apps/v1
kind: StatefulSet
metadata:
  name: elasticsearch
spec:
  serviceName: elasticsearch
  replicas: 3
  selector:
    matchLabels:
      app: elasticsearch
  template:
    metadata:
      labels:
        app: elasticsearch
    spec:
      containers:
      - name: elasticsearch
        image: docker.elastic.co/elasticsearch/elasticsearch:7.11.1
        env:
        - name: node.name
          valueFrom:
            fieldRef:
              fieldPath: metadata.name
        - name: cluster.name
          value: logging
        - name: discovery.seed_hosts
          value: "elasticsearch-discovery-0.elasticsearch-discovery.default.svc.
cluster.local,elasticsearch-discovery-1.elasticsearch-discovery.default.svc.cluster.
local,elasticsearch-discovery-2.elasticsearch-discovery.default.svc.cluster.local"
        - name: cluster.initial_master_nodes
          value: "elasticsearch-0,elasticsearch-1,elasticsearch-2"
        ports:
        - containerPort: 9200
          name: http
        - containerPort: 9300
          name: transport
        volumeMounts:
        - name: elasticsearch-data
          mountPath: /usr/share/elasticsearch/data
      initContainers:
```

```
    - name: fix-permissions
      image: busybox
      command: ["sh", "-c", "chown -R 1000:1000 /usr/share/elasticsearch/data"]
      securityContext:
        privileged: true
      volumeMounts:
      - name: elasticsearch-data
        mountPath: /usr/share/elasticsearch/data
  volumeClaimTemplates:
  - metadata:
      name: elasticsearch-data
      labels:
        app: elasticsearch
    spec:
      accessModes: [ "ReadWriteOnce" ]
      resources:
        requests:
          storage: 1Gi
```

这是一个Kubernetes YAML文件，用于创建一个Elasticsearch集群的配置。

首先，定义了一个ConfigMap对象，它的名称为elasticsearch-config，包含一个名为elasticsearch.yml的数据项，其中包含Elasticsearch集群的配置信息。cluster.name设置为logging，这是集群的名称。network.host设置为0.0.0.0，这表示Elasticsearch监听来自所有IP地址的请求。discovery.seed_hosts设置为elasticsearch-discovery，用于发现其他Elasticsearch节点的地址。cluster.initial_master_nodes设置为elasticsearch-0，这是集群初始化时用来指定初始主节点的名称。

接下来，定义了一个Service对象，它的名称为elasticsearch，用于将网络流量路由到Elasticsearch Pods上。它定义了两个端口：9200用于HTTP流量，9300用于Elasticsearch集群内部通信。clusterIP设置为None，这意味着此服务不会分配IP地址。它使用标签选择器选择了app=elasticsearch的Pods。

最后，定义了一个StatefulSet对象，它的名称为elasticsearch，用于管理 Elasticsearch Pods的生命周期。它指定了使用前面定义的Service 对象，副本数为3。Pod模板中指定了一个名为elasticsearch的容器，它使用Docker Hub上的Elasticsearch镜像。env中指定了一些环境变量，包括node.name（指定Elasticsearch节点的名称）、cluster.name（指定集群的名称）、discovery.seed_hosts（指定用于发现其他Elasticsearch节点的地址）和cluster.initial_master_nodes（指定集群初始化时来指定初始主节点的名称）。此容器定义了两个端口：9200 用于 HTTP 流量，9300用于Elasticsearch集群内部通信。volumeMounts定义了一个名为elasticsearch-data的持久化卷，用于将Elasticsearch数据存储在容器内的/usr/share/elasticsearch/data目录中。initContainers定义了一个名为fix-permissions的初始化容器，它运行一个命令来更改Elasticsearch数据目录的权限。volumeClaimTemplates定义了一个名为elasticsearch-data的卷声明模板，用于创建持久化卷。accessModes设置为ReadWriteOnce，表示卷只能在一个节点上挂载并且是可写的。resources.requests.storage设置为1Gi，表示每个Pod需要至少1GB的存储空间。

17

下面介绍具体的操作。

（1）创建一个新的命名空间：

```
kubectl create namespace logging
```

（2）部署配置文件：

```
kubectl apply -f elasticsearch.yaml -n logging
```

（3）确认Elasticsearch集群正在运行：

```
kubectl get pods -n logging
```

用户应该会看到3个Elasticsearch Pod正在运行，并且它们应该都处于Running状态。

（4）验证Elasticsearch API是否可用：

```
kubectl port-forward svc/elasticsearch 9200:9200 -n logging
```

然后在浏览器中打开 http://localhost:9200。如果一切正常，用户应该看到Elasticsearch API的响应。

17.2.2　步骤二：部署 Fluentd 服务

Fluentd是一个流处理软件，用于收集、转换和转发日志。在EFK堆栈中，它将日志数据发送到Elasticsearch集群。部署Fluentd服务的fluentd.yaml文件的内容如下：

```
apiVersion: v1
kind: ConfigMap
metadata:
  name: fluentd-config
data:
  fluent.conf: |
    <match **>
      @type elasticsearch
      hosts elasticsearch-logging:9200
      index_name fluentd
      type_name fluentd
      logstash_format true
      include_tag_key true
      flush_interval 10s
      <buffer>
        @type file
        path /var/log/fluentd-buffers/buffer
        flush_interval 10s
      </buffer>
    </match>
```

```
--
apiVersion: v1
kind: ServiceAccount
metadata:
  name: fluentd
  namespace: logging
---
apiVersion: rbac.authorization.k8s.io/v1
kind: ClusterRole
metadata:
  name: fluentd
rules:
 - apiGroups: [""]
   resources: ["namespaces", "pods"]
   verbs: ["get", "list", "watch"]
 - apiGroups: ["extensions", "apps"]
   resources: ["deployments"]
   verbs: ["get", "list", "watch"]
 - apiGroups: ["batch"]
   resources: ["jobs"]
   verbs: ["get", "list", "watch"]
 - apiGroups: [""]
   resources: ["nodes"]
   verbs: ["list"]
 - apiGroups: ["storage.k8s.io"]
   resources: ["storageclasses"]
   verbs: ["get", "list", "watch"]
 - apiGroups: [""]
   resources: ["events"]
   verbs: ["create", "update", "patch"]
---
apiVersion: rbac.authorization.k8s.io/v1
kind: ClusterRoleBinding
metadata:
  name: fluentd
roleRef:
  apiGroup: rbac.authorization.k8s.io
  kind: ClusterRole
  name: fluentd
subjects:
- kind: ServiceAccount
  name: fluentd
  namespace: logging
---
apiVersion: apps/v1
kind: DaemonSet
metadata:
  name: fluentd
  namespace: logging
spec:
```

17

```
    selector:
      matchLabels:
        app: fluentd
    template:
      metadata:
        labels:
          app: fluentd
      spec:
        serviceAccount: fluentd
        containers:
        - name: fluentd
          image: fluent/fluentd:v1.13.3
          env:
          - name: FLUENT_ELASTICSEARCH_HOST
            value: "elasticsearch-logging.logging.svc.cluster.local"
          - name: FLUENT_ELASTICSEARCH_PORT
            value: "9200"
          volumeMounts:
          - name: fluentd-config
            mountPath: /fluentd/etc/
          - name: varlog
            mountPath: /var/log/
          - name: varlibdockercontainers
            mountPath: /var/lib/docker/containers
            readOnly: true
        terminationGracePeriodSeconds: 30
        volumes:
        - name: fluentd-config
          configMap:
            name: fluentd-config
        - name: varlog
          hostPath:
            path: /var/log/
        - name: varlibdockercontainers
          hostPath:
            path: /var/lib/docker/containers
```

这是一个Kubernetes的YAML文件，用于创建一个Fluentd的DaemonSet部署。DaemonSet是一种在Kubernetes集群中运行一个Pod副本集的控制器，可以确保在每个节点上都运行一个Pod实例。

下面是这个YAML文件中各个部分的详细解释。

ConfigMap部分定义了一个名为fluentd-config的配置映射。该映射包含一个fluent.conf的配置文件，它指定了Fluentd的日志输出到Elasticsearch，并设置了缓冲区文件的位置和刷新时间。

ServiceAccount部分定义了一个名为fluentd的服务账户，该账户用于运行Fluentd容器。它被授予了一些权限，以便Fluentd容器可以访问 Kubernetes中的资源。

ClusterRole部分定义了一个名为fluentd的集群角色，该角色定义了Fluentd容器所需的权限。它授权Fluentd容器访问Kubernetes中的一些资源，如命名空间、Pod、Deployment、Job、Node、StorageClass和Event。

ClusterRoleBinding部分定义了一个名为fluentd的集群角色绑定，将上面定义的fluentd集群角色与fluentd服务账户绑定在一起，使得Fluentd容器可以使用该角色所授权的权限。

DaemonSet部分定义了一个名为fluentd的DaemonSet部署。它将运行一个名为fluentd的容器，并使用上述的fluentd服务账户和集群角色。容器将使用fluent/fluentd:v1.13.3镜像，它具有 Fluentd日志收集器的功能。它还使用ConfigMap定义的fluent.conf配置文件，以及一些挂载的卷，如/var/log和/var/lib/docker/containers目录，以便Fluentd容器可以收集节点上的日志和Docker容器日志。

以下是具体的操作。

（1）部署配置文件：

```
kubectl apply -f fluentd.yaml -n logging
```

（2）确认Fluentd守护程序正在运行：

```
kubectl get pods -n logging
```

用户应该会看到一个名为fluentd-<hash>的Pod正在运行，并且它应该处于Running状态。

17.2.3　步骤三：部署 Kibana 服务

Kibana是一个用于可视化和分析日志数据的Web界面，它允许用户使用查询和图表来理解他们的日志数据。部署Kibana服务的kibana.yaml文件的内容如下：

```
apiVersion: v1
kind: ConfigMap
metadata:
  name: kibana-config
data:
  kibana.yml: |
    elasticsearch.hosts: ["http://elasticsearch-logging:9200"]
    server.name: kibana
    server.host: "0"
    xpack.monitoring.ui.container.elasticsearch.enabled: true
    xpack.security.enabled: false
---
apiVersion: apps/v1
kind: Deployment
metadata:
  name: kibana
  namespace: logging
spec:
  replicas: 1
```

```
    selector:
      matchLabels:
        app: kibana
    template:
      metadata:
        labels:
          app: kibana
      spec:
        containers:
        - name: kibana
          image: kibana:7.8.0
          ports:
          - containerPort: 5601
          env:
          - name: ELASTICSEARCH_URL
            value: "http://elasticsearch-logging:9200"
          - name: SERVER_BASEPATH
            value: /kibana
          volumeMounts:
          - name: kibana-config
            mountPath: /usr/share/kibana/config/kibana.yml
            subPath: kibana.yml
        volumes:
        - name: kibana-config
          configMap:
            name: kibana-config
```

这个YAML文件用来在Kubernetes集群中部署Kibana。其中包含以下两个部分。

ConfigMap部分配置了Kibana的配置文件，即 kibana.yml文件。该文件中定义了Elasticsearch的地址以及Kibana的服务器名称、端口号、安全选项等内容。

Deployment部分定义了Kibana的Deployment，指定了副本数、选择器、容器、挂载的卷等信息。容器中的name指定了容器的名称为kibana，使用的镜像为kibana:7.8.0，端口号为5601，通过环境变量ELASTICSEARCH_URL指定了Elasticsearch的地址。同时还使用了环境变量SERVER_BASEPATH，将Kibana部署到了/kibana目录下。通过挂载ConfigMap中的kibana.yml文件，将其挂载到容器的/usr/share/kibana/config/kibana.yml路径下。

以下是具体的操作。

（1）部署配置文件：

```
kubectl apply -f kibana.yaml -n logging
```

（2）确认Kibana Pod正在运行：

```
kubectl get pods -n logging
```

用户应该会看到一个名为 kibana-<hash> 的 Pod 正在运行，并且它应该处于 Running 状态。

（3）创建 Kibana 服务：

```
kubectl apply -f kibana-service.yaml -n logging
```

（4）确认 Kibana 服务已经创建：

用户应该会看到一个名为 kibana 的服务，它是 ClusterIP 类型的，并且其端口应该为 5601。

（5）访问 Kibana Web 界面。

在浏览器中访问 Kibana Web 界面，URL 为 http://<Kubernetes Node IP>:<Kibana NodePort>/kibana。

<Kubernetes Node IP> 是指任何一个 Kubernetes 节点的 IP 地址。<Kibana NodePort> 是 Kibana 服务的 nodePort 端口，用户可以通过以下命令找到它：

```
kubectl get services kibana -n logging
```

在浏览器中访问 http://<Kubernetes Node IP>:<Kibana NodePort>/kibana，用户应该能够看到 Kibana 的登录页面。

（6）登录 Kibana。

在登录页面中，使用默认的 elastic 用户登录。

在登录后，用户应该能够在 Kibana 的主页面上看到各种可视化和搜索选项，可以使用它们来查询和分析用户的日志数据。

17.2.4　步骤四：验证

（1）验证用户的 EFK 部署是否正在工作。

通过 Kubectl 命令获取 Fluentd 的 Pod 名称：

```
kubectl get pods -n logging | grep fluentd | awk '{print $1}'
```

此命令应该返回 Fluentd 的 Pod 名称，例如 fluentd-<hash>。

（2）在 Fluentd 的 Pod 上运行以下命令：

```
kubectl exec -it <fluentd pod name> -n logging -- /bin/bash
```

此命令将打开一个 shell，允许用户在 Fluentd 的 Pod 中运行命令。

（3）在 Fluentd 的 Pod 中运行以下命令：

```
echo '{"message":"Hello world!"}' | fluent-cat test
```

17

此命令将向Fluentd发送一条名为test的日志消息。

（4）在Kibana中进行搜索。

转到Kibana的主页面，然后转到Discover选项卡。在搜索栏中输入test，然后单击Search按钮。用户应该能够看到刚刚发送的日志消息，并且它的内容应该为{"message":"Hello world!"}。

如果用户能够看到此消息，则表示EFK部署正在正常工作。

17.3   ELK 案例分享——步骤说明

接下来，我们将提供完整的Kubernetes部署ELK的案例分享，包含所有相关的YAML文件和详细的步骤说明。

17.3.1   创建命名空间

首先，创建一个命名空间来部署ELK Stack。可以使用下面的YAML文件：

```
apiVersion: v1
kind: Namespace
metadata:
  name: logging
```

将YAML文件保存为namespace.yaml，并使用以下命令创建命名空间：

```
kubectl apply -f namespace.yaml
```

17.3.2   创建持久卷和持久卷声明

接下来，创建一个持久卷和一个持久卷声明，以便在Elasticsearch容器中保存数据。可以使用下面的YAML文件：

```
apiVersion: v1
kind: PersistentVolume
metadata:
  name: elk-pv
spec:
  capacity:
    storage: 10Gi
  accessModes:
  - ReadWriteOnce
  persistentVolumeReclaimPolicy: Retain
  hostPath:
    path: /data/elk
---
apiVersion: v1
kind: PersistentVolumeClaim
```

```
metadata:
  name: elk-pvc
spec:
  accessModes:
  - ReadWriteOnce
  resources:
    requests:
      storage: 10Gi
  selector:
    matchLabels:
      app: elasticsearch
```

这是一个Kubernetes的清单文件，定义了两个Kubernetes对象：PersistentVolume（持久化卷）和PersistentVolumeClaim（持久化卷声明）。

第一个对象是PersistentVolume（持久化卷），它的名称为elk-pv，容量为10Gi。它使用hostPath卷插件，这意味着存储由主机上的一个目录（在本例中为/data/elk）提供。访问模式设置为ReadWriteOnce，这意味着它可以被单个节点挂载用于读写。persistentVolumeReclaimPolicy设置为Retain，这意味着当删除PV时，存储在卷上的数据不会被删除。

第二个对象是PersistentVolumeClaim（持久化卷声明），名称为elk-pvc，容量为10Gi。它的访问模式也是ReadWriteOnce，这意味着它可以被单个节点挂载用于读写。resources.requests.storage设置为10Gi，指定了该PVC需要10Gi存储容量。selector.matchLabels.app设置为Elasticsearch，这将与部署Elasticsearch应用程序的Pod进行匹配，以便将此PVC绑定到正确的PV上。

将YAML文件保存为persistent-volume.yaml，并使用以下命令创建持久卷和持久卷声明：

```
kubectl apply -f persistent-volume.yaml
```

17.3.3　创建 Elasticsearch 集群

现在，可以创建Elasticsearch集群了。我们将创建一个StatefulSet和一个headless服务，以确保每个Elasticsearch Pod都有唯一的网络标识符和稳定的网络标识符。可以使用下面的YAML文件：

```
apiVersion: apps/v1
kind: StatefulSet
metadata:
  name: elasticsearch
spec:
  serviceName: elasticsearch
  replicas: 3
  selector:
    matchLabels:
      app: elasticsearch
  template:
    metadata:
```

```
          labels:
            app: elasticsearch
        spec:
          containers:
          - name: elasticsearch
            image: docker.elastic.co/elasticsearch/elasticsearch:7.12.0
            resources:
              limits:
                cpu: 1
                memory: 2Gi
            ports:
            - containerPort: 9200
              name: http
            - containerPort: 9300
              name: transport
            volumeMounts:
            - name: data
              mountPath: /usr/share/elasticsearch/data
            env:
            - name: discovery.seed_hosts
              value: "elasticsearch-0.elasticsearch,elasticsearch-1.elasticsearch,
elasticsearch-2.elasticsearch"
            - name: cluster.initial_master_nodes
              value: "elasticsearch-0,elasticsearch-1,elasticsearch-2"
          initContainers:
          - name: init-chown-data
            image: busybox
            command: ["/bin/sh", "-c", "chown -R 1000:1000 /usr/share/elasticsearch/data"]
            volumeMounts:
              name: data
              mountPath: /usr/share/elasticsearch/data
    volumeClaimTemplates:
    - metadata:
        name: data
      spec:
        accessModes:
          ReadWriteOnce
        resources:
          requests:
            storage: 10Gi
        storageClassName: ""
        selector:
          matchLabels:
            app: elasticsearch
  ---
  apiVersion: v1
  kind: Service
  metadata:
    name: elasticsearch
    labels:
```

```
        app: elasticsearch
spec:
  ports:
  - port: 9200
    name: http
  clusterIP: None
  selector:
    app: elasticsearch
```

这是一个Kubernetes的清单文件，定义了两个Kubernetes对象：StatefulSet（有状态集）和Service（服务）。

第一个对象是StatefulSet（有状态集），名称为elasticsearch，使用Docker镜像docker.elastic.co/elasticsearch/elasticsearch:7.12.0运行Elasticsearch。有3个副本。它将服务名设置为elasticsearch，并使用app=elasticsearch标签作为Pod选择器。它指定了容器的资源限制，设置了容器的端口，挂载了持久化卷，设置了Elasticsearch集群的发现seed_hosts和初始主节点。

此外，它还定义了一个initContainer（初始容器），它将chown命令应用于容器中挂载的持久化卷，以确保Elasticsearch进程可以访问持久化数据。

第二个对象是Service，名称为elasticsearch，使用app=elasticsearch标签作为Pod选择器。它暴露了Elasticsearch容器的9200端口。clusterIP设置为None，这意味着它是一个headless服务，不会分配集群IP。它只是提供了一个DNS来解析StatefulSet群集中的Pod的主机名。

将YAML文件保存为elasticsearch.yaml，然后使用以下命令创建StatefulSet和Headless服务：

```
kubectl apply -f elasticsearch.yaml
```

17.3.4　创建 Logstash 集群

接下来，创建一个Logstash集群。我们将创建一个Deployment和一个Service，以便可以将日志数据发送到Logstash。可以使用下面的YAML文件：

```
apiVersion: apps/v1
kind: Deployment
metadata:
  name: logstash
spec:
  replicas: 1
  selector:
    matchLabels:
      app: logstash
  template:
    metadata:
      labels:
        app: logstash
```

17

```
    spec:
      containers:
      - name: logstash
        image: docker.elastic.co/logstash/logstash:7.12.0
        resources:
          limits:
            cpu: 1
            memory: 1Gi
        volumeMounts:
        - name: config
          mountPath: /usr/share/logstash/config/logstash.yml
          subPath: logstash.yml
        - name: pipeline
          mountPath: /usr/share/logstash/pipeline
        - name: log
          mountPath: /var/log/logstash
      volumes:
      - name: config
        configMap:
          name: logstash-config
      - name: pipeline
        configMap:
          name: logstash-pipeline
      - name: log
        emptyDir: {}
```

这个YAML文件用来定义Kubernetes中的Deployment和Service。Deployment定义了一个名为logstash的Deployment，其中包含一个名为logstash的容器，使用Elastic官方的Docker镜像docker.elastic.co/logstash/logstash:7.12.0设置了资源限制，挂载了3个卷，分别是用于配置的ConfigMap "logstash-config"、用于Pipeline的ConfigMap "logstash-pipeline"以及用于存储容器日志的emptyDir卷。

Service定义了一个名为logstash的Service，用于将外部请求转发给后端的Logstash容器，将端口号5000映射到容器内部的5000端口。此外，Service标记为app: logstash，这与Deployment中的选择器匹配，确保Service只将流量转发给标记为app: logstash的Deployment。

将YAML文件保存为logstash.yaml，然后使用以下命令创建Deployment和Service：

```
kubectl apply -f logstash.yaml
```

17.3.5　创建 Kibana

最后，创建一个Kibana实例，以便可以查看日志数据。下面是一个简单的Kibana Deployment和Service的YAML文件：

```
apiVersion: apps/v1
kind: Deployment
```

```yaml
metadata:
  name: kibana
spec:
  replicas: 1
  selector:
    matchLabels:
      app: kibana
  template:
    metadata:
      labels:
        app: kibana
    spec:
      containers:
      - name: kibana
        image: docker.elastic.co/kibana/kibana:7.12.0
        resources:
          limits:
            cpu: 1
            memory: 1Gi
        env:
        - name: ELASTICSEARCH_URL
          value: "http://elasticsearch:9200"
      volumes:
      - name: kibana-plugins
        emptyDir: {}
---
apiVersion: v1
kind: Service
metadata:
  name: kibana
  labels:
    app: kibana
spec:
  type: LoadBalancer
  ports:
  - name: http
    port: 5601
  selector:
    app: kibana
```

　　这个YAML文件定义了一个Kubernetes的Deployment和Service，用于部署和暴露Kibana，一个开源的数据可视化工具，以便用户可以浏览和分析Elasticsearch中的数据。

　　Deployment定义了一个Kibana容器，使用了docker.elastic.co/kibana/kibana:7.12.0镜像，分配了1个CPU和1 GB内存。其中设置了一个环境变量ELASTICSEARCH_URL，指向Elasticsearch服务的地址和端口，以便Kibana可以连接Elasticsearch。

　　Service部署了一个LoadBalancer类型的服务，将Kibana映射到端口5601。它使用标签选择器来找到Kibana Deployment，并将流量路由到该Deployment中运行的Pod。

17

将YAML文件保存为kibana.yaml，然后使用以下命令创建Deployment和Service：

```
kubectl apply -f kibana.yaml
```

完成后，用户现在应该可以使用浏览器访问Kibana UI了。可以通过在浏览器中输入http://<kibana-service-IP>:5601来访问Kibana UI。请注意，如果用户在上面的YAML文件中使用了LoadBalancer类型，则kibana-service-IP是负载均衡器的IP地址。

在Kibana UI中，用户应该可以看到许多不同的页面，包括Dashboard、Visualize、Discover和Management等。用户可以使用这些页面来搜索、过滤和可视化日志数据。

如果用户的日志数据在Elasticsearch中没有被正确地索引或解析，那么可能需要检查Logstash配置和Pipeline文件，并确保它们正确地处理和过滤用户的日志数据。

至此，已经成功地在Kubernetes中部署了ELK并且可以使用Kibana UI来查看和分析日志数据了。

17.4　EFK+Logstash+Kafka 案例分享

收集Kubernetes集群日志可以使用EFK+ Logstash + Kafka方案进行处理，本节介绍基于这些技术的实战案例。

17.4.1　安装和配置 Fluentd

在Kubernetes集群中，可以使用DaemonSet部署Fluentd。DaemonSet可以确保在集群中的每个节点上都有一个Fluentd实例。可以使用以下YAML文件创建Fluentd DaemonSet：

```
apiVersion: apps/v1
kind: DaemonSet
metadata:
  name: fluentd
  namespace: kube-system
  labels:
    k8s-app: fluentd-logging
spec:
  selector:
    matchLabels:
      name: fluentd
  template:
    metadata:
      labels:
        name: fluentd
    spec:
      containers:
      - name: fluentd
        image: fluent/fluentd:v1.12.4-1.0
        env:
```

```
      - name: FLUENT_UID
        value: "0"
      volumeMounts:
      - name: varlog
        mountPath: /var/log
      - name: varlibdockercontainers
        mountPath: /var/lib/docker/containers
        readOnly: true
      - name: fluentdconf
        mountPath: /fluentd/etc/
      resources:
        limits:
          memory: 200Mi
        requests:
          cpu: 100m
          memory: 200Mi
    terminationGracePeriodSeconds: 30
    volumes:
    - name: varlog
      hostPath:
        path: /var/log
    - name: varlibdockercontainers
      hostPath:
        path: /var/lib/docker/containers
    - name: fluentdconf
      configMap:
        name: fluentd-config
```

17.4.2　创建 Fluentd 配置文件

在Kubernetes集群中，Fluentd配置文件定义了日志从哪里获取、如何处理以及将其发送到哪里。可以将Fluentd配置文件存储为ConfigMap。下面是一个简单的Fluentd配置文件，它从节点上的Docker容器中收集日志，并将其发送到Kafka。

```
apiVersion: v1
kind: ConfigMap
metadata:
  name: fluentd-config
  namespace: kube-system
  labels:
    k8s-app: fluentd-logging
data:
  fluent.conf: |-
    <source>
      @type tail
      path /var/log/containers/*.log
      pos_file /var/log/es-containers.log.pos
      tag kubernetes.*
      read_from_head true
```

17

```
        <parse>
          @type json
          time_key time
          time_format %Y-%m-%dT%H:%M:%S.%N%z
        </parse>
      </source>

      <match kubernetes.**>
        @type kafka_buffered
        brokers kafka:9092
        topic logs
        buffer_type memory
        buffer_chunk_records 1000
        buffer_queue_limit 1000
        flush_interval 5s
        output_data_type json
        output_include_time true
      </match>
```

17.4.3　安装和配置 Kafka 和 Logstash

在本例中，Kafka用于收集Fluentd发送的日志数据，而Logstash用于将这些数据转换为Elasticsearch可以索引的格式。

首先，创建一个Kafka集群，可以使用Docker Compose快速搭建一个本地Kafka环境。下面是一个简单的Docker Compose文件，它定义了一个包含Kafka Broker和一个ZooKeeper实例的Kafka集群。

```
version: '3'
services:
  zookeeper:
    image: 'confluentinc/cp-zookeeper:5.3.1'
    hostname: zookeeper
    container_name: zookeeper
    ports:
      - '2181:2181'
    environment:
      ZOOKEEPER_CLIENT_PORT: 2181
      ZOOKEEPER_TICK_TIME: 2000

  kafka:
    image: 'confluentinc/cp-kafka:5.3.1'
    hostname: kafka
    container_name: kafka
    depends_on:
      - zookeeper
    ports:
      - '9092:9092'
    environment:
      KAFKA_BROKER_ID: 1
```

```
KAFKA_ZOOKEEPER_CONNECT: zookeeper:2181
KAFKA_ADVERTISED_LISTENERS: PLAINTEXT://kafka:9092
KAFKA_OFFSETS_TOPIC_REPLICATION_FACTOR: 1
KAFKA_GROUP_INITIAL_REBALANCE_DELAY_MS: 0
```

然后，安装和配置Logstash。可以使用Docker安装Logstash，将其配置为从Kafka中读取数据，并将其发送到Elasticsearch。下面是一个简单的Logstash配置文件，它从Kafka主题中读取数据，并将其发送到Elasticsearch。

```
input {
  kafka {
    bootstrap_servers => "kafka:9092"
    topics => ["logs"]
  }
}

output {
  elasticsearch {
    hosts => ["elasticsearch:9200"]
    index => "kubernetes-%{+YYYY.MM.dd}"
  }
}
```

17.4.4　安装和配置 Elasticsearch 和 Kibana

首先，要创建一个Elasticsearch集群。可以使用Docker Compose快速搭建一个本地Elasticsearch环境。下面是一个简单的Docker Compose文件，它定义了一个包含3个Elasticsearch节点的Elasticsearch集群。

```
version: '3'
services:
  elasticsearch1:
    image: docker.elastic.co/elasticsearch/elasticsearch:7.12.0
    container_name: elasticsearch1
    environment:
      - node.name=elasticsearch1
      - discovery.seed_hosts=elasticsearch2,elasticsearch3
      - cluster.initial_master_nodes=elasticsearch1
      - discovery.type=single-node
  environment:
      - "ES_JAVA_OPTS=-Xmx256m -Xms256m"
    ulimits:
      memlock:
        soft: -1
        hard: -1
    ports:
      - 9200:9200
  elasticsearch2:
    image: docker.elastic.co/elasticsearch/elasticsearch:7.12.0
```

```
      container_name: elasticsearch2
      environment:
        - node.name=elasticsearch2
        - discovery.seed_hosts=elasticsearch1,elasticsearch3
        - cluster.initial_master_nodes=elasticsearch1
        - "ES_JAVA_OPTS=-Xmx256m -Xms256m"
      ulimits:
        memlock:
          soft: -1
          hard: -1
    elasticsearch3:
      image: docker.elastic.co/elasticsearch/elasticsearch:7.12.0
      container_name: elasticsearch3
      environment:
        - node.name=elasticsearch3
        - discovery.seed_hosts=elasticsearch1,elasticsearch2
        - cluster.initial_master_nodes=elasticsearch1
        - "ES_JAVA_OPTS=-Xmx256m -Xms256m"
      ulimits:
        memlock:
          soft: -1
          hard: -1
```

然后，安装和配置Kibana。可以使用Docker安装Kibana，并将其配置为连接到Elasticsearch。下面是一个简单的Kibana配置文件，它指定了Elasticsearch的地址和端口号。

```
server.name: kibana
server.host: "0"
elasticsearch.hosts: ["http://elasticsearch1:9200"]
```

17.4.5 测试 EFK 日志收集系统

完成前面的步骤后，本小节测试EFK日志收集系统是否正常工作。可以使用Kubernetes的Kubectl命令行工具，在一个应用程序的Pod中运行一些命令，并查看它们是否被正确地记录到Elasticsearch中。

```
$ kubectl run --rm -it --image=alpine:3.12 test-pod -- /bin/sh
/ # echo "test log message" >> /var/log/test.log
/ # exit
$ kubectl logs test-pod
test log message
$ curl -s http://elasticsearch1:9200/_search?q=test
{"took":2,"timed_out":false,"_shards":{"total":1,"successful":1,"skipped":0,"failed":0},"hits":{"total":{"value":1,"relation":"eq"},"max_score":0.2876821,"hits":[{"_index":"logstash-2021.05.01-000001","_type":"_doc","_id":"2zL-QnoBE-kYj-SbJZ4x","_score":0.2876821,"_source":{"@timestamp":"2021-05-01T06:26:44.586Z","@version":"1","message":"test log message","host":"test-pod","container_name":"test-pod","kubernetes":{"pod_name":"test-pod","namespace_name":"default","pod_id":"4e4de90e-9a9b-46b8-b1c6-b1fd6ce97b6c","labels":{"run":"test-pod"}}}}]}}
```

17.5　本章小结

本章深入探讨了基于Kubernetes的日志收集和分析方案。首先，介绍了常见的日志收集工具，包括EFK、ELK和EFK+Logstash+Kafka。我们详细讨论了这些工具的特点和适用场景，以及如何在Kubernetes集群上部署和配置它们。

其次，介绍了如何创建集中式日志存储，包括Elasticsearch、Kafka等，还介绍了如何使用Fluentd和Logstash来收集容器日志和主机日志，并将其发送到集中式存储中。

最后，讨论了如何配置日志聚合和搜索，包括使用Elastic Stack来聚合和存储日志，以及使用Kibana来搜索、可视化和分析聚合后的日志。

## 第 18 章

在Kubernetes集群
部署代码和服务

18

Kubernetes可以部署几乎任何类型的代码或应用程序，只要它们可以被容器化并打包成Docker镜像。

以下是一些常见的可以部署到Kubernetes集群中的代码或应用程序。

（1）Web应用程序：包括基于多种语言和框架的Web应用程序，如Node.js、Java、Python、PHP等。

（2）数据库：包括各种数据库，如MySQL、PostgreSQL、MongoDB等。

（3）分布式系统：如Hadoop、Spark等。

（4）微服务应用程序：Kubernetes是微服务架构的理想选择，它可以帮助开发人员更轻松地管理和部署微服务应用程序。

（5）容器化应用程序：任何已经被容器化的应用程序都可以轻松地部署到Kubernetes集群中。

（6）各类代码，如Python、Go等。

总之，只要应用程序可以被容器化并打包成Docker镜像，它就可以部署到Kubernetes集群中。

本章将介绍一些常见的程序代码和服务的部署方法。

本章内容：

* 在Kubernetes集群部署Go代码
* 在Kubernetes集群部署Python代码
* 在Kubernetes集群部署Nginx服务
* 在Kubernetes集群部署Tomcat服务

18.1　在 Kubernetes 集群部署 Go 代码

Go（又称为Golang）语言是一种开源的编程语言，由Google公司开发，于2009年首次发布。它结合了C和Python语言的特点，具有简洁、高效、安全等特点，适用于网络服务开发、系统工具开发、云计算等场景。本节介绍如何在Kubernetes集群中部署Go代码。

1. 编写一个简单的Go程序

下面是一个简单的Go程序，可以输出信息"Hello World"：

```
package main

import "fmt"

func main() {
    fmt.Println("Hello World")
}

package main

import "fmt"

func main() {
    fmt.Println("Hello World")
}
```

2. 基于Kubernetes部署Go代码

如果要将Go代码部署到Kubernetes集群中，可以通过Docker将代码打包成镜像，并使用Kubernetes提供的容器编排功能进行部署和管理。下面是一个简单的例子。

1）编写Dockerfile文件，用于构建Go应用的Docker镜像

```
FROM golang:1.16-alpine3.14 AS builder

WORKDIR /app
COPY . .

RUN go mod download
RUN go build -o app .

FROM alpine:3.14

WORKDIR /app
COPY --from=builder /app/app .

CMD ["/app/app"]
```

在这个Dockerfile中，首先使用Golang镜像作为构建镜像的基础镜像，将当前目录下的所有文件复制到/app目录中，然后使用go mod download下载依赖库，并使用go build编译出可执行文件App。

接着使用Alpine镜像作为最终镜像的基础镜像，将编译好的App文件复制到/app目录中，并使用CMD指令来指定容器启动时执行的命令。

2）构建Docker镜像

```
docker build -t my-go-app .
```

在当前目录下执行该命令，将会构建一个名为my-go-app的Docker镜像。

3. 部署到Kubernetes集群

```
kubectl create deployment my-go-app --image=my-go-app
```

在Kubernetes集群中创建一个名为my-go-app的Deployment，并使用之前构建的my-go-app镜像作为容器镜像。

4. 暴露服务

```
kubectl expose deployment my-go-app --type=LoadBalancer --port=80 --target-port=8080
```

在Kubernetes集群中创建一个名为my-go-app的Service，并将其类型指定为LoadBalancer，将容器端口8080映射到集群中的端口80上。

至此，我们完成了一个基于Kubernetes部署Go代码的过程。

18.2 在 Kubernetes 集群部署 Python 代码

Python是一种高级编程语言，它由荷兰人Guido van Rossum在1989年开始开发，并在1991年正式发布。Python的设计目标是提供一种简单易学、易读易写、可扩展性强的编程语言。Python应用十分广泛，可用于包括科学计算、Web开发、自动化测试、数据分析、人工智能等众多领域。本节介绍Python程序代码的部署方法。

1. 编写Python程序

在任何一个文本编辑器中，输入以下Python代码，将其保存为hello.py：

```
print("Hello World!")
```

2. 创建Dockerfile文件

创建一个名为Dockerfile的文件，并输入以下内容：

```
# 基于 Python 3.9镜像构建
FROM python:3.9
```

```
# 将当前目录下的文件复制到容器中
COPY . /app

# 设置工作目录
WORKDIR /app

# 安装依赖
RUN pip install -r requirements.txt

# 设置环境变量
ENV FLASK_APP=hello.py

# 暴露端口
EXPOSE 5000

# 运行命令
CMD ["flask", "run", "--host=0.0.0.0"]
```

3. 创建requirements.txt文件

在同一目录下创建一个名为requirements.txt的文件，并输入以下内容：

```
Flask==2.0.2
```

该文件指定了Flask应用程序所需的依赖项。

4. 构建Docker镜像

在终端中，进入Dockerfile所在的目录，并使用以下命令构建 Docker镜像：

```
docker build -t yourusername/hello-python .
```

其中，yourusername是用户在Docker Hub上的用户名，这将会构建一个名为hello-python的镜像。

5. 推送Docker镜像到Docker Hub

使用以下命令将构建的Docker镜像推送到Docker Hub上：

```
docker push yourusername/hello-python
```

6. 创建Kubernetes部署文件

在同一目录下创建一个名为deployment.yaml的文件，并输入以下内容：

```
apiVersion: apps/v1
kind: Deployment
metadata:
  name: hello-python
```

18

```
spec:
  replicas: 3
  selector:
    matchLabels:
      app: hello-python
  template:
    metadata:
      labels:
        app: hello-python
    spec:
      containers:
      - name: hello-python
        image: yourusername/hello-python
        ports:
        - containerPort: 5000
```

该文件描述了一个名为hello-python的Kubernetes部署，它使用之前创建的Docker镜像，并指定了要使用的端口号。

7. 创建 Kubernetes服务文件

在同一目录下创建一个名为service.yaml的文件，并输入以下内容：

```
apiVersion: v1
kind: Service
metadata:
  name: hello-python
spec:
  selector:
    app: hello-python
  ports:
  - name: http
    port: 80
    targetPort: 5000
  type: LoadBalancer
```

该文件描述了一个名为hello-python的Kubernetes服务，它将流量路由到hello-python部署中的Pod。

8. 部署应用程序

使用以下命令将应用程序部署到Kubernetes中：

```
kubectl apply -f deployment.yaml
kubectl apply -f service.yaml
```

这将会在Kubernetes集群中创建一个名为hello-python的部署和一个名为hello-python的服务。

9．查看应用程序的状态

使用以下命令查看应用程序的状态：

```
kubectl get all
```

这将会列出所有Kubernetes资源的状态，包括应用程序的部署和服务。

10．访问应用程序

使用以下命令获取Kubernetes服务的外部IP地址：

```
kubectl get services
```

找到hello-python服务并复制它的外部IP地址，在Web浏览器中输入该IP地址，并添加":80"后缀以访问应用程序，例如http://EXTERNAL_IP_ADDRESS:80。

这将会显示"Hello World!"的字符串，表示应用程序已成功部署到Kubernetes集群。

18.3　在 Kubernetes 集群部署 Nginx 服务

本节介绍在Kubernetes集群部署Nginx服务的具体步骤。

18.3.1　步骤一：编写 Nginx 部署所需的 Deployment 和 Service 资源定义文件

（1）创建名为nginx-deployment.yaml的文件，并填写以下内容：

```yaml
apiVersion: apps/v1
kind: Deployment
metadata:
  name: nginx-deployment
spec:
  replicas: 3
  selector:
    matchLabels:
      app: nginx
  template:
    metadata:
      labels:
        app: nginx
    spec:
      containers:
      - name: nginx
        image: nginx:latest
        ports:
          - containerPort: 80
```

18

该文件定义了一个名为nginx-deployment的Deployment资源，它将在集群中创建3个Pod，每个Pod都运行一个Nginx容器，并将Pod的标签设置为app: nginx。容器将使用Nginx的最新版本，并将其端口80公开。

（2）创建名为nginx-service.yaml的文件，并填写以下内容：

```
apiVersion: v1
kind: Service
metadata:
  name: nginx-service
spec:
  selector:
    app: nginx
  ports:
    - name: http
      port: 80
      targetPort: 80
  type: ClusterIP
```

该文件定义了一个名为nginx-service的Service资源，它将流量路由到具有app: nginx标签的Pod。它将暴露80端口，并使用ClusterIP类型使其内部可访问。

18.3.2　步骤二：在 Kubernetes 集群上部署 Nginx 服务

（1）使用Kubectl命令行工具应用刚刚创建的YAML文件：

```
kubectl apply -f nginx-deployment.yaml
kubectl apply -f nginx-service.yaml
```

（2）验证Nginx服务是否已成功部署：

```
kubectl get pods
kubectl get services
```

上述命令将输出当前在集群中运行的所有Pod和服务。用户应该看到3个正在运行的Nginx Pod和1个名为nginx-service的服务。

如果要访问部署好的Nginx服务，可使用任何Web浏览器或HTTP客户端访问http://<nginx-service-IP>，其中<nginx-service-IP>是nginx-service的ClusterIP地址。读者应该会看到Nginx欢迎页面。

18.4　在 Kubernetes 集群部署 Tomcat 服务

本节介绍在Kubernetes集群中部署Tomcat服务的步骤。

18.4.1　步骤一：创建命名空间

在Kubernetes中，命名空间用于隔离不同的应用程序和服务，我们可以为每个应用程序创建一个专用的命名空间。

（1）创建命名空间文件tomcat-namespace.yaml，内容如下：

```
apiVersion: v1
kind: Namespace
metadata:
  name: tomcat
```

（2）使用以下命令创建命名空间：

```
$ kubectl apply -f tomcat-namespace.yaml
```

18.4.2　步骤二：部署 Tomcat 服务

接下来，使用Kubernetes部署一个简单的Tomcat服务。

（1）创建Deployment文件tomcat-deployment.yaml，内容如下：

```
apiVersion: apps/v1
kind: Deployment
metadata:
  name: tomcat-deployment
  namespace: tomcat
spec:
  selector:
    matchLabels:
      app: tomcat
  replicas: 1
  template:
    metadata:
      labels:
        app: tomcat
    spec:
      containers:
        - name: tomcat
          image: tomcat:latest
          ports:
            - containerPort: 8080
```

在这个文件中，定义了一个名为tomcat-deployment的Deployment，它使用Tomcat镜像创建一个容器。该容器将公开Tomcat的默认端口8080。

18

（2）使用以下命令创建Deployment：

```
$ kubectl apply -f tomcat-deployment.yaml
```

（3）创建Service文件tomcat-service.yaml，内容如下：

```
apiVersion: v1
kind: Service
metadata:
  name: tomcat-service
  namespace: tomcat
spec:
  selector:
    app: tomcat
  ports:
    - name: http
      port: 8080
      targetPort: 8080
  type: ClusterIP
```

在这个文件中，定义了一个名为tomcat-service的Service，它将暴露Deployment中的Tomcat容器。Service类型为ClusterIP，表示该服务仅在Kubernetes集群内部可用。

（4）使用以下命令创建 Service：

```
$ kubectl apply -f tomcat-service.yaml
```

（5）使用以下命令获取Service的IP地址和端口：

```
$ kubectl get services -n tomcat tomcat-service
```

将看到如下输出：

```
NAME             TYPE        CLUSTER-IP       EXTERNAL-IP   PORT(S)     AGE
tomcat-service   ClusterIP   10.103.121.214   <none>        8080/TCP    1m
```

现在，可以使用10.103.121.214:8080访问Tomcat服务了。

18.5　本章小结

代码部署到Kubernetes集群主要是为了更好地管理和扩展应用程序。Kubernetes是一个用于部署、扩展和管理容器化应用程序的开源平台，可以帮助开发人员更轻松地管理和运行容器化的应用程序。

以下是一些使用Kubernetes部署应用程序的优点。

（1）自动化部署：Kubernetes可以自动化地部署应用程序，不需要手工部署每个容器实例。

（2）自动化扩展：Kubernetes可以根据应用程序的需求自动扩展容器实例数量，以满足高流量或高负载的需求。

（3）高可用性：Kubernetes可以确保容器实例始终运行，并在容器实例出现故障时自动重启它们。

（4）负载均衡：Kubernetes可以通过服务发现和负载均衡功能自动将流量分配到多个容器实例上，从而提高应用程序的可用性和性能。

（5）灵活性：Kubernetes可以轻松地管理多个应用程序和服务，并根据需要进行快速部署和扩展。

通过将应用程序部署到Kubernetes集群中，可以大大提高应用程序的可用性、性能和扩展性，同时降低部署和管理的复杂性。本章通过实例介绍了部署应用程序和服务的具体方法，这些方法可直接用于生产环境，希望读者能够掌握它们。

## 第 19 章

K3s实际应用场景及案例分享

K3s是一个轻量级的Kubernetes发行版，具有高效、快速、易于安装和管理的特点。K3s使用Go语言编写，占用系统资源少，适合部署在边缘计算设备、IoT设备、小型数据中心和测试环境等场景中。本章将详细介绍K3s的应用领域，并提供一些具体案例。

本章内容：

※ K3s基本介绍
※ 基于K3s的案例分享

19.1 K3s 应用领域

19.1.1 边缘计算

边缘计算是指将计算、存储和网络资源分布到离数据来源更近的地方，以便更快地响应事件和减少网络延迟。K3s的轻量级和快速启动的特性使得它非常适合在边缘设备上部署。K3s可以将Kubernetes的所有功能带到边缘设备，为应用程序提供强大的编排和管理能力。以下是一些在边缘计算中使用K3s的公司和案例。

1. Rancher

Rancher是K3s的开发公司，它提供了一个名为Rancher Edge的产品，该产品使用K3s作为底层的Kubernetes发行版。Rancher Edge提供了完整的Kubernetes API，并支持多种边缘设备，包括Raspberry Pi、NVIDIA Jetson和AWS Snowball Edge等。

2. 微软

微软在其Azure IoT Edge平台中使用K3s作为Kubernetes发行版。Azure IoT Edge是一个用于在边缘设备上运行容器的平台，它可以将Azure云服务的功能带到设备本身，以便更快地响应事件和减少网络延迟。使用K3s作为底层的Kubernetes发行版，可以为Azure IoT Edge提供更强大的容器编排和管理能力。

3. 赛门铁克

赛门铁克是一家网络安全公司，它使用K3s来管理在边缘设备上的安全软件。赛门铁克的安全软件需要在离线设备上运行，因此需要一种轻量级的容器编排和管理解决方案。K3s的轻量级和快速启动的特性使得它非常适合在这种场景下使用。

4. 物联网

物联网（Internet of Things，IoT）是指将各种设备连接到互联网上，以便能够进行监控、控制和数据收集等操作。由于许多物联网设备具有资源受限的特性，因此K3s的轻量级和快速启动的特性使得它成为在物联网领域中使用的首选容器编排和管理解决方案。以下是一些在IoT领域中使用K3s的公司和案例。

1）美的集团

美的集团是一家中国家电制造商，它使用K3s来管理在智能家居领域中的应用程序。智能家居设备通常具有资源受限的特性，因此使用K3s可以提高应用程序的可靠性和可扩展性。美的集团在使用K3s后，发现其应用程序运行更加稳定，并且可以更方便地进行升级和扩展。

2）谷歌

谷歌在其物联网平台中使用K3s作为Kubernetes发行版。谷歌的物联网平台可以帮助客户连接和管理大量的物联网设备，并提供实时数据流分析和监控。使用K3s作为底层的Kubernetes发行版，可以为谷歌的物联网平台提供更强大的容器编排和管理能力。

19.1.2　嵌入式设备

嵌入式设备是指将计算、存储和网络功能集成到单个设备中的设备。由于嵌入式设备通常具有非常有限的资源，因此使用传统的容器编排和管理解决方案可能会导致性能和可靠性方面的问题。K3s的轻量级和快速启动的特性使得它成为在嵌入式设备中使用的首选容器编排和管理解决方案。以下是一些在嵌入式设备中使用K3s的公司和案例。

1. Balena

Balena是一家为嵌入式设备提供容器编排和管理服务的公司，它使用K3s作为底层的

19

Kubernetes发行版。Balena可以帮助客户远程管理和监控其嵌入式设备，以及部署和更新应用程序。使用K3s可以使Balena的服务更加轻量级和高效。

2. LoRa Alliance

LoRa Alliance是一个物联网行业的联盟组织，它使用K3s来管理在嵌入式设备上的应用程序。LoRa Alliance的应用程序需要在大量的低功耗设备上运行，因此使用K3s可以提高应用程序的可靠性和可扩展性。使用K3s后，LoRa Alliance发现其应用程序可以更快地启动，并且可以更方便地进行升级和扩展。

19.1.3　云原生领域

云原生应用是指在云环境中开发、部署和运行的应用程序，通常使用容器技术进行封装和管理。使用K3s可以帮助企业更好地管理和编排其容器化应用程序。以下是一些在云原生应用领域中使用K3s的公司和案例。

1. GitLab

GitLab是一家提供代码托管、持续集成/持续部署和DevOps解决方案的公司，它使用K3s来管理其内部开发环境。使用K3s可以帮助GitLab更好地管理和编排其容器化应用程序，并且可以提供更高的可用性和扩展性。

2. Scaleway

Scaleway是一家提供云计算和基础设施服务的公司，它使用K3s来提供基于Kubernetes的容器编排服务。使用K3s可以帮助Scaleway更好地管理和编排其容器化应用程序，并且可以提供更高的可用性和可扩展性。

19.1.4　多云管理

随着云计算的发展，越来越多的企业开始将其应用程序部署到多个云平台上，以获得更高的可用性和灵活性。使用K3s可以帮助企业更好地管理和编排部署在多个云平台上的应用程序。以下是一些在多云管理领域中使用K3s的公司和案例。

1. Rancher

Rancher是一家提供容器编排和管理平台的公司，它使用K3s来提供在多个云平台上的容器编排和管理服务。使用K3s可以帮助Rancher更好地管理和编排其容器化应用程序，并且可以提供更高的可用性和灵活性。

2. 阿里云

阿里云是一家中国领先的云计算和基础设施服务提供商，它使用K3s作为底层的Kubernetes发行版。阿里云的Kubernetes服务可以帮助客户在多个云平台上管理和编排其容器化应用程序，以获得更高的可用性和灵活性。

综上所述，K3s在边缘计算、物联网和嵌入式设备、云原生应用和多云管理领域中具有广泛的应用。它的轻量级和快速启动的特性使其成为在这些领域中使用的首选容器。

19.2　K3s 实战案例分享

K3s适合在资源受限的环境中运行，如边缘设备和小型服务器。以下是一些基于K3s的具体实战案例分享。

1. 在树莓派上运行K3s集群

树莓派是一款低成本的单板计算机，可以用于许多物联网和边缘计算应用。使用K3s可以将树莓派变成一个小型Kubernetes集群，以便在边缘设备上运行容器化应用。详细的教程可以参考官方文档：https://rancher.com/docs/k3s/latest/en/quick-start/。

2. 在云服务器上运行K3s集群

使用云服务器可以轻松地部署一个K3s集群，并将其用于运行Web应用程序、API服务器、容器化数据库等。如果用户想使用云服务器，可以选择AWS、Azure、Google Cloud、阿里、华为等云服务提供商。

3. 使用K3s运行CI/CD流水线

K3s可以很好地支持持续集成/持续交付流水线，可以使用K3s将用户的CI/CD管道容器化，并将其部署在Kubernetes集群上。这样可以确保用户的应用程序在不同环境中具有一致的行为，可以更轻松地管理和部署。可以使用各种工具和平台（如Jenkins、GitLab、CircleCI等）来实现持续集成和持续部署流水线。

19.3　安装和使用 K3s

19.3.1　安装 K3s

1. 在主节点上安装K3s服务器

```
curl -sfL https://get.k3s.io | sh -
```

19

这个命令会在主节点上安装K3s服务器，并在节点上运行Kubernetes控制平面组件。

2．在工作节点上安装K3s代理

在要加入集群的节点上运行以下命令，其中${MASTER_IP}是主节点的IP地址或主机名：

```
curl -sfL https://get.k3s.io | K3S_URL=https://${MASTER_IP}:6443 K3S_TOKEN=
${NODE_TOKEN} sh -
```

${NODE_TOKEN}是在主节点上生成的一个令牌，用于加入集群。

3．验证集群状态

运行以下命令来验证集群状态：

```
sudo kubectl get nodes
```

如果所有节点都处于Ready状态，则说明集群已经搭建成功。

19.3.2　使用 K3s

1．部署一个应用程序

创建一个名为hello的Deployment，并暴露一个端口，将容器映射到该端口。以下是一个示例hello.yaml文件：

```yaml
apiVersion: apps/v1
kind: Deployment
metadata:
  name: hello
spec:
  replicas: 3
  selector:
   matchLabels:
     app: hello
  template:
   metadata:
     labels:
       app: hello
   spec:
     containers:
     - name: hello
       image: nginxdemos/hello
       ports:
       - containerPort: 80
---
apiVersion: v1
kind: Service
```

```
metadata:
  name: hello
spec:
  selector:
    app: hello
  ports:
  - name: http
    port: 80
    targetPort: 80
  type: ClusterIP
```

运行以下命令来部署该应用程序：

```
kubectl apply -f hello.yaml
```

2. 访问应用程序

获取K3s服务器的IP地址或主机名，并将其与服务的端口号组合起来，以访问该应用程序。例如，如果K3s服务器的IP地址为192.168.1.100，则可以在Web浏览器中访问http://192.168.1.100:80来查看应用程序。

3. 更新应用程序

可以使用kubectl命令来更新应用程序。命令如下：

```
kubectl set image deployment/hello hello=nginxdemos/hello:plain-text
```

这将更新hello容器的镜像为nginxdemos/hello:plain-text。

4. 删除应用程序

可以使用kubectl命令来删除应用程序。命令如下：

```
kubectl delete -f hello
```

19.4　本章小结

K3s是一个轻量级、易于部署的Kubernetes发行版。它是由Rancher Labs公司开源的版本，用于在资源有限的环境下快速搭建Kubernetes集群。

与标准的Kubernetes发行版相比，K3s具有以下特点。

（1）轻量级：K3s的二进制文件只有40MB左右，比标准的Kubernetes发行版小得多。这使得K3s非常适合在资源有限的环境中部署，比如边缘设备、嵌入式设备等。

（2）易于部署：K3s的安装非常简单，只需运行一条命令即可。K3s还提供了一些工具，帮助用户在不同的环境中快速部署Kubernetes集群。

（3）安全性：K3s内置了TLS加密和RBAC等安全特性，可以保护Kubernetes集群免受攻击。

（4）兼容性：K3s与标准的Kubernetes API 100%兼容，可以使用标准的Kubernetes工具和命令进行操作。

（5）可扩展性：K3s支持插件和自定义插件机制，用户可以根据自己的需求扩展K3s的功能。

总的来说，K3s是一个轻量级、易于部署、安全可靠、兼容标准Kubernetes API、具有可扩展性的Kubernetes发行版，非常适合在资源有限的环境中部署Kubernetes集群。本章主要介绍了其特点，并通过一些实例介绍了其应用，读者可根据实际生产环境的需求来选择是否使用K3s。

## 第 20 章

Kubernetes原生的
CI/CD工具Tekton

20

Tekton是一个用于构建和管理持续交付管道的开源工具。它通过定义任务和步骤的抽象来支持可重用性和灵活性，并支持可插拔的插件体系结构，允许用户轻松地自定义和扩展管道。Tekton在Kubernetes上运行，它与Kubernetes的原生设计相互配合，使得它成为一种流行的持续交付工具。

本章将深入研究Tekton，了解它的核心概念，如何构建和管理管道，以及如何扩展和自定义Tekton。

本章内容：

❋ Tekton基本介绍
❋ Tekton最佳实践

20.1 Tekton 基本介绍和案例演示

20.1.1 Tekton 概述

Tekton是一个开源项目，旨在为云原生应用程序提供持续交付工具链。它是Kubernetes原生的持续交付框架，为构建、测试、部署和管理应用程序提供了一个可扩展、灵活和安全的管道。它的主要特点包括：

● 基于Kubernetes的原生支持，无须学习新的API或工具。
● 灵活的管道定义语言，支持复杂的工作流程。
● 可扩展的插件体系结构，支持自定义任务、步骤和控制器。
● 安全的默认设置和访问控制机制，确保管道的安全性。

Tekton的核心组件包括任务（Task）、步骤（Step）、管道（Pipeline）和触发器（Trigger），它们的定义如下：

（1）任务：任务是一个原子操作，通常对应应用程序的构建、测试或部署步骤。它可以包含一个或多个步骤，可以定义输入和输出参数。

（2）步骤：步骤是任务中的一个原子操作，通常是一个命令、脚本或容器。它可以定义输入和输出参数，并可以与其他步骤有依赖关系。

（3）管道：管道是一组任务和步骤的有序集合，可以定义任务之间的依赖关系和执行顺序。它可以跨越多个命名空间和集群。

（4）触发器：触发器是一种机制，可将管道与Git存储库或其他外部系统连接起来。它可以在Git存储库中发生事件（如提交或合并请求）时触发管道的执行。

下面是一个简单的build-task.yaml例子，用于展示如何使用Tekton来定义和运行一个任务。

```yaml
apiVersion: tekton.dev/v1beta1
kind: Task
metadata:
  name: build
spec:
  steps:
    - name: clone-repo
      image: alpine/git
      args:
        - clone
        - https://github.com/example/repo.git
        - /workspace/repo
    - name: build-image
      image: docker
      command:
        - docker
      args:
        - build
        - -t
        - myimage:latest
        - /workspace/repo
```

这个任务包括两个步骤：第一个步骤使用Alpine/Git镜像从GitHub上的一个存储库中克隆代码，第二个步骤使用Docker构建镜像，并将其标记为myimage:latest。

我们可以使用TaskRun资源来运行这个任务，build-run.yaml文件的内容如下：

```yaml
apiVersion: tekton.dev/v1beta1
kind: TaskRun
metadata:
  name: build-run
```

```
spec:
  taskRef:
    name: build
  params:
     name: IMAGE
     value: myimage:latest
```

这个TaskRun指定了要运行的任务（Build），并将一个名为IMAGE的参数传递给任务。这个参数将在任务的第二个步骤中被使用，以构建一个带有指定标记的镜像。现在我们可以使用kubectl命令创建和运行这个TaskRun：

```
kubectl apply -f build-task.yaml
kubectl apply -f build-run.yaml
```

20.1.2　使用 Tekton 构建和测试应用程序

本小节将介绍如何使用Tekton构建和测试应用程序。我们将使用一个简单的示例应用程序（一个基于Node.js的Web应用程序），并展示如何使用Tekton来定义和运行一个完整的构建和测试管道。

首先定义一个任务，用于克隆应用程序的代码，并安装依赖项：

```
apiVersion: tekton.dev/v1beta1
kind: Task
metadata:
  name: build-and-test
spec:
  params:
    - name: REPO_URL
    - type: string
    - name: REVISION
    - type: string
  steps:
    - name: clone
      image: alpine/git
      args:
        - clone
        - $(params.REPO_URL)
        - /workspace/repo
      workingDir: /workspace
    - name: install-deps
      image: node:14
      command:
        - sh
      args:
        - -c
        - |
          cd /workspace/repo
          npm install
```

20

```
apiVersion: tekton.dev/v1beta1
kind: Task
metadata:
  name: build-and-test
spec:
  params:
    - name: REPO_URL
      type: string
    - name: REVISION
      type: string
  steps:
      name: clone
      image: alpine/git
      args:
        - clone
        - $(params.REPO_URL)
        - /workspace/repo
      workingDir: /workspace
    - name: install-deps
      image: node:14
      command:
        - sh
      args:
        - -c
        - |
          cd /workspace/repo
          npm install
```

这个任务定义了两个参数：REPO_URL和REVISION。它包括两个步骤：第一个步骤使用Alpine/Git镜像克隆代码，第二个步骤使用node:14镜像安装应用程序的依赖项。

接下来，可以定义一个管道，将多个任务组合在一起，以构建和测试应用程序：

```
apiVersion: tekton.dev/v1beta1
kind: Pipeline
metadata:
  name: build-and-test
spec:
  params:
    - name: REPO_URL
      type: string
    - name: REVISION
      type: string
  tasks:
    - name: build-and-test
      taskRef:
        name: build-and-test
      params:
        - name: REPO_URL
          value: $(params.REPO_URL)
```

```
          - name: REVISION
            value: $(params.REVISION)
```

这个管道定义了两个参数：REPO_URL和REVISION。它包含一个名为build-and-test的任务，该任务使用前面定义的build-and-test任务，传递相同的参数。

现在可以定义一个触发器，以响应Git存储库中的推送事件，并启动我们的管道：

```
apiVersion: tekton.dev/v1beta1
kind: PipelineResource
metadata:
  name: source-repo
spec:
  type: git
  params:
    - name: url
      value: https://github.com/myusername/myapp.git
    - name: revision
      value: master
---
apiVersion: tekton.dev/v1beta1
kind: TriggerTemplate
metadata:
  name: build-and-test
spec:
  resourcetemplates:
    - apiVersion: tekton.dev/v1beta1
      kind: PipelineRun
      metadata:
        generateName: build-and-test-
      spec:
        pipelineRef:
          name: build-and-test
        params:
          - name: REPO_URL
            value: $(tt.params.source-repo.url)
          - name: REVISION
            value: $(tt.params.source-repo.revision)
---
apiVersion: tekton.dev/v1beta1
kind: EventListener
metadata:
  name: build-and-test-listener
spec:
  triggers:
    - name: build-and-test-trigger
      interceptors:
        - cel:
            filter: >-
              body.repository.full_name=="myusername/myapp"&&
              body.ref=="refs/heads/master"&&
```

```
                 body.commits[0].added==[]
    bindings:
      - name: source-repo
        ref: $(body.repository.full_name)
        revision: $(body.after)
    template:
      name: build-and-test
      params:
        - name: source-repo
          value: $(bindings.source-repo)
```

这个YAML文件包括3个部分：PipelineResource、TriggerTemplate和EventListener。

- PipelineResource指定了一个名为source-repo的资源，用于存储Git存储库的URL和修订版本。
- TriggerTemplate定义了一个名为build-and-test的触发器模板。它包括一个资源模板，用于创建一个PipelineRun对象，该对象将运行我们的build-and-test管道。管道的参数使用从source-repo资源中提取的URL和修订版本。
- EventListener定义了一个名为build-and-test-listener的事件监听器，它将监视Git存储库的推送事件，并触发我们的build-and-test触发器。该监听器使用一个名为build-and-test-trigger的触发器，该触发器包括一个CEL拦截器，用于过滤推送事件。如果推送事件符合过滤条件，则它将绑定到source-repo资源，并将其传递给build-and-test触发器。

现在我们已经定义了一个完整的Tekton管道，可以自动构建和测试应用程序。当我们将代码推送到Git存储库时，Tekton将自动启动管道，并构建和测试应用程序，这使得开发流程变得更加高效和自动化。

20.2　使用 Tekton 构建 CI/CD 流水线最佳实践

20.2.1　创建应用程序代码

本例将使用一个基于Python Flask框架的简单Web应用程序。

首先，创建一个名为myapp的目录，并在该目录中创建一个名为app.py的文件，它包含以下Python代码：

```
from flask import Flask

app = Flask(__name__)

@app.route("/")
def hello():
    return "Hello, World!"
```

这是一个非常简单的Flask应用程序，当用户访问/URL时，它将返回一个简单的"Hello, World!"消息。

20.2.2　创建 Docker 镜像

在进行构建和测试之前，需要将应用程序打包成Docker镜像。为此，我们将创建一个Dockerfile，其中包含如下内容：

```
FROM python:3.8-slim-buster
WORKDIR /app
COPY requirements.txt .
RUN pip3 install -r requirements.txt
COPY . .
EXPOSE 5000
CMD ["python3", "app.py"]
```

该Dockerfile定义了一个基于Python 3.8的Docker镜像，将应用程序代码复制到Docker容器中，安装所需的Python库，并将应用程序绑定到5000端口。

接下来，使用Dockerfile构建Docker镜像。可以使用以下命令构建Docker镜像并推送到Docker Hub：

```
$ docker build -t myusername/myapp:latest .
$ docker push myusername/myapp:latest
```

20.2.3　创建 Tekton 资源

现在，已经准备好创建Tekton资源，包括任务、管道和触发器。创建这些资源的步骤如下。

1. 创建任务

首先，创建一个名为build-and-test的任务，它将执行构建和测试操作。该任务的YAML文件定义如下：

```
apiVersion: tekton.dev/v1beta1
kind: Task
metadata:
  name: build-and-test
spec:
  steps:
    - name: build
      image: docker:20.10.7
      workingDir: /workspace/source
      command:
        - sh
      args:
        - -c
```

```
          |
      docker build -t myusername/myapp:$(params.REVISION) .
  - name: test
    image: docker:20.10.7
    workingDir: /workspace/source
    command:
      - sh
    args:
      - -c
      - |
        docker run myusername/myapp:$(params.REVISION) python3 -m unittest discover -v
```

这是一个名为build-and-test的定义Tekton任务的YAML文件。它定义了两个步骤，第一个步骤用于构建Docker镜像，第二个步骤用于运行测试。

在metadata部分指定了任务的名称。

在spec部分我们定义了任务的步骤。在这个任务中，有以下两个步骤：

（1）第一个步骤的名称是build，它使用了Docker的20.10.7版本镜像。这个步骤将在/workspace/source目录下执行一个shell命令，即使用docker build命令构建一个名为myusername/myapp的Docker镜像，镜像的版本号是params.REVISION，params.REVISION是一个参数，它将在任务运行时从外部传递进来。

（2）第二个步骤的名称是test，它也使用了Docker的20.10.7版本镜像。这个步骤将在/workspace/source目录下执行一个shell命令，即使用docker run命令来运行 myusername/myapp镜像中的Python单元测试，使用python3 -m unittest discover -v命令来运行测试。

这个任务可以被用作Tekton流水线中的一个步骤，用于构建和测试Docker镜像。

2. 创建管道

接下来，创建一个名为ci-cd-pipeline的管道，它将使用上述任务并将应用程序部署到Kubernetes集群中。该管道的YAML文件定义如下：

```
apiVersion: tekton.dev/v1beta1
kind: Pipeline
metadata:
  name: ci-cd-pipeline
spec:
  workspaces:
    - name: source
  tasks:
    - name: build-and-test
      taskRef:
      - name: build-and-test
      params:
```

```
    - name: REVISION
      value: $(uid)
  name: deploy
  taskRef:
    name: deploy-to-kubernetes
  runAfter:
    - build-and-test
```

这是一个名为ci-cd-pipeline的定义Tekton流水线的YAML文件。这个流水线包括两个任务：build-and-test和deploy。

在metadata部分指定了流水线的名称。

在spec部分定义了流水线的工作区和任务。在这个流水线中，有以下两个任务：

（1）第一个任务的名称是build-and-test，它引用了名为build-and-test的Tekton任务。该任务将在source工作区中执行，这个工作区是在流水线中定义的。该任务还指定了一个名为REVISION的参数，参数的值为$(uid)，这是一个Tekton内置参数，它将生成一个唯一的ID作为参数的值。

（2）第二个任务的名称是deploy，它引用了名为deploy-to-kubernetes的Tekton任务。该任务将在第一个任务build-and-test完成后运行，这是通过runAfter字段来定义的。

这个流水线的作用是在Kubernetes集群中自动化构建、测试和部署应用程序。build-and-test任务构建和测试Docker镜像，deploy任务将这个Docker镜像部署到Kubernetes集群中。

3. 创建触发器

我们创建一个名为ci-cd-trigger的触发器，它将在代码提交时触发CI/CD流程。该触发器的YAML文件定义如下：

```
apiVersion: tekton.dev/v1beta1
kind: TriggerTemplate
metadata:
  name: ci-cd-trigger
spec:
  params:
    - name: REPO_URL
      type: string
    - name: REPO_REVISION
      type: string
  resourcetemplates:
    - apiVersion: tekton.dev/v1beta1
      kind: PipelineRun
      metadata:
        generateName: ci-cd-pipeline-run-
      spec:
        pipelineRef:
```

```
    - name: ci-cd-pipeline
    params:
     - name: REVISION
       value: $(tt.params.REPO_REVISION)
    workspaces:
      - name: source
        persistentVolumeClaim:
          claimName: myapp-pvc
    trigger:
      type: git
      git:
        url: $(tt.params.REPO_URL)
        revision: $(tt.params.REPO_REVISION)
```

这是一个名为ci-cd-trigger的定义Tekton触发器模板的YAML文件。它定义了触发器的参数和资源模板。

在metadata部分指定了触发器模板的名称。

在spec部分定义了两个参数：REPO_URL和REPO_REVISION。这两个参数用于接收触发器事件中传递的数据，比如Git仓库的URL和版本号。

在resourcetemplates部分定义了一个PipelineRun资源模板。这个资源模板将用于实际触发流水线运行。在PipelineRun资源模板中，我们指定了一个自动生成名称的PipelineRun，这个PipelineRun引用了之前定义的ci-cd-pipeline流水线。REVISION参数将传递给流水线运行，参数的值使用了触发器模板的参数REPO_REVISION。工作区source将指定为持久化卷声明myapp-pvc，这个声明需要在Kubernetes集群中预先定义。

在触发器模板的最后，我们定义了触发器的类型为Git，指定了Git仓库的URL和版本号。这将在触发器事件中指定。当触发器接收到Git仓库的事件时，将自动实例化一个PipelineRun，触发ci-cd-pipeline流水线运行。

20.2.4 执行 CI/CD 流程

现在我们已经准备好执行CI/CD流程了。首先，创建一个Kubernetes持久卷，以便在流程中使用。可以使用以下命令创建一个名为myapp-pvc的持久卷：

```
$ kubectl apply -f - <<EOF
apiVersion: v1
kind: PersistentVolumeClaim
metadata:
  name: myapp-pvc
spec:
  accessModes:
    - ReadWriteOnce
  resources:
    requests:
```

```
      storage: 1Gi
EOF
```

这是一个Kubernetes的YAML文件，用于创建名为myapp-pvc的持久卷声明。

在metadata部分指定了这个持久卷声明的名称。

在spec部分定义了该持久卷声明的访问模式为ReadWriteOnce，表示只能被单个节点以读写方式使用。我们还指定了该持久卷声明的资源请求，其中storage属性值为1Gi，表示请求1GB的存储容量。在Kubernetes中，持久卷声明是定义对持久卷的需求和访问模式的一种方式。我们可以在容器中挂载这些持久卷声明，以访问持久化的存储。在这里，我们创建了一个名为myapp-pvc的持久卷声明，这个声明将用于存储应用程序的源代码和其他需要持久存储的数据。

接下来，创建myapp的Kubernetes部署和服务。可以使用以下命令创建它们：

```
$ kubectl apply -f - <<EOF
apiVersion: apps/v1
kind: Deployment
metadata:
 name: myapp
spec:
 selector:
   matchLabels:
     app: myapp
 replicas: 2
 template:
   metadata:
     labels:
       app: myapp
   spec:
     containers:
       - name: myapp
         image: myapp:$(uid)
         ports:
           - name: http
             containerPort: 80
         env:
           - name: MESSAGE
             value: "Hello, world!"
---
apiVersion: v1
kind: Service
metadata:
 name: myapp
spec:
 selector:
   app: myapp
 ports:
   - name: http
```

```
        port: 80
        targetPort: http
    type: LoadBalancer
EOF
```

这是一个Kubernetes的YAML文件，包含Deployment和Service两个部分。

- Deployment部分定义了如何运行一个名为myapp的容器，包括镜像、端口等信息。其中，replicas: 2表示需要运行2个副本，以提高应用的可用性。此外，Deployment中使用了labels来标记应用，以便Service能够选择正确的容器。
- Service部分定义了如何暴露myapp应用的端口，使其能够被外部访问。其中，type: LoadBalancer表示使用负载均衡器来分发请求。Service会根据标记来选择正确的Deployment。

需要注意的是，这些YAML文件是相互关联的，需要按照一定的顺序来创建。例如，首先创建PersistentVolumeClaim（PVC），然后使用PVC来创建Pipeline中的Workspace，最后使用Pipeline中的部署任务来创建 Deployment和Service。

现在，可以提交代码并触发CI/CD流程。为此，可以使用以下命令将代码推送到GitHub：

```
$ git add .
$ git commit -m "Initial commit"
$ git push origin master
```

这将触发ci-cd-trigger触发器，并自动执行CI/CD流程。在流程执行期间，可以使用以下命令来监视进度：

```
$ tkn pipelinerun logs -f
```

如果一切顺利，流程将成功完成，并将新版本的应用程序部署到Kubernetes集群中。我们可以使用以下命令来验证：

```
$ curl http://<myapp-service-ip>
Hello, world!
```

20.3　本章小结

本章介绍了Tekton，一个强大的开源CI/CD工具，它使用Kubernetes作为底层平台，并提供了丰富的原语和API，以便轻松构建自定义的CI/CD流程。此外，还介绍了Tekton的核心组件和基本概念，包括任务、管道和触发器，并通过一个具体的示例演示了如何使用Tekton在Kubernetes中实现端到端的CI/CD流程。